网络空间安全学科规划教材

（原书第3版）

网络防御与安全对策
原理与实践

Network Defense and Countermeasures
Principles and Practices
Third Edition

[美] 查克·伊斯特姆 （Chuck Easttom）◎著

刘海燕◎等译

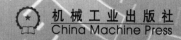

机械工业出版社
China Machine Press

图书在版编目（CIP）数据

网络防御与安全对策：原理与实践（原书第3版）/（美）查克·伊斯特姆（Chuck Easttom）
著；刘海燕等译 . —北京：机械工业出版社，2019.5
（网络空间安全学科规划教材）
书名原文：Network Defense and Countermeasures: Principles and Practices, Third
　　　　　Edition

ISBN 978-7-111-62685-5

I. 网… II. ① 查… ② 刘… III. 计算机网络 – 网络安全 – 教材 IV. TP393.08

中国版本图书馆 CIP 数据核字（2019）第 083511 号

本书版权登记号：图字　01-2018-3139

本书全面介绍了网络防御和保护网络的方法，内容包括网络安全的基本知识、虚拟专用网、物理
安全和灾备、恶意软件防范、防火墙和入侵检测系统、加密的基础知识、用于确保安全的设备和技术、
安全策略的概貌、基于计算机的取证等。每一章的结尾都给出了自测题帮助读者巩固所学知识。

本书不仅适合作为本科生或研究生学习网络安全知识的基本教材，还可以作为网络管理人员、安
全专业人员、安全审计人员、网络犯罪调查人员等的随身参考书籍。

出版发行：机械工业出版社（北京市西城区百万庄大街22号　邮政编码：100037）
责任编辑：陈佳媛　　　　　　　　　　　　　　责任校对：殷　虹
印　　刷：三河市宏图印务有限公司　　　　　　版　　次：2019年6月第1版第1次印刷
开　　本：185mm×260mm　1/16　　　　　　　印　　张：22.75
书　　号：ISBN 978-7-111-62685-5　　　　　　定　　价：119.00元

译者序

　　网络安全近年来一直是最活跃的信息技术领域之一，在政治、经济、军事和社会发展中占据着越来越重要的地位。网络安全知识涉及面广，不仅包括概念、原理和技术，还涉及法律法规以及标准规范。网络安全领域的发展十分迅速，攻防双方的思想、方法和技术在激烈的对抗中不断地创新和突破。信息化要进一步普及和深化，保证网络安全是必备的基础。

　　许多国家都已认识到网络安全的重要性，不仅高度重视自身网络安全技术的研究和相关法律法规、标准规范的制定，尤其重视网络安全人才的培养以及网络安全知识的普及。合理的教学体系、合适的教材对网络安全人才的培养至关重要。无论从学习网络安全知识，锻炼网络安全技能，还是从培养网络安全意识的角度看，学习本书都是一个不错的选择。在翻译本书的过程中我们深刻体会到，作为一本网络安全知识的教材和参考书，本书内容广博、对关键内容解析透彻，作者根据自身经验对知识点、案例和习题都进行了精心的选择和设计。本书在结构和内容上具有如下特点：

- ❑ **内容广博，对于全方位了解网络安全技术大有裨益**。全书共 17 章，不仅包括网络面临的安全威胁、网络安全防护技术及应用、网络调查取证等网络安全基本概念、原理和技术，还包括安全策略、安全评估、安全标准、网络恐怖主义等宏观的深层次问题。

- ❑ **内容深浅适度，线索清晰**。网络安全涉及的每项技术都有深刻的背景知识，要在有限的章节中介绍一个专题，必须在内容上精心选择，并在深度上进行权衡。本书在概念的解释说明、示例的选择、解决方案的选取以及习题的选择上都进行了精心设计，不仅讲解清楚，而且条理清晰、逻辑严密，便于读者把握章节的主题和内涵。

- ❑ **内容新颖及时，反映了网络攻击和防御方面的最新进展**。网络攻击和防御技术在双方的对抗中一直在不断发展和提高，新的思想、方法和技术不断出现，作者将新的概念、原理和技术及时引入教材，为处理新问题提供相应的解决方案。

- ❑ **内容实用性强，不仅有助于培养工程实践能力，而且能直接指导应用**。本书除了介绍基本的概念、原理、技术外，针对每类技术，还提供了行业内流行的解决方案。不仅夯实了理论知识，而且能对读者运用相关技术解决实际问题提供直接帮助。

- ❑ **习题丰富，便于加深对理论知识的理解，检验学习效果**。书中每章后面都提供了大量的自测题。其中，多项选择题主要是对已学概念、原理等知识进行检查；练习题主要是对一些方法和工具进行实践和操作；项目题主要是针对一个具体问题，让读者运用所学知识尝试求解。

内容广博、深浅适度、新颖及时、实用性强、习题丰富，这些特点使得本书不仅适合作为本科生或研究生学习网络安全知识的教材，还可以作为网络管理、安全开发、安全审计、网络犯罪调查等专业人员的参考书籍。对那些想初步了解网络安全知识的人员来说，本书也是不错的参考。

在翻译本书的过程中，项目组成员不仅对书中涉及的内容进行了深入研究，而且参考了国内外大量的相关资料。我们的原则是力图在遵从网络安全行业习惯称谓的基础上，用平实的语言反映作者的真实意图。对书中所涉及的专业术语、系统命令、软件工具等，译文参考了国内同行的习惯用法；对一些可能存在不同理解的问题，译文中增加了部分译者注，我们希望这些注释能减少可能存在的歧义，保持概念的清晰和准确。

本书内容涉及面广，参加翻译人员较多，译者之间反复多次互相审稿。参加本书翻译工作的人员包括：刘海燕、陈颖颖、李冠男、曹洁、武卉明、常成、张国辉、尚世峰、李红领、杨健康、张增等。刘海燕对全书进行了统稿和审校。鉴于译者水平有限，书中难免有错误和疏漏之处，敬请读者批评指正。

当今 IT 行业最热门的话题是计算机安全。我们经常能看到关于黑客攻击、病毒以及身份窃取的新闻，安全已变得越来越重要。安全的基础是网络防御。本书全面介绍了网络防御知识，向学生介绍网络安全的威胁以及防护网络的方法。其中，有三章内容致力于介绍防火墙和入侵检测系统，还有一章详细介绍了加密技术。本书将网络的威胁信息、保护安全的设备和技术以及诸如加密这样的概念结合起来，为学生提供了一个坚实的、宽基础的网络防御方法知识框架。

本书融合了理论基础和实践应用。每章结尾都给出多项选择题和练习题，多数章节还给出了项目题。阅读全书后，学生应该会对网络安全有深刻的理解。此外，书中不断指导学生了解额外的资源，以便丰富相应章节中呈现的内容。

本书读者

本书主要是为那些基本理解网络运行机制（包括基本术语、协议和设备）的学生设计的。学生不需要拥有广泛的数学背景或高深的计算机知识。

本书内容

本书将带领读者全面了解防御网络攻击的复杂手段。第 1 章简要介绍网络安全领域。第 2 章解释网络的安全威胁，包括拒绝服务攻击、缓冲区溢出攻击和病毒等。第 3～5 章和第 7 章详细介绍各项网络安全技术，包括防火墙、入侵检测系统以及 VPN。这些技术是网络安全的核心内容，因此本书花很大篇幅来保证读者全面理解它们的基本概念和实际应用。每部分都给出为特定网络选择合适技术的实用性指导。第 6 章详细介绍加密技术。这个主题非常重要，因为计算机系统终究只是一个存储、传输和处理数据的简单设备。无论网络多么安全，如果它传输的数据不安全，那么就有重大危险。第 8 章指导如何增强操作系统的安全。第 9 章和第 10 章告诉读者防范网络上常见危险的具体防御策略和技术。第 11 章向读者介绍安全策略的内容。第 12 章教读者如何评估网络的安全性，其中包括审查安全策略的原则以及网络评估工具的概述。第 13 章概述通用的安全标准（如橙皮书和通用准则等），该章还讨论各种安全模型（如 Bell-LaPadula 等）。第 14 章研究经常被忽视的物理安全和灾难恢复问题。第 15 章介绍一些基本的黑客技术和工具，目的是使你更了解对手，同时介绍一些减轻黑客攻击后果的策略。第 16 章介绍基本的取证原则，当你或你的公司成为计算机犯罪的受害者时，学习该章内容有助于你做好调查准备。第 17 章讨论基于计算机的间谍和恐怖活动，这是两个在计算机安全界日益受到关注但在教科书中经常被忽视的话题。

目 录

本章目标

在阅读完本章并完成练习之后,你将能够完成如下任务:

- 识别出最常见的网络风险。
- 理解基本的组网技术。
- 使用基本的安全术语。
- 找到适合自己所在机构网络安全的最佳方法。
- 评估影响网络管理员工作的法律问题。
- 使用可用于网络安全的资源。

1.1 引言

在新闻中,很难发现哪一周没有发生重大安全破坏。大学网站被攻击、政府计算机被攻击、银行数据受损、健康信息被泄露——这个清单还在不断增长。而且似乎每年对这个问题的关注都在增加。在任何工业化国家中,很难找到没听说过诸如网站被黑客入侵和身份被盗之类事情的人。

目前培训场所也有很多。许多大学都提供从学士层次到博士层次的信息保障(Information Assurance)学位。有大量的行业认证培训项目,包括 CISSP(Certified Information Systems Security Professional,注册信息系统安全专家)、国际电子商务顾问委员会(EC Council)的 CEH(Certificated Ethical Hacker,道德黑客认证)、Mile2 ⊖ Security、SANS(System Administration, Networking, and Security Institute,美国系统网络安全协会)认证以及美国计算机行业协会(Computing Technology Industry Association,CompTIA)的 Security+。现在还有一些大学提供网络安全学位,包括远程学习的学位。

尽管受到媒体的关注和有获得安全培训的机会,但仍有太多的计算机专业人员,包括数量惊人的网络管理员,对网络系统暴露的威胁类型以及哪些是最有可能发

⊖ Mile2 是美国的一家信息技术安全公司,开发并提供 15 种被国际上广泛认可的网络安全认证。

生的威胁没有清晰的认识。主流媒体关注的是最引人注目的计算机安全破坏，而不是给出最有可能的威胁场景的准确画面。

本章着眼于网络面临的威胁，定义基本的安全术语，为后续章节涉及的概念奠定基础。确保你的网络完整性和安全性所需的步骤条理清晰，并在很大程度上进行了概括。当你学完本书时，你将能够识别最常见的攻击，解释攻击的机理以便阻止它们，理解如何确保数据传输的安全。

1.2   网络基础

在深入研究如何保护网络安全之前，探索一下什么是网络可能是个不错的想法。对许多读者来说，本节内容仅仅是一次复习，但对于部分读者来说可能是新的知识。无论对你来说是复习还是新的知识，在深入研究网络安全之前，对基本的组网原理有透彻的理解都是至关重要的。此外请注意，这里只是对基本网络概念的简要介绍，没有探究更多细节。

网络是计算机进行通信的一种方式。在物理层，网络由所有要连接的机器和用来连接它们的设备组成。独立的机器可通过物理连接（一根 5 类电缆插入网络接口卡，即 NIC）或通过无线方式连接起来。为了将多台机器连接在一起，每台机器必须连接到集线器或交换机，然后这些集线器 / 交换机再连接在一起。在更大的网络中，每个子网络通过路由器连接到其他子网络。本书中的许多攻击（包括第 2 章介绍的几种攻击），都是针对网络中将机器连接起来的设备（即路由器、集线器和交换机）发起的。如果你发现本章的知识不够用，那么下述资源可能会有所帮助：http://compnetworking.about.com/od/basicnetworkingconcepts/Networking_Basics_Key_Concepts_in_Computer_Networking.htm。

1.2.1   基本网络结构

在你的网络和外部世界之间一定存在一个或几个连接点。在网络和 Internet 之间建立一个屏障，这通常以防火墙的形式出现。本书讨论的许多攻击都要穿越防火墙并进入网络。

网络的真正核心就是通信——允许一台机器与另一台机器进行通信。然而，通信的每条通道也是一条攻击的通道。因此，理解如何保护网络的第一步，就是详细了解计算机如何通过网络进行通信。

前面提到的网卡、交换机、路由器、集线器以及防火墙都是网络基本的物理部件，它们连接的方式以及通信的格式就是网络体系结构。

1.2.2   数据包

当你与网络建立连接之后（无论是物理连接还是无线连接），就可以发送数据了。第一件事就是确定你想发送到哪里。我们先讨论 IPv4 的地址，在本章稍后部分再看一下 IPv6。所有的计算机（以及路由器）都有一个 IP 地址，该地址由四个 0 到 255 之间的数字组成，中间以圆点分隔，例如 192.0.0.5（注意这是一个 IPv4 地址）。第二件事是格式化要传输的数据。所有数据最终都采用二进制形式（多个 1 和 0 组成）。这些二进制数据被放入数据包（packet）中，总长度要小于大约 65 000 字节。前几个字节是首部（header）。首部内容说明数据包去往哪里、来自何方、本次传输还有多少个包。实际上，数据包有多个首部，但现在我们仅把首部作为单个实体来讨论。我们将研究的一些攻击（例如，IP 欺骗）会试图改变首部以提供虚假信息。其他的攻击方法则只试图截获数据包并读取其内容（从而危害数据的安全）。

一个数据包可以有多个首部。事实上，大多数数据包至少有三个首部。IP 首部包含源 IP 地址、目标 IP 地址以及数据包的协议等信息。TCP 首部包含端口号等信息。以太网首部则包含源 MAC 地址和目的 MAC 地址等信息。如果一个数据包用传输层安全（Transport Layer Security，TLS）进行加密，那么它还将有一个 TLS 首部。

1.2.3　IP 地址

第一个要理解的主要问题是如何将数据包送到正确的目的地。即使是一个小型网络，也存在许多计算机，它们都有可能是发送数据包的最终目的地，而 Internet 上有数百万台遍布全球的计算机。如何保证数据包到达正确的目的地呢？这个问题就像写封信并确保信件能到达正确的目的地一样。我们从 IPv4 寻址开始讨论，因为它是目前使用最普遍的，但本节也会简要讨论一下 IPv6。

一个 IPv4 地址是用圆点分隔的由 4 个数字组合的数字序列（例如 107.22.98.198）。每个数字必须在 0 到 255 之间。可以看到，107.22.98.466 就不是一个有效的地址。之所以有这个规则，是因为这些地址实际上是 4 个二进制数，计算机用十进制格式把它们简单地显示出来。回想一下，1 字节是 8 位（1 和 0 的组合），而 8 位二进制数转换成十进制格式后将在 0 到 255 之间。总共 32 位则意味着大约存在 42 亿个可能的 IPv4 地址。

计算机的 IP 地址可以告诉你该台计算机的很多信息。地址中的第一个字节（或第一个十进制数）告诉你该机器属于哪一类网络。表 1-1 概括了 5 种网络类别。

表 1-1　网络分类

分　类	首字节的 IP 范围	用　途
A	0～126	特大型网络。目前 A 类网络地址已用尽，没有剩余
B	128～191	大型公司和政府的网络，所有的 B 类 IP 地址都已被使用
C	192～223	最常见的 IP 地址组，你的 ISP 可能有一个 C 类地址
D	224～247	预留给多播⊖（在同一信道上传送不同数据）
E	248～255	预留给实验用

这 5 种网络类别在本书后面将变得更加重要（或者，现在你应该决定在更深的层次上学习网络）。仔细观察表 1-1，你可能会发现 127 的 IP 范围没有被列出来，之所以存在这种省略，是因为该范围是被保留用于测试的。不管你的机器被指定为什么 IP 地址，地址 127.0.0.1 都是指你自己正在使用的这台机器。这个地址常被称为环回地址（loopback address），常用于测试你的计算机和网卡。我们将在本章稍后的网络实用程序部分讨论它的用法。

这些特定的地址分类很重要，因为它告诉你，地址的哪些部分代表网络、哪些部分代表节点。例如，在 A 类地址中，第一个 8 位的字节代表网络，其余三个表示节点。在 B 类地

⊖　IP 多播也称组播，使用多播地址可以将一个数据包发送给加入该组的多台主机。——译者注

址中，前两个 8 位的字节代表网络，后两个表示节点。而在 C 类地址中，前三个 8 位的字节代表网络，最后一个代表节点。

你还需要注意一些特殊的 IP 地址和 IP 地址范围。第一个是如前所述的 127.0.0.1，即环回地址。它是引用你正在使用的机器网卡的另一种方法。

另一个需要注意的问题是私有（private）IP 地址⊖。IP 地址中某些特定范围被指定仅用于网络内部。这些地址不能用作公开的 IP 地址，但可以用作内部工作站或服务器的地址。这些 IP 地址包括：

- ❏ 10.0.0.10 到 10.255.255.255
- ❏ 172.16.0.0 到 172.31.255.255
- ❏ 192.168.0.0 到 192.168.255.255

网络新人有时对公有 IP 地址和私有 IP 地址的理解有些困难。我们以办公楼做个类比：在一栋办公楼内，每个办公室的编号必须是唯一的。例如，在一栋大楼里只能有一个 305 办公室。如果讨论 305 办公室，你马上就明白说的是哪个房间。但还有其他的办公楼，许多楼都有自己的 305 办公室。因此，你可以将私有 IP 地址视为办公室编号，在它们所在的网络中它们的编号必须是唯一的，但在其他网络中可能有相同的私有 IP。

公有 IP 地址更像传统的邮件地址，它们在世界范围内必须是独一无二的。当从办公室到办公室通信时，你可以使用办公室号码，但是要给另一个建筑物发信，你必须使用完整的邮件地址。这与网络是一样的，你可以使用私有 IP 地址在网络内部进行通信，但要与网络外部的任何计算机进行通信时，都必须使用公有 IP 地址。

网关路由器的作用之一是执行所谓的网络地址转换（Network Address Translation，NAT）。通过 NAT，路由器将发出的数据包中的私有 IP 地址替换为网关路由器的公有 IP 地址，从而可以在 Internet 中路由该数据包。

我们已经讨论了 IPv4 网络地址，现在把注意力转移到划分子网上。如果你已经熟悉这个主题，那么请跳过本节。由于某种原因，这个话题往往会给学生带来很大麻烦。所以下面我们从理解概念开始。所谓划分子网（subnetting）就是简单地将网络切成更小的部分。例如，如果你拥有一个使用 IP 地址 192.168.1.X 的网络（X 代表任何具体计算机的地址），那么你已经被分配了 255 个可能的 IP 地址。如果想把它分成两个单独的子网络怎么办呢？你需要做的就是划分子网。

说得更专业一点，子网掩码（subnet mask）是分配给每个主机的一个 32 位数字，用于将 32 位二进制的 IP 地址划分为网络部分和节点部分。子网掩码不能随意指定，有特定的要求。子网掩码的第一个值必须是 255，剩下的三个值可以是 255、254、252、248、240、224 或 128。你的计算机把自己的 IP 地址和子网掩码通过二进制 "AND" 操作（二进制的"按位与"）结合起来。

你可能会很奇怪，因为即使你没有划分过子网，也已经拥有了一个子网掩码。这是默认子网掩码。如果你有一个 C 类 IP 地址，那么子网掩码是 255.255.255.0。如果有一个 B 类 IP 地址，那么子网掩码是 255.255.0.0。而如果是 A 类地址，则子网掩码是 255.0.0.0。

⊖ Internet 标准 RFC 1918 对私有网络地址分配进行了规定。——译者注

现在考虑一下这些数字与二进制数的关系。十进制 255 转化为二进制是 11111111。所以，默认情况下，你实际上仅掩住（masking）了地址中用于定义网络的那部分，而其余部分都用于定义单个节点。现在如果你想使子网中的节点数少于 255，那么你需要一个类似于 255.255.255.240 这样的子网掩码。将 240 转换为二进制是 11110000，这表示前三个字节以及最后一个字节的前 4 位定义了网络，而最后字节的后 4 位定义了节点。这就意味着在这个子网络上最多可以有 1111（二进制）个或 15（十进制）个节点。这就是划分子网的本质。

划分子网这种方式，仅允许你使用某些受限的子网。另一种方式是 CIDR，即无分类域间路由（Classless Inter Domain Routing，CIDR）。CIDR 不是定义子网掩码，而是使用 IP 地址后面跟随一个斜线（/）和一个数字的方式。该数字可以是 0 到 32 之间的任何数字，这时的 IP 地址格式如下：

192.168.1.10/24（一个基本的 C 类 IP 地址）

192.168.1.10/31（一个 C 类 IP 地址，附带子网掩码）

当你使用这种方式而不是使用子网时，你有可变长子网掩码（Variable-Length Subnet Masking，VLSM），它能提供无类别区分的 IP 地址。这是当今定义 IP 地址最常用的方式。

你不用担心新的 IP 地址是否很快就会用尽。IPv6 标准已经投入使用，并且已经有了扩展使用 IPv4 地址的方法。IP 地址分为两类：公共和私有。公有 IP 地址用于连接到 Internet 的计算机。公有 IP 地址必须互不相同。而私有 IP 地址，例如公司私有网络上的 IP 地址，只需在该网络中是唯一的即可。不用理会世界上是否有其他的计算机也有相同的 IP 地址，因为这台计算机从来不会连接到那些其他的计算机。网络管理员通常使用以 10 开始的私有 IP 地址，如 10.102.230.17。其他的私有 IP 地址有 172.16.0.0 至 172.31.255.255 和 192.168.0.0 至 192.168.255.255。

此外还要注意，Internet 服务提供商（Internet Service Provider，ISP）经常会购买一个公有 IP 地址池（pool），并在你登录时将它们分配给你。因此，ISP 可能有 1000 个公有 IP 地址，但拥有 10 000 个客户。因为 10 000 个客户不会同时在线，ISP 在客户登录时将 IP 地址分配给他，而在客户注销时回收 IP 地址。

IPv6 使用 128 位地址（而不是 32 位），并使用十六进制编号的方法，以避免像 132.64.34.26.64.156.143.57.1.3.7.44.122.111.201.5 这种长地址。十六进制地址格式类似于 3FFE:B00:800:2::C 的形式。这给了你 2^{128} 个可用的地址（数万亿个地址），因此在可以预见的未来，不可能会耗尽 IP 地址。

IPv6 中不再划分子网。相反，它只使用 CIDR。地址中的网络部分由斜线后面跟随的数字指定，这个数字表示地址中分配给网络部分的位（bit，也称为比特）数，如 "/48" "/64" 等。

IPv6 中有一个环回地址，可以写成 ::/128。IPv4 和 IPv6 之间的其他区别描述如下：

❏ 本地链路 / 机器地址。

● 这是 IPv4 自动专用 IP 寻址（Automatic Private IP Addressing，APIPA）[⊖]的 IPv6 版本。如果机器配置为使用动态分配地址，但不能与 DHCP 服务器通信，那么

⊖　IPv4 中 APIPA 是一种特殊的地址分配方式。如果主机配置为使用动态分配地址，则需要 DHCP 服务器为网络中的客户端提供 IP 地址。但在 DHCP 服务器发生故障而无法为客户端提供 IP 地址分配时，客户端会产生一个 APIPA 地址。该地址在一个子网范围内可以保证主机之间的通信，但不能完成路由通信。——译者注

它为自己分配一个通用的 IP 地址。其中，动态主机配置协议（Dynamic Host Configuration Protocol，DHCP）用于动态地为网络内的主机分配 IP 地址。

- IPv6 的本地链路 / 机器的 IP 地址都以 FE80:: 开始。因此，如果你的计算机使用这样的地址，那么意味着它不能到达 DHCP 服务器，故而构造了自己的通用 IP 地址。

❑ 本地站点 / 网络地址。

- 这是 IPv4 私有地址的 IPv6 版本。换句话说，它们是真实的 IP 地址，但只能在本地网络上工作，在 Internet 上是不能路由的。
- 所有的本地站点 / 网络的 IP 地址都以 FE 开头，并且第三个十六进制数字是 C 到 F 之间的数字，即 FEC、FED、FEE 或 FEF。

❑ DHCPv6 使用托管地址配置标志（managed address configuration flag），即 M 标志。

- 当该标志为 1 时，表示设备应该使用 DHCPv6 获得一个有状态（stateful）的 IPv6 地址⊖。

❑ 其他状态配置标志（O 标志）。

- 当该标志设置为 1 时，表示设备应该使用 DHCPv6 来获得其他的 TCP/IP 配置。换句话说，它应该使用 DHCP 服务器来设置诸如网关及 DNS 服务器的 IP 地址之类的信息。

1.2.4　统一资源定位符

对于大多数人来说，上网的主要目的是浏览网页（但也有其他目的，比如收发电子邮件和下载文件）。如果你必须记住 IP 地址并输入这些地址，那么网上冲浪将是件非常麻烦的事。幸运的是，你不必这么做，你只需键入对人类而言有意义的域名，而域名被翻译成 IP 地址。例如，你可以输入 www.chuckeasttom.com 来访问我的网站。你的计算机或 ISP 将你输入的名称，即统一资源定位符（Uniform Resource Locator，URL），转换为 IP 地址。DNS（Domain Name Service，域名服务）协议处理该转换过程，DNS 协议稍后将在表 1-2 中与其他的协议一起介绍。因此，你输入一个对人类而言有意义的名称，但你的计算机使用相应的 IP 地址进行连接。如果找到该地址，浏览器将发送一个数据包（使用 HTTP 协议）到它的 TCP 80 端口。如果目标计算机有软件监听并响应这个请求，如 Apache 或微软的 IIS(Internet Information Services，Internet 信息服务) 之类的 Web 服务器软件，那么目标计算机将响应浏览器的请求并与之建立通信。这就是查看网页的方法。如果你收到错误提示“ Error 404: File Not Found”，那是因为浏览器收到了一个从 Web 服务器返回的包含错误代码 404 的数据包，表示它找不到你所请求的网页。Web 服务器可以向 Web 浏览器发送一系列错误消息，指示不同的出错情况。

电子邮件的工作方式与访问网站的方式相同。你的邮件客户端查找邮件服务器的地址，

⊖ 有状态（stateful）地址的自动配置是指由 DHCP 服务器统一管理，客户端从 DHCP 服务器的地址池中获得 IPv6 地址和其他信息；无状态（stateless）地址自动配置是指不需要 DHCP 服务器进行管理，客户端根据网络路由通告并根据自己的 MAC 地址计算出自己的 IPv6 地址，它们一般使用 DHCP 服务器来获取 DNS 服务器的地址。——译者注

然后使用 POP3（Post Office Protocol version 3，邮局协议版本 3）协议检索入站的电子邮件，或使用 SMTP（Simple Mail Transport Protocol，简单邮件传输协议）协议向外发送电子邮件。邮件服务器（可能位于你的 ISP 或你的公司里）将尝试解析发送地址。例如，如果发送一封邮件到 chuckeasttom@yahoo.com，你的邮件服务器首先把邮件地址转换为 yahoo.com 的邮件服务器的 IP 地址，然后再将邮件发送给那里。请注意，尽管已经有了更新的邮件协议，但 POP3 仍然是最常用的协议。

因特网消息访问协议 IMAP（Internet Message Access Protocol，IMAP）现在用得也很广泛，它使用 143 端口。与 POP3 相比，IMAP 的主要优点是它允许客户端仅把邮件首部下载到本地机器上，然后可以选择要完整下载哪些消息，这个功能对智能手机来说特别有用。

1.2.5　MAC 地址

MAC 地址（Media Access Control address，媒体访问控制地址）是一个很有趣的话题。注意，MAC 也是指 OSI 模型的数据链路层的子层。MAC 地址是网卡的唯一地址。世界上的每块网卡都有一个唯一的地址，用 6 字节的十六进制数表示。地址解析协议（Address Resolution Protocol，ARP）用于将 IP 地址转换为 MAC 地址。因此，当你输入网站地址时，DNS 协议将其转换为 IP 地址，然后 ARP 协议将 IP 地址转换为单个网卡特定的 MAC 地址。

1.2.6　协议

不同的目的需要不同类型的通信。不同类型的网络通信称为协议（protocol）。协议本质上是一种约定的交流方法。事实上，该定义恰是 protocol 这个词在标准的、非计算机使用中的用法。每个协议都有特定的目的，并且通常在某个端口上运行（有的需要多个端口）。表 1-2 列出了一些重要的协议。

表 1-2　逻辑端口及协议

协　　议	目　　的	端　　口
文件传输协议（File Transfer Protocol，FTP）	在计算机之间传输文件	20、21
安全 shell（Secure Shell，SSH）	安全 shell，一种安全 / 加密的传输文件的途径	22
远程登录协议	用于远程登录到一个系统。登录后可以在远程系统上使用命令提示符或者 shell 执行命令。该协议在网络管理员中比较流行	23
简单邮件传输协议（Simple Mail Transfer Protocol，SMTP）	发送邮件	25
WhoIS	查询目标 IP 地址上有关信息的命令	43
域名服务协议（Domain Name Service，DNS）	将域名转换成 IP 地址	53
简单文件传输协议（trivial File Transfer Protocol，tFTP）	一种更快但不太可靠的 FTP 协议	69
超文本传输协议（Hypertext Transfer Protocol，HTTP）	显示 Web 页面	80

（续）

协　议	目　的	端　口
邮局协议版本 3（Post Office Protocol Version 3，POP3）	检索电子邮件	110
网络新闻传输协议（Network News Transfer Protocol，NNTP）	用于网络新闻组（Usenet 新闻组），可以使用 www.google.com 通过网页来访问这些组	119
NetBIOS	微软一个古老的在本地网络上命名系统的协议	137、138、139
在线聊天协议（Internet Relay Chat，IRC）	聊天室	194
安全的超文本传输协议（HyperFext Transfer Protocol Secure，HTTPS）	使用 SSL 或 TLS 加密的 HTTP	443
服务器信息块协议（Server Message Block，SMB）	微软的活动目录（Active Directory）使用的协议	445
Internet 控制消息协议（Internet Control Message Protocol，ICMP）	包含错误消息、通知消息以及控制消息的简单数据包	没有具体端口

你可能已经注意到，这个列表并不完整，还有数百个其他的协议，但对本书来说讨论这些就足够了。所有这些协议都是 TCP/IP 协议族的一部分。你要明白的最重要的一点是，网络上的通信是通过数据包（packet）实现的，而这些数据包要根据当前的通信类型按照某些协议进行传送。你可能想知道什么是端口（port）。不要将这种类型的端口与计算机背后的连接接口，如串口或并口相混淆。网络术语中的端口是一个句柄、一个连接点，是一个指派给特定通信路径的数字。所有网络通信，不管使用什么端口，都通过网卡连接进入你的计算机。可以把端口看作电视的一个频道，可能只有一个电缆进入电视，但却可以观看许多频道。所以，类比一下只有一个电缆进入计算机，但可以在许多不同的端口上进行通信。

至此，我们形成了关于网络的概貌：网络是由机器通过电缆互连而成的，有的机器可能接入集线器、交换机或路由器，网络使用某些协议和端口在数据包中传输二进制信息。这是对网络通信的一个很精确的刻画，尽管非常简单。

1.3　基本的网络实用程序

在 IP 地址和 URL 之后，还需要熟悉一些基本的网络实用程序。你可以在命令提示符下（Windows 系统）或 shell 中（UNIX/Linux 系统）执行一些网络实用程序。许多读者已经熟悉了 Windows，因此本书将集中讨论如何在 Windows 命令提示符下执行命令。但必须强调的是，这些实用工具在所有操作系统中都可用。本节介绍几个基本的或常用的实用程序。

1.3.1　ipconfig

你想要做的第一件事是获取关于自己系统的信息。要完成这个任务，必须首先获得命令提示符。在 Windows 中，可以通过 [开始 / 所有程序 / 附件] 操作获得命令提示符；也可以通过 [启动 / 运行] 并输入 "cmd" 来获得命令提示符。在 Windows 10 中，可以在 "搜索"框中输入 "cmd" 来获得命令提示符。在命令提示符下，输入 ipconfig。在 UNIX 或 Linux

的 shell 中，也可以输入 ifconfig 来使用该命令。输入 ipconfig（Linux 中输入 ifconfig）后，应该会看到类似于图 1-1 所示的内容。

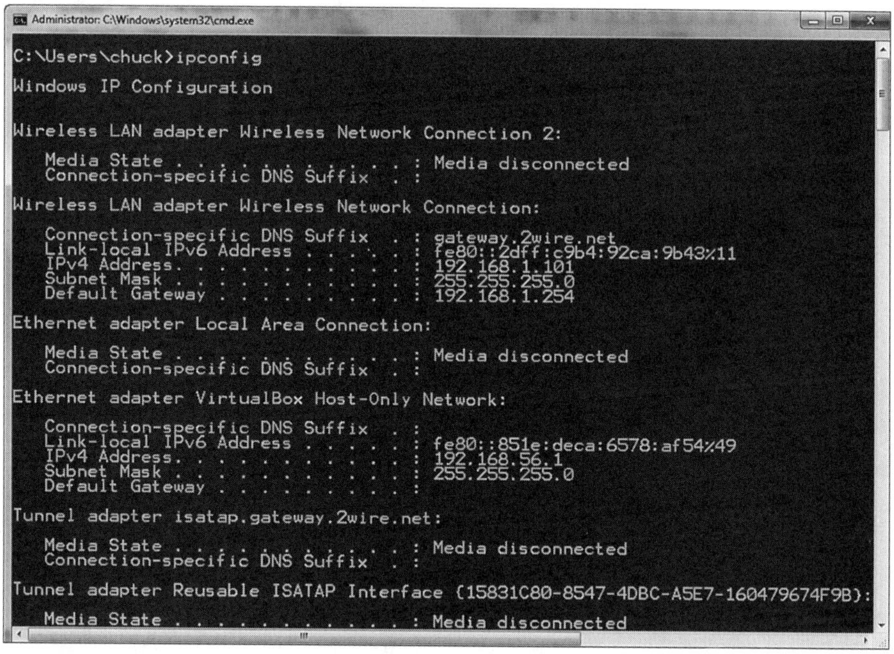

图 1-1　ipconfig

该命令提供有关网络连接的一些信息，其中最重要的是找出自己的 IP 地址。该命令还显示默认网关的 IP 地址，它是你与外部世界的连接点。运行 ipconfig 命令是确定系统网络配置的第一步。本书提到的大多数命令（包括 ipconfig）都有许多参数或标志，它们传递给命令从而使计算机以某种方式工作。要想弄清这些命令，你可以输入命令后跟一个空格，然后再输入连字符及问号 "- ?" 即可。

如你所见，你可以使用多个选项来找出关于计算机配置的不同细节。最常用的方法可能是使用 ipconfig /all，如图 1-2 所示。

可以看到，使用这个选项显示了更多信息。例如，ipconfig /all 可以显示计算机的名称、计算机什么时间获得 IP 地址等。

1.3.2　ping

另一个常用的命令是 ping。ping 命令向一台机器发送测试数据包，或者叫作回声（echo）数据包，以查看该机器是否可到达，以及数据包到达该机器需要多长时间。图 1-3 展示了该命令。

图中信息显示，一个 32 字节的回声数据包被发送到目的地并返回。其中的 "TTL" 表示 "生存时间"（Time To Live，TTL），它的时间单位是数据包在放弃传送之前到达目的地最多经过多少中间步骤，或者是多少跳（hop）。由于 Internet 是一个庞大的相互连接的网络，你的数据包可能不会直接送达目的地，而是要经过数跳才能到达。与 ipconfig 一样，你可以输入 "ping -?" 来找到各种细化 ping 命令的方法。

图 1-2　ipconfig /all

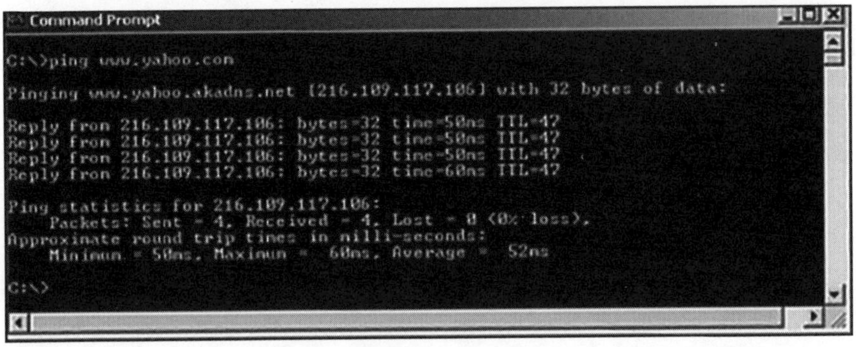

图 1-3　ping

1.3.3　tracert

下一个要研究的命令是 tracert。这个命令有点像豪华版的 ping。tracert 不仅告诉你数据包是否到达目的地以及它花了多长时间，而且还告诉你所有的中间跳。同样的命令在 Linux 或 UNIX 中也存在，但它叫 traceroute 而不是 tracert。图 1-4 展示了这个实用程序。

使用 tracert 命令可以列出每个中间步骤的 IP 地址，以及到达该步骤所花费的时间（以毫秒为单位）。知道到达目的地所需的步骤是很重要的。如果你使用 Linux，那么请使用 traceroute 命令而不是 tracert。

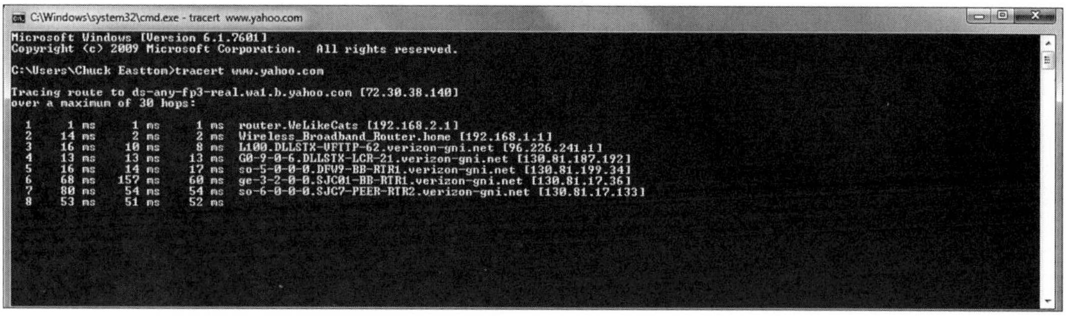

图 1-4 tracert

1.3.4 netstat

netstat 是另一个很有趣的命令。它是 Network Status（网络状态）的缩写。基本上，这个命令会告诉你当前计算机有什么连接。如果你看到有好几个连接，不要惊慌，因为这并不意味着你的电脑被黑客攻击。你会看到有许多私有 IP 地址，这表示你的网络有正在进行的内部通信。在图 1-5 中可以看到这一点。

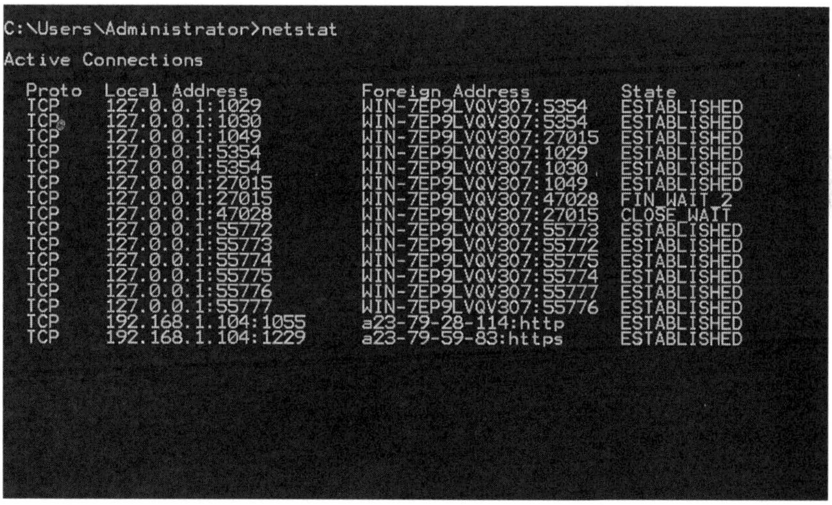

图 1-5 netstat

当然，在使用网络通信时还有其他的实用程序也可能对你有所帮助，但上面介绍的这四个是核心的实用程序。它们（ipconfig、ping、tracert 和 netstat）对每个网络管理员来说绝对是必不可少的，你应该牢牢记住它们。

1.4 OSI 模型

开放系统互连（Open Systems Interconnect，OSI）模型描述了网络如何通信，参见表 1-3。它描述了各种协议和活动，并说明协议和活动是如何相互关联的。OSI 模型分为七层，它最初是由国际标准化组织（International Organization for Standardization，ISO）在 20 世纪 80 年代开发的。

表 1-3　OSI 模型

层	描　　述	协　　议
应用层	直接面向应用，为应用进程执行应用服务	POP、SMTP、DNS、FTP、Telnet
表示层	为应用层提供数据表示的语法规定，使应用层不用再关心终端用户系统内数据表示的语法差异	Telnet、网络数据表示协议（Network Data Representation，NDR）、轻量级表示协议（Lightweight Presentation Protocol，LPP）
会话层	为终端用户应用进程间的对话提供管理机制	NetBIOS
运输层	提供端到端的通信控制	TCP、UDP
网络层	在网络中对信息进行路由	IP、ARP、ICMP
链路层	描述在特定介质上传输数据比特的逻辑组织，分为两个子层：介质访问控制层（Media Access Control layer，MAC）和逻辑链路控制层（Logical Link Control layer，LLC）	SLIP、PPP
物理层	描述各种通信介质的物理特性、电气特性以及交换信号的含义。换句话说，物理层是实际的网卡、以太网电缆等	IEEE 1394、DSL、ISDN

许多学习网络的学生都会记住这个模型。至少，记住七层的名字并基本理解每一层的作用。从安全的角度看，你对网络通信理解得越多，你的安全防御等级就越高。对于 OSI 模型，你要理解的最重要的事情是，此模型描述了一个通信的分层结构，其中每一层仅与直接在其上方或下方的层进行交流。

1.5　对安全意味着什么

本书从多个角度介绍安全，但本质上只存在三种攻击聚集点，因而也只有三种安全聚集点（注意，这里不是指攻击途径，因为存在很多攻击途径）：

❑ **数据本身**：数据离开你的网络之后，数据包很容易被侦听甚至被篡改。在本书后面讨论加密和虚拟专用网时，你将学习如何保护这些数据。当数据在计算机上存储时，它也可能在静止情况下被攻击。

❑ **网络连接点**：无论是路由器还是防火墙，一台计算机连接到另一台计算机之间的任何位置都是可能被攻击的位置，因此也是必须防御的位置。在考察系统的安全性时，应该首先考察连接点。

❑ **人员**：人员经常会带来安全隐患。由于无知或恶意目的，或者由于简单的错误，系统上的人员都可能危及系统的安全。

当你对本书进一步学习时，不要忽视了我们的基本目标，那就是保护网络以及存储和传输数据的安全。

1.6　评估针对网络的可能威胁

在探索计算机安全话题之前，你必须首先对系统面临的威胁形成现实的评估。其中的关键词是"现实的"（realistic）。显然，人们可以想象出某个非常精细、技术高超的潜在危险。然而，作为一名网络安全专业人员，你必须将精力以及资源集中到最可能的危险上。在深入研究具体的危险之前，我们首先了解你的系统上可能面临什么类型的攻击。

在这方面，针对计算机安全似乎有两种极端的态度。第一个观点认为，计算机系统几乎没有真正的危险或威胁，许多负面新闻仅仅是一种无根据的恐慌的反映。持这种态度的人通常认为，只要采取很少的安全措施就应该能确保其系统的安全。不幸的是，一些处于决策位置的人持有这种观点。这些人的普遍观点是："如果我们的计算机 / 机构迄今为止没有受到攻击，那么我们一定是安全的。"

这种观点常常导致被动地对待计算机安全，也就是说，人们等到事件发生后才决定解决安全问题。等到攻击发生时才解决安全问题可能为时已晚。在最好的情况下，这种安全事件可能仅对机构造成轻微的影响，比如一个紧急唤醒电话。在不太幸运的情况下，一个机构可能面临严重的或许灾难性的后果。例如，一些机构在 WannaCry 病毒攻击它们的系统时，没有有效的网络安全系统抵御攻击。事实上，如果系统已经打补丁，那么 WannaCry 攻击可以完全避免。必须避免这种对安全放任自流的方法。

任何拥有这种极端并且错误观点的机构都可能在计算机安全方面几乎不投入时间和资源。他们或许有一个基本的防火墙和防病毒软件，但很可能几乎没有花费精力来确保这些东西被正确地配置或进行定期的更新。

第二种观点认为，技术精湛的黑客可以随意穿越你的系统，并让你的网络瘫痪。把黑客技能想象成军事经验。找一个曾经在军队中的人并不难，但不容易碰到一个在三角洲部队或海豹 6 队的人。虽然军事经验相当普遍，但高水平的特种作战技能却并不常见。黑客技能也是如此。找到了解一些黑客技巧的人很容易，但找到真正熟练的黑客远没有那么轻松。

实践中：现实世界中的安全

每当我受邀完成一些咨询或培训任务时，都会看到许多不同的网络环境。从这些经历中，我逐渐得出这样的观点，即绝大部分机构对计算机安全都采取了非常不严谨的方法。下面是我认为的对安全采取不严谨行为的例子：

❑ 公司没有任何类型的入侵检测系统（第 5 章介绍）

❑ 公司没有足够的防病毒 / 防间谍软件（第 10 章介绍）

❑ 公司的备份介质不安全（第 11 章介绍）

❑ 公司没有打补丁的规划（第 8 章介绍）

这些仅仅是机构没有以适当方式处理网络安全的几个例子。

在网络安全观点的另一端，一些管理人员高估了安全威胁。他们认为，存在大量非常有天赋的黑客，这些黑客都是系统迫在眉睫的威胁。事实上，许多自称黑客的人比他们自认为的懂得要少。即使是中等强度安全防范的系统，被这种技能级别的黑客所破坏的可能性也很低。

这并不意味着不存在高水平的黑客。这样的人当然存在。但是，有能力攻入相对安全系统的人，必须使用相当耗时和烦琐的技术来突破系统的安全防线。这些黑客还必须权衡攻击任务的代价和收益。熟练的黑客倾向于无论在经济上还是在意识形态上都有高收益的目标系统。如果一个系统看起来没有足够的收益，熟练的黑客不太可能会花费资源来攻击它。以窃贼作一个很好的类比：高技能的窃贼确实存在，但他们通常寻求高价值目标，以小型企业和家庭为目标的窃贼通常技能都有限。对黑客而言也是如此。

> **供参考：技能型黑客与非技能型黑客**
>
> 技能型黑客通常只瞄准非常具有吸引力的站点。这些站点提供有价值的信息或宣传效果。军用计算机——即使是没有机密信息的非常简单的 Web 服务器——也能提供很强的宣传效果。另一方面，银行通常拥有非常有价值的信息。新手黑客通常从一个低价值的、本身不太安全的系统开始。低价值系统可能没有任何有重大价值的数据或不能提供好的宣传效果，大学的 Web 服务器就是一个很好的例子。虽然新手黑客的技能不如老手，但数量更多。此外，金钱方面的收益并不是系统对黑客高手具有吸引力的唯一因素。如果黑客反对一个机构的意识形态立场（例如，如果一个机构出售大型运动型多用途车，而黑客认为这是糟糕的环境政策），那么他可能会把该机构的系统作为攻击目标。

对计算机系统危害的这两种极端态度都是不准确的。确实存在有的人既理解计算机系统，又拥有攻击很多系统（即使不是大多数系统）安全性的技能。然而，也确实许多自称黑客的人并不像他们声称地具有那么娴熟的技能。他们从 Internet 上得知一些流行词，并确信自己拥有超强数字能力，但却不能对即使中等安全程度的系统进行任何攻击。

你可能会认为，慎之又慎或者极度勤勉应该是合适的方法。实际上，你不需要采取极端的观点。你应该采取现实的安全观点，制定切实可行的防御策略。每个机构和 IT 部门都仅有有限的资源：你只有这么多的时间和金钱。如果浪费部分资源来防止不现实的威胁，那么你可能没有足够的资源用于更实际的项目。因此，对网络安全采取现实的方式是唯一切实可行的方法。

你或许奇怪，为什么有些人会高估他们网络的危险。至少在部分程度上，答案可以归结于黑客社区的本质和媒体的宣传。此外，Internet 上充斥着声称拥有高超黑客技能的人。实际上，像人类工作的任何领域一样，绝大多数人仅是平均水平。真正有天赋的黑客并不比真正有天赋的音乐会钢琴家更常见。想想有多少人在他们一生中的某个阶段都学过钢琴课程，可又有多少人真正成为艺术家。

对计算机黑客而言也是如此。请记住，即使是那些拥有必备技能的人，也需要具有动机去花费必要的时间和精力来破坏系统。当遇到任何声称拥有网络神力的人，不要忘记上述事实。

许多自称黑客的人缺乏真实技能的说法并非基于任何研究或调查。关于这个话题进行可靠的研究是不可能的，因为黑客不太可能现身并参加技能测试。我基于以下两点考虑得出了上述结论：

❏ 第一点是依据这些年我在黑客讨论组、聊天室和公告板浏览的经验。在该领域 20 多年的工作中，我遇到过有天赋的、技术精湛的黑客，但我遇到更多的是自称黑客但明显缺乏足够技能的人。我也常在黑客大会上演讲，包括 DEFCON 大会，并在黑客杂志如《2600》上发表文章。我有机会与黑客社区进行广泛的互动。

❑ 第二点是依据关于人性的一个事实，即在任何领域绝大多数人都是中等水平。想一想有那么多在健身房接受正规训练的人，成为有竞争力的健美运动员的人却凤毛麟角。在任何领域，大多数参与者都是中等水平。这并不是贬损的话，只不过是生活的一个事实。

这一说法并不意味着轻视黑客攻击的危险，那根本不是我的本意。在没有适当安全防范措施的情况下，即使一个不熟练的新手黑客也能侵入系统。即使准黑客没有成功地攻破安全措施，他仍然相当令人讨厌。此外，某些形式的攻击根本不需要太多技能。本书后面将讨论这些内容。

一种更全面的观点（因此，是评估任何系统威胁等级的较好方法）是，在系统对潜在入侵者的吸引程度和系统已采取的安全措施之间进行权衡。正如你将看到的，任何系统的最大威胁并不是黑客，病毒及其他攻击要盛行得多。威胁评估是一项复杂的、需要考虑多方面因素的任务。

1.7 威胁分类

你的网络肯定面临着真实的安全威胁，这些威胁可以以多种形式表现出来。有多种方式可用来对系统的威胁进行分类。可以按照造成的损害、执行攻击所需的技能水平或者攻击背后的动机等进行分类。根据本书的目标，我们按照威胁实际做的事情对其进行分类。基于这个思路，绝大多数攻击都可以归结为如下三大类型之一：

❑ 入侵
❑ 阻塞
❑ 恶意软件

图 1-6 展示了这三种类型。入侵类型包括那些破坏安全措施并获得系统非授权访问的攻击。该类攻击包括任何旨在获得对系统非授权访问的尝试。这种威胁通常是黑客做的事情。第二类攻击是阻塞，包括那些旨在阻止对系统进行合法访问的攻击。阻塞攻击通常称为拒绝服务攻击（Denial of Service，DoS）。在这种类型的攻击中，攻击的目的不是实际进入你的系统，而是简单地阻止合法用户的访问。

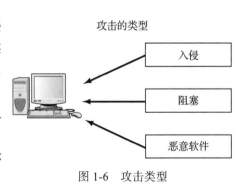

攻击的类型

入侵

阻塞

恶意软件

图 1-6 攻击类型

供参考：还有什么其他攻击？

第 2 章介绍的诸如缓冲区溢出（buffer overflow）等攻击可归结为多个威胁类型。例如，缓冲区溢出可用来关闭机器，从而成为阻塞型攻击，也可以用来突破系统的安全措施，因而成为入侵型攻击。但是，攻击一旦实现后，它将确定归属于二者中的某一个类型。

第三类威胁是在系统上安装恶意软件（malware）。恶意软件是对具有恶意目的的软件的一个通用术语，它包括病毒攻击、特洛伊木马和间谍软件。由于这类攻击可能是对系统最普遍的威胁，因此我们首先来介绍它。

1.7.1 恶意软件

恶意软件可能是任何系统中最常见的威胁，包括家庭用户系统、小型网络以及大型企业的广域网。之所以如此常见，原因之一是恶意软件通常被设计成自行传播，而不需要恶意软件的创造者直接参与。这使得该种类型的攻击更容易在 Internet 上传播，因此攻击范围更广。

恶意软件中最显而易见的例子就是计算机病毒。你可能对病毒有大概的了解。如果查阅不同的教科书，你可能会发现病毒的定义略有不同。其中的一个定义为："通过修改其他程序，在其中加入自己可能进化了的副本，来感染其他程序的程序。"这是一个很好的定义，也是本书通篇所使用的定义。计算机病毒类似于生物病毒，既可以复制又可以传播。最常见的传播病毒的方法是使用受害者的电子邮件账号，将病毒传播到他的通讯录中的每个人。有些病毒并不实际危害系统本身，但由于病毒复制引起网络负载加大，因此它们都会造成网络减速或关闭。

实践中：真实的病毒

第 2 章和第 9 章将详细讨论最初的 MyDoom 蠕虫。MyDoom.BB 病毒是 2005 年初开始传播的 MyDoom 的一个变种。这种蠕虫以 java.exe 或 services.exe 的形式出现在硬盘上。这一点对了解病毒很重要。许多病毒试图以合法的系统文件的面目出现，以防止你删除它们。自那时起，已经出现了很多种病毒，包括著名的 Stuxnet（震网）、Flame（火焰）、WannaCry（永恒之蓝）等。

这种特殊的蠕虫把自己发送到你的地址簿中的每个人，因此传播非常快。该蠕虫试图下载一个后门程序，从而让攻击者访问你的系统。

从技术的角度来看，该蠕虫最有趣的是它如何提取电子邮件地址。该蠕虫使用了一种改进的电子邮件地址识别算法，它可以捕捉到如下电子邮件地址：

❑ chuck@nospam.domain.com

❑ chuck-at-domain-dot-com

这些地址被蠕虫转换为可用的格式。许多其他的电子邮件提取引擎都被这类电子邮件地址替换所困扰。

另一种与病毒密切相关的恶意软件类型是特洛伊木马。这个术语是从古代传说中借用的。在传说中，特洛伊（Troy）城被围困了很长时间，攻击者久攻不下。他们建造了一个巨大的木马（wooden horse），有天晚上将它放在特洛伊城的城门前。第二天早晨，特洛伊城的居民看到了木马，认为这是一件礼物，于是就把木马拉进了城内。他们不知道的是，有几名士兵藏在木马里面。那天晚上，这些士兵们从木马里出来，打开了城门，让他们的同伴攻进城内。一个电子形式的木马以同样的方式工作，它们看起来是良性软件，但却在内部将病毒或其他类型的恶意软件秘密地下载到你的计算机上。简单地说，有一个诱人的礼物，你将它安装在你的电脑上，后来发现它释放了一些非你预期的东西。事实上，在非法软件中更容易

发现特洛伊木马。Internet 上有很多地方可以获得盗版软件。发现这样的软件实际上是特洛伊木马的一部分并不罕见。

特洛伊木马和病毒是两种最常见的恶意软件形式。第三种类恶意软件是间谍软件，它正以惊人的速度增长。间谍软件是一种窥探你在电脑上所作所为的软件。它可以像 cookie 一样简单，cookie 是一个由浏览器创建的并且存储在你硬盘上的文本文件。cookie 从你访问的网站下载到你的机器上，当你在之后返回到同一网站时，网站可用它识别出你。这个文件能够让你访问页面更快速，避免频繁访问页面时必须多次输入你的信息。而为了做到这一点，就必须允许网站读取该文件，这就意味着其他网站也可以读取它。该文件保存的任何数据都可以被任何网站检索，所以，你浏览 Internet 的整个历史都可以被跟踪。

另一种形式的间谍软件称为键盘记录器（key logger），它能记录你所有的击键。有的还能周期性地拷贝你的电脑屏幕。然后，这些数据要么被存储起来供记录器的安装者随后进行检索；要么通过电子邮件立即发回给安装者。在任何一种情况下，你在电脑上做的每件事都被记录下来给了感兴趣的人。

> **供参考：键盘记录器**
>
> 尽管我们将键盘记录器定义为一个软件，但需要注意的是，确实存在基于硬件的键盘记录器。基于硬件的键盘记录器比基于软件的键盘记录器要罕见得多。因为软件键盘记录器更容易安装在目标机器上。硬件键盘记录器要求物理接触机器并安装硬件。如果要在计算机用户没有察觉的情况下安装键盘记录器，那么安装物理设备可能相当困难。软件键盘记录器可以通过特洛伊木马进行安装，攻击者与目标计算机甚至不需要在相同的城市。

1.7.2　威胁系统安全——入侵

有人可能会辩解称，任何类型的攻击都旨在破坏安全性。然而，这里的入侵是指那些实际上试图侵入系统的攻击。它们不同于简单地拒绝用户访问系统的攻击（阻塞），或者那些不聚焦于特定目标的攻击，如病毒和蠕虫（恶意软件）。入侵攻击的目的是获得特定目标系统的访问权，通常被称为黑客攻击，尽管这不是黑客自己使用的术语。黑客把这种攻击称为骇客攻击（cracking），表示未经许可侵入系统，并且通常怀有恶意目的。通过某种操作系统缺陷或任何其他手段破坏安全性的攻击都可以归结为骇客攻击。本书的后续内容会介绍一些侵入系统的具体方法。在许多情况下，这类攻击都是利用一些软件缺陷来获得对目标系统的访问。

利用安全缺陷并不是侵入系统的唯一方法。事实上，有些方法在技术上更容易实现。例如，社会工程（social engineering）就是一种完全不以技术为基础的破坏系统安全性的方法。顾名思义，社会工程更多依赖于人类本性而不是技术。这是著名的黑客 Kevin Mitnick 最常用的攻击类型。社会工程使用标准的骗子技巧，使用户提供访问目标系统所需的信息。这种方法的工作原理相当简单。攻击者首先获得关于目标机构的初步信息，比如系统管理员的姓名，然后利用它从系统用户那里获得更多信息。例如，他可能给会计部门的某个人打电话，声称自己是公司的技术支持人员。入侵者可以使用系统管理员的姓名来证实自己说的是实话。之后他可以询问各种问题来了解系统的更多细节。精明的入侵者甚至可以获知用户名和口令。正如你所见，这种方法基于入侵者如何操纵人，而实际上与计算机技能没有什么关系。

社会工程和利用软件缺陷并不是进行入侵攻击的唯一手段。无线网络的日益普及引发了新的攻击类型。最明显和最危险的活动是战争驾驶（war-driving）。这种类型的攻击是战争拨号（war-dialing）的衍生物。在战争拨号中，黑客用一台计算机按顺序拨打电话号码，直到另一台计算机响应，然后他尝试进入对方系统。战争驾驶使用了相同的概念，用于定位脆弱的无线网络。在该类攻击中，黑客简单地驾车漫游，试图定位无线网络。许多人忘记了，他们的无线网络信号通常可达 100 英尺（约 30.48 米）远，因此可以穿越墙壁。在年度黑客大会 DEFCON 2003 上，参赛者参加了一场战争驾驶比赛，他们在城市里四处驾驶，试图找到尽可能多的脆弱的无线网络。

1.7.3　拒绝服务

第三类攻击是阻塞（blocking）攻击，其中的一个例子是拒绝服务（Denial of Service，DoS）攻击。在这种攻击中，攻击者并不实际访问系统，而是简单地阻止合法用户访问系统。用计算机应急响应小组协调中心（Computer Emergency Response Team/ Coordination Center，CERT/CC）的话说，"拒绝服务攻击的特点是，攻击者明确地试图阻止服务的合法用户使用该服务。"这里所说的 CERT 是世界上第一个计算机安全事件响应小组。一种常用的阻塞攻击方法是向目标系统注入大量虚假的连接请求，使得目标系统无暇响应合法请求。DoS 是一种非常常见的攻击，仅次于恶意软件。

1.8　可能的攻击

上面我们研究了各种可能的网络威胁。显然，有些威胁比其他威胁更容易发生。那么，个人和机构面临的现实危险是什么？什么是最有可能的攻击？常见的漏洞有哪些？理解现有威胁的基本原理以及它们将给用户和机构带来问题的可能性非常重要。

> **供参考：攻击的可能性**
>
> 特定攻击发生的可能性取决于网络所服务机构的类型。这里给出的数据适用于大多数网络系统。显然，许多因素会影响针对特定系统攻击的可能性，包括系统的宣传效果以及系统上数据的感知价值。因此，在评估对网络的威胁时，一定要谨慎行事。

对任何计算机或网络来说，最可能的威胁是计算机病毒。例如，就在 2017 年 10 月的一个月内，McAfee 列出了 31 种活跃病毒（https://home.mcafee.com/virusinfo/virus-calendar）。每个月都会有几种新病毒爆发。新的病毒不断被创建，而旧的病毒仍然存在。

需要注意的一点是，许多人并没有像他们应该做的那样经常更新防病毒软件。这个事实的证据是，在 Internet 上传播的许多病毒都已经发布了应对措施，但人们根本没有应用它们。因此，即使病毒已为人所知，并且防御措施已具备，但它依然能广泛传播，原因在于许多人没有定期更新保护措施或清理自己的系统。如果所有的计算机系统和网络都定期更新安全补丁并部署病毒扫描软件，那么就会避免大量病毒的爆发，或者至少能将它们的影响降到最低。

阻塞攻击已经成为除病毒外最常见的攻击形式。你在本书后面将学到，阻塞攻击比入侵攻击更容易实现，因此发生得更频繁。一名聪明的黑客可以在 Internet 上找到工具来帮助他发起阻塞攻击。第 2 章将介绍更多关于阻塞攻击和恶意软件的内容。

无论计算机犯罪的本质是什么，事实就是网络犯罪很普遍。2016 年开展的一项计算机犯罪调查发现，32% 的机构曾遭受过网络犯罪的影响，一些机构遭受的损失超过 500 万美元。而只有 37% 的受访者有充分可行的应急事件响应计划。

实践中：什么是"系统滥用"？

雇主和雇员对系统滥用（misuse）的看法经常不同。工作场所的所有系统都是雇主的财产。电脑、硬盘，甚至电子邮件都是雇主的财产。美国法律一直认为，雇主有权监控雇员的网络使用，甚至是电子邮件。

大多数机构都有严格禁止任何除工作目的外使用计算机设备的政策。Internet 连接仅限于与工作相关的使用，而不能用于阅读网站上的头条。有些公司不介意员工在午餐期间将 Internet 用于个人目的。从安全的角度来看，管理员必须关注员工访问的网站。他们正在下载 Flash 动画吗？他们正在下载自己的屏幕保护程序吗？下载的任何东西对系统来说都是潜在的威胁。即使没有下载，也存在网站跟踪用户和他们的计算机信息的可能性。从安全角度看，机构外的人对你的网络信息掌握得越少越好。任何一条信息对黑客来说都可能有潜在的用途。

正如你将在第 4 章学到的，许多防火墙解决方案允许管理员阻塞某些网站，这是个经常使用的功能。公司最起码应该有个非常明确的策略，确切地描述哪些活动是允许的，哪些是不允许的。策略中的任何模棱两可都可能会在以后引起问题。在第 11 章中，你将学习更多关于定义和实现安全策略的内容。

1.9 威胁评估

当试图评估机构的威胁等级时，管理员必须考虑许多因素。第一个因素前面已经提到过，即系统对黑客的吸引力。一些系统吸引黑客是因为其金钱价值。金融机构的系统为黑客提供了诱人的目标。其他系统吸引黑客是因为它们所支持机构的公众形象。黑客被吸引到政府系统和计算机安全网站，仅仅是因为这些系统有很好的宣传效果。如果黑客成功进入其中的一个系统，他将在黑客社区中获得名声和威望。学术机构受到黑客攻击的频率也很高。高中和大学有大量年轻的、精通电脑的学生，这种群体中黑客和潜在黑客的数量可能比一般大众高。此外，学术机构在信息安全方面的声誉不太好。

第二个风险因素是系统中信息的性质。如果一个系统拥有敏感或关键的信息，那么它的安全性要求较高。诸如社会保障号、信用卡号和医疗记录等个人数据也有很高的安全要求。拥有敏感的研究数据或机密信息的系统安全要求更高。

最后要考虑的因素是系统的流量。对系统进行某种远程访问的人越多，存在的安全隐患就越大。例如，有大量用户从网络外面访问电子商务系统，其中的每个连接都代表着一个危险。相反，如果系统是自包含的，没有外部连接，那么它的安全风险就会减少。

综合考虑系统对黑客的吸引力、系统存储信息的性质以及与系统远程连接的数量这几个因素后，管理员可以对系统的安全需求进行完整的评估。

下面的数值尺度可以为系统的安全需求提供一个基础概括。

考虑了三个因素（吸引力、信息内容和安全设备）。每个因素指派一个 1～10 的数字。前两个加在一起，然后减去第三个数。最终得分介于 −8（极低风险，高安全性）到 19（极高风险，低安全性）之间；数值越小系统越安全，数值越大风险越大。对一个系统来说，最好的评级如下：

- ❏ 对黑客的吸引力得分为 1（即，系统几乎不为人所知，在政治或意识形态方面没有任何重要性等）。
- ❏ 在信息内容方面得分为 1（即，系统不包含机密或敏感数据）。
- ❏ 系统的安全性得分为 10（即，系统拥有多层的、主动的安全防御系统，包括防火墙、端口阻塞、防病毒软件、IDS、防间谍软件、合适的策略、所有的工作站和服务器都得到安全加固，等等）。

其中，对吸引力的评估是非常主观的。而评估信息内容的价值或安全等级可以用很粗略但简单的度量来完成。这个系统在第 12 章将再次提及并进一步扩展。

显然，这个评估系统不是一门精确的科学，在某种程度上取决于个人对系统的评价。然而，这种方法确实为评估系统的安全提供了一个起点，当然它不是对安全的最终结论。

1.10　理解安全术语

在计算机安全领域学习时，你必须认识到，这门学科是安全专业人员和业余黑客相互重合的领域。因此，该领域结合了来自这两个领域的术语。本书的词汇表是整个课程中非常有用的参考工具。

1.10.1　黑客术语

我们首先从黑客术语开始。请注意，这些术语不是精确的，许多定义都有争议。不存在官方的黑客词汇表，这些术语都是通过在黑客社区的使用演变而来的。很显然，研究这类术语应该从黑客（Hacker）的定义开始，这是一个在电影和新闻广播中使用的术语。大多数人用它来描述任何闯入计算机系统的人。然而，安全专业人士和黑客自己对这个术语的使用不同。在黑客社区中，黑客是一个或多个特定系统的专家，他们想更深入地了解系统。黑客认为，检查系统的缺陷是了解它的最好方法。

例如，一个精通 Linux 操作系统、通过检查其弱点和缺陷来理解这个系统的人就是一个黑客。然而，这通常也意味着检查是否可以利用一个缺陷来获取系统的访问权。这个过程中的"利用"部分将黑客区分为三类人：

- ❏ 白帽黑客（White hat hackers）发现系统中的漏洞之后，会向系统的厂商报告该漏洞。例如，如果他们发现 Red Hat Linux 中的某个缺陷，他们就会给 Red Hat 公司发电子邮件（可能是匿名的），解释缺陷是什么以及如何利用它。

- 黑帽黑客（Black hat hackers）是通常媒体（如电影和新闻）中描述的黑客。它们在进入系统之后，目标是造成某种类型的损害。他们可能窃取数据、删除文件或破坏网站。黑帽黑客有时被称为骇客。
- 灰帽黑客（Gray hat hackers）通常是守法的公民，但在某些情况下会冒险从事非法活动。他们这样做可能是因为各种各样的原因。通常，灰帽黑客会出于他们认为的道德上的原因进行非法活动，比如入侵一个他们认为从事不道德活动的公司的系统。请注意，在许多教科书中都找不到这一术语，但它在黑客社区内部却是一个常用术语。

不管黑客如何看待自己，未经许可侵入任何系统都是非法的。这意味着，从技术上来说，所有的黑客，不管他们隐喻上戴着什么颜色的"帽子"，都在违反法律。然而，许多人认为，白帽黑客实际上是通过在有道德缺陷的人利用漏洞之前，发现缺陷并告知厂商来为社会提供服务的。

了解各种黑客类型只是学习黑客术语的开始。回想一下，黑客是一个特定系统的专家。如果是这样，那么对于那些自称是黑客却缺乏专业知识的人，又使用什么术语呢？对一个没有经验的黑客最常用的术语是脚本小子（script kiddy）。该名字来源于这样一个事实：Internet上充斥着大量可以下载的实用程序和脚本，人们可以下载并执行一些攻击任务。那些下载这些工具而没有真正理解目标系统的人被认为是脚本小子。实际上，相当多的自称为黑客的人只不过是脚本小子。

现在介绍一种特殊类型的黑客。骇客是指那些以危害系统安全为目标，而不是以了解系统为目标的人。黑帽黑客与骇客之间没有区别。这两个术语都是指破坏系统安全、在没有得到相关机构许可的情况下侵入系统、带有恶意目的的人。

什么时候以及什么原因会有人允许另一团体来攻击/破解一个系统呢？最常见的原因是评估系统的脆弱性。这是黑客的另一种特殊类型——道德黑客（ethical hacker）或思匿客（sneaker）（一个很老的术语，现在不经常使用），他们是合法地攻击/破解系统以评估安全缺陷的人。1992年Robert Redford、Dan Aykroyd以及Sydney Poitier主演了一部关于这个主题的电影，名为《Sneakers》。现在，有从事这种类型工作的顾问，你甚至可以找到专门从事这种活动的公司，因为有越来越多的公司使用这种服务来评估他们的脆弱性。今天，这类人通常称为渗透测试者（penetration tester），或简单地称为pen tester。自本书发布第一版以来，这个职业已经成熟。

对那些正在考虑成为渗透测试者或聘请渗透测试者的读者，本书给你一个忠告：雇佣来评估系统脆弱性的任何人都必须技术精湛并且道德高尚。这意味着在安排他的服务之前应该对其进行犯罪背景审查。你肯定不想雇佣一个被定过罪的强盗来当你的守夜人。你也不应该考虑雇佣任何有犯罪前科的人，尤其是有计算机犯罪前科的人，来作为渗透测试者或道德黑客。有些人可能会争辩说，有前科的黑客（骇客）拥有最佳的资格来评估你的系统漏洞。但事实并非如此，理由如下：

- 你可以找到一些既知道和理解黑客技能又从未犯过任何罪的合法安全专业人员。你可以得到评估系统所需的技能，而不必使用一个已知存在缺陷的顾问。
- 如果你争辩说雇用有犯罪前科的黑客意味着雇佣了有天赋的人，那么你可以推测，这个人并没有想象中那么好，因为他曾被抓住过。

　　最重要的是，让一个有犯罪前科的人访问你的系统，就像雇佣一个多次犯酒驾罪的人作为你的司机。在这两种情况下，你都是在惹祸，而且可能会招致重大的民事和刑事责任。

　　此外，建议对渗透测试者的资格进行全面审查。正如一些人会谎称自己是黑客高手一样，有人会谎称自己是训练有素的渗透测试员。一个不合格的测试员可能会称赞你的系统，而实际上是因为他没有能力，不能成功地攻破你的系统。第 12 章将讨论评估目标系统的基本知识，以及为此目的所聘请顾问的必要资格。

　　黑客攻击的另一个专业分支是攻入电话系统。这个子领域称为飞客攻击（phreaking）。新黑客词典（New Hackers Dictionary）实际上把飞客攻击定义为"为了不支付某种电信账单、订单、转账或其他服务，而采取恶作剧的大部分是非法的行为"（Raymond，2003）。飞客攻击需要相当丰富的电信知识，许多飞客（phreaker）都有为电话公司或其他电信企业工作的专业经验。这种类型的行为通常依赖于攻击电话系统的专门技术，而不是仅仅了解某些技术。例如，需要用某些设备攻击电话系统。电话系统往往依赖于频率。如果你有一个按键电话，你会注意到，当你按下按键时，每个按键都有不同的频率。记录和复制特定频率的机器对于飞客攻击来说常常是必不可少的。

1.10.2　安全术语

　　安全专业人员也有特定的术语。任何受过网络管理培训或有过网络管理经验的读者可能都已经熟悉了其中的大部分。虽然大多数黑客术语是描述活动或执行它的人（飞客攻击、思匿客等），但本书中的许多安全术语是关于设备和策略的。这相当合理，因为攻击是以攻击者和攻击方法为中心的攻击性活动，而安全是与防御屏障和防御过程相关的防御性活动。

　　第一个也是最基本的安全设备是防火墙（firewall）。防火墙是处于网络和外部世界之间的一个屏障。有时防火墙是一个独立的服务器，有时是一台路由器，有时是在机器上运行的软件。不管它们的物理形式是什么，其目的都是一样的：过滤传入和传出网络的流量。防火墙与代理服务器（proxy server）相关，并且经常与代理服务器一起使用。代理服务器能向外界隐藏内部网络的 IP 地址，使网络对外表现为单一的 IP 地址（代理服务器自己的 IP 地址）。

　　防火墙和代理服务器被添加到网络中后，可以为网络提供基本的边界安全防御。他们过滤入站和出站的网络流量，但不影响网络中的流量。有时要在防火墙上增加入侵检测系统（Intrusion Detection System，IDS）来增强防护能力。入侵检测系统监视流量，以查找可能标识具有入侵企图的可疑活动。

　　访问控制（Access control）是另一个重要的计算机安全术语，在后面几章中你会对它特别感兴趣。访问控制是为限制资源访问所采取的所有方法的总和，包括登录过程、加密以及旨在防止未授权人员访问资源的任何方法。认证（Authentication）是访问控制的一个子集，可能是最基本的安全活动。认证是确定用户或其他系统所提供的凭证（如用户名和口令）是否被授权访问所涉及网络资源的过程。当用户以用户名和口令登录时，系统尝试验证用户名和口令。如果认证通过，则用户将被授权访问。

　　不可否认性（Non-repudiation）是另一个计算机安全中常遇到的术语。它是指任何用来确保在计算机上执行某一动作的人不能虚假地否认他曾执行过该动作的技术。不可否认性提供用户在特定时间采取特定行动的可靠记录。简而言之，它是跟踪什么用户采取什么行动的方法。各种系统日志都提供了一种不可否认性的方法。审计（auditing）是最重要的安全活动之一，它是审阅日志、记录和程序以确定它们是否符合标准的过程。本书很多章节都涉及这一活动，在第 12 章会重点介绍。审计十分关键，因为检查系统是否采取了适当的安全措施是确保系统安全的唯一途径。

最小权限（Least privileges）是你在向任何用户或设备分配权限时应该记住的一个概念。这个概念的含义是，你只赋予一个人完成他的工作所需的最低限度的权限。要记住这个简单却很关键的概念。

你还应该记住 CIA 三角形（CIA triangle），即机密性（Confidentiality）、完整性（Integrity）和可用性（Availability）三个特性。所有的安全措施都应该影响这三者之中的一个或多个。例如，硬盘驱动器加密以及良好的口令有助于保护机密性。数字签名有助于确保完整性，好的备份系统或网络服务器冗余可以支持可用性。

可以编写一本完整的书来介绍计算机安全术语。上面介绍的这几个术语应用很普遍，熟悉它们非常重要。本章末尾有一些练习将帮助你扩展关于计算机安全术语的知识。下面这些链接也很有帮助：

❑ 美国网络安全职业和研究术语表：https://niccs.us-cert.gov/glossary
❑ SANS 安全术语表：https://www.sans.org/security-resources/glossary-of-terms/
❑ NIST 关键信息安全术语表：http://nvlpubs.nist.gov/nistpubs/ir/2013/NIST.IR.7298r2.pdf

供参考：审计与渗透测试

渗透测试者使用的测试过程实际上是一种特殊类型的审计。你可能想知道渗透测试和审计有什么区别。普通的审计与渗透测试的区别在于其方法不同。普通的审计通常包括检查法律、法规和标准的遵守情况，而渗透测试则试图攻破系统以评估其安全性。传统的审计包括查看日志、检查系统设置、确保安全符合某个特定的标准。而渗透测试者则简单地试图攻入系统。如果能成功的话，他们会记录他们是如何做的，并说明如何阻止别人做同样的事情。

1.11 选择网络安全模式

机构可以从几种网络安全模式（approach）中进行选择。特定的模式或范型（paradigm）将影响所有后续的安全决策，并为整个机构的网络安全基础设施设置基调。网络安全范型既可以按照安全措施的范围（边界、分层）来分类，也可以按照系统的主动性程度来分类。

1.11.1 边界安全模式

在边界安全（Perimeter Security）模式中，大部分的安全工作都集中在网络的边界上。这种聚焦在网络边界的工作可能包括防火墙、代理服务器、口令策略以及任何使网络非授权访问变得不太可能的技术或程序，而针对网络内部系统安全的工作极少或根本没有。在这种方法中，边界是被保护的，但边界内部的各种系统往往是很脆弱的。

边界安全模式显然存在缺陷。但为什么有些公司使用它呢？预算有限的小公司或缺乏经验的网络管理员可能会使用边界安全模式。对于那些不存储敏感数据的小型机构来说，这种模式或许已经足够了，但对较大的公司却不太有效。

1.11.2　分层安全模式

分层安全（Layered Security）模式是一种不仅要保护边界的安全，而且要保护网络内部各个系统安全的模式。网络中的所有服务器、工作站、路由器和集线器都是安全的。实现该模式的一种方法是将网络划分成段，并将每个段作为单独的网络进行保护。这样，如果边界安全被突破，那么并不是所有的内部系统都会受到影响。只要条件允许，分层安全模式是首选模式。

还可以用主动和/或被动的程度来评估安全模式。这可以通过度量系统的安全基础设施和策略中有多少专门用于预防措施，有多少专门用于攻击发生后对攻击的响应来实现。

被动安全模式很少或没有采取措施来防止攻击。相反，动态安全模式，或称主动防御，则在攻击发生之前采取一些措施防止攻击的发生。主动防御的一个例子是使用 IDS，它用于检测规避安全措施的企图。一个破坏安全的企图即使没有成功，IDS 也会告诉系统管理员该企图的发生。IDS 还可以用于检测入侵者使用的攻击目标系统的各种技术，甚至能在攻击发起之前警告网络管理员潜在攻击企图的存在。

1.11.3　混合安全模式

在现实世界中，网络安全很少完全采用一种模式或另一种模式。网络通常采用多种安全模式中的多种因素。上述两种分类可以结合起来，形成混合模式。一个网络可以主要是被动的，但同时也是分层的安全模式，或者主要是边界安全模式，但同时也是主动的。考虑使用笛卡儿坐标系描述计算机安全的方法，其中，x 轴表示方法的被动/主动水平，y 轴描绘从边界防护到分层防护的范围，这种表示有助于理解该方法。最理想的混合模式是动态的分层模式。

1.12　网络安全与法律

越来越多的法律问题影响着管理员如何管理网络安全。如果你所在机构是一家上市公司、一家政府机构，或者与它们有生意往来的机构，那么如何选择你的安全模式可能存在法律上的约束。法律约束包括影响信息如何存储或访问的任何法律。Sarbanes-Oxley（本章后面将详细讨论）就是一个例子。即使你的网络在法律上不受这些安全指南的约束，但了解影响计算机安全的各种法律，并得出可能适用你自己安全标准的想法也是有用的。

在美国，影响计算机安全的、最古老的立法之一是颁布于 1987 年的计算机安全法案（Computer Security Act of 1987）（1987，第 100 届国会）。该法案要求政府机构确定敏感系统、进行计算机安全培训，并制定计算机安全计划。由于该法律要求美国联邦机构在没有规定任何标准的情况下建立安全措施，因此是一个模糊的命令。

这项立法建立了制定具体标准的法律授权，为未来的指南和规则铺平了道路。也有助于定义某些术语，如根据立法中的下述论述，可以确定什么信息是"敏感的"：

Sensitive information is any information, the loss, misuse, or unauthorized access to or modification of which could adversely affect the national interest or the conduct of Federal programs, or the privacy to which individuals are entitled under section 552a of title 5, United States Code (the Privacy Act), but which has not been specifically authorized under criteria established by an Executive order or an Act of Congress to be kept secret in the interest of national defense or foreign policy.

记住这个定义，因为不仅仅是社会保障信息（Social Security information）或病例（medical history）需要安全保护。当考虑哪些信息需要安全保护时，只需简单地问一个问题：这些信息的非授权访问或者修改会对我的机构产生不利影响吗？如果答案是"是"，那么就必须认为该信息是"敏感"的，需要安全防范措施。

另一个更具体的、适用于政府系统强制安全的联邦法律是 OMB Circular A-130（具体来说，是附录 3）。该文件要求联邦机构建立包含特定要素的安全程序。该文件描述了制定计算机系统标准的要求以及政府机构持有记录的要求。

美国大多数州都有关于计算机安全的具体法律，比如佛罗里达州的计算机犯罪法案（Computer Crimes Act of Florida）、阿拉巴马州的计算机犯罪法案（Computer Crime Act of Alabama）和奥克拉荷马州的计算机犯罪法案（Computer Crimes Act of Oklahoma）。任何负责网络安全的人都有可能参与犯罪调查。可能是对黑客攻击事件的调查，也可能是对员工滥用计算机资源的调查。无论是什么性质的犯罪引起的调查，清楚你所在州的计算机犯罪法律是非常重要的。在 http://www.irongeek.com/i.php?page=computerlaws/state-hacking-laws 上列出了各州适用于计算机犯罪的法律。该列表来自高级实验室工作站（Advanced Laboratory Workstation，ALW）、美国健康研究院（National Institutes for Health，NIH）和信息技术中心（Center for Information Technology）。

请记住，任何规范隐私的法律，如健康保险流通与责任法案（Health Insurance Portability and Accountability Act, HIPAA）涉及医疗记录，都对计算机安全有直接影响。如果一个系统被攻破，并且隐私法规所涵盖的数据受到损害，可能你就需要证明自己履行了保护这些数据应尽的职责。如果发现你没有采取适当的预防措施，就会导致承担民事责任。

与商业网络安全相关度更高的法律是 Sarbanes-Oxley，常被称为 SOX（http://www.soxlaw.com/）。该法律规定了公开上市交易的公司如何存储和报告财务数据，其中保护这些数据的安全是很重要的一部分。显然，全面介绍这个法律已经超出了本章范围，甚至超出了本书范围。值得指出的是，网络安全除了是一门技术学科外，还必须考虑商业和法律后果。

1.13　使用安全资源

在阅读本书或进入专业世界时，你经常需要一些额外的安全资源。本节介绍一些最重要的资源，以及那些对你来说可能很有用的资源。

❑ CERT（www.cert.org/）。CERT 代表卡内基梅隆大学发起的计算机应急响应小组（Computer Emergency Response Team, CERT）。CERT 是第一个计算机应急事件的响应队伍，目前仍然是业界最受尊敬的组织之一。任何对网络安全感兴趣的人都应该定期访问它的网站。网站上有丰富的文档，包括安全策略指南、前沿安全研究、安全警报以及其他更多内容。

- □ 微软安全技术中心（https://technet.microsoft.com/en-us/security）。这个站点特别有用，因为有太多的计算机运行微软的操作系统。这个网站是所有微软的安全信息、工具和更新的门户。微软软件的用户应该定期访问这个网站。
- □ F- 安全公司（F-Secure Corporation, www.f-secure.com/）。除了其他内容之外，这个网站是一个关于病毒爆发详细信息的存储库。在这里你能找到关于特定病毒的通知和详细信息。这些信息包括病毒如何传播、识别病毒的方法以及清除特定病毒感染的具体工具。
- □ F- 安全实验室（www.f-secure.com/en/web/labs_global/home）。
- □ 美国系统网络安全协会（www. sans.org/）。该网站提供计算机安全几乎所有方面的详细文档。SANS 研究所还赞助了许多安全研究项目，并在其网站上发布有关这些项目的信息。

1.14　本章小结

对网络的威胁在日益增长。我们看到越来越多的黑客攻击、病毒以及其他形式的攻击。危险在增大，同时法律压力（如 HIPAA 和 SOX）也在增大，因此网络管理员的网络安全需求在日益增长。为了满足这一需求，你必须全面理解你的网络存在的威胁，以及你可以采取的对策。这要从对网络威胁的现实评估开始。

本章介绍了网络安全的基本概念、威胁的一般分类以及基本的安全术语。后续章节将详细阐述这些信息。

1.15　自测题

1.15.1　多项选择题

1. 下列哪项不是威胁的三种主要类型之一？
   A. 拒绝服务攻击　　　　　　　　　　　B. 计算机病毒或蠕虫
   C. 实际入侵系统　　　　　　　　　　　D. 网络拍卖欺诈
2. 下列哪一个是病毒最准确的定义？
   A. 通过电子邮件传播的任何程序　　　　B. 携带恶意负载的任何程序
   C. 任何自我复制的程序　　　　　　　　D. 任何可能破坏你系统的程序
3. 如果一个观点过于谨慎，是否有什么理由不采取这个极端的安全观点？
   A. 不，没有理由不采取如此极端的观点
   B. 是的，这可能导致资源浪费在不太可能的威胁上
   C. 是的，如果你准备犯错误，那么假设几乎没有什么现实威胁
   D. 是的，这需要你提高安全技能，以便实施更严格的防御
4. 什么是计算机病毒？
   A. 任何未经你的许可下载到你系统中的程序　　B. 任何自我复制的程序
   C. 任何对你的系统造成伤害的程序　　　　　　D. 任何可以更改 Windows 注册表的程序
5. 下面哪个是间谍软件的最好定义？
   A. 任何记录击键的软件　　　　　　　　B. 任何用于收集情报的软件
   C. 任何监视你的系统的软件或硬件　　　D. 任何监视你访问哪些网站的软件

6. 下列哪一项是道德黑客术语的最佳定义?
   A. 一个攻击系统却没被抓住的业余爱好者　　B. 一个通过伪造合法口令来攻击系统的人
   C. 一个为测试系统漏洞而攻击系统的人　　　D. 一个业余黑客

7. 描述攻击电话系统的术语是什么?
   A. Telco-hacking　　　　　　　　　　　B. Hacking
   C. Cracking　　　　　　　　　　　　　D. Phreaking

8. 下列哪一个是恶意软件的最佳定义?
   A. 具有恶意目的的软件　　　　　　　　　B. 自我复制的软件
   C. 损害你系统的软件　　　　　　　　　　D. 系统中任何未正确配置的软件

9. 下列哪一项是战争驾驶的最佳定义?
   A. 在攻击和搜索计算机作业时驾驶　　　　B. 在使用无线连接进行攻击时驾驶
   C. 驾车寻找可攻击的无线网络　　　　　　D. 驱车并寻找黑客对手

10. 下列哪一项是最基本的安全活动?
    A. 安装防火墙　　　　　　　　　　　　B. 认证用户
    C. 控制对资源的访问　　　　　　　　　D. 使用病毒扫描器

11. 阻塞攻击的目的是什么?
    A. 在目标机器上安装病毒　　　　　　　B. 关闭安全措施
    C. 阻止合法用户访问系统　　　　　　　D. 攻入目标系统

12. 安全的三种模式是什么?
    A. 边界、分层及混合　　　　　　　　　B. 高安全、中等安全和低安全
    C. 内部、外部和混合　　　　　　　　　D. 边界、完全、无

13. 入侵检测系统是如下哪项内容的例子?
    A. 主动安全　　　　　　　　　　　　　B. 边界安全
    C. 混合安全　　　　　　　　　　　　　D. 良好的安全实践

14. 下列哪一项最有可能被归类为系统滥用?
    A. 利用 Web 查找竞争对手的信息　　　　B. 偶尔接收个人电子邮件
    C. 用你的工作计算机做自己的(非公司的)业务　D. 午餐期间在网上购物

15. 最理想的安全模式是:
    A. 边界和动态　　　　　　　　　　　　B. 分层和动态
    C. 边界和静态　　　　　　　　　　　　D. 分层和静态

16. 当评估一个系统的威胁时,你应该考虑哪三个因素?
    A. 系统的吸引力、系统中包含的信息以及系统的流量
    B. 安全团队的技术水平、系统的吸引力和系统的流量
    C. 系统的流量、安全预算和安全团队的技术水平
    D. 系统的吸引力、系统中包含的信息和安全预算

17. 下列哪一项是不可否认性的最佳定义?
    A. 不允许潜在入侵者否认他的攻击的安全属性　B. 验证哪个用户执行什么动作的过程
    C. 是用户认证的另一个术语　　　　　　D. 访问控制

18. 以下哪些类型的隐私法律影响计算机安全?
    A. 美国任何州的隐私法律　　　　　　　B. 美国任何适用于你所在机构的隐私法律
    C. 美国任何隐私法律　　　　　　　　　D. 美国任何联邦隐私法律

19. 第一个计算机应急响应小组隶属于哪所大学?
    A. 普林斯顿大学　　　　　　　　　　　B. 卡内基梅隆大学
    C. 哈佛大学　　　　　　　　　　　　　D. 耶鲁大学

20. 下列哪一项是"敏感信息"的最佳定义？

    A. 军事或国防相关的信息

    B. 任何价值超过 1000 美元的信息

    C. 任何如果被未授权的人员访问就可能损害你所在机构的信息

    D. 任何具有货币价值并受隐私法律保护的信息

21. 下列哪一项很好地定义了道德黑客与审计者之间的主要区别？

    A. 没有区别   B. 道德黑客往往缺乏技能

    C. 审计者往往缺乏技能   D. 道德黑客倾向于使用更多非常规的方法

1.15.2　练习题

练习 1.1　本月发生了多少次病毒攻击？

1. 使用各种网站，确定本月报告的病毒攻击数量。你可能会发现，诸如 www.f-secure.com 这样的网站对找到这类信息很有帮助。

2. 将这一数字与过去三个月、九个月和十二个月的病毒爆发数量进行比较。

3. 病毒攻击频率是增加了还是减少了？举例来支持你的答案，并说明过去一年病毒攻击估计的变化数量。

练习 1.2　特洛伊木马攻击

1. 使用 Internet、期刊、书籍或其他资源，找到在过去九个月内发生的一次特洛伊木马攻击事件。

2. 这个特洛伊木马是怎么传播的？它造成了什么损害？

3. 描述这个木马攻击，包括：

- 任何具体的目标
- 攻击肇事者是否已被逮捕和 / 或被起诉
- 关于该攻击，发布了什么类型的安全警告，给出了什么防御措施

练习 1.3　计算机犯罪的近期趋势

1. 使用你喜欢的搜索引擎，找到关于计算机犯罪的最新调查。

2. 注意哪些领域的计算机犯罪有所增加和减少。

3. 描述本次调查与 2002 年公布的调查之间的变化。

4. 这两项调查告诉你计算机犯罪的趋势是什么？

5. 哪个领域的计算机犯罪增长最快？

练习 1.4　黑客攻击术语

使用 *New Hacker's Dictionary*（新黑客字典），网址为：http://www.outpost9.com/reference/jargon/jargon_toc.html，定义以下术语。然后检查 Internet（网页、聊天室或电子公告牌），为每个术语找到一个用例。

- daemon（守护程序）
- dead code（死码）
- dumpster diving（垃圾搜寻）
- leapfrog attack（跳步攻击）
- kluge（杂凑攻击）
- nuke（核弹）

练习 1.5　安全专业术语

使用本章中讨论的三个词汇表之一，定义下列术语：

- access control list（访问控制列表）
- adware（广告软件）
- authentication（认证）
- backdoor（后门）
- buffer（缓冲区）
- HotFix（热补丁）

1.15.3　项目题

项目 1.1　了解病毒

1. 使用你最喜欢的搜索引擎进行搜索，找到一种在过去六个月里发布的病毒。你可以在 www.f-secure. com 这类网站上找到这些信息。
2. 描述你选择的病毒是如何工作的，包括它使用的传播方法。
3. 描述该病毒造成的损害。
4. 该病毒有特定的目标吗？
5. 病毒攻击的肇事者被抓获和 / 或被起诉了吗？
6. 关于该病毒攻击发布了什么类型的安全警告？
7. 给出了哪些措施来防御它？
8. 对该病毒最恰当的描述是病毒还是蠕虫？

项目 1.2　安全专业

　　利用包括 Web 在内的各种资源，找出计算机安全管理员工作所需的资质。你需要找出所需的具体技术、工作经验、教育水平以及任何认证。本项目可以帮你了解，业界认为的安全专业人员要理解的最重要的主题是什么。可以提供帮助的网站包括：

- www.computerjobs.com
- www.dice.com
- www.monster.com

项目 1.3　查找网络资源

　　本章提供了几个很好的安全信息 Web 资源。现在，你应该使用 Internet 来确定三个你认为对安全专业人员有益、能提供可靠和有效信息的网站。解释为什么你认为它们是有效的信息来源。

　　注意：你可能会在后续章节的练习和项目中使用这些资源，所以一定要确保你可以依赖它们所提供的数据。

第2章 攻击类型

本章目标

在阅读完本章并完成练习之后，你将能够完成如下任务：

● 描述最常见的网络攻击，包括会话劫持、病毒攻击、特洛伊木马、拒绝服务和缓冲区溢出。

● 解释这些攻击是如何执行的。

● 制定针对这些攻击的基本防御措施。

● 配置系统以防范拒绝服务攻击。

● 配置系统以防范特洛伊木马攻击。

● 配置系统以防御缓冲区溢出攻击。

2.1 引言

第1章介绍了计算机系统的一些常见危害，概述了网络安全知识。本章将更为深入地研究具体类型的攻击，分析系统最常受到攻击的方式，并特别关注拒绝服务（Denial of Service，DoS）攻击。它是 Internet 上最常见的一种攻击方法，了解该类攻击的工作原理和防范措施对管理员来说非常重要。

本章还将介绍病毒攻击、特洛伊木马攻击以及一些不太常见的攻击方法，如会话劫持（session hacking）攻击和隧道（tunneling）攻击。有一句古老的格言——"知识就是力量"，对信息安全而言，这句格言不仅是好的建议，而且是构建整个网络安全观的一个公理。

2.2 理解拒绝服务攻击

第一种攻击类型是拒绝服务攻击（DoS）。回顾第1章学习的内容，拒绝服务攻击是指旨在剥夺合法用户使用目标系统的任何攻击。此类攻击实际上并不试图入侵系统或获取敏感信息，它只是试图阻止合法用户访问给定的系统。这种类型的攻击是最常见的攻击类别之一。许多专家认为它很常见，因为大多数形式的拒绝服务攻击都很容易执行，这就意味着即使是低水平的攻击者也经常可以成功执行。

拒绝服务攻击的理念是基于任何设备都有操作权限

这一事实。这个事实适用于所有设备，而不仅仅是计算机系统。例如，桥梁设计的承重有最高限，飞机在不续油的情况下有最长飞行距离，而汽车只能加速到某一时速。所有这些不同的设备都有一个共同的特点：在作业时能力有极限值。计算机或任何其他机器与这些设备没有什么不同，它们也有局限性。任何计算机系统、Web 服务器或网络都只能处理有限的负载。

如何定义工作负载（及其限制）因机器而异。计算机系统的工作负载可以用多种不同的方式来定义，包括并发用户的数量、文件的大小、数据传输的速率或存储的数据量。超过任何限制系统将停止响应。例如，如果你向 Web 服务器发送的请求数多于它可以处理的请求数，那么它就会过载，并且无法再响应其他请求。这就是 DoS 攻击的理论基础。简单地发送请求使系统过载，它就无法再响应尝试访问 Web 服务器的合法用户。

2.2.1　执行 DoS

拒绝服务攻击的概念很简单。然而，大部分原理通过具体的例子会更容易理解。对于 DoS 攻击，你需要通过一种安全的方法在教室或实验室环境中来模拟它。演示 DoS 攻击的一种简单方法，特别是在教室环境中，涉及使用带参数的 ping 命令。（回想一下，输入 ping /h 或 ping /? 会显示 ping 命令的哪些选项。）第一步，在一台计算机上运行 Web 服务器，并将该计算机用作攻击的目标。你可以使用任何喜欢的操作系统和 Web 服务器，如 Microsoft 的 IIS（Internet Information Services，IIS）或 Apache HTTP 服务器，Apache 可以从 www.apache.org 免费下载，Microsoft Windows 10 附带了 IIS，因此你可以轻松找到要安装和运行的 Web 服务器。出于实验的目的，最好找一台低性能的机器，一台旧机器或者一个旧笔记本电脑，都是非常理想的。你要找一个容易过载的机器。从本质上讲，你正在寻找的是与设置真实 Web 服务器时完全相反的目标。

按如下步骤在 Windows 上安装 Web 服务器：

1）从 www.apache.org 下载 Apache for Windows。

2）在 C:\Program Files\Apache Group\Apache2\conf 目录下找到 httpd.conf 文件并打开它。

3）设置 ServerName = localhost。

4）保存文件。

5）在命令提示符下输入 httpd start。

现在打开浏览器，你应该能够查看默认的 Apache 网站。

按如下步骤在 Linux 上安装 Web 服务器：

1）从 www.apache.org 下载 Apache for Linux（在许多 Linux 发行版本中，你只需添加 Apache Web 服务器软件包）。

2）在 /etc/httpd/conf 中查找 httpd.conf 文件。找到它后，右键单击并使用文本编辑器打开它。

3）设置 ServerName = localhost。

4）保存文件。

5）在 shell 中，输入 /etc/init.d/httpd start。服务器启动后，你会看到一条 OK 消息。

6）打开浏览器访问 http:// localhost /。

你应该能够看到 Apache 的默认网站。

当你准备让 Web 服务器上线（可从其他 PC 访问）时，在 /etc/httpd/conf/httpd.conf 文件中更改以下设置：

供参考：更改配置文件

无论何时更改配置文件，都必须停止 Apache 服务器并重新启动它。若要停止 Apache，请使用 /etc/init.d/http stop 命令。

❑ 将 servername 更改为你注册的 URL 或更改为你的 IP: 端口，如：10.10.10.117:80。

❑ 更改 listen 以反映所需的 IP 和端口（配置文件中有一个示例）。

❑ 检查 documentroot 目录，确保该目录是你提供 Web 页面服务的位置。默认值应该是 /var/www/html。

❑ 在 shell 中输入 /etc/init.d/httpd start，启动 Web 服务。

供参考：实验室安全

此实验对目标服务器会有潜在危险。事实上，在整本书中，我们进行的实验对真实的计算机系统都可能造成严重破坏。你应该仅在与主网络断开且不包含任何关键信息的计算机上开展这些实验。最好建立一个专门用于安全实践的实验室。

如果你使用的是 Windows 7、2008 或 2012 Server 版本，那么还可以选择使用微软的 IIS 作为 Web 服务器。

下一步是验证 Web 服务器正在实际运行，并且可以访问其默认网页。课堂上的某个人可以打开他的浏览器并在地址栏中输入目标服务器的 IP 地址，他应该能看到该 Web 服务器的默认网站。现在你可以对它进行相当原始的 DoS 攻击了。

可以使用 ping 命令进行实际的攻击。如果你不记得如何使用 ping 命令，那么应该记住，在命令提示符下输入 ping /h 会显示 ping 命令的所有选项。本练习中使用的选项是 -w 和 -t。-w 选项指定 ping 程序等待目标响应的毫秒数。本实验中将该选项设置为 0，这样它根本不会等。-t 选项指示 ping 程序持续发送数据包，直到明确告知它停止。另一个选项 -l 允许用户更改发送的数据包的大小。请记住，TCP 数据包只能具有有限的大小，因此你要将这些数据包设置成尽可能大。

在 Windows 10 的命令提示符下（即 Unix/Linux 中的 shell），输入"ping <目标计算机的地址> -l 65000 -w 0 -t"。机器应该给出类似于图 2-1 所示的响应。请注意，图中是正在 ping 我自己机器的环回（loopback）地址。你需要把它替换为运行 Web 服务器的计算机的地址。

当执行这一系列 ping 命令时，这台机器不断地 ping 目标机器。在该练习中，教室或实验室内只有一台机器 ping Web 服务器，应该不会对 Web 服务器产生严重影响。这是因为该流量水平完全在目标 Web 服务器的处理能力范围内。但是，在其他计算机以相同方式 ping

服务器之后，目标计算机的处理负担加重了。如果你有足够数量的计算机去 ping 目标服务器，则最终将达到目标计算机停止响应请求的阈值，这时你就无法再访问该网站了。达到此阈值所需的计算机数量取决于你所使用的 Web 服务器。本书作者在课堂上进行了这一实验。在该实验环境中，Apache Web 服务器运行在装有 Windows 7 的 Pentium III 笔记本电脑上，只有 1 GB 内存。在那种情况下，只需要大约 25 台机器同时执行 ping 操作，Web 服务器便会停止响应合法请求。即使这个实验没有令机器崩溃，至少也会使它响应更慢。

```
Command Prompt - ping 127.0.0.1 -l 65000 -w 0 -t

C:\>ping 127.0.0.1 -l 65000 -w 0 -t

Pinging 127.0.0.1 with 65000 bytes of data:

Reply from 127.0.0.1: bytes=65000 time<10ms TTL=128
Reply from 127.0.0.1: bytes=65000 time<10ms TTL=128
Reply from 127.0.0.1: bytes=65000 time<10ms TTL=128
Reply from 127.0.0.1: bytes=65000 time<10ms TTL=128
Reply from 127.0.0.1: bytes=65000 time<10ms TTL=128
Reply from 127.0.0.1: bytes=65000 time<10ms TTL=128
```

图 2-1　在命令提示符下执行 ping

这个实验让你感受了一下拒绝服务是如何执行的，目的是让你更好地理解 DoS 背后蕴含的原理。请记住，实际的拒绝服务攻击使用了更复杂的方法。还请注意，没有真正的 Web 服务会在使用 Windows 7 的普通笔记本电脑上运行。这个练习仅仅演示了 DoS 攻击背后的基本原理：只需用大量的数据包淹没目标计算机，它就无法再响应合法请求。这个基本概念如图 2-2 所示。在这个实验中，我们所做的只是超过了实验室 Web 服务器的操作极限。

一般来说，用于 DoS 攻击的方法比图中所示的方法要复杂得多。虽然所有的 DoS 攻击都试图使目标机器过载，但是这样做的方式多种多样，而且有许多方式能自己发动攻击。例如，黑客可能开发一种小型的病毒，其唯一目的就是对预定目标发起 ping 泛洪（flood）攻击。病毒传播后，被病毒感染的各种机器对目标系统开始 ping 泛洪攻击。这种 DoS 很容易执行，且很难停止。本章后面将描述一些常见的 DoS 攻击。

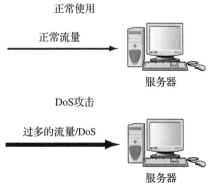

图 2-2　DoS 攻击概念

从几个不同的机器上发起的 DoS 攻击被称为分布式拒绝服务（Distributed Denial of Service，DDoS）。

DDoS 正变得越来越普遍，事实上它才是目前最常见的 DoS 攻击类型。本章后面讨论的大多数实例都是 DDoS 攻击。这种拒绝服务攻击形式越来越普遍的两个原因是：

❑ 如果有多台机器攻击目标系统，那么使目标系统过载更容易实现。由于新的服务器能够处理更高的工作负载，因此从一台计算机上执行 DoS 攻击越来越困难。

❑ 允许攻击者从其他人的机器发起攻击，从而可以保护攻击者的匿名性。从自己的机器发起攻击可能会有风险，因为每个数据包都有可能被追根溯源。这意味着几乎百分之百会被抓获。

DoS 攻击背后隐含的基本原理很简单。攻击者的真正问题是避免自己被抓获。下一节将研究一些具体的 DoS 攻击类型，并回顾具体的案例。

2.2.2　SYN 泛洪攻击

执行 DoS 最原始的方法就是发送大量的 ping 命令。更复杂的方法要使用特定类型的数据包。一种非常流行的 DoS 攻击叫作 SYN 泛洪（SYN flood）攻击。这种特定的攻击类型取决于黑客是否掌握了如何与服务器建立连接。当使用 TCP 协议在网络中的客户端和服务器之间发起会话时，在服务器上会留出内存中的一小块缓冲空间来处理建立会话的"握手"消息交换。会话建立数据包包含一个用于标识消息交换序列号的 SYN 字段。

SYN 泛洪攻击试图破坏这个过程。在这种攻击中，攻击者非常快地发送多个连接请求，但不响应服务器发回来的应答。换句话说，攻击者请求连接，但却从不遵循其余部分的连接。这使得服务器上的连接保持半开放，分配给它们的缓冲区内存被占用，其他应用程序不能使用。尽管缓冲区中的数据包在一段时间（通常大约是三分钟）之后会因为没有回复被丢弃，但大量这类错误连接请求的后果使得合法的会话请求难以建立，如图 2-3 所示。

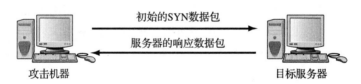

图 2-3　SYN 泛洪攻击

Web 服务器上曾发生过许多有名的 SYN 泛洪攻击。这种攻击类型之所以普遍，是因为任何参与 TCP 通信的机器都易受攻击——而所有连接到 Internet 的机器几乎都参与 TCP 通信。TCP 数据包交换是 Web 服务器通信的全部基础。有几种方法可以防范这些攻击。其中一些方法需要的技术比其他方法的复杂。你可以根据你的网络环境和专业水平选择最适合的方法。

1. 使用微块防御

微块（micro block）防御通过改变服务器为任何连接请求分配内存的方式来避免 SYN 泛洪攻击。服务器不分配完整的连接对象，而是只分配一个微记录。这种技术的较新实现为入站的 SYN 对象分配少至 16 字节。设置微块的细节与具体的操作系统有关。这种防御技术并不太常见，许多网络管理员甚至都不知道还有这种方法。

2. 使用带宽节流防御

防御 DoS 攻击的一种常用方法是用防火墙或入侵检测系统检测来自一个或多个 IP 地址的过多流量，然后限制相应的带宽。这就是使用带宽节流（bandwidth throttling）来减轻 DoS 攻击的方法。

3. 使用 SYN cookie 防御

正如 SYN cookie 名字所提示的，该方法使用 cookie，但与许多网站上使用的标准 cookie 不同。使用本方法，系统并非立即在存储器中创建用于握手过程的缓冲空间。取而代之，它首先发送 SYNACK（开始握手过程的确认信号）。SYNACK 包有一个精心构建的 cookie，它由请求连接的客户端机器的 IP 地址、端口号和其他信息经过哈希算法产生。当客户端以正常 ACK（确认）响应时，该响应包括来自该 cookie 的信息，服务器随后验证该信息。这样，直到握手过程的第三阶段，系统才给它分配全部存储。然而，SYN cookie 中使用的哈希密码是相当密集的，因此期望拥有大量入站连接的系统管理员可能会选择不使用这种防御技术。因此，这种方法也不太常用，但并不像微块防御那样罕见。

这种防御机制同时也说明了一个事实，即大多数防御需要在性能和安全之间进行权衡。SYN cookie 所需的资源开销可能会降低性能，尤其是当存在大量流量时。然而，SYN cookie 是防御多种类型 DoS 的强大手段之一。最佳的解决方案是使用一个非常高性能的服务器（或服务器群）来处理资源开销并实现 SYN cookie。

供参考：状态包检查

实现一个不仅能检查单个数据包，而且还能检查整个"会话"的防火墙是阻止 SYN 泛洪最简单的方法之一。这种状态包检查（Stateful Packet Inspection, SPI）防火墙可查看来自给定源的所有包。因此，如果来自一个 IP 地址的数千个 SYN 数据包没有相应的 SYNACK 数据包，就该引起怀疑并被阻止。

---

4. 使用 RST cookie 防御

另一个比 SYN cookie 更容易实现的 cookie 方法是 RST cookie。在这种方法中，服务器向客户端发送一个错误的 SYNACK。客户端应该生成一个 RST（reset）数据包，告诉服务器发生了错误。因为客户端发回了一个通知服务器错误的数据包，所以服务器现在知道客户端的请求是合法的，并将以正常方式接受来自该客户端的入站连接。但这种方法有两个缺点。首先，对于一些使用早期 Windows 的机器和 / 或位于防火墙后面进行通信的机器来说，可能会出现问题。其次，一些防火墙可能会阻塞 SYNACK 包的返回。

5. 使用堆栈调整防御

堆栈调整（stack tweaking）方法涉及更改服务器上的 TCP 堆栈，这样当 SYN 连接不完整时，可缩短超时时长。不幸的是，这种保护方法只会使针对该目标的 SYN 泛洪变得困难，但对于一个不达目的不罢休的黑客来说，攻击仍然是可能的。堆栈调整比其他方法更复杂，我们将在第 8 章进行更全面的讨论。

这些方法的具体实现过程依赖于 Web 服务器所使用的操作系统。管理员应该查阅操作系统的文档或相关网站，以找到明确的说明。防御 DoS 攻击的最有效方法是综合使用这些方法。将 SYN cookie 或 RST cookie 与堆栈调整结合使用是保护 Web 服务器的很好方法。通过多种方法的结合，每种方法都可以克服其他方法的缺点。把这些方法结合起来，就像同时使用警报系统和警卫来保护建筑物一样。警卫可以做出警报系统不能做的决定，但警报系统从不睡觉，不会被贿赂，也从不分心。这两种方法结合在一起可以克服对方的弱点。

供参考：堆栈调整

　　堆栈调整的过程通常是相当复杂的，这依赖于具体操作系统。一些操作系统的文档对这个主题没有任何帮助。此外，它只会降低危险，但不会阻止危险。基于这个原因，它不像其他方法那样被频繁使用。

2.2.3　Smurf 攻击

　　Smurf 攻击是一种十分流行的 DoS 攻击。它是以首次执行此攻击的应用程序命名的。在 Smurf 攻击中，一个 ICMP 包被发送到网络的广播地址，但它的返回地址被修改为该网络中的某一台计算机，很可能是一个关键的服务器。然后，网络上的所有计算机都将通过 ping 目标计算机进行响应。ICMP 数据包使用 Internet 控制消息协议（Internet Control Message Protocol，ICMP）在 Internet 上发送错误消息。因为数据包发送的地址是广播地址，所以该地址通过将数据包发送到网络上的所有主机进行响应，然后这些主机又将数据包发送到伪装的源地址。不断地发送这样的数据包将导致网络本身对它的一个或多个成员服务器执行 DoS 攻击。这种攻击既聪明又简单。最大的困难是在目标网络上启动数据包。这个任务可以通过某个软件来实现，如由病毒或特洛伊木马发送数据包。图 2-4 演示了这种攻击。

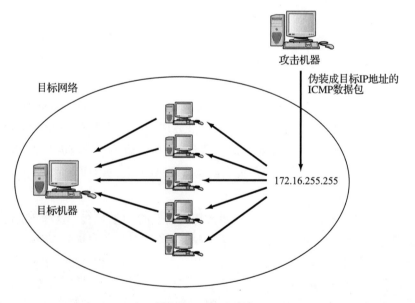

图 2-4　Smurf 攻击

　　Smurf 攻击是一些恶意组织发挥其创造力的一个实例。它有时被视为在自身免疫性疾病中的生物过程的数字等价物。在这种疾病中，免疫系统攻击病人自己的身体。在 Smurf 攻击中，网络对自己的系统执行 DoS 攻击。这种方法的巧妙性说明，如果你负责网络中的系统安全，那么尝试创造性地、前瞻性地工作很重要。计算机攻击的实施者是富有创造力的，他们不断开发新技术，如果你的防守不如攻击者的进攻有创造性和睿智，那么你的系统被攻陷只是时间问题。

可以用两种方式防御 Smurf 攻击：

❑ 最直接的方法是配置所有的路由器，让它们不转发任何直接广播的数据包。这些数据包是 Smurf 攻击的基础，如果路由器不转发它们，那么攻击就被限定在一个子网中。

❑ 第二种方法是防范特洛伊木马（本章后面将深入讨论）。因为 Smurf 攻击是由特洛伊木马传播的软件发起的，所以阻止最初的传输可以阻止攻击。禁止雇员下载应用程序，同时使用足够的病毒扫描程序来保护系统，这些策略也可以很好地保护系统免受木马攻击，从而防止 Smurf 攻击。

使用代理服务器也很有必要。代理服务器可以隐藏机器的内部 IP 地址，这使得你的系统更不容易受到 Smurf 攻击。第 3 章和第 4 章将详细介绍另一个重要工具——代理服务器和防火墙。

2.2.4 死亡之 ping

死亡之 ping（Ping of Death，PoD）可能是 DoS 攻击中最简单、最原始的一种形式，它是基于使目标系统过载的原理。TCP 数据包的大小是有限的。在某些情况下，仅仅发送一个超大的数据包就可以使目标机器宕机。

这种攻击与本章前面讨论的教室的示例非常相似。这两种攻击的目的都是使目标系统过载并停止响应。PoD 可以攻击无法处理超长数据包的系统。如果成功，服务器将彻底关闭。当然，它还可以重新启动。

防止这种攻击的唯一安全保障是确保对所有操作系统和软件都进行例行修补。这种攻击依赖于特定操作系统或应用程序在处理异常大的 TCP 数据包时存在的漏洞。当发现这样的漏洞时，厂商通常会发布补丁。存在 PoD 攻击的可能性，也是必须在所有系统上保持补丁更新的众多原因之一。

PoD 这种攻击越来越不常见，这是因为新版的操作系统能够很好地处理死亡之 ping 所依赖的超大数据包。如果操作系统设计得当，它会丢弃任何过大的数据包，从而消除 PoD 攻击可能带来的任何负面影响。

2.2.5 UDP 泛洪

UDP（User Datagram Protocol，用户数据报协议）泛洪攻击实际上是本章前面描述的实验的变种。UDP 是一种无连接协议，它在传输数据之前不需要建立任何连接。TCP 数据包需要连接并会等待接收方的确认，然后才会发送下一个数据包，每个数据包都必须经过确认。UDP 数据包简单地发送数据包而不需要进行确认。这样可以更为快速地发送数据包，也就更容易执行 DoS 攻击。

当攻击者将 UDP 数据包发送到受害系统的任意端口时，UDP 泛洪攻击就发生了。当受害系统接收到 UDP 数据包时，它会确定什么应用程序正在目标端口上等待。当它意识到没有应用程序在端口上等待时，它将生成一个目标不可达（destination unreachable）的 ICMP

数据包，发送到伪造的源地址。如果有足够多的 UDP 数据包发送给受害系统的端口，系统就会崩溃。

2.2.6　ICMP 泛洪

ICMP 泛洪是你在网络安全文献中经常遇到的一个术语。实际上，它只是前面实验中使用的 ping 泛洪的另一个名称。ICMP 数据包是 ping 和 tracert（该命令在 Windows 中是 tracert，在 Linux 中是 traceroute）实用程序中使用的数据包的类型。

2.2.7　DHCP 耗竭

DHCP 耗竭（DHCP starvation）是另一种常见的攻击。如果足够多的请求涌向网络，攻击者可以无限期地彻底耗尽由 DHCP 服务器分配的地址空间。有一些工具，比如 Gobbler，可以帮你做到这一点。拒绝来自外部网络的 DHCP 请求可以防止这种攻击。

2.2.8　HTTP Post DoS

HTTP Post DoS 通过发送合法的 HTTP Post 消息进行攻击。Post 消息中有一个字段是"content-length"（内容长度）。该字段指出后面跟随消息的大小。在这种攻击中，攻击者以极慢的速度发送实际的消息体。之后 Web 服务器"挂起"等待消息完成。对于健壮性强的服务器，攻击者需要同时发起多个 HTTP Post 攻击。

2.2.9　PDoS

永久性拒绝服务（Permanent Denial of Service，PDoS）攻击对系统的损害非常严重，以至于受害计算机需要重新安装操作系统，甚至需要新的硬件。这种攻击有时被称为 phlashing，通常涉及对设备固件的 DoS 攻击。

2.2.10　分布式反弹拒绝服务

如前所述，分布式拒绝服务（Distributed Denial of Service，DDoS）攻击变得越来越普遍。大多数此类攻击依赖于让各种机器（服务器或工作站）攻击目标。分布式反弹拒绝服务（Distributed Reflection Denial of Service，DRDoS）是一种特殊类型的 DoS 攻击。与所有此类攻击一样，黑客通过让大量计算机攻击选定的目标来实现攻击。但是，这种攻击的工作原理与其他 DoS 攻击稍有不同。这种方法不是让计算机攻击目标，而是诱骗 Internet 路由器来攻击目标。

Internet 骨干网上的许多路由器都用 179 端口进行通信。这种攻击利用该通信链路让路由器攻击目标系统。这种攻击之所以特别可恶，是因为它并不要求对其中的路由器进行任何攻击。攻击者不需要使用路由器上的任何软件就能让它参与攻击。相反，黑客向各路由器发送一系列请求连接的数据包。这些数据包是被篡改过的，它们看起来像是来自目标系统的 IP 地址。路由器通过启动与目标系统的连接来响应。而实际情况是这些来自多个路由器的大量连接，都指向同一个目标系统。这样做的后果是使目标系统无法访问。图 2-5 说明了这种攻击。

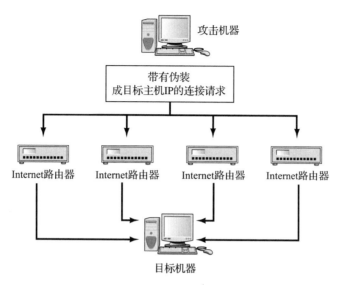

图 2-5　分布式反弹拒绝服务攻击

2.2.11　DoS 工具

　　DoS 攻击变得如此普遍的一个原因是有许多工具可用来执行攻击。这些工具在 Internet 上比比皆是，而且大多数情况下都可以免费下载，因此任何谨慎的管理员都应该知道它们。除了作为攻击工具使用之外，它们还可以用于测试你防御 DoS 攻击的安全措施。

实践中：攻击你自己的系统

　　测试你对特定类型攻击的防御能力的最好方式就是模拟该攻击。无论你采取什么样的对策，在受到攻击之前，你都不会真正知道它们是否有效。在真正的攻击发生之前发现真相会更好。最好的方法是使用军事风格的战斗演习。

　　这种方法并不是要在一台实际的机器上进行试验。最好的方法是找一台为测试目的而设置的机器。在这台机器上完成你的各种安全措施，然后让这台机器遭受你希望防范的攻击。这可以给你防御的有效性提供实实在在的证据。

　　当你进行这类练习时，应该遵循以下几条原则：

- ❑ 使用一个测试系统，而不是一个实际的系统。
- ❑ 详细记录攻击前系统的状态（使用什么操作系统、补丁、硬件配置、CPU 使用、内存使用、安装了什么软件以及系统的配置）。
- ❑ 详细并且准确记录你采取了什么安全措施。
- ❑ 详细记录机器受到的每种类型的攻击。
- ❑ 记录机器如何响应。

　　当完成这个战斗演习之后，你应该借鉴军队的另一个思想，即行动后的评估。简单地说，就是简明扼要地记录下系统防御是如何执行的，以及这些表征你系统的安全性如何。

> 然而，一个不幸的事实是，这种特定的安全措施在业界并不常用，主要原因是它需要资源。你必须投入一台测试机器，更重要的是，还要花很多时间来做这个练习。大多数 IT 部门都有非常繁重的工作，根本无法腾出必要的时间来进行这项训练。然而，这绝对是安全顾问应该参与的事情。

1. Low Orbit Ion Cannon

低轨道离子炮（Low Orbit Ion Cannon，LOIC）可能是最有名的，当然也是最简单的 DoS 工具之一。通过在 Internet 上搜索，你就可以从多个网站下载它。

首先将 URL 或 IP 地址放入目标框中。然后点击 Lock On 按钮。你可以更改选择的方法、速率、线程数以及是否等待答复这些设置。然后点击 IMMA CHARGIN MAH LAZER 按钮开始攻击，如图 2-6 所示。

图 2-6　LOIC

2. HOIC

高轨道离子炮（High Orbit Ion Cannon，HOIC）比 LOIC 更先进，但实际上更容易运行。单击“+”按钮添加目标，会出现一个弹出窗口，你可以在其中输入 URL 以及一些设置。

3. DoSHTTP

这个工具使用起来也很简单。选择目标、代理（即模拟什么浏览器类型）、多少个套接字、请求，然后即可开始泛洪攻击。

2.2.12　真实的示例

现在，你应该牢固掌握了什么是 DoS 攻击，并对其工作原理有了基本的理解。你还应该对如何保护你的网络免受这些攻击有一些基本的想法。下面我们开始讨论这种攻击的具体示例。以下对几个实际攻击示例的分析展示了黑客发动攻击所使用的方法、攻击的效果、它们的检测以及管理员为解决它们而采取的步骤。

> **供参考：病毒还是蠕虫？**
>
> 　　你会在不同的书中看到术语病毒（virus）和蠕虫（worm），它们有时可互换，然而，两者之间却存在差异。蠕虫是一种特殊类型的病毒，它可以在没有任何人为交互的情况下传播。传统的病毒攻击是作为电子邮件附件，操作人员必须打开附件才能启动感染。而蠕虫不需要人类用户的任何活动就能扩散。有些书使用这些术语相当严格。这里的术语"病毒"描述了这两种情形。

1. FakeAV

FakeAV 病毒于 2012 年 7 月首次出现。它感染了从 Windows 95 到 Windows 7 以及 Windows Server 2003 的 Windows 系统。它是一个假冒的防病毒软件（因此名称为 FakeAV）。它会弹出虚假的病毒警告。这不是第一个假冒防病毒的恶意软件，但它却是比较新的一个。

2. Flame

如果没有讨论 Flame（火焰），那么任何关于病毒的现代讨论都是不完整的。这种病毒最早出现在 2012 年，针对的是 Windows 操作系统。这种病毒之所以引人注目是因为它是专门为间谍活动设计的。它于 2012 年 5 月在多个地点被首次发现，包括伊朗政府的站点。Flame 是一款间谍软件，它可以监控网络流量，并对被感染的系统进行截屏。

这种恶意软件将加密后的数据存储到本地数据库中，它还能够根据运行在目标机器上的特定杀毒软件改变自己的行为，这说明该恶意软件非常复杂。同样值得注意的是，Flame 使用了一个伪造的微软证书进行签名，这意味着 Windows 系统会信任该软件。

3. MyDoom

MyDoom 是一种很古老但又非常经典的病毒，因此值得在任何关于病毒的讨论中出现。在 2004 年年初，想没听说过 MyDoom 蠕虫都不容易。它是一种经典的 DDoS 攻击。病毒 / 蠕虫把自己通过电子邮件发送给通讯录中的每个人，然后，在预设的时间，所有受感染的机器开始对 www.sco.com 发起协同攻击。请注意，这个网站现在已经不存在了。据估计，受感染的机器数量在 50 万到 100 万台之间。这次攻击成功地关闭了圣克鲁斯行动（Santa Cruz Operation，SCO）网站。应该指出的是，早在 DDoS 攻击实际执行的前一天，网络管理员和家庭用户就很清楚 MyDoom 可能会做什么。有几个工具可以在 Internet 上免费获得，用于清除特定的病毒 / 蠕虫。然而，显然很多人没有采取必要的步骤来清除他们机器上的这种病毒 / 蠕虫。

研究该攻击之所以有趣，有以下几个原因：

- ❑ 这是一个经典的蠕虫示例。它使用多种传播模式，可以作为电子邮件附件传播，也可以在网络上复制自己。
- ❑ 它是向一个非常具体的目标发动分布式拒绝服务攻击的工具。
- ❑ 显然它是赛博恐怖主义的一个案例（尽管 MyDoom 的创造者肯定不这么认为）。

对于那些不知道这个故事的读者，这里简单介绍一下。Santa Cruz Operation（SCO）制作了 Unix 操作系统的一个版本。与大多数 Unix 版本一样，它们的版本受版权保护。在 MyDoom 攻击的几个月前，SCO 开始指控某些 Linux 发行版包含了 SCO Unix 的代码片段。

SCO 向许多 Linux 用户发出信函，要求收取许可费。Linux 社区中的许多人认为这是在试图破坏 Linux（一种开源的操作系统）的日益普及。SCO 甚至更进了一步，对发行 Linux 的主要公司提起了诉讼。对于许多法律和技术分析人士来说，这种说法似乎毫无根据。

许多分析人士认为，MyDoom 病毒 / 蠕虫是由某个感觉 SCO 不可接受的人（或群体）创建的。黑客（黑客群体）发起该病毒，对 SCO 造成经济损失，并损害公司的公众形象。这使得 MyDoom 病毒成为赛博恐怖主义的一个确切案例：一个团体基于意识形态分歧攻击另一个团体的技术资产。大量的网站涂改事件和其他小规模攻击都是由于意识形态冲突引起的。然而，MyDoom 是第一次如此广泛并取得成功的攻击。这一事件开创了信息战的新趋势。随着技术越来越廉价，战术越来越容易掌握，在未来几年此类攻击可能会越来越多。

这种攻击造成的确切经济损失几乎无法计算。它包括对客户服务的损失、销售的损失以及负面宣传的影响。SCO 悬赏 25 万美元，奖励任何提供信息以使肇事者绳之以法的人，这表明他们认为攻击的影响超过了奖金的数额。

特别值得注意的是，MyDoom 病毒的变种在其最初目的达成很久之后仍然不断出现。这些变种使用了基本的 MyDoom 引擎，并以类似的风格传播，但效果不同。至少在 2005 年 2 月，MyDoom 的新版本出现了。

供参考：Mac 系统安全吗？

Macintosh 的一些用户认为他们的系统是安全的，不会受到病毒攻击。然而，MacSecurity 病毒以及诸如 MacDefender 等的相关病毒，都证明了这种观点是没有根据的。这些相关的病毒都是为 Macintosh 操作系统设计的假的防病毒软件。它们在 2011 年和 2012 年开始流行。虽然针对 Macintosh 编写的病毒确实要少得多，但随着苹果公司获得了更大的市场份额，针对 Macintosh 编写的病毒也会越来越多。

---

4. Gameover ZeuS

Gameover ZeuS 是一种创建点到点僵尸网络的病毒。本质上讲，它在受感染的计算机和指挥控制计算机之间建立加密的通信，允许攻击者控制各种受感染的计算机。2014 年，美国司法部暂时关闭了指挥控制计算机的通信；2015 年，美国联邦调查局宣布悬赏 300 万美元奖励提供信息以缉拿 Evgeniy Bogachev 的人，因为 Evgeniy Bogachev 涉嫌参与了 Gameover ZeuS。

指挥控制计算机是僵尸网络中用来控制其他计算机的计算机，它们是管理僵尸网络的中心节点。

5. CryptoLocker 和 CryptoWall

勒索软件中最广为人知的一个例子就是臭名昭著的 CryptoLocker，它于 2013 年首次被发现。CryptoLocker 使用非对称加密来锁定用户的文件。目前已经发现了 CryptoLocker 的几个变种。

CryptoWall 是 CryptoLocker 的一个变种，在 2014 年 8 月首次被发现。它的外观和行为都很像 CryptoLocker。除了加密敏感文件外，它还会与指挥控制服务器通信，甚至会对受感染的机器进行截屏。2015 年 3 月，一个与间谍软件 TSPY_FAREIT.YOI 捆绑在一起的 CryptoWall 变种被发现，它除了持有索取赎金的文件外，还从受感染系统窃取证书。

2.2.13　防御 DoS 攻击

没有万无一失的方法可用来防范所有的 DoS 攻击，就像没有万无一失的方法来防止黑客企图或网络攻击一样。然而，可以采取一些措施将危险降到最低。除了前面讨论的 SYN 和 RST cookie 之外，本节将研究管理员可以采取的一些步骤，以使他们的系统不易受到 DoS 攻击。

首先要考虑这些攻击是如何进行的。它们可能是通过 ICMP 数据包执行的，ICMP 数据包用于在 Internet 上发送错误消息，或者由 ping 和 traceroute 这样的实用程序发送。简单地配置防火墙以拒绝来自外网的 ICMP 数据包将是保护网络免受 DoS 攻击的主要步骤。由于 DoS/DDoS 攻击可以通过各种各样的协议来执行，因此你还可以将防火墙配置为不管是什么协议或端口，都完全不允许任何流量入站。这似乎是个激进的步骤，但它肯定是安全的步骤。

> **供参考：阻塞所有流量**
>
> 大多数网络都必须允许一些流量入站。这可能是到网络的 Web 服务器或电子邮件服务器的流量。由于这个原因，你往往不会看到防火墙阻止所有流量入站的情况。如果你不能阻止所有的流量入站，那么就尽可能有所选择，只允许绝对必要的流量入站。

如果你的网络足够大，大到有内部路由器，那么可以配置这些路由器，以禁止任何非源于你所在网络的流量。这样，即便数据包通过了防火墙，它们也不会在整个网络中传播。由于所有 TCP 包都有一个源 IP 地址，所以判断一个包是来自网络内部还是来自网络外部并不困难。另一种可能性是在所有路由器上禁止所有直接 IP 广播。这可以防止路由器向网络上的所有机器发送广播数据包，从而阻止许多 DoS 攻击。

由于许多分布式 DoS 攻击依赖于"不知情"的计算机作为发起点，因此减少这种攻击的一种方法是保护你的计算机免受病毒 / 蠕虫和特洛伊木马的攻击。本章稍后将讨论如何防范这些攻击，但现在需要记住三个要点：

- ❑ 始终使用病毒扫描软件并保持更新。
- ❑ 始终保持操作系统和软件补丁更新。
- ❑ 制定策略规定员工不能下载任何东西到他们的机器上，除非下载经过了 IT 人员允许。

这些步骤都不能确保你的网络彻底安全，不成为 DoS 攻击的受害者或攻击的发起点，将有助于减少发生这两种情况的可能性。关于该话题有一个很好的资源就是 SANS 研究所网站 www.sans.org/dosstep/。这个网站有很多防御 DoS 攻击的好技巧。

2.3　防御缓冲区溢出攻击

病毒、DoS 和特洛伊木马攻击可能是攻击系统最常见的方式，但它们并不是唯一可用的方法。攻击系统的另一种方式称为缓冲区溢出（buffer overflow）攻击，或者称为缓冲区过载（buffer overrun）攻击。一些专家认为，缓冲区溢出攻击发生的频率不比 DoS 攻击发生的频率低，几年以前可能是这样，但现在的情况有所不同。缓冲区溢出攻击设计成在缓冲区中放置比缓冲区容量更多的数据。但回想一下，至少有一种蠕虫使用缓冲区溢出来感染目标机器。这意味着，尽管这种威胁可能比以前小了，但它仍然是一个非常真实的威胁。

任何与因特网或专用网络通信的程序都必须接收一些数据。这些数据至少是暂时地存储在内存中，这个内存中的空间被称为缓冲区（buffer）。如果编写应用程序的程序员非常认真，那么缓冲区将截断或拒绝任何超过缓冲区限制的信息。考虑到在目标系统上可能运行的应用程序的数量以及每个应用程序中的缓冲区数量，至少有一个缓冲区没有被正确编写的概率足以引起任何谨慎的系统管理员的关注。一个有一定编程技能的人就可以编写程序，有目的地向缓冲区中写入超出其容量的数据。例如，如果缓冲区可以容纳 1024 字节的数据，而你试图用 2048 字节填充它，那么额外的 1024 字节就会被轻松地加载到内存中。图 2-7 说明了这个概念。

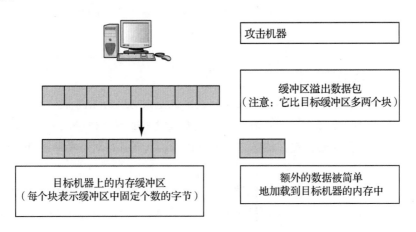

图 2-7　缓冲区溢出攻击

如果额外的数据实际上是一个恶意程序，那么它已经被加载到内存中并在目标系统上运行。或者，攻击者可能只是想让目标机器的内存泛洪，从而覆盖当前正在内存中的其他项目并导致它们崩溃。无论哪种方式，缓冲区溢出都是非常严重的攻击。

幸运的是，缓冲区溢出攻击比 DoS 或简单的 MS Outlook 脚本病毒更难执行。要创建缓冲区溢出攻击，黑客必须具备良好的某种编程语言知识（通常选择 C 或 C++），并充分理解目标操作系统 / 应用程序，知道它是否具有缓冲区溢出弱点，以及如何利用该弱点。

供参考：什么是 Outlook 脚本病毒？

微软的 Outlook 允许程序员使用 Visual Basic 编程语言的一个子集编写脚本，这种语言被称为 VBA（Visual Basic for Applications）。实际上，微软所有的 Office 产品都内置了这种脚本语言。程序员还可以使用与 VBA 关联密切的 VBScript 语言。这两种语言都很易学。如果将这样的脚本附加到电子邮件中，并且收件人正在使用 Outlook，则脚本可以执行。脚本的执行可以做很多事情，包括扫描地址簿、查找地址、发送电子邮件、删除电子邮件等。

是否易受缓冲区溢出攻击完全取决于软件的缺陷。一个完美程序不会允许缓冲区溢出。因为不可能做到完美，所以防止缓冲区溢出攻击的最佳防御措施就是定期给软件打补丁，以便在厂商发现漏洞后及时修正缺陷。

供参考：缓冲区溢出如何发生？

　　缓冲区溢出攻击只有在软件（通常是操作系统或 Web 服务器）中存在某个缺陷时才能发生。这意味着防止这种类型攻击的唯一方法是提高软件的质量。不幸的是，许多软件厂商似乎更注重快速上市，而不是广泛地测试和审查软件。精通安全的管理员会关注软件厂商所使用的测试方法。

2.4　防御 IP 欺骗

　　IP 欺骗（IP spoofing）本质上是黑客获取计算机非授权访问的一种技术。尽管这是 IP 欺骗最常见的原因，但有时只是为了掩盖 DoS 攻击的来源。实际上，DoS 和 DDoS 攻击通常会掩盖发起攻击的计算机的 IP 地址。

　　在 IP 欺骗中，入侵者发送给计算机系统的消息使用了不同于其实际来源的 IP 地址。如果入侵者的目的是获得非授权访问，那么被欺骗的 IP 地址是目标认为可信的主机的地址。要成功实施 IP 欺骗攻击，黑客必须首先找到一个目标系统认为是可信来源的机器的 IP 地址。黑客可能会使用各种技术来找到可信主机的 IP 地址。在拥有了可信的 IP 地址之后，入侵者就可以修改其传输的数据包首部，使得这些数据包看上去来自于那个主机。

　　与许多其他类型的攻击不同，IP 欺骗在用于真正的攻击之前，安全专家在理论上就已经知道它。早在 20 世纪 80 年代，学术界就开始讨论 IP 欺骗的概念。虽然人们对隐含在这种技术背后的概念已经有一段时间的了解，但那也只是停留在理论上，直到 Robert Morris 发现了 TCP 协议中一个被称为序列预测（sequence prediction）的安全弱点。Stephen Bellovin 在他的著名论文“TCP/IP 协议集中的安全问题”（Security Problems in the TCP/IP Protocol Suite）中深入探讨了这个问题。

　　现在 IP 欺骗攻击正变得越来越少，主要是因为它们使用的场合越来越安全，在某些情况下这些场合已经不再使用。[⊖]但是，欺骗手段目前仍然可以使用，因此所有安全管理员都应该解决这个问题。解决 IP 欺骗问题的方法包括：

- ❑ 不要透露关于你的内部 IP 地址的任何信息，这有助于防止这些地址被“欺骗”。
- ❑ 使用网络监控软件监控入站的 IP 数据包以发现 IP 欺骗迹象。有一款比较普及的产品是 Netlog。这款产品及与其相似的产品都是在从外部接口入站的数据包中，查找那些源 IP 地址和目标 IP 地址都是你的本地域中地址的数据包。本质上，这意味着这些入站数据包宣称来自网络内部，但明明来自你的网络之外。找到一个这样的包就意味着攻击正在进行。

IP 欺骗的危险在于，一些防火墙不会检查来自内部 IP 地址的数据包。如果过滤路由器

⊖　例如，现在很少有系统会基于 IP 地址确定主机是否可信。——译者注

没有配置成过滤其源地址为本地域的入站数据包，那么这些包是可以通过过滤路由器的。

潜在易受攻击的路由器配置的例子包括：

❏ 支持多个内部接口到外网的路由器；
❏ 代理应用使用源 IP 地址进行认证的代理防火墙；
❏ 有两个网卡、支持内部网络划分子网的路由器；
❏ 不过滤源地址是本地域的数据包的路由器。

防止 IP 欺骗的最好方法就是安装一个过滤路由器。过滤路由器对入站的数据包进行过滤，如果数据包有来自内部网络的源地址，则不允许它通过。此外，还应该过滤源地址与内部网络不同的出站数据包，以防止源自你的站点的源 IP 欺骗攻击。许多商用防火墙厂商，如 Cisco、FortiGate、D-Link 和 Juniper，都提供了这种选项。

如果你的厂商提供的路由器不支持对网卡在入站端进行过滤，并且你觉得需要立即过滤这些包，那么你可以通过在外部网卡和外部连接之间安装第二个路由器来过滤伪装 IP 的数据包。将此路由器与原路由器连接的接口配置为阻塞所有源地址为内部网络地址的数据包。为此，可以使用一台过滤路由器或者具有两个网卡、支持包过滤的 Unix 系统。

2.5　防御会话劫持

另一种攻击形式是会话劫持（session hijacking）。TCP 会话劫持是指黑客接管两台机器之间的 TCP 会话的过程。由于身份认证通常只在 TCP 会话开始时进行，这就允许黑客插入通信流并控制会话。例如，一个人可能远程登录到一台机器。在他与主机建立连接之后，黑客可能会使用会话劫持来接管该会话，从而访问目标机器。

一种常用的会话劫持方法是使用源路由（source-routed）IP 数据包。这允许网络上 A 点的黑客通过让 IP 数据包穿过自己的机器而参与 B 和 C 之间的会话。

最常见的会话劫持类型是"中间人攻击"（man-in-the-middle attack）。在这种情形中，黑客使用某种类型的包嗅探程序，简单地监听两台计算机之间的传输，获取他想要的任何信息，但不干扰对话。

此类攻击的一个常见功能是对会话的一端执行 DoS 攻击，以阻止其响应。因为那个端点不再响应，所以黑客便可以插入他自己的机器来代替那个端点。

劫持连接的目的是利用信任关系并获得对原来没有访问权的系统的访问。

真正能够防御会话劫持的唯一方法是使用加密传输。第 6 章将讨论各种加密方法。如果数据包没有加密，那么通信就很容易受到会话劫持的攻击。许多网络管理员在外网通信时使用加密传输，但很少加密内网通信。要获得真正高水平的安全性，请考虑对所有传输都进行加密。

在第 15 章中将详细讨论包嗅探器。现在你需要知道的是，数据包嗅探器是一种软件，它能拦截在网络或 Internet 上传输的数据包并复制它们。这样攻击者可以得到每个包的副本。这些工具在网络流量监控中有合法用途，但也可以被黑客用来拦截通信，在某些情况下，还用于会话劫持。

2.6　阻止病毒和特洛伊木马攻击

本章前几节讨论了拒绝服务攻击、缓冲区溢出攻击和会话劫持。然而，病毒攻击才是对任何网络而言最常见的威胁。因此，对于任何有安全意识的网络管理员来说，防范病毒攻击必不可少。

2.6.1　病毒

根据定义，计算机病毒是一种自我复制的程序。一般来说，病毒还有其他一些令人憎恶的功能，但自我复制和快速传播是其特征。对于受感染的网络来说，这种增长对被感染的网络来说本身就是一个问题。蠕虫是一种可以在没有人类交互的情况下进行复制的病毒。

想想臭名昭著的 Slammer 病毒以及其快速、大容量扫描带来的危害。任何快速传播的病毒都可能降低网络的功能和响应能力。它可能导致过多的网络流量，并阻止网络正常运行。仅仅让流量超过网络设计的承载能力，就能让网络陷入暂时性非正常工作之中。

1. 病毒是如何传播的

你已经看过了病毒是如何影响受感染的系统的，并查看了一些实际案例。很明显，防止计算机病毒的关键是阻止它传播到其他计算机。要做到这一点，你必须对病毒的典型传播方式有很好的理解。病毒通常有两种传播方式。

第一种方式是扫描计算机以获得与网络的连接，然后将自己复制到该计算机可以访问的网络上的其他计算机。这是病毒最有效的传播方式，也是蠕虫的典型传播方式。当然，这种方法比其他方法需要更多的编程技能。第二种更流行的方式是阅读电子邮件地址簿并将自己发送给地址簿中的每一个人。编写这种类型的病毒程序很简单，这也解释了它为什么使用得如此普遍。

到目前为止，第二种方式是病毒传播最常用的方式，而微软的 Outlook 可能是这种病毒最为频繁攻击的电子邮件程序。与其说这是由于 Outlook 存在安全漏洞，不如说是因为 Outlook 能轻松上手。所有微软的 Office 产品都设计成了让合法的程序员能够访问该应用程序的许多内部对象，从而可轻松创建能集成到微软 Office 套件中的应用程序。例如，程序员可以编写一个应用程序来访问 Word 文档、导入 Excel 电子表格，然后使用 Outlook 自动将生成的文档通过电子邮件发送给相关方。微软在简化这个过程方面做得特别好。完成这些任务通常仅仅需要编写少量程序。在 Outlook 中，引用 Outlook 并发送电子邮件只需不到 5 行代码。这意味着一个程序可以让 Outlook 自己发送电子邮件，而无须让用户知道。Internet 上有大量代码示例展示怎样做到这一点，并且都是免费的。

无论病毒是怎么到来的，在它进入一个系统之后便试图传播。在许多情况下，病毒还试图对系统造成伤害。在病毒进入系统后，它可以做任何合法程序可以做的事情。这意味着它潜在地可以删除文件、更改系统设置或造成其他危害。病毒攻击的威胁再怎么强调也不为过。让我们花点时间来看看一些病毒的爆发，看一下它们是如何运作的，并描述它们所造成的破坏。其中有些病毒较老，有些病毒则是近期的。

2. Sobig 病毒

Sobig 病毒是一种旧病毒，但它是研究病毒传播的一个很好的例子。关于这种病毒，令人感兴趣的是其多模态传播方式。换句话说，它使用了不止一种机制来传播和感染新机器。Sobig 将自己复制到网络的任何共享驱动器上，并将自己通过电子邮件发送给地址簿中的每个人。正是由于这种传播方式，Sobig 可以被归类为蠕虫而不是简单的病毒。这种多模态传播能力说明 Sobig 这种病毒特别恶毒（virulent）——表示病毒传播迅速且容易感染新目标的术语。

正是由于病毒的多模态传播能力，所以确保你所在机构的每个人都受到合适的安全策略和程序的警告是非常关键的。如果网络上的一个人很不幸地打开了一封包含 Sobig 病毒的电子邮件，那么它不仅感染了这台机器，而且还感染了这个人可以访问的网络上的每个共享驱动器。

与大多数电子邮件传播的病毒攻击一样，这种病毒在邮件的主题或标题中有一些标志，可以用来识别电子邮件是否被病毒感染。电子邮件的标题可能是"here is the sample"或"the document"，并鼓励人们打开附件。打开后病毒就将自己复制到 Windows 系统目录中。一些 Sobig 变种病毒让计算机从 Internet 上下载一个文件，并导致打印问题。一些网络打印机会开始打印垃圾。Sobig.E 变种甚至写 Windows 注册表，使病毒在计算机启动时即被加载。这些复杂的特性表明，Sobig 的创建者知道如何访问 Windows 注册表、如何访问共享驱动器、如何更改 Windows 启动和如何访问 Outlook。

推荐给所有安全管理员一个我本人使用的方法，即定期向你所在机构中的每个人发送电子邮件，告诉他们识别电子邮件被感染的标志。像 www.f-secure.com 这样的网站列出了当前的病毒以及它们在电子邮件中的表现形式。我对这个列表进行总结，然后每个月发给单位里的每个人一次或两次。这样，机构的所有成员都知道他们绝对不应该打开的电子邮件。如果将此方法与不断灌输谨慎对待非预期电子邮件的方法相结合，就可以大大降低感染病毒的概率。

这种特定的病毒传播如此之快，受感染的网络如此之多，以至于仅仅是病毒的多次复制就足以使一些网络陷入瘫痪。该病毒并没有破坏文件或破坏系统，但因为它产生了大量的流量，使受其感染的网络陷入停滞。这种病毒本身具有中等水平的复杂性。在它消亡之后，许多变种开始出现，并进一步使情况复杂化。

3. 病毒变种

有时，一些胆大的有恶意企图的程序员收到一个病毒副本（可能是他自己的机器被感染了）后，决定对它进行逆向工程。许多病毒攻击是以附加在电子邮件上的脚本形式来实现的。这意味着与传统的编译后的程序不同，病毒的源代码易于阅读和修改。这些程序员简单地获取病毒源代码，引入某些更改，然后重新发布变种。因制造病毒而被捕的人常常是变种病毒的开发者，他们缺乏原始病毒作者的技能，因此很容易被捕。

供参考：病毒的经济影响

要准确计算 Flame、FakeAV、MacDefender 或者任何其他病毒造成的经济损害是不可能的。然而，如果考虑 IT 专业人员在清理特定病毒上花费的时间，那么全球任何病毒的代价都是数百万美元。如果算上通过防病毒软件、雇佣顾问和购买像本书这样的书籍来防御这些病毒的花费，那么所有病毒每年的影响很容易达到数十亿美元。事实上，一项研究显示，2007 年病毒造成的经济损失超过 140 亿美元。

出于这个原因，许多安全专家建议政府对病毒制造者采取更严厉的惩罚措施。联邦执法机构在调查这些罪行方面发挥更积极的作用也会有所帮助。例如，一些像微软这样的私人公司已然开始提供大量的信息，引导抓捕病毒创造者，这是非常积极的举措。

你可以在以下网站了解更多关于病毒（包括以前或现有病毒）的信息：

- www.f-secure.com/en/web/labs_global/from-the-labs
- www.cert.org/news/
- www.symantec.com/security-center

供参考：为什么要编写病毒？

对于 Flame（火焰病毒）或 Stuxnet（震网病毒）来说，确定病毒作者的动机并不难。这些病毒的目的是监视或干扰特定国家的特定政府活动。在其他情况下，病毒（尤其是勒索软件）是从受害者身上榨取钱财计划的一部分。再说一遍，动机不难辨别。然而，对于其他病毒，如 Bagle 和 Mimail，在第一时间理解为什么创造这些病毒就比较困难了。据我所知，目前还没有关于病毒作者思想的正式心理学研究。然而，通过在各种论坛上与所谓的病毒作者进行互动，并阅读已被定罪的病毒作者的访谈资料，我可以对他们的心态发表一些见解。

在某些情况下，病毒作者只是想证明他能够做到。对一些人来说，仅仅知道他们"智胜"了众多安全专家，就能给他们一种满足感。对另一些人来说，制造大面积伤害的能力给他们灌输了一种力量感，而这种力量感可能是他们在其他方面感觉不到的。当病毒作者被抓获时，往往发现他们很年轻、聪明、技术熟练，有强烈的反社会倾向，并且一般与任何同龄人群体格格不入。编写病毒帮助他们宣泄情感，就像其他人从破坏公物和涂鸦中得到的一样。

4. 病毒骗局

另一种病毒曾经在某种程度上很流行："非病毒病毒"，即病毒骗局（virus hoax）。黑客不是真正地编写一个病毒，而是简单地向他拥有的每个地址发送电子邮件。这封电子邮件声称来自某个知名的防病毒中心，并警告说有一种新的病毒正在传播。然后，电子邮件指示用户从计算机中删除一个文件，以清除病毒。然而，这个文件并不是真正的病毒，而是计算机系统的一部分。最早的一种病毒骗局 jdbgmgr.exe 就采用了此模式。它鼓励读者删除一个系统实际需要的文件。令人惊讶的是，很多人都采纳了这个建议，他们不仅删除了文件，而且还迅速给朋友和同事发了电子邮件，警告他们也从计算机中删除文件。

所有病毒攻击（病毒骗局除外）的一个共同主题是，指示接收者打开某种类型的附件。病毒传播的主要方式是作为电子邮件附件。因此使用下面几个简单的规则就可以大大降低机器感染病毒的概率：

❑ 始终使用病毒扫描器。McAfee 和诺顿（Norton）是两个被广泛接受和使用的病毒扫描器。Malware Bytes、AVG 以及其他软件也很有效。每隔一年大约花费 30 美元更新。在第 9 章将更为详细地讨论病毒攻击和病毒扫描器。

❑ 如果你对某一附件没有把握，那么不要打开它。

❑ 你甚至可以与朋友和同事交换一个代码字。告诉他们，如果他们想给你发送附件，应该在邮件的标题中加上代码字。没有看到代码字，你就不要打开任何附件。

❑ 不要相信发送给你的"安全警告"。微软不会以这种方式发出警报。定期检查微软网站，以及前面提到的一个杀毒网站。微软的安全网站（www.microsoft.com/security/）是获得微软安全更新的唯一可靠网站。其他安全站点可能有准确的信息（如 www.sans.org），但如果你使用的是特定厂商的软件（如微软），那么到其站点查找警报和获取补丁才是最好的方式。

这些规则不会让系统得到 100% 的病毒防护，但在安全防护方面迈出了一大步。

2.6.2　病毒的分类

病毒的种类非常多。在本节中，我们将简要介绍一些主要的病毒类型。病毒可以按照其传播方式或它们在目标计算机上的活动来分类。必须指出的是，不同的专家对病毒的分类方式稍有不同。本节中介绍的分类法很通用，这是我多年来自创的一种分类方式，我发现这种分类法非常有用。

1. 宏病毒

宏病毒感染 Office 文档中的宏（macro）。许多 Office 产品，包括微软的 Office，都允许用户编写称为宏的微程序，这些宏也可以写成病毒。在某些业务应用程序中，宏病毒被写入宏中。比如，Microsoft Office 允许用户编写宏来自动化完成某些任务。Microsoft Outlook 设计成能让程序员使用 Visual Basic 编程语言的一个子集，即 Visual Basic for Applications（VBA）来编写脚本。实际上，所有 Microsoft Office 产品都内置了这种脚本语言。程序员也可以使用与 VBA 相关的 VBScript 语言。这两种语言都很易学。如果这样的脚本附加到电子邮件中，并且收件人正在使用 Outlook，则脚本可以执行。这个执行可以做很多事情，包括扫描地址簿、查找地址、发送电子邮件、删除电子邮件等。

2. 引导扇区病毒

引导扇区（boot sector）病毒不会感染目标计算机的操作系统，而是攻击驱动器的引导扇区。这使得传统杀毒软件更难检测和删除它们。这种杀毒软件安装在操作系统中，并且在某种程度上只在操作系统的上下文中运行。通过在操作系统之外操作，引导扇区病毒更难检测和删除。混合型病毒（multipartite virus）以多种方式攻击计算机——例如，感染硬盘的引导扇区和操作系统中的一个或多个文件。

3. 隐形病毒

隐形（stealth）病毒是最大的病毒群体之一。这类病毒包括使用一种或多种技术隐藏自身的任何病毒。换句话说，这是试图避开杀毒软件的病毒。

特洛伊木马是隐藏病毒的一种绝好方法。通过将其绑定到一个合法的程序，病毒不仅会欺骗用户安装它，而且还可能逃避防病毒软件。

多态型病毒会不时地改变其形式，以避免被防病毒软件发现。一种更高级的形式叫作变态（metamorphic）病毒，它可以完全改变自己，不过这需要一个辅助模块来执行改写。

稀疏感染（sparse infector）病毒试图通过偶尔的恶意行为来逃避检测。使用稀疏感染病毒，用户会在短时间内看到症状，然后一段时间内没有症状。在某些情况下，稀疏感染的目标是特定的程序，但病毒只在目标程序执行的第 10 次或第 20 次时才执行。或者，一个稀疏感染病毒可能会突然活跃起来，然后休眠一段时间。这类病毒有很多变种，但基本原则是相同的：减少攻击频率，从而降低被发现的概率。

载荷分段（fragmented payload）是一种相当复杂的隐藏病毒的方法。病毒被分成多个模块。其中，加载器模块无害，不太可能触发任何杀毒软件，但是它会分别下载其他片段。当所有片段都准备好时，加载程序将组装它们并释放病毒。

4. 勒索软件

现如今，在讨论恶意软件时不可能不探讨勒索软件（ransomware）。事实上，就在我写这本书的时候，世界刚遭受了一次大规模的勒索软件袭击。它刚开始攻击英格兰和苏格兰的医疗保健系统，后来传播到了更多地方。这个病毒就是臭名昭著的 WannaCry 病毒。尽管许多人第一次开始探讨勒索软件是在 2013 年 CryptoLocker 出现时，但勒索软件出现的时间实际上比这早得多。第一个已知的勒索软件是 1989 年的 PC Cyborg Trojan，它只使用一个弱的对称密码加密文件名。

一般来说，勒索软件像蠕虫一样工作，然后或者禁用系统服务，或者加密用户文件。最后索要赎金来释放这些文件或服务。

2.6.3　特洛伊木马

当你在本章看到特洛伊木马这个术语时，你可能已经知道它是什么了。特洛伊木马是一个程序，它看起来是良性的，但实际上却有恶意目的。你可能会收到或下载一个看起来像是无害的商业工具或游戏的程序。更有可能的是，特洛伊木马不过是附在一封看上去无害的电子邮件上的一个脚本。当你运行程序或打开附件时，它会做一些你想不到的事情，例如：

❏ 从一个网站下载有害软件；
❏ 在你的机器上安装键盘记录器或其他间谍软件；
❏ 删除文件；
❏ 为黑客打开后门。

病毒和特洛伊木马攻击组合是很常见的。在这些情况下，特洛伊木马会像病毒一样传播。MyDoom 病毒在机器上打开了一个端口，后来一种名为 Doomjuice 的病毒会利用这个端口，这样 MyDoom 就变成了病毒和特洛伊木马的组合体。

> **供参考：MyDoom 是特洛伊木马吗？**
>
> 一些专家认为，MyDoom 实际上不是特洛伊木马，因为它并不伪装成良性软件。然而，有人可能会争辩说，发送 MyDoom 的电子邮件附件确实声称自己是一个合法附件，因此它可以被归类为特洛伊木马。不管你是否同意 MyDoom 是特洛伊木马，它确实很好地说明了恶意软件可以通过多种途径造成伤害。

特洛伊木马也可以专门为某个人定制。如果黑客想要窥探某个人，比如公司的会计，那么他可以专门设计一个程序来吸引那个人的注意。例如，如果黑客知道会计痴迷于高尔夫，他就可以写一个程序，计算障碍并列出最好的高尔夫球课程。黑客把这个程序发布到一个免费的 Web 服务器上。然后给许多人发电子邮件，包括那名会计，告诉他们关于免费软件的事。该软件一旦安装，就检查当前登录人员的姓名。如果登录名与会计的名称匹配，那么该软件就在用户不知情的情况下下载键盘记录器或其他监控应用。如果该软件不破坏文件或复制自己，那么它可能在相当长的一段时间内不被检测到。

编写这样的程序可能在几乎任何中等能力程序员的技能范围内。这是许多机构禁止将任何软件下载到公司机器上的原因之一。我尚未见过任何采用这种方式定制特洛伊木马的实际案例。但请记住，那些制造病毒攻击的人往往是具有创新精神的人。

另一种要考虑到的情况是具有相当破坏性的情况。在不披露编程细节的情况下，这里勾勒出一个基本情景来展示特洛伊木马的严重危害。想象一下，有一个小应用程序能显示一系列奥萨马·本·拉登的照片。这可能会受到许多美国人的欢迎，尤其是军队、情报部门或国防相关行业的人。现在假设应用程序简单地在机器上休眠一段时间，它不需要像病毒一样复制，因为计算机用户本人可能会把它发送给他的许多同事。在特定的日期和时间，软件连接到它能连接的任何驱动器，包括网络驱动器，开始删除所有文件。

如果这样的特洛伊木马被"无拘无束"地释放，那么 30 天之内它可能会被传送到成千上万的人手中。想象一下，当成千上万的计算机开始删除文件和文件夹时遭受的破坏。

这个场景会让你感到恐慌。包括专业人士在内的电脑用户通常会从 Internet 上下载各种文件，包括有趣的 Flash 动画和一些可爱的游戏。每次雇员下载这种性质的文件时，就有可能下载到特洛伊木马。即便不是统计学家也能意识到，如果员工持续这样做足够长的时间，那么他们最终会把特洛伊木马下载到公司的机器上。

供参考：特洛伊木马案例

强烈警告读者不要尝试实际创建任何以上这些特洛伊木马场景。发放这种应用程序是一种犯罪，可能会导致长期的监狱刑罚和严重的民事处罚。这些例子只是为了向你展示特洛伊木马的破坏性。

创建特洛伊木马和病毒的人极富创造力，新的变种不断出现。很可能有其他人已经想到了与我所展示的场景相类似的东西。呈现这些场景的目的是确保网络管理员具有适当程度的谨慎。坦率地说，我希望每个网络管理员对病毒和特洛伊木马都有一定程度的偏执。

2.7　本章小结

本章讨论了系统最常见的威胁：病毒攻击、拒绝服务攻击、特洛伊木马、会话劫持和缓冲区溢出攻击。诸如身份盗用和网络钓鱼（使用虚假的电子邮件和网站来搜集终端用户的信息，这些信息可以用于身份盗用和欺诈）等其他攻击发生得更频繁，但它们对机构网络的直接威胁并不像对个人那么大。这就是为什么本章将重点放在攻击上——它们才是网络安全最该关心的。

在每种情况下，各种防御机制都可以分为两类：技术性的或程序性的。技术性防御是指那些你可以安装或配置以使系统更安全的项目。这包括微块（micro block）、RST cookie、堆栈调整和防病毒软件。过程性防御包括调整终端用户的行为以提高安全性，这些措施包括不下载可疑文件和不打开未经验证的附件。当你通读本书时，会发现网络防御必须从两个角度进行。后续章节将详细讨论技术性防御（防火墙、病毒扫描程序等），还将用整个章节专门讨论过程性防御（策略和过程）。理解有必要同时使用这两种方法保护你的网络是至关重要的。

很明显，保护你的系统是绝对关键的。在接下来的练习中，你将尝试使用诺顿和McAfee 来练习防病毒程序。黑客攻击系统的方式多种多样，因此保护系统安全可能是一项相当复杂的任务。第 6 章将讨论更具体的方法，你可以通过这些方法来保护你的系统。

2.8 自测题

2.8.1 多项选择题

1. 从攻击者的角度来看，DoS 攻击的主要缺点是什么？
   A. 必须持续攻击   B. 攻击不会造成实际损害
   C. 攻击易于被挫败   D. 攻击很难执行

2. 哪种 DoS 攻击基于保持连接半开？
   A. 死亡之 ping   B. Smurf 攻击
   C. 分布式拒绝服务   D. SYN 泛洪

3. 依赖于向客户端发回哈希代码的 DoS 防御的名称是什么？
   A. 堆栈调整   B. RST cookie
   C. SYN cookie   D. 服务器反弹

4. 如果你的 Web 服务器资源有限，但你需要强大的 DoS 防御，那么下列哪一种防御方式是最好的？
   A. 防火墙   B. RST cookie
   C. SYN cookie   D. 堆栈调整

5. 堆栈调整防御的技术弱点是什么？
   A. 它很复杂，需要非常熟练的技术人员来实施   B. 它只会减少超时，但不会真正阻止 DoS 攻击
   C. 它是资源密集型的，会降低服务器的性能   D. 对 DoS 攻击无效

6. 导致网络上的机器对该网络的某个服务器发起 DoS 攻击，该 DoS 攻击的名称是什么？
   A. Smurf 攻击   B. SYN 泛洪
   C. 死亡之 ping   D. 分布式拒绝服务

7. 下列哪种病毒攻击会引发 DoS 攻击？
   A. Faux   B. Walachi
   C. Bagle   D. MyDoom

8. 下列哪一种是推荐的防御 DoS 攻击的防火墙配置？
   A. 阻塞来自外网的 ICMP 数据包   B. 阻塞所有入站的数据包
   C. 阻塞所有 ICMP 数据包   D. 阻塞来自外网的 TCP 数据包

9. 以下哪一项正确描述了缓冲区溢出攻击？
   A. 发送大量的 TCP 包使目标过载的攻击   B. 试图将大量数据放入内存缓冲区的攻击
   C. 试图发送超大 TCP 包的攻击   D. 试图将配置错误的数据放入内存缓冲区的攻击

10. 防止缓冲区溢出攻击的最佳方法是什么？

    A. 使用健壮的防火墙   B. 在路由器上阻塞 TCP 包

    C. 给所有软件打补丁并保持更新   D. 停止所有的 ICMP 流量

11. 下面哪一项是 IP 欺骗的最佳定义？

    A. 发送一个看上去来自可信 IP 地址的数据包   B. 将数据包重新路由到不同的 IP 地址

    C. 建立一个看起来是不同站点的伪网站   D. 发送配置错误的数据包

12. IP 欺骗攻击的内在危险是什么？

    A. 对目标系统非常有害   B. 许多这类攻击为其他攻击打开了大门

    C. 难以停止   D. 许多防火墙不检查看似来自内部网络中的数据包

13. 防御 IP 欺骗的最佳方法是什么？

    A. 安装路由器 / 防火墙，阻止看似来自网络内部的数据包

    B. 安装路由器 / 防火墙，阻止看似来自外网的数据包

    C. 阻塞所有入站的 TCP 流量

    D. 阻塞所有入站的 ICMP 流量

14. 关于会话劫持，下面哪个选项的描述最恰当？

    A. 通过特洛伊木马接管目标机器   B. 远程控制目标机器

    C. 控制两台机器之间的通信链路   D. 控制登录会话

15. 下列哪个选项是关于病毒的最佳定义？

    A. 造成系统文件损坏的软件   B. 自我复制的软件

    C. 对任何文件造成损害的软件   D. 附加到电子邮件的软件

16. 什么是特洛伊木马？

    A. 自我复制的软件   B. 看起来是良性的软件，但实际上有某些恶意目的

    C. 删除系统文件、感染其他机器的软件   D. 对系统造成损害的软件

2.8.2 练习题

练习 2.1 基本的 DoS 攻击

1. 设置一台装有 Web 服务器的机器。

2. 使用实验室里的其他机器 ping 该目标机器。

3. 继续这样做，直到目标不能够再响应合法的请求。

4. 注意成功执行 DoS 攻击所需的每秒数据包总数。

练习 2.2 配置防火墙来阻止 DoS 攻击

（注意：此练习仅适用于能访问实验室防火墙的班。）

1. 使用防火墙的文档，了解如何阻塞入站的 ICMP 包。

2. 配置防火墙阻塞这些包。

3. 现在使用防火墙尝试再做一次练习 2.1，看看它是否成功。

练习 2.3 安装诺顿防病毒软件

1. 去诺顿的网站下载它的试用版防病毒程序。

2. 配置它并扫描你的计算机。

3. 去 McAfee 的网站下载它的试用版防病毒程序。

4. 配置它并扫描你的计算机。

5. 注意区分两个病毒扫描器在可用性、使用体验以及通用性能方面的区别。你会推荐哪一个，为什么？

练习 2.4   配置路由器

（注意：此练习仅适用于能访问实验室路由器的班。）

1. 查阅你的路由器文档，了解如何禁止来自外网的流量。
2. 配置路由器以阻止来自外网的流量。
3. ping 网络服务器以测试你的配置是否阻塞了外网的流量。

练习 2.5   了解 Blaster 病毒

1. 使用 Web 或其他资源查找 Blaster 病毒的信息。
2. 描述这种病毒是如何工作、如何传播的。
3. 研究并描述该病毒造成的破坏类型和数量。
4. 病毒作者是否已被抓获或起诉？
5. 为防御这种特定的病毒提出建议。

练习 2.6   了解 MyDoom

1. 使用 Web 或其他资源查找有关 MyDoom 病毒的信息。
2. 描述这种病毒是如何工作、如何传播的。
3. 研究并描述该病毒造成的破坏类型和数量。
4. 病毒作者是否已被抓获或起诉？
5. 为防御这种特定的病毒提出建议。

2.8.3   项目题

项目 2.1   最近的病毒攻击

1. 使用 Web 或其他资源，查找在过去 90 天内传播的新病毒。
2. 注意该病毒是如何传播的、造成的损害，以及建议的防范步骤。
3. 这种病毒与 Sasser 病毒和 MyDoom 病毒相比如何？

项目 2.2   建立防病毒策略

1. 使用 Web 查找一个机构的防病毒策略。第 1 章列出的推荐资源是进行这类搜索的好地方。或者，你可以找一些你接触过的机构的策略，比如你的学校或者你的公司。
2. 对该特定单位的防病毒策略，你会提出什么改进建议？
3. 你的建议应该非常具体，并且包含支持这些建议的详细理由。

项目 2.3   为什么会存在缓冲区溢出漏洞？

考虑缓冲区溢出漏洞是如何产生的，解释为什么你认为存在这些漏洞，提出建议以预防或减少此类漏洞。

第3章 防火墙基础

本章目标

在阅读完本章并完成练习之后，你将能够完成如下任务：

- 解释防火墙如何工作。
- 评估防火墙解决方案。
- 区分包过滤和状态包过滤。
- 区分应用网关和电路层网关。
- 理解基于主机的防火墙和基于路由器的防火墙。

3.1 引言

本书前两章讨论了网络安全面临的威胁以及防范这些威胁的方法。本章及后续两章将讨论安全设备。实现网络安全最基本的设备之一是防火墙。这在任何安全体系结构中都是一个关键部分。事实上，诸如代理服务器、入侵防御系统（Intrusion Prevention Systems，IPS）和入侵检测系统（Intrusion Detection Systems，IDS）等都要与防火墙协同工作，并在一定程度上依赖于防火墙。

大多数人对什么是防火墙都有基本的了解。本章中，我们将详细分析防火墙，让你对它们有更深入的理解。本章还将研究一些防火墙产品。

本章将探讨防火墙的基本工作原理，为评估在给定情况下哪种防火墙最合适提供基础。

3.2 什么是防火墙

防火墙是处于你的计算机或你的内部网络与外部世界或 Internet 之间的一个屏障。有时也将它作为非军事区（DeMilitarized Zone，DMZ）后面的区域与面向公众的区域之间的分割。一个特定的防火墙实现可以使用下列一种或多种方法来提供屏障功能。

- ❑ 包过滤
- ❑ 状态包过滤
- ❑ 用户认证
- ❑ 客户端应用认证

在最低限度上，防火墙会根据数据包的大小、源 IP 地址、协议和目标端口号等参数过滤入站的数据包。图 3-1 展示了防火墙概念的基本要素。

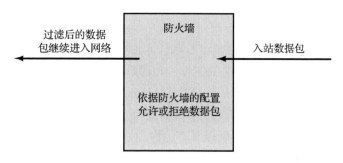

图 3-1　防火墙的基本操作

正如你可能已经知道的，Linux 和 Windows（包括从 Windows XP 到 Windows 10 以及各个 Server 版本的每个 Windows 版本）都有一个简单的、内置在操作系统中的防火墙。诺顿（Norton）和 McAfee 都为单台 PC 提供个人防火墙解决方案。这些防火墙是针对单台机器的，对网络有更高级的解决方案。在一个机构的环境中，在你的网络和外部世界之间可能需要设置一个专用的防火墙。这可能是一个内置了防火墙功能的路由器，或者可能是一个专门运行防火墙软件的服务器。思科系统（Cisco Systems）是一家以高质量路由器和防火墙著称的公司，其多种路由器中都有内置的防火墙功能。有许多防火墙解决方案可供选择。选择防火墙是一项很重要的决定，本章将为你提供必要的基本技能，使你能为你的网络选择合适的防火墙。

供参考：家庭或小型办公室高速连接

随着有线电视、数字用户线（Digital Subscriber Line，DSL）和光纤服务（Fiber Optic Service，FiOS）用于家庭和小型办公室的连接日益普及，加强这些场所计算机系统的安全越来越受重视。这类设计通常称为小型办公室及家庭办公室（Small Office and Home Office, SOHO）设施。现在已经有用于高速 Internet 连接的、非常便宜的基于路由器的防火墙。消费者还可以购买带防火墙功能的、与 DSL 或电缆路由器分离的路由器，或内置电缆或 DSL 路由器功能的路由器。下述网站能提供更多有关信息：

- ❑ Linksys: https://www.linksys.com/
- ❑ 家庭 PC 防火墙指南（Home PC Firewall Guide）：www.firewallguide.com
- ❑ 宽带指南（Broadband Guide）：www.firewallguide.com/broadband.htm

---

3.2.1　防火墙的类型

包过滤防火墙（Packet filtering firewall）是最简单并且通常是最便宜的防火墙类型。其他几种类型的防火墙具有各自不同的优点和缺点。防火墙的基本类型包括：

- ❑ 包过滤（Packet filtering）
- ❑ 应用网关（Application gateway）

❑ 电路层网关（Circuit level gateway）

❑ 状态包检查（Stateful packet inspection）

3.2.2　包过滤防火墙

包过滤防火墙是最基本的防火墙类型。在包过滤防火墙中，每个入站的数据包都要被检查。只有那些与你设置的标准匹配的数据包才允许通过。许多操作系统，如 Windows 客户端系统（如 Windows 8 和 Windows 10）及许多 Linux 发行版本，都在操作系统中包含了基本的包过滤软件。包过滤防火墙也被称为屏蔽防火墙（screening firewall）。它们可以基于数据包的大小、使用的协议、源 IP 地址以及其他许多参数来过滤数据包。一些路由器除了提供正常的路由功能外，还提供这种类型的防火墙保护。

包过滤防火墙通过检查数据包的源地址、目标地址、源端口、目标端口以及协议类型来工作。它们依据这些因素以及为防火墙配置的使用规则，允许或拒绝数据包的通过。这类防火墙非常容易配置并且价格低廉。一些操作系统，如 Windows 10 和 Linux，有内置的包过滤能力。第 4 章将详细讨论具体的防火墙产品。这里仅给出一些常用包过滤产品的概要信息：

❑ Firestarter：这是 Linux 系统上的一个免费的包过滤应用程序，在 www.fs-security.com 网站提供。该软件安装在 Linux 机器上，可用作网络防火墙。

❑ Avast Internet Security：该产品价格低廉，且仅适用于 Windows 系统。你可以在 https://www.avast.com/en-us/f-firewall 上找到这个产品。

❑ Zone Alarm Firewall：该产品价格合理，且效果良好。在 https://www.zonealarm.com/software/firewall 上可以找到该产品的更多信息。

❑ Comodo Firewall：这是一个在 Windows 客户端上运行的商用防火墙产品。它包括防火墙和防病毒功能。可以在 https://personalfirewall.comodo.com/ 上找到更多关于该产品的信息。

屏蔽/包过滤防火墙解决方案存在几个缺点。一个缺点是，它们没有详细检查数据包或将其与先前的数据包进行比较，因此非常容易受到 ping 泛洪或 SYN 泛洪攻击的影响。它们也不提供任何用户认证。因为这种类型的防火墙只在数据包首部查找信息，所以没有关于数据包内容的信息。它们也不跟踪数据包，因此没有关于先前数据包的信息。所以，如果在短时间内成千上万个数据包来自同一 IP 地址，屏蔽主机不会注意到这个模式是不正常的。这种模式通常表示该 IP 地址正试图对网络执行 DoS 攻击。

要配置包过滤防火墙，只需建立适当的过滤规则即可。防火墙的规则集需要涵盖以下内容：

❑ 允许什么类型的协议（FTP、SMTP、POP3 等）

❑ 允许什么源端口

❑ 允许什么目标端口

❑ 允许什么源 IP 地址（如果愿意，可以阻塞某些 IP 地址）

这些规则让防火墙决定什么流量允许进入以及阻塞什么流量。由于这种防火墙仅使用非常有限的系统资源，配置相对容易，并且价格低廉甚至免费，所以常常被采用。虽然它不是最安全的防火墙类型，但却是你很可能经常遇到的类型。

实践中：包过滤规则

不幸的是，在众多真实的网络中，存在很多不同的应用程序发送不同类型的数据包，所以设置正确的包过滤规则可能比你想象得更困难。在一个只有几台服务器运行少量服务的简单网络中（也许是 Web 服务器、FTP 服务器和电子邮件服务器），配置包过滤规则确实很简单。但在其他情况下，会变得相当复杂。

考虑一个地理上分散在不同区域的多个站点互连的广域网。当你为这个场景设置包过滤防火墙时，你需要清楚地知道在广域网连接的任何站点的任何计算机上、使用任何类型网络通信的所有应用程序和服务。如果没有考虑这些复杂性，可能会导致防火墙阻塞某些合法的网络服务。

3.2.3　状态包检查

状态包检查（Stateful Packet Inspection，SPI）防火墙是对基本包过滤的改进。这种类型的防火墙会检查每个数据包，并且不仅基于对当前数据包的检查，而且还基于该会话中先前数据包推导出的数据来决定拒绝或允许访问。这意味着防火墙知道特定数据包被发送的上下文（context）。这使得此类防火墙不太容易受到 ping 泛洪和 SYN 泛洪攻击的影响，而且更不易被欺骗。SPI 防火墙不易受到这类攻击的原因如下：

- ❑ 它们可以识别出一个数据包是否是来自特定 IP 地址的、异常大的数据包流的一部分，从而判断是否有可能正在发生 DoS 攻击。
- ❑ 它们可以识别数据包的源 IP 地址是否看似来自防火墙的内部，从而判断是否有 IP 欺骗正在发生。
- ❑ 它们也可以考察数据包的实际内容，从而允许拥有某些非常高级的过滤能力。

SPI 防火墙是包过滤防火墙的改进版。目前大多数优质的防火墙都使用状态包检查方法。如果有可能，这是为大多数系统推荐的防火墙类型。实际上，大多数家庭路由器都有使用状态包检查的选项。状态包检查这个名字来源于这样一个事实，即，除了检查数据包外，防火墙还检查数据包在整个 IP 会话中的状态。这意味着防火墙可以参考前面的数据包以及那些数据包的内容、源及目标地址。正如你可能猜测到的，SPI 防火墙正变得越来越普遍。我们将在第 4 章介绍几个这类防火墙。下面列出了一些知名的产品：

- ❑ SonicWall (www.sonicwall.com/)：SonicWall 是一个著名的防火墙产品厂商，它为不同规模的网络提供不同价格范围的多种 SPI 防火墙产品。
- ❑ Linksys (www.linksys.com/)：Linksys 生产了许多使用 SPI 技术的小型办公室 / 家庭办公室防火墙路由器产品。这些产品非常便宜并且易于配置。
- ❑ Cisco (www.cisco.com)：思科（Cisco）是一家非常著名并受到高度推崇的厂商，它提供许多不同类型的网络产品，包括使用 SPI 技术的基于路由器的防火墙。

供参考：无状态包过滤

状态包检查显然是首选的方法。随之而来的问题自然就是：无状态包过滤是什么？专业人士一般不使用这个术语，它就是指标准的包过滤方法。

3.2.4 应用网关

应用网关（也称为应用代理或应用层代理）是一个在防火墙上运行的程序。这种防火墙的名称来源于它的工作方式，即通过与各种类型的应用程序进行协商来允许其流量通过防火墙。在网络术语中，协商是指认证和验证过程。换言之，应用网关将检查客户端应用程序及其试图连接的服务器端应用程序，而不是查看该数据包使用的协议和端口，来决定特定客户端应用程序的流量是否允许通过防火墙。这与包过滤防火墙显著不同，包过滤防火墙检查数据包，对这些数据包是由什么应用程序发送的毫不知情。应用网关能让管理员指定仅允许访问某些特定类型的应用程序，如 Web 浏览器或 FTP 客户端。

当客户端程序（如 Web 浏览器）与目标服务（如 Web 服务器）建立连接时，它首先连接到应用网关或代理上。然后，客户端与代理服务器进行协商，以获得对目标服务的访问权限。实质上，代理代表客户建立与防火墙后面的目标服务器的连接，因而隐藏和保护了防火墙内部网络上的各个计算机。这个过程实际创建了两个连接，一个是客户端和代理服务器之间的连接，另一个是代理服务器和目标服务器之间的连接。

一旦建立了连接，应用网关就会全权决定转发哪些数据包。由于所有通信都是通过代理服务器进行的，所以防火墙后面的计算机得到了保护。

使用应用网关时，所支持的每种客户端程序都需要有一个唯一的程序来接收客户端应用程序的数据。这类防火墙允许单独的用户身份认证，这使得它们能非常有效地阻塞不想要的流量。然而，缺点是这类防火墙耗费大量的系统资源。认证客户端应用程序的过程比简单的包过滤要使用更多的内存和 CPU 时间。

供参考：唯一登录

请注意，对具有大量公共流量的网站（例如电子商务站点）来说，每个用户拥有一个唯一的登录可能不是个理想的解决方案。这类网站希望获取大量的流量，这些流量主要来自新客户，而网站的新访客没有登录 ID 或口令。让他们通过建立一个账号来访问你的网站，这很可能会将很多潜在客户拒之门外。但对于公司网络来说，这可能是个理想的解决方案。

应用网关也容易受到各种泛洪攻击（如 SYN 泛洪、ping 泛洪等），主要原因有两个。第一个潜在的原因可能是，应用程序需要额外的时间来协商认证请求。不要忘记，客户端应用程序和用户可能都需要进行认证。这比简单地基于某些参数的包过滤要花费更多时间。因此，大量的连接请求会淹没防火墙，阻止防火墙响应合法请求。应用网关更容易受到泛洪攻击的另一个原因是，一旦连接建立，它就不会再检查数据包。如果连接已经建立，就可以通过该连接向连接到的服务器（如 Web 服务器或电子邮件服务器）发送泛洪攻击。这种脆弱性可以通过用户认证得到一定程度的缓解。如果用户登录方法是安全的（使用适当的口令、加密传输等），那么通过应用网关使用合法连接进行泛洪攻击的可能性会减小。

第 4 章将讨论具体的防火墙实现，这里提供几种应用网关产品的简要概括：

- Akamai 有一个稳健的应用网关，在 https://content.akamai.com/us-en-pg9554-gartner-magic-quadrant.html 上提供。
- WatchGuard 技术公司提供几种防火墙解决方案（www.watchguard.com/）。
- Cloudflare 提供一款应用网关，是一个专门的 Web 应用防火墙，https://www.cloudflare.com/lp/waf-a。

3.2.5　电路层网关

电路层网关防火墙类似于应用网关，但更安全，通常在高端设备上实现。这类防火墙也使用用户认证，但它们是在访问过程的初期进行认证的。在应用网关中，首先检查客户端应用程序，查看是否应该授予访问权限，然后再对用户进行身份认证。而在电路层网关中，认证用户是第一步。在与路由器建立连接之前检查用户的登录 ID 和口令，并授予用户访问权限。这意味着每个人，无论是基于用户名还是基于 IP 地址，都必须在执行任何进一步通信之前进行验证。

一旦通过验证，并且在源和目标之间建立了连接，那么防火墙只需简单地在两个系统之间传递数据。在内部客户端与代理服务器之间存在一个虚拟的"电路"。客户端发出的访问 Internet 的请求通过这个电路到达代理服务器，代理服务器在改变 IP 地址之后将这些请求转发到 Internet 上。外部的用户只看到代理服务器的 IP 地址。返回的响应由代理服务器接收，并通过这个电路送回客户端。正是这个虚拟的电路使得电路层网关变得安全。与简单的包过滤防火墙和应用网关等其他选择相比，在客户端应用程序和防火墙之间的私有安全连接是更安全的解决方案。

虽然流量被允许通过，但外部系统永远看不到内部系统。应用网关和电路层网关之间的区别如图 3-2 所示。

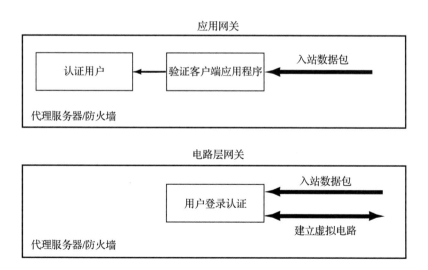

图 3-2　应用网关与电路层网关对比

虽然安全性很高，但这种方式可能不适合某些与普通公众的通信，如电子商务网站。这种类型的防火墙也很难配置，因为每个客户端必须设置成与防火墙有一个电路连接。

pfSense 是一个开源的防火墙项目（https://www.pfsense.org/）。该防火墙的源代码可以下载、编译并在基于网络主机的配置下运行。事实上，由于它是开源的而且可以进行修改，所以对那些拥有经验足够丰富的程序员的机构来说，pfSense 是一个很有吸引力的选择。

3.2.6　混合防火墙

正如你在本章后面以及第 4 章将要看到的，有越来越多的厂商正在生产混合防火墙。这是混合采用多种方法、而不是单一方法的防火墙。这种混合的方法往往比使用任何单一的方法都更有效。

一种非常强大的防火墙方法是同时使用电路层网关和状态包过滤的设计。这样的配置把最好的防火墙方法组合到一个单元中。第 4 章将研究真实世界中一些混合解决方案的例子。

3.2.7　黑名单 / 白名单技术

许多防火墙还支持使用黑名单或白名单技术。黑名单技术是一种给出禁止列表的安全方法，其中，用户可以访问除禁止列表之外的任何网站或 Internet 资源，该列表就叫黑名单。这是一种非常宽松的方法，因为用户仅被阻止访问特定列表上的站点。

相反，白名单技术是给出允许列表的方法，用户被阻止访问除列表之外的任何网站或 Internet 资源，该列表即白名单。白名单方法限制更严格，但也更安全。黑名单方法的问题是，不可能知道和列出用户不应该访问的每个网站。无论黑名单多么彻底全面，都可能会允许到某些不应该访问网站的流量。白名单方法要安全得多，因为所有站点默认都是被阻止的（默认被阻止也称为隐式拒绝），除非它们在白名单上。

3.3　实现防火墙

管理员必须能够评估防火墙的实现问题，以便能为他们的系统取得一个成功的安全解决方案。理解防火墙的类型意味着了解防火墙如何评估流量、决定允许什么和不允许什么。而理解防火墙的实现则意味着理解如何建立防火墙与所保护网络的关系。使用最广泛的防火墙实现包括：

❑ 基于网络主机（Network host-based）
❑ 双宿主机（Dual-homed host）
❑ 基于路由器的防火墙（Router-based firewall）
❑ 屏蔽主机（Screened host）

3.3.1　基于网络主机

在基于主机（有时称为基于网络主机）的防火墙场景中，防火墙是一个安装在使用现有操作系统的机器上的软件解决方案。这种场景中最重要的问题在于，不管防火墙解决方案有多么好，它都依赖于底层的操作系统。在这种场景中，安装防火墙的机器拥有安全加固的操作系统至关重要。加固操作系统是指对系统采取多种安全预防措施，包括：

❑ 确保所有的补丁已经更新
❑ 卸载不需要的应用程序或实用程序
❑ 关闭不使用的端口
❑ 关闭不使用的服务

第 8 章将更深入地介绍操作系统的加固问题。

在基于网络主机的防火墙实现中，你将防火墙软件安装到现有服务器上。有时，服务器的操作系统可能会附带这样的软件。常常有管理员使用运行 Linux 系统的机器，配置其内置的防火墙，并把该服务器用作防火墙。该方案的主要优点是成本低。简单地将防火墙软件安装到现有的机器上，并把该机器用作防火墙，这要便宜得多。

实践中：DMZ

越来越多的机构选择使用 DMZ（DeMilitarized Zone, DMZ）。一个 DMZ 是一个非军事化区。使用两个独立的防火墙可创建一个 DMZ。其中，一个防火墙面对外部世界或 Internet，另一个面对内部或企业网络。DMZ 允许在面向 Internet 的服务和后端企业资源之间存在一层额外的保护。

典型情况下，Web 服务器、电子邮件服务器和 FTP 服务器都位于 DMZ 区。域控制器、数据库服务器和文件服务器都位于企业网络内部。这意味着，如果黑客突破了第一道防火墙的安全防线，他也只能影响 Web 服务器或电子邮件服务器。他不能直接获取企业数据。要获取这些数据需要黑客突破另一道防火墙的安全防线。

不管你使用什么类型的防火墙，这种安排都是优选的方法。通常，管理员选择使用较弱和较便宜的防火墙放在 DMZ 外部，比如简单的包过滤防火墙。而使用更严格的防火墙放在 DMZ 内部一侧，如状态包过滤防火墙。如果在外部防火墙上使用入侵检测系统（将在第 5 章详细讨论），那么远在黑客能够成功突破内部防火墙之前，对外部防火墙的任何攻击很可能被检测到。这也是媒体上充斥着黑客击溃网站的故事，而黑客真正获得敏感数据的故事不太常见的一个原因。

现在许多路由器厂商都提供实现 DMZ 的单一设备。他们通过在一个设备中创建两个防火墙来实现这种方案，这样你就可以购买实现了整个 DMZ 功能的单一设备。路由器有一个端口用于外部连接（即 Internet），另一个端口用于 DMZ，而剩下的端口用于内部网络。图 3-3 展示了一个 DMZ 区。

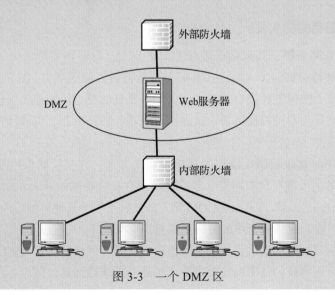

图 3-3　一个 DMZ 区

3.3.2 双宿主机

双宿主机是一种运行在至少拥有两个网络接口的服务器上的防火墙。这是一种很古老的方法。目前大多数防火墙都是在实际的路由器上而不是在服务器上实现的。服务器充当网络和其相连接口之间的一个路由器。为此，服务器的自动路由功能被禁用，这意味着来自 Internet 的 IP 数据包不能直接路由到内部网络。管理员可以选择什么样的数据包可以路由以及如何路由。防火墙内部和外部的系统可以与双宿主机通信，但相互之间不能直接通信。图 3-4 展示了一个双宿主机防火墙。

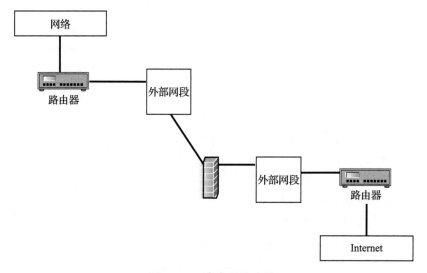

图 3-4　双宿主机防火墙

双宿主机配置是基于网络主机的防火墙的简单扩展版本。这意味着，它也取决于底层操作系统的安全性。任何时候，一个防火墙无论运行在何种类型的服务器上，该服务器操作系统的安全性都比一般的服务器更关键。

该种选择具有相对简单和便宜的优点。主要缺点是它对底层操作系统的依赖性。

3.3.3 基于路由器的防火墙

管理员可以在路由器上实现防火墙保护。事实上，目前即使是最简单、最低端的路由器，也都内置了某种类型的防火墙。在具有多层防护的大型网络中，这通常是第一层防护。尽管可以在路由器上实现各种类型的防火墙，但最常见的类型仍然是使用包过滤。家庭或小型办公室的宽带连接用户可以使用带包过滤防火墙功能的路由器，以取代宽带公司提供的基本路由器。

在很多情况下，这也是防火墙新手理想的解决方案。许多厂商提供基于路由器的防火墙，并根据客户的需求进行预先配置。客户可以把它安装在他的网络和外部 Internet 连接之间。此外，大多数知名品牌（Cisco、3COM 等）都提供了关于其硬件的厂商专有培训和认证，从而使得能够相对容易地找到合格的管理员或培训现有员工。

实现基于路由器的防火墙的另一种有价值的方法是在网络的子部分之间使用防火墙。如果一个网络被划分成网段，每个网段都需要使用路由器连接到其他网段。在这种情况下，使用包含防火墙功能的路由器能显著提高安全性。如果网络的一个网段受到侵害，则网络的其余部分不一定被攻破。

或许基于路由器的防火墙的最大优点是它易于设置。在很多情况下，厂商甚至会为你配置防火墙，而你只需简单地插上它即可。目前，大多数的家庭路由器，如来自 Linksys、Belkin 或 Netgear 的路由器，都有内置防火墙。事实上，几乎所有高端的路由器都具备防火墙功能。

3.3.4　屏蔽主机

屏蔽主机实际上是防火墙的组合。它组合使用了一个堡垒主机（bastion host）和一个屏蔽路由器（screening router）。这种组合创建了一个双防火墙解决方案，在过滤流量方面很有效。这两个防火墙可以是不同的类型。堡垒主机（见本节的供参考）可以是一个应用网关，而屏蔽路由器可以是包屏蔽器（反之亦然）。这种方法（如图 3-5 所示）拥有两种类型防火墙的优点，并且在概念上与双宿主机相似。

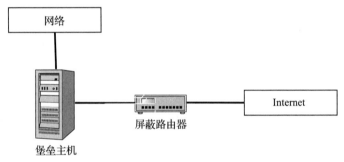

图 3-5　屏蔽主机

屏蔽主机与双宿主机防火墙相比有一些明显的优点。与双宿主机防火墙不同，屏蔽主机只需要一个网络接口，并且在应用网关和路由器之间不需要单独的子网。这使得防火墙更灵活，但可能安全性会低一些，因为，它只依赖于一个网络接口，这意味着它可以被配置成将某些可信服务传递给防火墙的应用网关部分，并直接向网络内的服务器传递。

使用屏蔽主机时，最重要的关注点是它在本质上将两个防火墙结合成一个。因此，任何安全缺陷或错误配置都会影响两个防火墙。但当你使用 DMZ 时，物理上存在两个独立的防火墙，而一个安全缺陷传播到两个防火墙的可能性很低。

> **供参考：堡垒主机**
>
> 　堡垒主机是 Internet 和私有网络之间的单一接触点。它通常只运行有限数量的服务（私有网络绝对必需的服务），而没有其他服务。堡垒主机常常是处于网络和外部世界之间的一个包过滤防火墙。

除了这些防火墙配置之外，防火墙检查数据包的方法也不同。包过滤工作在 OSI 模型的网络层，它简单地基于协议、端口号、源地址和目标地址这样的标准来阻止某些数据包。例如，包过滤防火墙可能拒绝端口号为 1024 及以上的所有流量，或者它可能阻止所有使用

tFTP协议的入站流量。当然，端口号属于传输层。对入站和出站流量的过滤可以决定什么信息可以进入或离开本地网络。

屏蔽路由器通过让你拒绝或允许来自堡垒主机的某些流量来增加安全性。这是流量的第一站，只有在屏蔽路由器允许的情况下才能继续传递。

实践中：最高安全性

需要最高安全级别的机构经常使用多个防火墙。网络的边界可能实际上有两个防火墙，也许是一个状态包检查防火墙和一个应用网关，一个接在另一个之后（顺序将决定它们如何配置）。这使得机构能够获得两种防火墙的优点。这种类型的配置不是那么普遍，但确实已被一些机构采用。

一种常见的多防火墙场景是使用屏蔽防火墙路由器（screened firewall routers）分割各个网段。网络仍有一个边界防火墙用于阻止入站流量，但它还用包过滤来分割每个网段。这样，如果一个攻击突破了边界防护，并不是所有的网段都会受到影响。

为了获得尽可能高级别的防火墙保护，理想的场景是使用双边界防火墙（dual-perimeter firewall），并在所有路由器上都使用包屏蔽，然后在每个服务器，甚至每个工作站上都使用单独的包过滤防火墙（如内置到某些操作系统中的防火墙）。这样的配置可能设置起来昂贵，并且难以维护，但它能提供极其健壮的防火墙保护。图3-6展示了一种具有多个防火墙的配置。在该图中，每个工作站都配置并运行了基于操作系统的防火墙。

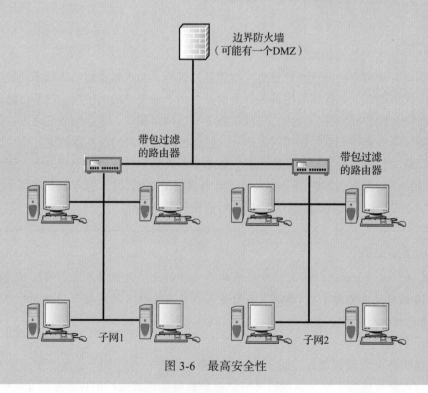

图 3-6   最高安全性

3.4　选择和使用防火墙

3.4.1　选择防火墙

有多种商用防火墙产品可供选择。很多软件厂商都提供基本的包过滤解决方案。主要的防病毒软件厂商（包括本章前面提到的那些厂商）经常提供防火墙软件作为他们防毒软件的捆绑选项。其他公司，如 Zone Labs，则销售防火墙和入侵检测软件。诸如 Cisco 这样的路由器和交换机主要制造商也提供防火墙产品。

一个特定系统需要的安全程度总是难以确定的。最低限度的建议是，在网络和 Internet 之间有一个包过滤防火墙或代理服务器，但这是最低限度。一般来说，管理员应该在预算允许范围内购买功能最强的防火墙。第 4 章将详细研究一些广泛使用的防火墙解决方案。但请记住，这仅仅是经验之谈。一种更好的方法是进行风险分析，第 11 章和第 12 章将介绍如何进行风险分析。

3.4.2　使用防火墙

使用防火墙的第一原则是要正确配置它。第 4 章将介绍一些广泛使用的防火墙解决方案以及如何配置它们。通读并理解与防火墙解决方案相关的所有文档和手册是最基本的要求。在初始设置和配置时，管理员还应该考虑顾问服务的帮助。此外，防火墙厂商通常都提供关于具体产品的培训。

在安全事件发生后，防火墙也是试图确定发生了什么事情的优秀工具。几乎所有的防火墙，不管是什么类型或者怎样实现的，都记录在它们之上发生的各种活动。这些日志可以提供能帮助确定攻击来源、所使用攻击方法的有价值信息，以及其他有助于定位攻击的发起者或至少能防止未来使用相同技术进行攻击的数据。

考虑到网络上的设备数量众多，因此常常把日志合并。使用安全信息和事件管理器（Security Information and Event Manager，SIEM）是一种常见的方法。还有一个协议，即 syslog 协议，它是一个用来传送日志信息的协议。一个 SIEM 系统不仅可以合并防火墙日志，而且还可以合并其他日志，如 IDS 日志。

审查防火墙日志以查找异常活动应该是每个机构中 IT 人员日常工作的一部分。第 5 章介绍的入侵检测系统可以在异常发生时，尤其是那些可能标志着潜在攻击的异常发生时，通过通知网络管理员而提供帮助。然而，即使是使用了 IDS，周期性地审查日志仍是一个不错的主意。

研究防火墙在正常活动期间的日志，可以为防火墙建立一个基线（baseline）。这个基线应该展示每小时、每分钟以及每天入站和出站数据包的平均数量。它还应该标识数据包的类型（例如，入站数据包的 73% 是到达你的 Web 服务器的 HTTP 数据包）。定义防火墙上的正常活动，能够帮助管理员在异常活动发生时注意到它。

3.5　使用代理服务器

代理服务器常常与防火墙一起使用来隐藏内部网络的 IP 地址，以单个 IP 地址（代理服务器自身的地址）的形式呈现在外界面前。代理服务器是处于客户端应用程序（如 Web 浏览器）和真实的服务器之间的一个服务器。代理服务器能阻止黑客看到网络内部主机的 IP 地址，知道代理服务器后面有多少台机器，或者了解任何关于网络配置的内容。代理服务器还提供了一种宝贵的控制机制，因为大多数代理服务器都会记录所有的出站流量。这使得网络管理员可以看到员工在 Internet 上的访问记录。代理服务器通常以软件形式与你的防火墙运行在相同的机器上。

代理服务器可以配置成重定向（redirect）某些流量。例如，使用 HTTP 协议的入站流量通常允许通过代理服务器，但被重定向到 Web 服务器。这意味着所有出站和入站的 HTTP 流量首先通过代理服务器。一个代理服务器可以配置为重定向你想要的任何流量。如果网络上有电子邮件服务器或 FTP 服务器，那么你可以配置使该网络所有入站和出站的电子邮件流量或 FTP 流量都通过代理服务器。

使用代理服务器意味着，当网络内部有一台机器访问网站时，网站只能检测到代理服务器对它的访问。事实上，如果网络上数十台不同的机器访问一个能记录入站连接 IP 地址的站点，那么这些连接会被记录为使用同一 IP 地址，即代理服务器的 IP 地址。大多数情况下，这种代理服务器已经被网络地址转换（Network Address Translation，NAT）所取代，我们将在下一节中研究 NAT。然而，代理服务器这一术语现在仍在使用，但有了不同的应用。现在，代理服务器与防火墙一起工作，过滤诸如 Web 内容之类的东西。它允许网络管理员阻塞某些站点并记录指定用户访问的所有网站。

隐藏内部网络是一项很有价值的服务，因为关于内部 IP 地址的知识可被用于进行某些形式的攻击。例如，IP 欺骗（IP spoofing）攻击就是基于知道某个内部服务器的 IP 地址。隐藏内部 IP 地址是网络安全的一个重要步骤。此外，了解员工访问了 Internet 上的哪些网页也非常有用。代理服务器能跟踪这类信息，许多网络管理员使用它来限制员工把公司的网络连接用于非法目的。代理服务器还是能够阻止攻击的有用工具。访问黑客网站的员工可能是潜在的安全风险。他们可能会选择尝试他们在网络上读到的一些技术。管理员还可以检测潜在的工业间谍活动。一个在竞争对手的网站上花费大量时间的员工可能正在考虑更换工作，他可能在考虑带走有价值的数据。

3.5.1　WinGate 代理服务器

目前，有许多代理服务器解决方案。有些是商用产品，有些则是开源的。为了帮助你更好地理解代理服务器，我们将分析一款这样的产品。WinGate 是一个价格低廉的商用产品，它还提供可供下载的免费试用版（www.wingate.com）。该产品具有代理服务器的所有标准特性，包括：

- ❑ 共享 Internet 连接
- ❑ 隐藏内部 IP 地址
- ❑ 允许病毒扫描
- ❑ 过滤站点

免费下载使它成为学生的理想选择。无须缴纳任何费用，就可通过使用 30 天试用版来学习代理服务器是如何工作的。该产品安装过程简单，并且有易于使用的图形用户界面。

当然，你可以找到其他的代理服务器解决方案，而且其中很多相当不错。这里选择 WinGate 是因为它具有如下特点：

❑ 易于使用

❑ 廉价

❑ 可免费下载

WinGate 对学习之外的其他环境来说也是一个不错的解决方案。过滤某些网站的能力对很多公司来说都相当具有吸引力。公司减少系统资源滥用的一个方法就是阻塞他们不希望员工访问的网站。而扫描病毒的能力在任何环境下也都很有价值。

3.5.2　NAT

对许多机构来说，代理服务器已经被一种称为网络地址转换（Network Address Translation，NAT）的比较新的技术所取代。如今所谓的代理服务器已经不再做它们最初要做的事情了（即，将私有 IP 地址转换为公有 IP 地址）。首先，NAT 转换内部地址和外部地址，以允许内网的计算机和外部计算机之间的通信。外部只能看到运行 NAT 的机器的地址（通常是防火墙）。从这个角度来看，它的功能与代理服务器完全一样。

NAT 还提供重要的安全性，因为在默认情况下，它只允许从内部网络上发起的连接。这意味着内部网络的计算机可以连接到外部 Web 服务器，但外部计算机不能连接到内部网络上的 Web 服务器。你可以通过入站映射（inbound mapping）让外部世界使用某些内部服务器。该映射将某些熟知的 TCP 端口（如 HTTP 的 80 端口、FTP 的 21 端口等）映射到特定的内部地址，从而允许外部世界访问内部的 FTP 或网站等服务。然而，这种入站映射必须明确地配置，默认情况下是没有的。

正如你将在后续章节中看到的，NAT 常被作为另一个产品的一部分提供，例如作为防火墙的一部分。不像代理服务器，NAT 不太可能作为独立的产品出现。第 4 章将展示几种包含网络地址转换功能的防火墙解决方案。

3.6　本章小结

对任何网络来说，在网络与外部世界之间部署防火墙和 NAT 绝对很关键。有多种防火墙类型和实现可供选择。有些易于实现并且价格低廉。另一些可能需要更多资源、难以配置，或价格昂贵。一个机构应该使用其环境允许的最安全的防火墙。对于某些防火墙，特定厂商的培训对正确配置防火墙来说是必不可少的。配置不好的防火墙与根本没有防火墙可能一样，都是安全隐患。

本章我们研究了各种类型的防火墙（包过滤、应用网关、电路层网关和状态包检查）以及它们的实现（基于网络主机、基于路由器、双宿主机和屏蔽主机）。理解防火墙的工作原理，对于根据网络安全需求选择合适的解决方案来说至关重要。

3.7　自测题

3.7.1　多项选择题

1. 下列哪项是四种基本的防火墙类型？

　A. 屏蔽、堡垒、双宿、电路层　　　　　　　B. 应用网关、堡垒、双宿，屏蔽

　C. 包过滤、应用网关、电路层、状态包检查　D. 状态包检查、网关、堡垒、屏蔽

2. 哪种类型的防火墙与客户端之间创建一个私有的虚拟连接？
    A. 堡垒　　　　　　　　　　　　　　　　B. 双宿
    C. 应用网关　　　　　　　　　　　　　　D. 电路层网关

3. 哪种类型的防火墙被认为是最安全的防火墙？
    A. 双宿　　　　　　　　　　　　　　　　B. 状态包检查
    C. 电路层网关　　　　　　　　　　　　　D. 包屏蔽

4. 包过滤防火墙必须设置的四个规则是什么？
    A. 协议类型、源端口、目标端口、源 IP　　B. 协议版本、目标 IP、源端口、用户名
    C. 用户名、口令、协议类型、目标 IP　　D. 源 IP、目标 IP、用户名、口令

5. 哪种类型的防火墙要求单个客户端应用程序被授权连接？
    A. 屏蔽网关　　　　　　　　　　　　　　B. 状态包检查
    C. 双宿　　　　　　　　　　　　　　　　D. 应用网关

6. 为什么代理网关可能易于受到泛洪攻击？
    A. 它没有适当地过滤数据包　　　　　　　B. 它不要求用户认证
    C. 它允许同时存在多个连接　　　　　　　D. 它的认证方法需要更多的时间和资源

7. 为什么电路层网关在某些情况下可能不合适？
    A. 它没有用户认证　　　　　　　　　　　B. 它阻塞了 Web 流量
    C. 它需要客户端的配置　　　　　　　　　D. 它太贵

8. 为什么 SPI 防火墙不易受到欺骗攻击？
    A. 它检查所有数据包的源 IP　　　　　　B. 它自动阻塞伪装的数据包
    C. 它要求用户认证　　　　　　　　　　　D. 它要求客户端应用程序认证

9. 为什么 SPI 防火墙对泛洪攻击具有更强的抵抗能力？
    A. 它自动阻塞来自单个 IP 的大流量　　　B. 它要求用户认证
    C. 它根据先前数据包的上下文来检查数据包　　D. 它检查所有数据包的目标 IP

10. 在基于网络主机的配置中最大的危险是什么？
    A. SYN 泛洪攻击　　　　　　　　　　　B. ping 泛洪攻击
    C. IP 欺骗　　　　　　　　　　　　　　D. 操作系统的安全缺陷

11. 下列哪项是基于网络主机配置的优势？
    A. 它对 IP 欺骗有抵抗力　　　　　　　　B. 它便宜或免费
    C. 它更安全　　　　　　　　　　　　　　D. 它要求用户认证

12. 下列哪一个可以在交付时预先配置？
    A. 状态包检查防火墙　　　　　　　　　　B. 基于网络主机的防火墙
    C. 基于路由器的防火墙　　　　　　　　　D. 双宿防火墙

13. 下列哪种解决方案实际上是防火墙的组合？
    A. 屏蔽防火墙　　　　　　　　　　　　　B. 基于路由器的防火墙
    C. 双宿型防火墙　　　　　　　　　　　　D. 堡垒主机防火墙

14. 下列哪项是 IT 安全人员的日常工作？
    A. 通过尝试 ping 泛洪攻击测试防火墙　　B. 审查防火墙日志
    C. 重新启动防火墙　　　　　　　　　　　D. 物理地检查防火墙

15. 隐藏内部 IP 地址的设备称为什么？
    A. 屏蔽主机　　　　　　　　　　　　　　B. 堡垒防火墙
    C. 代理服务器　　　　　　　　　　　　　D. 双宿主机

16. NAT 最重要的安全优点是什么？
    A. 它阻止入站的 ICMP 数据包　　　　　B. 它隐藏内部网络地址
    C. 默认情况下，它阻塞所有 ICMP 数据包　　D. 默认情况下，它只允许出站连接

3.7.2 练习题

不要使用实际系统做实验室。下面所有的练习中，你应该只使用专门用于实验目的的实验室计算机。不要在实际系统上进行这些实验练习。

练习 3.1 打开 Windows 防火墙

注意：这个练习需要使用安装了 Windows 7、8 或 10 的机器。⊖

1. 点击"Start"（开始），选择"Settings"（设置），然后点击"control panel"（控制面板）。或者在搜索框中输入"control panel"（控制面板）。
2. 单击"Systems and Security"（系统及安全）。
3. 单击"Windows Firewall"（Windows 防火墙）。在该界面上，你可以启用或关闭防火墙，并且配置防火墙的规则。

练习 3.2 Linux 防火墙

注意：这个练习需要访问一台 Linux 机器。考虑到 Linux 有各种发行版本，这里不可能为所有版本都列出步骤说明。

1. 使用 Web 查找你的特定 Linux 发行版的防火墙文档。

下述站点可能会有所帮助：

http://www.linuxfromscratch.org/blfs/view/6.3/postlfs/firewall.html

https://www.linux.com/

https://www.networkcomputing.com/careers/your-iptable-ready-using-linuxfirewall/885365766

2. 使用文档中给出的指令打开并配置你的 Linux 防火墙。

练习 3.3 免费的防火墙

有很多商用防火墙解决方案，但也有免费的解决方案。本练习中你应该完成如下任务：

1. 在 Web 上找到一款免费的防火墙

下述网站可能会有所帮助：

https://www.zonealarm.com/software/free-firewall

https://www.pandasecurity.com/security-promotion. 这是一个获得商用产品免费试用版的网站。

2. 下载并安装防火墙。
3. 配置防火墙。

练习 3.4 免费的代理服务器

有许多免费的代理服务器（或至少提供免费的试用版）。下述网站可能会有所帮助：

AnalogX 代理：www.analogx.com/contents/download/network/proxy.htm

免费下载中心：http://www.proxy4free.com/

1. 下载你选定的代理服务器。
2. 安装它。
3. 根据厂商的规范说明配置它。

3.7.3 项目题

项目 3.1 Cisco 防火墙

使用 Web 资源或你可以访问的文档，查找思科的 Cisco Firepower NGFW 的详细说明。判断它是什么类型的防火墙以及它是基于什么实现的，还要注意它的任何具体的优点或缺点。

⊖ 注意：不同的 Windows 版本，打开防火墙的命令步骤会有所差别。例如在中文 Windows 10 系统中，选择的命令是："开始"→"Windows 系统"→"控制面板"，之后单击"Windows Defender 防火墙"。——译者注

项目 3.2　ZoneAlarm 防火墙

　　使用 Web 资源或你可以访问的文档，查找 Zone Labs 的 Check Point Integrity 防火墙的详细说明。确定它是什么类型的防火墙以及它是基于什么实现的，还要注意它的任何具体的优点或缺点。以下网站可能会有帮助：

　　http://www.zonealarm.com/security/en-us/zonealarm-pc-security-free-firewall.htm www.checkpoint.com/products/integrity/

项目 3.3　Windows 10

　　使用 Web 资源或你可以访问的文档，查找 Windows 10 防火墙的详细说明。确定它是什么类型的防火墙以及它是基于什么实现的，还要注意它的任何具体的优点或缺点。

第 4 章 防火墙实际应用

本章目标

在阅读完本章并完成练习之后，你将能够完成如下任务：

● 解释单机、小型办公室、网络以及企业防火墙的需求。

● 评估个人或公司的需求及约束，确定适合什么类型的防火墙解决方案。

● 对比各种流行的防火墙解决方案。

● 为给定环境推荐合适的防火墙解决方案。

4.1 引言

第 3 章讨论了防火墙的概念基础，描述了不同类型的防火墙所使用的各种数据包过滤方法。本章将研究防火墙选择的实践方面的问题。防火墙可以根据多个不同的标准进行分类。第 3 章基于配置和类型对其进行了分类。本章将基于防火墙的实际使用环境对其进行分类。

本章每一节都将研究一种类别的实际需求。我们将考察安全需求以及预算限制。然后研究一款或多款为该环境设计的实际产品。然而，任何情况下我都不会特别支持任何产品。我选择防火墙是基于它们使用的广泛程度，因为防火墙解决方案使用得越广泛，那么在你的职业生涯中越有可能会遇到它，无论它的技术价值如何。

所有的防火墙都可以归入第 3 章讨论的分类中。这意味着它们可以是包过滤、状态包检查、应用网关或电路层网关。现在已经很少看到仅支持包过滤的商用防火墙。大多数商用防火墙都支持额外的特性，如入侵检测、VPN，甚至还有的内置了防病毒功能。

商用防火墙通常还支持第 3 章讨论过的黑名单和白名单技术。

不管你选择哪种防火墙解决方案，这些设备都需要被监控。它们还需要升级 / 打补丁，你不能简单地安装它们，然后就把它们忘记。

4.2 使用单机防火墙

单机防火墙是一种在单台 PC（甚至是服务器）上

运行的防火墙解决方案。家庭用户经常用单机防火墙来保护他们的计算机。在许多情况下，安全意识强的机构除了对网络使用防火墙解决方案外，还在他们网络中的所有工作站上设置单独的防火墙。我推荐这种策略，而不是简单地使用一个边界防火墙的策略。这并不是说不需要有边界防火墙。我只是说，你不应该仅仅依赖于边界防火墙。不管你的工作环境如何，单机防火墙都有很多共同特点：

- 它们可以是包过滤、状态包检查，或者是应用网关。
- 都是基于软件的。
- 绝大多数都易于配置和建立。

大多数单机防火墙在设计的时候都考虑的是家庭用户，尽管某些更高级些。例如，单机应用层防火墙通常被设计成在数据库或 Web 服务器上运行，为该设备提供一层额外的保护。

例如，已经发现有多种病毒通过扫描网络上附近的机器，寻找开放的端口并连接到那个端口进行传播。臭名昭著的 MyDoom 病毒的一个版本使用端口 1034 来进行传播。如果网络中所有机器都用自己的防火墙阻塞端口 1034，那么即使网络上有一台机器被感染，整个网络对该攻击也具有免疫能力。事实上，诸如特洛伊木马这类恶意软件使用特定端口是很常见的。让防火墙在每个机器上阻塞所有这些端口可显著改善安全性。简而言之，在所有工作站上都安装单机防火墙意味着，即使一台机器被攻破，这一攻破也不一定会影响网络上的所有机器。我们将研究 Windows 10 防火墙、Linux 防火墙和一些商用防火墙（不是随操作系统一起发行的、必须单独购买的防火墙）。请注意，Windows 防火墙的界面在 Windows 8/8.1、Windows 10 和 Server 2016 中非常相似。

当你选择一个单机防火墙解决方案时，请记住，大多数的单机防火墙设计都有几个前提假设。由于家庭用户是这些产品的主要目标客户，所以易用性通常放在最优先考虑的位置。其次，大多数这类产品价格很便宜，在某些情况下是免费的。最后，你应该记住，它们不是为高安全环境设计的，而仅仅是为家庭用户提供基本的安全性。

4.2.1　Windows 10 防火墙

Windows 最早在 Windows 2000 中随系统自带了一个原始的防火墙，称为 Internet 连接防火墙（Internet Connection Firewall，ICF）。这个防火墙非常简单。从那时起，每个版本的 Windows 都扩展了这一思想。Windows 10 自带了一个功能完备的防火墙。该防火墙可以阻塞入站和出站的数据包。要访问 Windows 10 防火墙，请单击"开始"按钮并输入"防火墙"⊖即可。Windows 10 防火墙的基本信息如图 4-1 所示。

请注意，这个界面与 Windows Server 2012 和 2016 中的防火墙设置相同，但与 Windows 7 中的防火墙设置不同。

从 Windows Server 2008 开始，包括之后所有的版本，Windows 防火墙都是状态包检查防火墙。使用 Windows 10 防火墙，你可以为出站和入站流量设置不同的规则。例如，你的标准工作站可能允许出站到端口 80 的 HTTP 流量，但可能不希望允许入站的流量（除非你在该工作站上运行一个 Web 服务器）。

⊖　在中文版 Windows 10 中，输入英文"Firewall"或者中文"防火墙"，都会列出"防火墙和网络保护"菜单项，选择该菜单项，或者直接按下回车键，即可进入防火墙主界面。——译者注

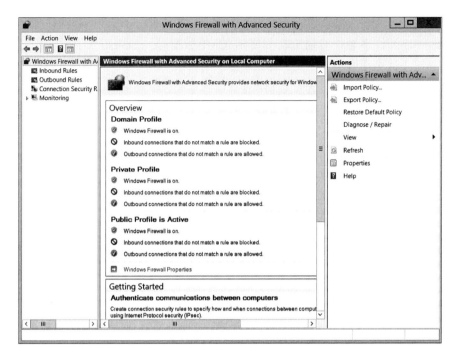

图 4-1　Windows 10 防火墙

你还可以为某个端口或程序创建规则、创建自定义规则，或者从微软许多预定义的规则中选择规则。不仅可以选择允许或阻止连接，而且可以选择仅当它使用 IPSec 时才允许通过。对于任何连接，你都有这三种选项。

规则可以允许或阻止一个指定应用程序或端口。可以对入站和出站流量有不同的规则。这些规则允许你决定是否阻塞一个特定类型的通信。可以对入站和出站业务进行不同的设置，也可以为单个端口（所有 65535 个可用的网络端口[⊖]）或应用程序设置规则。Windows 防火墙中的规则赋予你极大的灵活性。

更重要的是，可以根据流量的来源应用不同的规则。你可以为如下三个区域或轮廓设置规则：

❑ **域内区域**（Domain）：在你的域中被认证了的计算机。

❑ **公开区域**（Public）：你的网络之外的计算机。对来自外部的流量比来自域内另一台机器的流量更要谨慎对待。

❑ **私有区域**（Private）：来自自己计算机的流量。

对于所有的包过滤防火墙，管理员应该始终遵循下述规则：

❑ 如果你不明确地需要一个端口，那么就阻塞它。例如，如果你没有在该机器上运行 Web 服务器，那么就阻塞到端口 80 的所有入站流量。对于家用机器，通常应该阻塞所有的端口。对于网络上的独立工作站来说，你可能需要让某些端口保持开放，以便允许各种网络实用程序访问该机器。

⊖　IP 数据包中的端口号占 16 比特，0 号端口保留不使用，因此一个 IP 最多可以使用 $2^{16}-1=65535$ 个 TCP 端口和 65535 个 UDP 端口。——译者注

❑ 除非你有令人信服的理由，否则总是阻塞 ICMP 流量，因为许多实用程序，如 ping、tracert 以及许多端口扫描工具都使用 ICMP 数据包。如果阻塞了 ICMP 流量，那么你将阻止许多端口扫描工具对你系统漏洞的扫描。

❑ 偶尔我会建议继续写出诸如 ICMP 这样的缩写词，以确保这一点得到加强。

Windows 防火墙还具有日志记录功能，但默认情况下是关闭的。打开这个功能（当你配置防火墙时，你会看到打开日志的地方），并定期检查日志。你可以在 https://docs.microsoft.com/en-us/windows/access-protection/windows-firewall/windows-firewall-with-advanced-security 找到关于 Windows 10 防火墙的更详细信息。

> **供参考：日志文件**
>
> 　　如果网络已经有了边界防火墙并且网络中所有工作站上都有 Windows 防火墙，当在这种环境下使用工作站上的 Windows 防火墙时，你或许不想打开日志功能，因为要审查边界防火墙以及所有工作站防火墙的日志是不现实的。审查所有这些日志的烦琐性使得它们很可能永远不会被审查。
>
> 　　典型地，你应该审查边界防火墙以及所有服务器防火墙的日志，而不审查工作站防火墙的日志。当然，如果你的安全性需求要求你记录所有防火墙日志，并且你具备对这些日志进行常规审查的资源，那么审查所有日志当然是个好想法。

4.2.2　用户账号控制

用户账号控制（User Account Control，UAC）不属于防火墙技术，但与安全密切相关。UAC 在 Windows Vista 中首次引入，在 Windows 7 中得到扩展，目前在 Windows 10 中仍然存在。UAC 是一种安全特性，如果一项任务需要管理权限，它会提示用户需要管理员用户的凭据。UAC 最初是在 Windows Vista 中引入的，但随着 Windows Server 2008、Windows Server 2012 及之后各版本的发展，它已经变得更加精细可调。该特性允许你决定你的用户账号控制如何进行响应。它不再仅仅有打开（ON）和关闭（OFF）选项，而是有过滤等级。

4.2.3　Linux 防火墙

Linux 系统内置了防火墙功能。它已经作为 Linux 系统的一部分很多年了，而且偶尔在技术上会进行改进。

1. iptables

第一个广泛使用的 Linux 防火墙称为 ipchains。它本质上是一个过滤流量的规则链，因而得此名。ipchains 最初在 Linux 内核 2.2 版本中引入，取代了之前的 ipfwadm（ipfwadm 没被广泛使用）。目前，更高级的 iptables 取代了 ipchains，是 Linux 的主要防火墙。iptables 服务最早是在 Linux 内核 2.4 中引入的。

在大多数 Linux 系统中，iptables 安装在 /usr/sbin/iptables 下。如果你的 Linux 安装中没有包含 iptables，那么可以在安装之后再添加它，如图 4-2 所示。

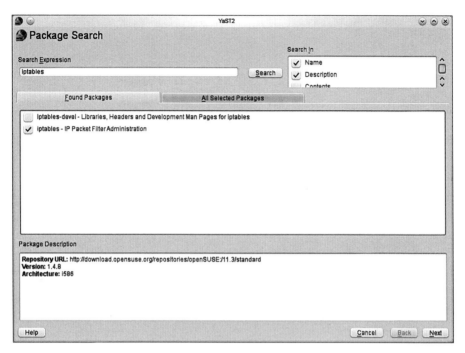

图 4-2　查找 iptables 软件包

一个 iptables 防火墙由三种不同的对象组成：表（table）、链（chain）和规则（rule）。本质上，表包含了规则链。换句话说，iptables 是 ipchains 概念的扩展。每个链都有一系列规则，来定义如何过滤数据包。实际上有三个表，每个表中都包含一些标准的规则链。你当然可以添加自定义的规则。三个表及其标准链如下：

❑ 包过滤（Packet filtering）表：该表是防火墙的基础部分。它是一个包过滤防火墙，包含三个标准链：INPUT 链、OUTPUT 链和 FORWARD 链。INPUT 链处理入站的数据包，OUTPUT 链处理从机器发出的流量。如果防火墙系统充当路由器，那么只有 FORWARD 链应用于路由的数据包。

❑ 网络地址转换（Network address translation）表：该表用于对新发起连接的出站流量执行网络地址转换。只有当你的机器用作网关或代理服务器时才使用此表。

❑ 包变更（Packet alteration）表：此表仅用于专门的数据包更改。它常被称为 mangle 表，因为它改变或破坏数据包。该表包含两个标准链。对于许多标准防火墙来说，可能不需要这个表。

2. iptables 的配置

iptables 需要进行一些配置。可通过图形用户界面（如 KDE、GNOME 等）进行配置，但对大多数发行版本来说 shell 命令更通用。下面来看一下 iptables 常见的基本配置问题。

要让 iptables 成为基本的包过滤防火墙，需要如下命令：

❑ `iptables -F`

❑ `iptables -N block`

❑ `iptables -A block -m state --state ESTABLISHED,RELATED -j ACCEPT`

显然，这是最基本和最重要的 iptables 配置。此外，还有一些其他的命令。

要列出当前使用的 iptables 规则，使用如下命令：

```
iptables -L
```

要允许特定端口上的通信。例如允许使用 SSH 的 22 号端口：

```
iptables -A INPUT -p tcp --dport ssh -j ACCEPT
```

允许所有入站的 Web/HTTP 流量：

```
iptables -A INPUT -p tcp --dport 80 -j ACCEPT
```

记录并丢弃数据包也是一个好想法，如下述命令所示：

```
iptables -I INPUT 5 -m limit --limit 5/min -j LOG --log-prefix "iptables denied: "
--log-level 7
```

如你所见，可以传递给 iptables 命令一些选项。下面这些是常见的选项及其表示的含义：

- ❑ -A：把本规则添加到链尾。
- ❑ -L：列出当前的过滤规则。
- ❑ -p：使用的连接协议。
- ❑ --dport：规则要求的目标端口。可以指定一个端口，也可以指定一个端口范围，格式为"开始端口：结束端口"。
- ❑ --limit：最大匹配速率，格式为数字后接"/second""/minute""/hour"或"/day"，表示规则要求的频率。如果不使用该选项，而是使用"-m limit"，那么默认是"3/hour"。
- ❑ --ctstate：定义规则匹配的状态列表。
- ❑ --log-prefix：当记录时，把这里给出的文本放在日志信息的首部。注意，这里的文本要用双引号。
- ❑ --log-level：使用指定的 syslog 级别记录日志。
- ❑ -i：只匹配在指定接口入站的数据包。
- ❑ -v：输出详细信息。
- ❑ -s --source：指定源地址 [/ 掩码]。
- ❑ -d --destination：指定目标地址 [/ 掩码]。
- ❑ -o --out-interface：指定出站的接口，可以用通配符，如"-o +"表示匹配任意接口，"-o eth+"表示匹配所有 eth 接口。

这里没有给出 iptables 可以使用的所有选项。但对于基本配置 iptables 使它发挥功能来说已经足够了。

4.2.4　Symantec Norton 防火墙

Norton AntiVirus（诺顿防病毒）的制造商 Symantec（赛门铁克）也销售个人、单机版防火墙——Norton 防火墙（诺顿防火墙），它是 Norton 安全套件的一部分。

Norton 防火墙还包括一些额外的特性，如阻止弹出广告和隐私保护。它通过阻止你的信息在不知情的情况下通过浏览器传输而完成后一项任务。该防火墙提供了一个相对容易使用的界面，类似于 Windows 的资源管理器，还允许你设置浏览器的安全性。它还允许你连接到 Norton 的网站，让该网站扫描你系统的漏洞，图 4-3 展示了此特性。

图 4-3　Norton 漏洞扫描

应该注意的是，所有这些任务都可以在没有 Norton 的情况下完成。你可以配置浏览器的安全设置，也可以扫描你机器的漏洞（甚至使用从互联网上下载的免费工具，第 12 章将讨论一些此类工具）。但是，使用 Norton 可以通过一个简单的界面来完成所有这些任务。这对于新手用户尤其具有吸引力。还应该强调的是，与那些不太高级的防火墙不同，Norton 防火墙还能阻塞出站的流量。

在 2016 版的 Norton 防火墙中，添加了一些类似于入侵检测系统的附加特性。任何端口扫描、可疑流量或不寻常的连接尝试都会通知你。像任何防火墙一样，它还支持规则。你可以通过 ftp://ftp.symantec.com/public/english_us_canada/products/norton_internet_security/2015/manuals/ NIShelp.pdf 了解更多关于 Norton 防火墙的信息。

Norton 防火墙的优缺点总结如下。

优点：

❑ Norton 防火墙可以与 Norton 防病毒软件捆绑购买。

❑ Norton 防火墙易于使用和设置。

❑ Norton 防火墙有几个额外的特性，如扫描系统漏洞的能力。

❑ Norton 防火墙有其他类似 IDS 的特性，这些功能非常有用。

缺点：

❑ Norton 防火墙每个拷贝售价约 40 美元。

❑ 很多 Norton 防火墙的特性都可以用独立的免费工具来完成。

4.2.5　McAfee 个人防火墙

McAfee 和 Norton 都属于最广泛使用的防病毒软件厂商。McAfee 个人防火墙（McAfee Personal Firewall）现在是 McAfee 完整保护套件（McAfee Total Protection Suite）的一部分，它从个人版到企业版，有很多版本。个人版非常易于使用。图 4-4 展示了 McAfee 防火墙的初始界面，图 4-5 展示了使用 McAfee 进行过滤的界面。

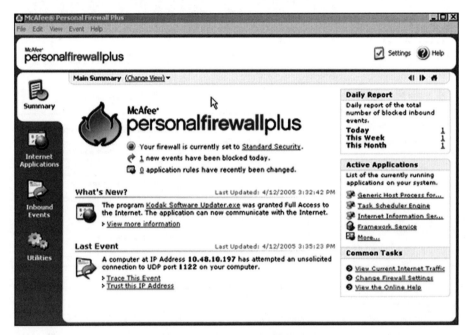

图 4-4　McAfee 防火墙的初始界面

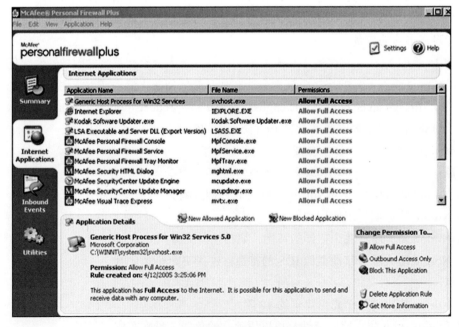

图 4-5　使用 McAfee 进行过滤

McAfee 确实提供了几个在大多数个人防火墙解决方案中找不到的有趣特性：

❑ 跟踪：McAfee 个人防火墙有一个实用程序，能在地图上向你展示发起攻击的路径。它以与 traceroute 命令基本相同的方式实现该功能，但代之以对入站数据包执行 traceroute 命令，然后在地图上显示这些路由。

❑ 连接到 HackerWatch.org：McAfee 个人防火墙连接到 HackerWatch.org 上，这是一个反黑客网站，可以让你得到最新威胁的提示和新闻。

供参考：Traceroute

Traceroute 是一个可在 Windows 命令提示符或 Unix/Linux shell 中执行的命令，用于追踪一个数据包的来源。

McAfee 个人防火墙有些先进的特性，如基本的入侵检测功能以及与 HackerWatch 网站集成以获取当前入侵模式的功能。它也会在任何个人信息离开你的电脑时提醒你，从而有助于减轻间谍软件泄露数据的风险。

在 https://www.sans.org/reading-room/whitepapers/analyst/advanced-network-protection-mcafee-generationfirewall-35250 中有 McAfee 防火墙的白皮书，可能会有些过时。McAfee 个人防火墙的优点和缺点总结如下。

优点：

❑ McAfee 个人防火墙可以阻塞入站和出站的流量。

❑ McAfee 个人防火墙易于使用和设置。

❑ McAfee 个人防火墙可以连接到反黑客新闻和提示。

缺点：

❑ McAfee 个人防火墙根据版本不同花费 30 ~ 50 美元。

❑ McAfee 个人防火墙的一些额外特性（如连接到反黑客新闻）没有这个产品也一样可以获得。

实践中：防火墙的额外特性

你可能已经注意到，许多防火墙解决方案都附带了与包过滤/阻塞不直接相关的各种额外特性。你可能还注意到，很多这些特性都可以免费从其他来源获得。因此，问题来了，为什么不仅仅使用 Windows 内置防火墙或某个其他免费的防火墙，然后自己再去获得其他特性呢？

答案就是易用性。除了功能性之外，对任何技术产品都必须评估其可用性。例如，你可以执行 traceroute 命令、扫描你机器的漏洞、监控各种网站以了解当前的攻击，但是鉴于大多数管理员都很忙，在一个位置提供所有这些功能不是更方便吗？

家庭用户当然没有专门的网络管理员，当然也没有专门的网络安全专业人员。许多小型到中型规模的机构也处于同样境地。他们可能有、也可能没有一个基本的技术支持人员在现场。在这种情况下，管理安全的人很可能技能有限，他们会得益于有工具为他们完成大部分工作。

从实用的角度来看，对那些精通安全的网络管理员或专门的网络安全专业人士而言，这些特性中的某一些可能是多余的。然而，对于家庭或小型办公室用户来说，它们是绝对关键的功能。在工作中或者私人生活中，你可能会被要求推荐安全解决方案。你必须牢记，每一种产品不仅包括它的技术优势，而且还包括它对于使用者来说的易用程度，这些都是推荐时要考虑的因素。

还有其他的个人防火墙解决方案。大多数 Linux 发行版都有一个或多个内置的防火墙。在谷歌或雅虎上搜索 "Free firewall"，可以得到多个选择。在大多数情况下，个人防火墙仅仅是包过滤防火墙。大多数免费的解决方案仅有相当有限的特性，而许多商用产品都增加了额外特性。

4.3　使用小型办公 / 家庭办公防火墙

小型办公 / 家庭办公系统（经常被称作 SOHO）常常有类似于单个 PC 防火墙的需求。维护防火墙的人员可能仅经历过有限的网络管理和安全培训。Norton 和 McAfee 都为小型网络提供了边界防火墙解决方案。这些产品与他们的单机 PC 防火墙非常类似，但具有额外的特性和稍高的花费。但还存在其他的 SOHO 解决方案，我们将在下面进行研究。请记住，对于这种环境下的防火墙来说，一个关键考虑因素是它要易于安装和使用。

4.3.1　SonicWALL

SonicWALL 是一家有几种防火墙解决方案的厂商。他们的 TZ 系列是专门为有 10～25 个用户的小型网络生产的。其价格在 350 美元到 700 美元之间，具体价格取决于版本和零售商。TZ200 是一款基于路由器的防火墙，如图 4-6 所示。你可以从他们的经销商 SonicGuard 那里购买其产品，网址是 http://www.sonicguard.com。TZ200 现在已经停产，目前的产品是 TZ300 或 TZ400，或者你也可以使用 TZSOH(Small Office Home Office，小型办公家庭办公)。

图 4-6　SonicWALL TZ200 01-SSC-8741 安全应用防火墙

最重要的是，该产品使用了状态包检查，这比基本的包过滤要安全得多。

SonicWALL 产品提供的一个附加特性是内置了加密，因而所有的传输都可以加密。目前，他们的产品提供 AES 和 3DES 加密。尽管严格来说加密不属于防火墙的一个特性，但它是网络安全的一个重要组成部分。当数据包在网络内部和网络外部发送时，很容易使用数据包嗅探器拦截这些数据包，如果数据包没有加密则可以直接获取数据。

对于那些熟悉 Windows 2000 及以上版本的人来说，SonicWALL 防火墙的管理应该很容易掌握，因为它的管理是基于对象的，例如用户、组甚至 IP 地址范围都是对象。一旦定义了一个组，你就可以对该组应用过滤 / 阻塞属性。

> **供参考：AES 和 3DE 加密**
>
> 　　第 6 章将详细介绍加密，包括各种加密方法的工作原理。在这里，重要的是要理解 AES 和 3DES 都被认为是高安全的加密方法，而且适合于几乎任何网络安全环境。然而，美国国家标准研究所（National Institute of Standards，NIST）更倾向于 AES，与 3DES 相比更推荐使用 AES。

SonicWALL 以及许多其他现代防火墙，都提供内置的 NAT。这项技术被设计成替代代理服务器，它实现了向外部世界隐藏内部网络 IP 地址的相同目标。

SonicWALL 在它们的下一代安全设备中还提供了更先进的防火墙解决方案。NSA 2650 就是一种这样的设备。这些系统包含了诸如解密 SSL/TLS 并分析它的特性。该特性能够防止内部用户（或恶意软件）使用 SSL/TLS 从内部网络向外泄露数据。这些系统还有集成的入侵防御系统（Intrusion Prevention Systems，IPS）。我们将在第 5 章中详细讨论 IPS。

SonicWALL 的优缺点总结如下。

优点：

❑ SonicWALL 防火墙提供状态包检查。

❑ SonicWALL 防火墙提供内置的加密。

❑ SonicWALL 防火墙的管理和配置对 Windows 管理员来说很容易。

❑ SonicWALL 防火墙提供内置的 NAT。

缺点：

❑ SonicWALL 防火墙的价格对预算紧张的小型办公室来说令人望而却步。

❑ SonicWALL 防火墙的配置需要一些技能，不是为完全没有基础的新手设计的。

4.3.2　D-Link DFL-2560 办公防火墙

D-Link（友讯）为家庭用户和小型办公室生产了多种产品。它的 NetDefend 防火墙产品是一款基于路由器的防火墙，使用状态包检查来过滤网络流量。D-Link 为小型企业和大型企业都提供了产品，你可以在 http://us.dlink.com/home-s olutions/cloud/product-family/ 网站上看到他们的所有产品。NetDefend 的网络 UTM（Unified Threat Management，统一威胁管理）防火墙 DFL-2560 如图 4-7 所示。

图 4-7　D-Link DFL-2560 防火墙

该防火墙相当容易配置，并且提供了基于 Web 的界面，与许多家庭无线路由器制造商所使用的界面类似。把任何计算机直接连接到路由器，输入路由器的 IP 地址，你将看到一个网页，通过它就可以配置路由器。当然，你做的第一件事应该是更改口令，以防止其他人重新配置你的基于路由器的防火墙。该防火墙解决方案可能比我们讨论过的其他方案贵一些，要花费几千美元。然而，它不是单机防火墙解决方案，而是网关解决方案，能保护你的整个网络。与许多防火墙解决方案不同，它的经销商对额外的用户不要求任何附加许可证，因此，如果你公司的用户从 20 个增长到 50 个，那么也不需要购买额外的许可。

下面列出了 DFL-2560 的优点和缺点。

优点：

❑ DFL-2560 包含了内置的可靠加密。

❑ DFL-2560 支持白名单和黑名单。

❑ DFL-2560 具有内置的入侵检测系统。

❑ DFL-2560 内置了防病毒。

❑ DFL-2560 使用状态包检查。

❑ DFL-2560 组合了多种防火墙类型。

❑ DFL-2560 包含内置的 NAT。

❑ DFL-2560 包含内置的 VPN。

缺点：

❑ DFL-2560 缺少某些更高级的系统可能提供的安全特性。

4.4　使用中型规模网络防火墙

中型规模网络可以定义为在单一位置的一个局域网上最少有 25 个用户、最多可有几百个用户的网络。中型网络的管理员面临的配置和安全问题超出了家庭或小型办公室管理员可能遇到的问题。首先，中型规模网络很可能会有更加多样化的用户群和运行的应用程序。每种都代表不同的访问需求和安全要求。另一方面，中型规模网络通常都有专业的网络管理人员。这意味着现场有人对计算机安全至少有基本的理解。

4.4.1　Check Point 防火墙

Check Point 是一家著名的安全设备制造商，它为中型规模网络到大型规模网络提供了一系列防火墙产品。1400 和 3000 安全应用模型用于分支机构，5000 模型是针对中小型企业的，而 15000 系列用于企业级应用。23000 系列是针对大型企业的。你可以在 https://www.checkpoint.com/products-solutions/next-generation-firewalls/enterprise-firewall/ 查看所有这些信息。

Check Point 提供了许多其他安全产品，包括入侵检测系统。CheckPoint 销售很多包括防火墙以及一些附加安全产品的打包解决方案，这样的打包可能花费 3000 美元到 50000 美元以上。

5000 系列产品的优缺点总结如下。

优点：

❑ 5000 系列包括入侵防御系统。

❑ 5000 系列对零日威胁有防护能力。

❑ 5000 系列支持 VPN 连接。

缺点：

❑ 5000 系列需要至少中等水平的技能才能管理和配置。

❑ 5000 系列的费用对某些机构来说可能让人望而却步。

4.4.2　Cisco 下一代防火墙

思科（Cisco）是一个非常著名的网络设备制造商，主要生产路由器，因此，它也生产防火墙一点也不令人感到意外。Cisco 提供了各种自适应安全设备（Adaptive Security Appliances, ASA）。它还在 ASA 产品线中添加了 Firepower 系列。

有多种 ASA 模型可用于各种不同目的。这些 ASA 产品包含防火墙功能，但许多还包含其他的安全特性。例如，ASA 5500 系列还包含 VPN、入侵防御系统（IPS），甚至包含内容过滤功能。ASA 5505 如图 4-8 所示。

图 4-8　思科 SAS 5505 产品

Cisco 产品的实力之一是它们的系统有广泛的培训。Cisco 为它们的产品举办了许多认证。最高级别的认证是 Cisco 认证网络专家（Cisco Certified Internetwork Expert，CCIE），CCIE 是网络领域最广受推崇和最严格的认证之一。这个认证过程让你能轻松识别出哪些人有资格使用你的 Cisco 设备。它还能让你为现有员工确定合适的培训计划。

5500 系列的优点和缺点总结如下。

优点：

❑ 5500 系列包含一个高级防火墙。

❑ 5500 系列包含 VPN。

    ❑ 5500 系列包含 IDS/IPS。

    ❑ 5500 系列包含统一的通信安全。

缺点：

    ❑ 对于一些机构来说，5500 系列的花费可能令人望而却步。

    ❑ 5500 系列需要至少中等水平的技能来配置和管理。

4.5　使用企业防火墙

企业网络是一个大型网络，通常由几个通过广域网（wide-area network，WAN）连接的局域网组成。大型公司和政府机构经常使用这种类型的网络环境。企业网络环境中存在许多在较小网络中没有的挑战。首先，必须确保连接到企业网络的每个小型局域网是安全的。你还应该认识到，大多数企业网络都包含许多不同类型的用户、应用程序，甚至是操作系统。你可能有运行着有线和无线网络连接的 UNIX、Linux、Windows 和 Macintosh。此外，你的终端用户可能会非常多样化，包括从文书到熟练 IT 专家的各种人员。这带来了十分复杂的安全挑战，但是所有的企业网络都有多名网络管理人员支持。许多企业网络都有专门的网络安全专业人员，为处理这种复杂情况提供了必需的技能。

本章讨论过的 Cisco 和 Checkpoint 为企业解决方案提供了其他模型。这些模型通常具有与较小规模网络解决方案类似的管理界面，但具有更多的特性、更大的吞吐量和更高的能力。

4.6　本章小结

一个网络最适合什么类型的防火墙至少部分地取决于网络的规模。每种规模的网络都有多种防火墙解决方案可供选择，而每种方案都有其优点和缺点。

同时考虑防火墙解决方案的技术优点和易用性是很重要的。防火墙解决方案的用户友好程度很大程度上取决于实现该方案的支持人员需求的技能。管理者还必须在成本与收益之间进行权衡。显然，更贵的防火墙会有一些不凡的特性，但它们可能不是机构所必需的，并且可能会对其整体 IT 预算产生负面影响。

我建议的另一个要素就是防火墙系统的整体操作性。我的想法是，在有管理责任的人员之中展开一次讨论。我经历过太多次，保护系统被降级交给一个可能没有经过分析训练以辨别各种防火墙设置和维护复杂性的人员。建立防火墙是一回事，而管理防火墙则是另一回事。我们不仅受到设备和人员的限制，而且受到公司政策的限制。这些仅供你参考。

4.7　自测题

4.7.1　多项选择题

1. 下列哪一个是在寻找防火墙信息时常见的问题？

  A. 很难在网上找到信息　　　　　　　　　B. 无偏见的信息可能很难找到

  C. 文档经常不完整　　　　　　　　　　　D. 信息常常强调价格而不是特性

2. 下列哪一个不是大多数单机 PC 防火墙的常见特征?

　　A. 基于软件　　　　　　　　　　　　　　B. 包过滤

　　C. 易于使用　　　　　　　　　　　　　　D. 内置 NAT

3. 什么是 ICF ?

　　A. Windows XP Internet Connection Firewall　　　　B. Windows XP Internet Control Firewall

　　C. Windows 2000 Internet Connection Firewall　　　D. Windows 2000 Internet Control Firewall

4. 有防火墙的家庭用户是否应该阻塞到端口 80 的入站流量? 为什么?

　　A. 不应该, 因为这会阻止用户访问网页

　　B. 应该, 因为端口 80 是黑客常用的一个攻击点

　　C. 不应该, 因为这会阻止用户得到更新和补丁

　　D. 应该, 除非在用户的机器上运行着一个 Web 服务器

5. 家庭用户是否应该阻塞入站的 ICMP 流量? 为什么?

　　A. 应该阻塞, 因为这样的流量经常用于传输病毒

　　B. 应该阻塞, 因为这样的流量经常用于端口扫描和泛洪攻击

　　C. 不应该阻塞, 因为它是网络运行所必需的

　　D. 不应该阻塞, 因为它是使用 Web 所必需的

6. 下列哪一个特性是 Norton 个人防火墙具备而 ICF 不具备的?

　　A. NAT　　　　　　　　　　　　　　　　B. 跟踪攻击的可视化工具

　　C. 漏洞扫描　　　　　　　　　　　　　　D. 强加密

7. McAfee 个人防火墙提供了什么工具?

　　A. 一个追踪攻击的可视化工具　　　　　　B. NAT

　　C. 强加密　　　　　　　　　　　　　　　D. 漏洞扫描

8. SonicWALL TZ 系列是什么类型的防火墙?

　　A. 包过滤　　　　　　　　　　　　　　　B. 应用网关

　　C. 电路层网关　　　　　　　　　　　　　D. 状态包检查

9. T 系列中包含了哪种加密类型?

　　A. AES 和 3DES　　　　　　　　　　　　B. WEP 和 DES

　　C. PGP 和 AES　　　　　　　　　　　　　D. WEP 和 PGP

10. NAT 是什么技术的替代品?

　　A. 防火墙　　　　　　　　　　　　　　　B. 代理服务器

　　C. 防病毒软件　　　　　　　　　　　　　D. IDS

11. 下面哪一项是 D-Link 2560 的重要特性?

　　A. 内置 IDS　　　　　　　　　　　　　　B. WEP 加密

　　C. 漏洞扫描　　　　　　　　　　　　　　D. 自由的许可证策略

12. 中型规模的网络存在什么问题?

　　A. 缺乏熟练的技术人员　　　　　　　　　B. 多样的用户群

　　C. 需要将多个局域网连接成单个广域网　　D. 低预算

13. Check Point 5000 系列防火墙是什么类型的防火墙?

　　A. 应用网关　　　　　　　　　　　　　　B. 包过滤 / 应用网关混合

　　C. SPI/ 应用网关混合　　　　　　　　　　D. 电路级网关

14. CheckPoint 5000 系列防火墙是基于什么实现的?

　　A. 基于路由器　　　　　　　　　　　　　B. 基于网络

　　C. 基于交换机　　　　　　　　　　　　　D. 基于主机

15. 下面哪一项是 Cisco 防火墙的优点？

    A. 有广泛的产品培训   B. 很低的花费

    C. 在所有产品中内置 IDS   D. 在所有产品中内置病毒扫描

16. 企业环境的优点是什么？

    A. 要处理多种操作系统   B. 有熟练的技术人员

    C. 低安全需求   D. 不需要 IDS

17. 什么是不太可能在小型网络或 SOHO 环境中出现，但在企业环境中存在的复杂性？

    A. 多种操作系统   B. 多样化的用户群

    C. 用户运行不同的应用程序   D. Web 漏洞

18. 下列哪一项不是 Fortigate 防火墙的优点？

    A. 内置病毒扫描   B. 内容过滤

    C. 内置加密   D. 低成本

4.7.2　练习题

注意：这里的一些练习使用了商用工具。所有这些练习还可以都使用下述网站的免费软件完成：

- https://www.techsupportalert.com/best-free-firewall-protection.htm
- http://download.cnet.com/ZoneAlarm-Free-Firewall/3000-10435_4-10039884.html
- www.firewallguide.com/freeware.htm

练习 4.1　McAfee 防火墙

1. 下载 McAfee 个人防火墙。你可能希望为整个班级中的每台机器下载一个拷贝，那么或者轮流使用，或者联系 McAfee 申请学院折扣（academic discount）或免费版本。
2. 在你机器上安装并配置 McAfee 防火墙。
3. 研究防火墙的配置程序。
4. 研究防火墙的额外特性，如它的攻击追踪功能。
5. 尝试向防火墙已阻塞的端口发送数据包。

练习 4.2　基于路由器的防火墙

    注意：出于成本原因，这里没有提到具体的路由器。很多公司和厂商都将它们不再使用的旧路由器捐赠给学院实验室。你可以去旧计算机设备商店，找到一台旧的基于路由器的防火墙在实验室使用。

1. 根据防火墙的文档建立防火墙。它应该至少连接一台机器。
2. 尝试将数据包发送给防火墙已阻塞的端口。

练习 4.3　ZoneAlarm 防火墙

本章没涉及此产品，但你可以很容易地使用它。简单地遵循以下步骤：

1. 从 https://www.zonealarm.com/software/release-history/zafree.html 下载它的免费版本。
2. 安装并配置该防火墙。
3. 观察它是如何工作的，并将它与你在前面练习中见到的其他防火墙进行比较。

4.7.3　项目题

项目 4.1　找出你所在机构的防火墙解决方案

    联系一个与你有关的机构（雇主、学校、当地公司等）。向机构解释你正在做一个学校项目，并安排与网络管理员讨论其防火墙解决方案。判断机构为什么选择这个特定的解决方案。成本是主要因素吗? 还是易用性是主要因素? 对他们来说最重要的特性是什么? 解释你的发现, 并讨论你是否同意该机构的选择。

项目 4.2 找到一个不同的 SOHO 解决方案

使用 Web 或其他资源, 找到一个本章未提及的 SOHO 防火墙。将其与本章提到的解决方案进行简单的比较。评估一下你找到的防火墙是否比本章中提到的防火墙更好, 并讨论为什么。

项目 4.3 选择合适的防火墙

分析你所在学术机构的环境。它是中型规模的网络还是企业网络? 什么类型的用户在使用该网络? 有多种操作系统吗? 有需要额外安全保护的敏感数据吗? 根据你分析的因素, 写一篇简短的文章描述这个环境并推荐一个防火墙解决方案。解释你的建议。

第 5 章 入侵检测系统

本章目标

在阅读完本章并完成练习之后，你将能够完成如下任务：

- 解释入侵检测系统是如何工作的。
- 实现防止入侵的策略。
- 识别并描述几种常见的入侵检测系统。
- 定义蜜罐术语。
- 识别并描述至少一种蜜罐实现。

5.1 引言

第 4 章讨论了几种具有内置入侵检测系统（Intrusion-Detection System，IDS）的防火墙解决方案。IDS 被设计成检测有人正在试图攻入系统的迹象，并警告系统管理员正在发生可疑活动。本章将分析 IDS 的工作原理，以及如何实现某些特定的 IDS 解决方案。

在过去的几年中，IDS 得到了更加广泛的应用。IDS 检查主机、防火墙或系统上所有入站和出站的端口活动，寻找可能标识着尝试攻入的模式。例如，如果 IDS 发现一系列数据包从同一个源 IP 地址按顺序发送到每个端口，则可能表示系统正在被 Cerberus 这样的网络扫描软件扫描（第 12 章将对扫描器进行详细讨论）。因为这常常是试图破坏一个系统安全的前奏，所以知道某人正在执行渗透系统的准备步骤是非常重要的。IDS 还可能检测出在短时间内来自同一 IP 地址的异常大的数据包流，这可能预示着 DoS 攻击。上述两种情况网络管理员都应该知晓，并应该采取措施进行预防。

5.2 理解 IDS 概念

对入侵检测系统进行全面讨论是整本书的主题，超出了本节的范围。本节对 IDS 进行概述，解释这些系统是如何工作的。有六种基本的入侵检测及防御方法。其中的一些方法在各种软件包中实现，而其他方法是机构为减少成功入侵的可能性而可能采取的策略。下面对这些方法逐一进行描述和分析。

首先看一下入侵检测系统的概念。为了说明 IDS 是如何工作的，必须首先回顾一下网络是如何工作的。历史上，在第一次开发 IDS 时集线器（hub）用得还非常普遍。现在，一般使用交换机而不是集线器。使用集线器时，当数据包从其源网络传送到目标网络后（根据其目标 IP 地址进行路由），它最终到达目标主机所在的网段。到达最后这一段后，使用 MAC 地址来查找目标主机。该网段上的所有计算机都可以看到该数据包，但是由于目标 MAC 地址与自己网卡的 MAC 地址不匹配，所以其他主机都忽略该数据包。

在某时刻有人意识到，如果他们简单地选择不忽略那些不属于他们网卡的数据包，那么他们就可以看到网段上的所有流量。换言之，一个人可以查看该网段上所有的数据包。于是，数据包嗅探器诞生了。之后，出现对这些数据包进行分析以便发现攻击迹象的想法只是时间问题而已，因此入侵检测系统出现了。

5.2.1 抢先阻塞

抢先阻塞（preemptive blocking）有时也称为驱逐警戒（banishment vigilance），是指在入侵发生之前阻止入侵。该方法通过关注威胁即将到来的危险信号，然后阻塞发起这些信号的用户或 IP 地址来实现。例如，试图检测即将发生入侵的早期踩点（footprinting）阶段，然后阻塞踩点活动来源的 IP 地址或用户。如果发现某个特定的 IP 地址是频繁的端口扫描以及其他扫描的来源，那么你可以在防火墙上阻塞该 IP 地址。

这种入侵检测和避免相当复杂，而且有可能错误地阻塞了合法用户。它的复杂性来源于要区分合法流量和即将到来的攻击标识。这可能会导致假阳性（false positives）问题，即系统错误地将合法流量识别为某种形式的攻击。通常，软件系统会简单地提醒管理员发生了可疑活动。然后，由人类管理员决定是否阻塞流量。如果软件自动阻塞它认为可疑的任何地址，那么你就会冒着阻塞合法用户的风险。此外还应该注意，没有什么能够阻止攻击用户转移到另一台机器上继续他的攻击。因此，这种方法应该仅仅是整个入侵检测策略的一部分，而不是整个策略。

5.2.2 异常检测

异常检测中使用实际的软件检测入侵尝试并通知管理员。这也是很多人所谈论的入侵检测系统。异常检测的一般过程很简单：系统寻找任何异常的活动。任何与正常用户访问模式不匹配的活动都会被注意到并被记入日志。软件将观察到的活动与预期的正常使用轮廓（profile）进行比较。这些轮廓通常是针对特定用户、用户组或应用程序进行分析得出的。任何与正常行为定义不匹配的活动都被认为是异常的，并被记入日志。有时，我们把这种方式称为"追溯"（trace back）检测或过程，因为我们能够得出这个数据包是从哪里发出的。检测异常的具体方法包括：

❑ 阈值监控（Threshold monitoring）
❑ 资源剖析（Resource profiling）
❑ 用户 / 组工作剖析（User/group work profiling）
❑ 可执行剖析（Executable profiling）

1. 阈值监控

阈值监控是指预先设置可接受的行为级别，然后观察这些级别是否被超出。阈值可以像登录尝试失败次数这样简单，也可以像用户的连接时间和用户下载的数据量这样复杂。阈值定义了可接受的行为。然而，不幸的是，仅由阈值限制来表征入侵行为可能有点挑战性。因为，通常很难建立适当的阈值或者适当的时机来检查这些阈值。这可能导致假阳性比例高，即系统将正常使用误判为可能的攻击。

2. 资源剖析

资源剖析是指测量系统范围内的资源使用，形成一个历史性的使用轮廓。查看用户正常情况下如何使用系统资源，能使系统识别出正常参数之外的使用级别。这种异常读数可能标志着非法活动正在进行。然而，整个系统中使用变化的含义可能很难解释。使用量的增加可能是良性的，比如工作流增加了，而不一定是在尝试破坏安全。

3. 用户／组工作剖析

在用户／组工作剖析中，IDS 为用户和组维护独立的工作轮廓。这些用户和组预计会遵循这些轮廓。当用户改变他的活动时，他的工作轮廓会被更新以反映这些变化。某些系统会尝试监视短期轮廓与长期轮廓之间的交互。短期轮廓捕获最近的工作模式变化，而长期轮廓提供了一段较长时间内的使用概况。然而，很难对不规则用户或动态用户构建轮廓。定义过宽的轮廓会使得任何活动都可以通过审查，而定义过窄的轮廓可能会禁止用户的工作。

4. 可执行剖析

可执行剖析旨在度量和监视程序如何使用系统资源，并特别关注那些不能追溯到始发用户的程序的活动。例如，系统的服务通常不能追踪到启动它们的特定用户。病毒、特洛伊木马、蠕虫、陷门以及其他此类软件攻击可以通过剖析文件、打印机这类系统对象的正常使用来进行检测，这里所说的使用不仅包括用户的使用，而且还包括用户方其他系统主体的使用。例如，在大多数常规系统中，包括病毒在内的任何程序都会继承执行该软件的用户的所有权限。软件不受最小权限原则的限制，没有受限于正确执行程序所必需权限。这种体系结构的开放性允许病毒偷偷地改变并感染系统中与它毫不相关的部分。

可执行剖析能使 IDS 识别出可能标识攻击的活动。一旦识别出潜在的危险，通知管理员的方法就因具体的 IDS 而各异了，例如通过网络消息或电子邮件等。

5.3 IDS 的组成部分及处理过程

不管你选择什么类型的 IDS，它们都有某些通用的组件。全面理解这些组件非常重要。下列术语会让你熟悉所有 IDS 中的基本组件和功能：

- ❏ 活动（activity）是操作员感兴趣的数据源中的一个元素。
- ❏ 管理员（administrator）是负责机构安全的人。
- ❏ 传感器（sensor）是 IDS 的一个组件，它收集数据并传递给分析器进行分析。
- ❏ 分析器（analyzer）是对传感器采集的数据进行分析的组件或过程。
- ❏ 警报（alert）是来自分析器的一个消息，它标志着发生了一个感兴趣的事件。
- ❏ 管理器（manager）是用来管理 IDS 的部分，例如一个控制台。

- 通知（Notification）是 IDS 管理器让操作员意识到警报的过程或方法。
- 操作员（operator）是主要负责 IDS 的人，通常是管理员。
- 事件（event）是表示可能发生可疑活动的一件事情。
- 数据源（data source）是入侵检测系统用来检测可疑活动的原始信息。

除了这些基本组件之外，IDS 还可以基于它们如何响应检测到的异常，或者基于它们如何部署进行分类。主动 IDS，现在又称为 IPS（Intrusion Prevention System，入侵防御系统）会阻止任何被认为是恶意的流量。被动 IDS 简单地记录活动，并可能提醒管理员。IPS 或主动 IDS 的问题是存在假阳性的可能性，即某个活动可能看起来是攻击，但实际上不是。

还可以基于是监视单个机器还是监视整个网段来定义 IDS/IPS。如果它监视单个机器，那么它被称为 HIDS（基于主机的入侵检测系统，host-based intrusion-detection system）或 HIPS（基于主机的入侵防御系统，host-based intrusion prevention system）。如果监视一个网段，那么它被称为 NIDS（基于网络的入侵检测系统，network-based intrusion-detection system）或 NIPS（基于网络的入侵防御系统，network-based intrusion prevention system）。

5.4　理解和实现 IDS

许多厂商都提供 IDS，每个系统都有各自的强项和弱项。确定对特定环境而言哪个系统最佳取决于很多因素，包括网络环境、所需的安全级别、预算约束以及直接操作该 IDS 的工作人员的技能水平。本节讨论最常见的 IDS。

5.4.1　Snort

Snort 或许是最有名的开源 IDS。它是一个软件实现，可安装在服务器上监视入站的流量。它通常与基于主机的防火墙一起使用，其中的防火墙软件和 Snort 运行在同一台机器上。Snort 可用于 UNIX、Linux、Free BSD 和 Windows 平台。该软件可免费下载，文档在 www.snort.org 网站上可以找到。

供参考：什么是开源？

开源是一种软件许可方式。它表示该软件可以自由分发并且包含源代码。这意味着用户可以复制、送给朋友，甚至得到源代码的副本。用户甚至可以修改源代码，然后再发布自己的版本（这个版本也必须是开源的）。

开源背后的理念是鼓励用户研究产品的源代码，并且如果有可能就改进它。其信念是，通过这么多人的审查和改进，产品将比商业产品更快地达到更高质量水平。除了 Snort 之外，还有许多产品可通过开源许可获得，包括 Open Office（www.openoffice.org）、Linux（（www.linux.org）和 Gimp（www.gimp.org）等。

关于开源软件的更多细节可在 https://opensource.org 获得。

Snort 工作在三种模式之一：嗅探器（Sniffer）、数据包记录器（Packet Logger）和网络入侵检测（Network Intrusion-Detection）。

1. 嗅探器

在数据包嗅探器模式下，控制台（shell 或命令提示符）连续显示该机器捕获到的所有数据包的内容。对于网络管理员来说，这是个非常有用的工具，因为发现什么流量在穿越网络是确定潜在问题的最好方法。它也是检查传输是否加密的一个好方法。

2. 数据包记录器

数据包记录器模式类似于嗅探器模式。不同之处在于，该模式下数据包的内容被写入到文本文件日志，而不是显示在控制台上。对于正在扫描大量数据包以查找特定项目的管理员来说，这种模式可能更有用。因为，一旦数据保存到文本文件中，用户就可以使用文字处理程序的搜索功能来扫描特定信息。

3. 网络入侵检测

在网络入侵检测模式中，Snort 使用启发式方法来检测异常流量。这意味着它是基于规则的检测，而且能从经验中学习。开始有一组规则控制检测进程。随着时间的推移，Snort 把它的发现与这些设置相结合，以优化性能。然后它可以记录这些流量，并可以向网络管理员报警。这种模式需要的配置最多，因为用户可以决定他希望实现的扫描数据包规则。

Snort 主要在命令行（UNIX/Linux 中的 shell、Windows 中的命令提示符）下使用。配置 Snort 的工作主要就是输入正确的命令和理解命令的输出。任何对 Linux shell 命令或 DOS 命令有中等程度经验的人都可以快速掌握 Snort 的配置命令。Snort 的最大优势或许是它的价格：它是免费下载的。对于任何机构来说，有免费 IDS 产品但却不使用是不可原谅的。当与基于主机的防火墙一起使用，或者作为每台服务器的 IDS 来提供额外安全时，Snort 是个很好的工具。

5.4.2　Cisco 入侵检测与防御系统

思科（Cisco）品牌在网络行业内得到广泛的认可和推崇。与它们的防火墙和路由器一样，思科提供了几种型号的入侵检测产品，每种型号都有不同的重点和目标。在过去，思科曾有两个特有的、广泛使用的 IDS 产品，即思科 IDS 4200 系列传感器和 Cisco Catalyst 6500 系列入侵检测系统（IDSM-2）服务模块。关于 Cisco 所有 IDS 解决方案的信息可在 https://www.cisco.com/c/en/us/support/security/intrusion-prevention-system/tsd-products-support-series-home.html 上获得。目前正在销售的产品是思科下一代 IPS（Cisco Next-Generation IPS）解决方案：https://www.cisco.com/c/en/us/products/security/ngips/index.html。

该组中有很多产品，著名的有 Firepower 4100 系列、Firepower 8000 系列以及 Firepower 9000 系列。所有产品都包括恶意软件防护以及沙箱机制。这些思科产品还集成了网络威胁情报特性。Firepower 4100 系列如图 5-1 所示。

图 5-1　思科 Firepower 4100 系列

Firepower 4100 系列是为小型网络设计的，而 9000 系列则针对大型网络。图 5-2 展示了 Firepower 9000 系列产品。

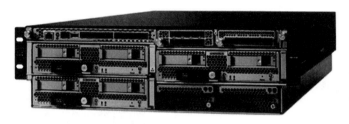

图 5-2　思科 Firepower 9000 系列

使用思科安全产品的主要优点之一是其在整个行业中使用广泛并且提供了良好的培训。如此多的机构使用思科产品，这一事实表明思科有高水平成功的领域测试，这通常标志着产品是可靠的。思科还赞助了关于其产品的一系列认证，从而能更容易地判断某个人是否具备使用特定思科产品的能力。

5.5　理解和实现蜜罐

蜜罐（honeypot）是被设置用来模拟一台有价值的服务器甚至整个子网的一台机器。其理念是让蜜罐非常具有吸引力，以至于如果黑客攻破了网络的安全防线，那么他将被吸引到蜜罐上，而不是到真正的系统上。这样，软件可以密切监视在系统上发生的一切，从而能跟踪和识别入侵者。

蜜罐的基本前提是，任何到蜜罐机器上的流量都被认为是可疑的。因为蜜罐不是一台真正的机器，所以没有合法用户有理由连接到它。任何试图连接到该机器的人都可以被认为是可能的入侵者。蜜罐系统可以诱使他保持连接足够长的时间，以便追踪他是从哪里发起的连接。图 5-3 展示了蜜罐的概念。

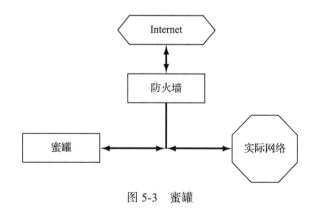

图 5-3　蜜罐

5.5.1　Specter

Specter 是一个软件蜜罐解决方案。该产品的完整信息可在 www.specter.com 上获取。Specter 蜜罐由一个专用的在 PC 上运行的 Specter 软件构成。Specter 软件可以模拟主要的

Internet 协议 / 服务，如 HTTP、FTP、POP3、SMTP 等，因此看起来像是一个功能完善的服务器。该软件被设计为运行在 Windows 2000 或 XP 上，但在 Windows 的后续版本上也可以执行。它可以模拟 AIX、Solaris、UNIX、Linux、Mac 以及 Mac OS X。图 5-4 显示了Specter 的主配置窗口。

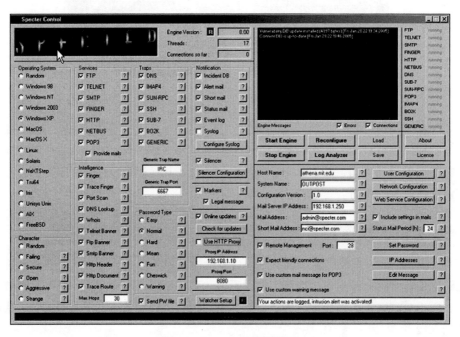

图 5-4　Specter 主配置窗口

Specter 通过看起来像在运行多个常见的网络服务来工作。事实上，除了模拟多种操作系统之外，它还可以模拟以下服务：

- SMTP
- FTP
- TELNET
- FINGER
- POP3
- IMAP4
- HTTP
- SSH
- DNS
- SUN-RPC
- NETBUS
- SUB-7
- BO2K
- GENERIC TRAP

尽管 Specter 看起来像正在运行这些服务，但它实际上只是监视所有入站流量。由于它不是一台真正的网络服务器，因此没有合法用户会连接它。Specter 记录所有到服务器的流量供分析使用。用户可以将 Specter 设置为如下五种模式之一：

- ❑ Open（开放模式）：在这种模式下，系统的行为在安全方面表现得像个配置不当的服务器。该模式的缺点是你很有可能吸引和捕捉到最没有技能的黑客。
- ❑ Secure（安全模式）：在该模式下，系统的行为像一个安全的服务器。
- ❑ Failing（失败模式）：这种模式很有趣，因为它让系统表现得像一个存在各种硬件和软件问题的服务器。这可能会吸引一些黑客，因为这样的系统很脆弱。
- ❑ Strange（奇怪模式）：在这种模式下，系统的行为是不可预知的。这类行为可能会吸引一个更有才华的黑客的注意，也许会让他联机停留更长时间，试图弄清楚到底发生了什么。黑客保持连接的时间越长，追踪他的机会就越大。
- ❑ Aggressive（激进模式）：这种模式让系统主动地尝试并跟踪入侵者，以推导出他的身份。这种模式对于捕获入侵者最有用。

在所有模式中，Specter 都记录活动，包括从入站数据包中可以得出的所有信息。它还试图在攻击者的机器上留下痕迹。如果以后需要民事或刑事诉讼，这些痕迹可以提供确凿的证据。

在所有模式下，用户都可以配置一个假的口令文件。这一点特别有用，因为大多数黑客都试图访问口令文件以破解口令。如果他们成功破解了口令，则可以作为合法用户登录。黑客攻击的最高目标就是获取管理员的口令。有多种方法来配置这个假的口令文件：

- ❑ Easy（简单模式）：在这种模式下，口令很容易破解，这使潜在入侵者相信自己已经找到了合法的口令和用户名。通常，拥有合法登录的黑客不会那么小心地隐藏他的踪迹。如果你知道哪个登录是假的，那么把系统设置成监视它，就可以通过追踪它找到黑客。
- ❑ Normal（正常模式）：该模式使用比简单模式稍难一些的口令。
- ❑ Hard（困难模式）：该模式使用更难破解的口令。甚至还有一种更为严格的版本称为 mean 模式，其口令非常难以破解，这样可以在黑客花时间破解口令的时候追踪他。
- ❑ Fun（有趣模式）：该模式使用知名的名字作为用户名。在我看来，这种模式以及相关的称为 Cheswick 的模式，其安全价值很值得怀疑。
- ❑ Warning（警告模式）：在该模式下，如果黑客能够破解口令文件的话，他会得到一个警告，告诉他已经被检测到。这种模式背后的逻辑是，大多数黑客只是简单地尝试，想看一看他们是否能够破解一个系统，并没有一个具体的目标。让这类黑客知道他已经被检测到通常足以吓跑他。

该软件系统的价格大约是 900 美元，而且需要一台 PC 来安装它。像 Specter 这样的蜜罐其目的并不是防止入侵。相反，一旦有人入侵，它们可以把伤害最小化。它们把黑客的注意力引开以远离关键系统。此外，它们对追踪黑客也很有帮助。

5.5.2 Symantec Decoy Server

因为 Symantec（赛门铁克）是防病毒软件和防火墙解决方案的著名厂商，所以它拥有一个蜜罐解决方案也就不足为奇了。Symantec 的第一个蜜罐产品是 Decoy Server（诱饵服务器）。

它通过模拟众多服务器功能来模拟真实的服务器，例如它模拟入站和出站的电子邮件流量。你可以从 Symantec 获取该产品的全部细节，但由于它们的产品线和网页经常变化，所以了解它们蜜罐产品的最好方法是到 Symantec 的主站点并进行搜索。

当 Decoy Server 作为蜜罐工作时，它还同时作为监视网络发现入侵迹象的入侵检测系统在工作。如果检测到攻击，则记录与该攻击相关的所有流量，以备以后发生任何调查、犯罪或民事诉讼程序时使用。

Decoy Server 被设计成一套协同工作的企业安全解决方案的一部分，这套解决方案包括 Symantec 企业版的防病毒软件、防火墙软件和反间谍软件。该产品通常作为完整安全包的批量许可协议的一部分购买。

5.5.3   入侵偏转

入侵偏转（Intrusion Deflection）在安全意识强的管理员中越来越流行。其本质很简单：它试图将入侵者吸引到为了观察他而设立的子系统。这是通过欺骗实现的，即欺骗入侵者使他相信，他已经成功地访问了系统资源，而实际上他已经被引导至一个专门设计的环境。能够在入侵者实践他的入侵活动时观察它，将产生有价值的线索并可能抓捕入侵者。

入侵偏转常常通过使用蜜罐来完成。本质上，你设置一个假的系统，可能是一个看起来像是整个子网的服务器。管理员把系统做得看起来对黑客具有吸引力，或许让它看似有敏感数据，如人事档案，或有价值的数据（如账号或研究数据）。存储在系统中的实际数据都是伪造的。系统的真正目的是仔细监视访问该系统的任何人的活动。因为没有合法用户会访问这个系统，因此任何访问它的人都是入侵者。

入侵偏转系统很难建立和维护。此外，它还要假定有人能够成功突破安全防线。入侵偏转系统通常只在需要极高安全性的站点部署。它们应该仅仅是整个 IDS 策略的一部分，而不是整个策略。

5.5.4   入侵威慑

入侵威慑（Intrusion Deterrence）旨在试图把系统弄得看起来像一个不太值得攻击的目标。简而言之，就是试图让成功入侵获得的潜在回报与攻击付出的努力相比更没有价值。该方法包括诸如通过伪装来降低当前系统的外在价值这样的策略。这实质上是隐藏系统中最有价值的部分。这种方法的另一个策略是提高潜在入侵者被抓住的感知风险。这可以通过多种方式来完成，如突出地显示警告以及主动监视警告。这样，即使在系统实际安全性没有得到改善的情况下，系统的安全感知也可以显著提高。

因为这种方法几乎不需要成本，并且相对容易设置，所以当与其他策略结合使用时，对于任何系统来说都是一个不错的选择。

为实现这一策略，在连接过程中的每一步都警告用户，他的活动被密切监视，不管是不是真正进行了监视。此外，通过给机器起一个平淡无奇的名字以避免暴露系统或机器包含的敏感数据。例如，包含研究材料的数据库服务器可命名为" print_server 1"，而不是" research_server"，以使其不太吸引人。当使用这种命名方法时，维护主机列表和设计命名模式是很重要的。例如，所有真正的打印服务器都以 X 结尾，而所有伪装的打印服务器名称都以 Y 结尾，这样工作人员就知道"print_server1x"是一个真正的打印服务器，而"print_server1y"实际上是一个向入侵者隐藏身份的敏感服务器。因此，必须用某种方式来跟踪服务器的真正用途。

多重警告的目的是吓跑不那么熟练的黑客。尽管这些人可能没有太多的技术实力，但他们入侵系统的尝试也是件令人讨厌的事，可能会引起问题。许多这样的黑客是攻击新手，适当的警告可能会吓退相当大一部分。

5.6　本章小结

有各种 IDS 可以使用。有些 IDS 被设计成运行在边界防火墙上，通常是基于主机的配置。另一些 IDS 设计成网络传感器或路由器类型的设备。蜜罐诱使黑客去探索虚假的服务器，目的是让他们停留足够长时间以便识别他们。

完整的 IDS 解决方案应该有一个边界 IDS 与边界防火墙协同工作。最完整的 IDS 解决方案中，每个子网都有多个传感器。理想情况下，管理员在每个主要服务器上都部署一个IDS，并实现一个蜜罐解决方案。

显然，这样的支出水平和复杂性并不是在任何情况下都是可行的。这种水平无疑提供了最大的安全性，但许多机构不需要、也负担不起这种安全级别。最低限度上，一个机构应该有一个与边界防火墙一起运行的 IDS。因为有免费的 IDS 解决方案可用，所以没有任何理由拒绝使用。

5.7　自测题

5.7.1　多项选择题

1. IDS 是下述哪个术语的缩写：
   A. Intrusion-detection system
   B. Intrusion-deterrence system
   C. Intrusion-deterrence service
   D. Intrusion-detection service

2. 一系列的 ICMP 数据包依次发送到你的端口可能预示着什么？
   A. DoS 攻击
   B. ping 泛洪
   C. 数据包嗅探
   D. 端口扫描

3. 抢先阻塞（preemptive blocking）的另一个术语是什么？
   A. 入侵偏转（intrusion deflection）
   B. 驱逐警戒（banishment vigilance）
   C. 用户偏转（user deflection）
   D. 入侵阻塞（intruder blocking）

4. 试图把入侵者吸引到一个专门用于监视它们的系统称为什么？
   A. 入侵威慑
   B. 入侵偏转
   C. 入侵驱逐
   D. 入侵路由

5. 建立一个吸引并监视入侵者的系统叫作什么？
   A. 苍蝇纸
   B. 陷门
   C. 蜜罐
   D. 黑客笼子

6. 试图让你的系统看起来不那么具有吸引力称为什么？
   A. 入侵威慑
   B. 入侵偏转
   C. 系统伪装
   D. 系统威慑

7. 下列哪一项不是异常检测使用的剖析策略？
   A. 阈值监控   B. 资源剖析
   C. 可执行剖析   D. 系统监控

8. 设置可接受的使用参数，如登录尝试次数，然后监视是否超过这些级别称为什么？
   A. 阈值监控   B. 资源剖析
   C. 系统监控   D. 可执行剖析

9. 下列哪一个是问题 8 中所描述方法存在的问题？
   A. 难以配置   B. 遗漏很多攻击
   C. 产生许多假阳性   D. 造成资源紧张

10. 监视应用程序如何使用资源的剖析技术称为什么？
    A. 系统监控   B. 资源剖析
    C. 应用监控   D. 可执行剖析

11. Snort 是哪种入侵检测系统？
    A. 基于路由器的   B. 基于操作系统的
    C. 基于主机的   D. 基于客户端的

12. 下列哪一个不是 Snort 的工作模式？
    A. 嗅探器   B. 数据包记录器
    C. 网络入侵检测   D. 包过滤

13. Cisco Sensor 是哪种类型的 IDS？
    A. 异常检测   B. 入侵偏转
    C. 入侵威慑   D. 异常威慑

14. 为什么你会使用 Specter 的 strange 模式？
    A. 它可以使黑客困惑从而阻止他们进入你的系统
    B. 很难确定系统是个蜜罐。
    C. 它可以迷惑黑客，并让他们联机足够长时间以便抓住他们
    D. 它会威慑黑客新手。

5.7.2 练习题

练习 5.1 使用 Snort

注意：这是一个时间较长、适合小组的练习。关于 Snort 产品和特性的说明，请参阅章节正文。

1. 访问 Snort 网站（www.snort.org）。
2. 下载 Snort。
3. 使用厂商的文档或其他资源，将 Snort 配置为数据包嗅探器模式。使用它来观察网络上的流量。
4. 对你网络上的正常流量进行统计，包括平均每分钟数据包的个数、前 5 个目的 IP 地址、前 10 个源 IP 地址等。

练习 5.2 将 Snort 用作 IDS

1. 利用练习 5.1 中安装的 Snort，将 Snort 配置成网络入侵检测模式。
2. 为 Snort 配置报警规则。

练习 5.3 开源蜜罐

注意：本练习要求你使用一个开源的蜜罐。在 www.projecthoneypot.org 上可以找到一个这样的免费解决方案，但也可以使用任何你喜欢的解决方案。事实上，如果可能的话，最好测试多个解决方案来对比结果。

1. 在一台实验室机器上安装蜜罐。

2. 根据厂商的文档对它进行配置。

3. 让一个学生模拟黑客攻击蜜罐。

4. 另一个学生使用蜜罐来检测入侵。

练习 5.4　推荐一个入侵检测系统

1. 假设你在一个有中等安全预算的小型机构工作。

2. 选择一个特定的 IDS 解决方案，推荐给该机构。

3. 就像提交给 CIO 或其他决策者一样，以备忘录的形式写下你的建议，包括你的理由。

5.7.3　项目题

项目 5.1　入侵检测系统策略

利用网站以及厂商的文档，创建一个文档，列出一个网络完整的 IDS 规划。假设有 2000 美元的预算，请规划整个 IDS 策略。

项目 5.2　基于防火墙的入侵检测系统

使用 Web 资源、书籍或其他资源以及你自己的观点，判断基于防火墙的 IDS 和单独的 IDS 哪个是更好的解决方案。写一份备忘录（就像你要提交给 CIO 或其他决策者）解释你的观点，包括你得出这个结论的理由。

项目 5.3　如何改善蜜罐

到目前为止，你应该对蜜罐如何工作有了很好的理解，而且你应该至少实际使用了一个蜜罐。但就像所有的安全技术一样，蜜罐技术也在不断发展。详细描述你希望在蜜罐技术中看到的至少两项改进。这可能包括目前还没有的特征、改进的检测，或更积极的响应。下述站点描述了当前的蜜罐技术，可能会对你有用。

- www.projecthoneypot.org/
- https://www.sans.edu/cyber-research/security-laboratory/article/honeypots-guide
- https://www.computerworld.com/article/2573345/security0/honeypots--the-sweet-spot-in-networksecurity.html

Chapter **6**

第6章 加密基础

本章目标

在阅读完本章并完成练习之后，你将能够完成如下任务：

- 解释加密概念。
- 描述加密发展历史和现代加密方法。
- 运用简单的加密技术。

6.1 引言

加密是网络安全策略中至关重要的一部分。无论网络多么安全，如果数据在存储时或在传输时没有加密，就会有安全漏洞。现在，甚至最基本的家用无线路由器都具有加密功能。

本章简要介绍加密的概念及其工作原理，帮助你为所在机构做出正确的决策。全面彻底的研究超出了本书范围，但本章从管理者的视角介绍密码学，对于人们正确理解所在机构的加密需求有一定的帮助。

6.2 加密技术发展历史

加密通信是一种由来已久的想法。在人类发展史上，人们有着发送私密信息的需求，这种私密性需求最初起源于军事和政治需要，但后来范围不仅仅局限于此。比如在商业上需要通过保护私密数据来保持企业的竞争力。人们总是想要将某些信息保密，例如病历、财务记录等。

在人类历史中的大多数时间里，私密通信都是指将手写的信息进行加密。在20世纪，已经扩展到无线电通信、电话通信和计算机/网络通信领域。在过去的几十年中，计算机通信加密变得越来越普遍。实际上，计算机通信加密比电话和无线电通信加密的应用更加广泛，因为数字化的环境使加密的实现更容易。

无论数据的性质或者传输的方式如何，加密的基本概念其实都很简单。信息必须经过某种方式的变化，使其不会轻易地被截获方读取，而能够被期望的接收者解码。本节将介绍几种古老的加密方法。请注意，这些算法相当古老，它们已经不能应用于现代加密通信了。甚至业余人士都能很轻易地破解这些算法。然而，由于这些算法不涉及现代加密算法中需要的大量复杂的数学问题，因此，对理解加密概念来说是非常好的示例。

> **供参考：对加密的错误理解**
>
> 　　如本章所述，加密的基本概念非常简单。一个具有初级编程技能的人就可以编写出实现本章介绍的一个简单加密算法的程序。然而，由于这些算法不太安全，因此只用于解释加密的基本概念。
>
> 　　不时地会有一些加密领域的新人，满怀热情地尝试通过对已有的加密算法做一些简单的改动，来创建自己的加密方法。虽然这是一种刺激性的智力练习，但也仅仅局限于此。不具备高级数学和密码学培训的用户是不太可能创造出对安全通信来说有效的新的加密算法的。
>
> 　　经常会有非专业人员在 Usenet 的新闻组上声称自己发现了最新的不可破译的加密算法（如果你不熟悉 Usenet，那么请通过搜索引擎的 Group 链接进行访问）。他们的算法其实很快就能被破译。遗憾的是，有些人将这些加密算法实现到软件中，并作为安全产品在市场上推广。
>
> 　　一些经销商出售不安全的加密方法和软件是出于贪婪，故意欺骗毫无戒备心的公众。而有些人这样做是出于无知，盲目相信他们的算法是优越的。对于加密的评价方法将在本章后面讨论。

6.2.1　凯撒密码

　　凯撒密码（Caesar Cipher）是最早期的加密算法之一，其命名源自古罗马的凯撒大帝。该方法很容易实现，不需要任何技术支持，可以通过把字母移动一定的位数来实现。例如，对于文本：

`A cat`

如果偏移量为 2 个字符，则加密后的文字变为：

`C ecv`

如果偏移量为 3 个字符，则加密后的文字变为：

`D fdw`

　　在这个例子中，偏移模式可以任意选择。向左还是向右偏移、偏移多少个字符都可以自行规定。由于该方法容易理解，因此是学习密码学的一个很好的起点。但是，该算法很容易被破解。任何一种语言都有它特有的字母和单词出现的频率，这意味着某些字母出现的频率要高于其他字母。英文当中，最常用的单字母是 a，最常用的 3 个字母构成的单词是 the。仅知道这两个特点就足以破解凯撒密码了。例如，一个看似无意义的字符组成的串，如果有一个三个字符组成的单词在消息里经常反复出现，就可以很容易地猜测该单词是 the，而且极有可能这个猜测是正确的。

同样，如果文本中经常出现一个单字母单词，那么它极有可能是字符 a。现在，你已经找到了 a、t、h 和 e 的替换模式，你可以直接替换消息中的所有这些字符，并尝试推测其余部分，也可以简单分析用于替换 a、t、h 和 e 的字符，并推导出此消息使用的替换密文。破译此类消息甚至不需要计算机，一个没有密码学背景知识的人都可以在十分钟之内使用纸和笔解决此问题。

凯撒密码属于密码算法中的替换密码（substitution cipher）。其名称源自其将未加密消息中的每个字符用加密文本中的一个字符进行替换。凯撒密码中使用的特定的替换方法（如 12 或 11）被称为替换字母表（例如用 b 替换 a，u 替换 t 等）。因为该算法通常是由一个字母去替代另一个字母，所以凯撒密码有时被称为单字母（mono-alphabet）替换方法，这意味着它使用单替换（single substitution）的方法来进行加密。

与所有的古老加密技术一样，凯撒密码强度太弱，不能用于现代应用。这里介绍它仅仅是帮助大家理解密码学的概念。

6.2.2　ROT 13

ROT 13 是另一种单字母表替换密码。所有的字母都用按顺序排在它 13 位之后的对应字母替换，超过最后一个字母时则重新绕回 26 个英文字符的开头即可。

短语"A CAT"经过替换就变成"N PNG"

本质上，ROT 13 是一种单替换密码。

6.2.3　Atbash 密码

希伯来人（Hebrew）抄写耶利米（Jeremiah）的书时就使用了 Atbash 密码。它使用起来很简单，只需要将字母表倒过来即可。按现代标准来看，这是种很原始，并且很容易被破译的密码，但它能帮助我们了解密码学的工作原理。

Atbash 密码是一种希伯来语编码，它将字母表的第一个字母用最后一个字母替换，第二个字母用倒数第二个字母替换，以此类推。它仅仅反转了字母表；例如，A 变为 Z，B 变为 Y，C 变成 X，等等。

与凯撒密码和 ROT 13 密码一样，Atbash 也是单替换密码。

6.2.4　多字母表替换

对凯撒密码稍微进行改进之后就形成多字母表替换。在该方法中，可以选择多个替换量来替换字母（即多个替换字母表）。

例如，如果使用替换字母表（12,22,13），那么"A CAT"就变成了"C ADV"

注意，第四个字母再次以 12 开始。你可以看到，第一个 A 被替换成 C，而第二个字母 A 被替换成了 D。这使得破解密文的难度增加了。虽然这比凯撒密码更难以破解，但也不是特别复杂，只需一张纸、一支笔再加以简单运算即可。用计算机破解很快。事实上，由于这种加密方法安全性很弱，现在人们已经不会使用该方法去发送任何真正需要加密的信息了。

最广为人知的一种多字母表密码是 Vigenère 密码。6.2.6 节将详细介绍它。该方法是 Giovan Battista Bellaso 在 1553 年发明的。它使用一系列不同的单字母表密码来加密文本，而这些单字母表密码是基于一个关键词中的字母选择的。这一算法后来被误认为是 Blaise de Vigenère 发明的，因此现在被称为 Vigenère 密码。

多字母表密码比单替换密码安全性更高。然而，它们在现代密码学应用中依然不可接受。基于计算机的密码分析系统可以轻易地破解这些古老的加密技术（包括单字母表和多字母表）。这里介绍单替换和多替换密码，只是为了展示密码学的发展历程，同时帮助你理解密码学的工作原理

6.2.5　栅栏密码

前面讨论的都是替换密码。另一种经典的密码就是置换（transposition）密码。栅栏密码（Rail Fence）可能是最广为人知的置换密码。你首先将要传递消息的每个字母放在不同的行，例如"attack at dawn"就可以写成

```
A   t   c   a   d   w
  t   a   k   t   a   n
```

然后，自左向右逐个读取字母，并将下面一行的字母排在上面一行的后边，从而形成密文。这样，本示例中的密文就是"atcadwtaktan"。

为了解密消息，接收方必须按行写出字母，如下：

```
A   t   c   a   d   w
  t   a   k   t   a   n
```

然后，接收方重构原始消息。大多数文本像上述示例一样使用两行，但其实可以使用任意数量的行来进行置换。

6.2.6　Vigenère 密码

如前所述，多字母表密码使用多个替换来打乱字母和单词的词频。举一个简单的例子：凯撒密码使用单个移动量，例如使用 +2 移动量（即向右移动两个字母）。多字母表替换密码将使用多个移动量。可能是 +2，-1，+1，+3。当到达第五个字母时，只需要从新开始即可。

因此，单词 Attack，加密过程就是：

A (1) + 2 = 3 或者 C

T (20) -1 = 19 或者 S

T (20) +1 = 21 或者 U

A (1) +3 = 4 或者 D

C (3) +2 = 5 或者 E

K (11) -1 = 10 或者 J

则得到的密文为 CSUDEJ，每个字母有四种可能的替换，字母和单词的频率特性被明显地打乱了。

也许最广为人知的多字母表密码是 Vigenère 密码。尽管是以 Blaise de Vigenère 的名字命名的，但它却是 1553 年由 Giovan Battista Bellaso 发明的。Vigenère 密码使用一系列不同

的、基于关键字选择的单字母表密码来加密字母表文本。Bellaso 增加了使用任意关键词的概念，从而使得替换字母表的选择难以被破译。

6.2.7 恩尼格码

在学习密码学的时候，值得一提的就是恩尼格码（Enigma）。与通常的错误概念相反，Enigma 不是一台机器，而是一个机器家族。第一个版本是在第一次世界大战即将结束的时候由德国工程师 Arthur Scherbius 发明的，它被多个不同的军队使用，不仅仅是德军。

一些使用 Enigma 某一版本加密的军事信息被波兰密码分析家 Marian Rejewski、Jerzy Rozycki 和 Henryk Zygalski 破译。这三个人对 Enigma 密码机进行逆向工程，并利用这些信息开发出了破译 Enigma 密码的工具，其中一个工具名叫密码逻辑炸弹（cryptologic bomb）。

Enigma 密码机的核心是转子和磁盘，它们组成一个圆，上面有 26 个字母。转子排成一行。实际上，每个转子代表一个不同的单替换密码。Enigma 密码机可以看成是一种机械的多字母表密码。操作者将得到的明文输入 Enigma 密码机。密码机对每一个输入的字母，根据不同的替换字母表，提供一个不同的密文字母。收件人通过双方密码机上相同的转子设置，就可以将接收到的密文翻译成明文。

实际上有好几个 Enigma 密码机的变种。当时在著名的 Bletchley Park 工作的英国密码分析学家最终破译了德国海军的 Enigma 密码机。Alan Turing 和一组分析人员最终破译了海军 Enigma 密码机。许多历史学家称该事件使得第二次世界大战缩短了两年。2014 年的电影《模仿游戏》(*The Imitation Game*) 就是以这一事件为基础创作的。

6.2.8 二进制运算

现代对称加密技术涉及二进制运算。对于程序员和编程学生来说，二进制（仅由 0 和 1 构成的数）的各种运算都不陌生。但对于不熟悉它们的人来说，可以简单了解一下。二进制数的运算，包含 AND（与）、OR（或）和 XOR（异或）三种运算，这和常规的数学运算是不一样的。下面将对这三种运算进行说明。

1. AND 运算

AND 运算就是将两个二进制数逐位进行对比。如果两位都是 1，则结果为 1，否则结果为 0，如下所示：

```
1 1 0 1
1 0 0 1
-------
1 0 0 1
```

2. OR 运算

OR 运算对两个二进制数逐位进行检查，只要有一位为 1，则结果就是 1，否则结果为 0，如下所示：

```
1 1 0 1
1 0 0 1
-------
1 1 0 1
```

3. XOR 运算

XOR 运算在加密算法中很重要。该运算检测在两个进行比较的位中是否有一个并且只有一个为 1。若有且仅有一位为 1，则结果为 1，否则结果为 0。如下所示：

```
1 1 0 1
1 0 0 1
-------
0 1 0 0
```

XOR 运算有一个非常有趣的特点，即它是可逆的。如果将异或的结果和其中的一个运算数进行 XOR 操作，则会得到另一个运算数。

```
0 1 0 0
1 0 0 1
-------
1 1 0 1
```

使用 XOR 运算的二进制加密开启了简单加密的大门。对于任何信息，都可以将其转换成二进制形式，然后与密钥做异或运算。将信息转换成二进制形式可以分为两步进行，首先，将信息转换成它的 ASCII 码，然后将该 ASCII 码转换成二进制数。每个字符 / 数字都会变成 8 位的二进制数。然后使用随机的、任意给定长度的二进制数字串作为密钥，就可以将信息和密钥进行 XOR 运算来生成密文，最终通过密文和密钥的异或操作又可以得到原始信息。

该方法应用简单，而且对于计算机科学的学生们非常好用，然而对真正意义上的安全通信来说却不太好，因为它从根本上依然保持了字母和单词的词频特性。而这暴露了重要线索，即使是一个业余密码学者也可以用此来破译消息。但它确实对单密钥加密的概念提供了非常有意义的引入，下一节将详细讨论。尽管简单的 XOR 运算并不是典型的加密方法，但单密钥加密现在已被广泛使用。例如，可以简单地运用多字母表替换，然后再与随机的比特流做异或运算，这在当前的一些加密方法中仍在被使用。

与计算机结合的现代加密技术，使得解密技术发展成一门高级科学。因此，加密技术也必须同样的高级才能有机会成功。

目前为止，本章讨论的加密都只是用于教学目的。前面多次提到，即使实现了前述的多种加密技术，也不能实现一个真正意义上的安全系统。也许大家觉得有所夸大，然而，对加密方法能否起到作用，有个很准确的判断是很关键的。下面讨论几种在实际使用的加密技术。

以下网站提供了更多与密码学相关的信息

❏ Coursera 的课程 Cryptography I: https://www.coursera.org/course/crypto

❏ Udacity 的课程 Applied cryptography: https://www.udacity.com/course/applied-cryptography--cs387

❏ 密码研究实验室（Cypher Research Laboratories）: www.cypher.com.au/crypto_history.htm

了解本章所述的简单方法以及上述网站提供的其他方法，就可以了解加密技术的原理，以及加密信息时应该包括什么。无论你是否继续学习现代高级加密技术，在概念层次理解密码学的基本原理都很重要。掌握了加密技术的工作原理，就可以更好地理解在实际工作中遇到的各种加密方法。

> **供参考：密码学职业**
>
> 很多读者对从事密码学职业有着很大的兴趣。对于一个安全管理员来说，掌握基本的密码知识就足够了，但是要成为密码学者却远远不够。要深入研究密码学，必须有扎实的数学功底，尤其是致力于从事密码学的人。充足的知识背景包括完整的微积分知识（包括微分方程）、基本的概率论统计、抽象代数、线性代数和数论。最好学过计算机科学和数学专业。最起码要具备初级的数学知识，熟悉现有的加密方法也很关键。

6.3　现代加密技术

毫无疑问，现代加密技术比古老的加密技术要安全得多。本节讨论的所有加密方法，在今天仍然被广泛使用，而且是相当安全的。DES 是一个例外，但仅仅是因为它的密钥长度比较短。

在某些情况下，需要对加密算法背后的数学有较深入的理解。数论常常是加密算法的基础。幸运的是，对我们的目标而言，掌握加密算法的细节不那么重要，这意味着不必有很强大的数学背景，就可以读懂以下内容。更重要的是对加密的工作原理及其安全性的一般理解。

6.3.1　对称加密

对称加密是指使用相同密钥对明文进行加密和解密的方法。

1. DES

数据加密标准（Data Encryption Standard，DES）是 IBM 公司在 20 世纪 70 年代早期开发的，于 1976 年正式公开。DES 使用了对称密钥系统。如前所述，就是用同一密钥来进行加密和解密。DES 使用短密钥，依赖复杂的算法来实现信息的保密。实际的 DES 算法是非常复杂的。

基本算法如下：

1）将数据按 64 位进行分组，然后对分组进行置换。

2）对置换后的分组进行 16 轮加密操作，包括置换、移位以及与 56 位密钥进行的逻辑运算。

3）最终，再进行一次数据置换。

有关 DES 更多的信息可以参看联邦信息处理标准（Federal Information Processing Standards）网站，网址为：https://csrc.nist.gov/csrc/media/publications/fips/46/3/archive/1999-10-25/documents/fips46-3.pdf。

DES 把一个 56 位的密钥用于 64 位的分组。实际上是一个 64 位的密钥，但每个字节都有一个比特用于差错检测，余下的 56 位则应用于实际的密钥操作。

DES 可以看成是一个具有 16 轮、每轮使用 48 位轮密钥的 Feistel 密码。轮密钥是根据密钥规划（key schedule）算法从密钥中为每一轮导出的子密钥。DES 的通用功能遵循 Feistel 方法，即将 64 位分组分为两半（每半有 32 位，因此它不是一种不平衡 Feistel 密码），将轮功能应用到一半上，然后在将结果与另一半进行 XOR 运算。

第一个要解决的问题是密钥规划，DES 如何为每轮生成一个新的子密钥呢？思路是将原来的 56 位密钥在每一轮稍微进行置换，从而使每一轮都应用稍有不同的密钥，但又都基于原始密钥。为了生成轮密钥，将 56 位密钥分成两个 28 位的部分，每一半在一轮循环中都有一到两位的位移。这就能为每一轮提供不同的子密钥。在算法中每一轮的轮密钥生成部分（被称为密钥规划），及原始密钥的两个部分（加密两端必须交换的密钥的 56 位）都会进行一定的移位。

一旦为当前轮生成了轮密钥，那么下一步就是将原始分组的一半送入轮函数。前面谈到，分组的两个子部分分别是 32 位，而轮密钥是 48 位。这就意味着，轮密钥的大小和要应用的分组位数不匹配。48 位的轮密钥是不能和 32 位的分组做 XOR 运算的，除非直接忽略轮密钥中的 16 位。而一旦如此，那么轮密钥的有效长度就会缩短，因而导致安全性变差，所以这不是一个好的办法。

这一半的 32 位在与轮密钥做 XOR 运算之前，先扩展成 48 位。这可以通过复制一些位来实现。

这个扩展的过程非常简单，被扩展的 32 位数据首先被分成 4 位的小片段，每个小片段末端的位被复制。32 除以 4 结果是 8，因此有 8 个 4 位的小片段，将每个小片段末端的位复制之后，就会得到 48 位。

特别需要注意的是，复制的是每一个片段末端的位。在后面的轮函数中，这是很关键的一项。下面这个例子有助于理解这一过程。假设 32 位的数据如下所示：

11110011010111111111000101011001

现在将其分成 8 个片段，每一片段有 4 位，如下所示：

1111　0011　0101　1111　1111　0001　0101　1001

现在将每个片段两端的位进行复制，结果如下：

1111 变成 111111
0011 变成 000111
0101 变成 001011
1111 变成 111111
1111 变成 111111
0001 变成 000011
0101 变成 001011
1001 变成 110011

将得到的 48 位字符串和 48 位的轮密钥做 XOR 运算，这就是每一轮中轮密钥的使用。之后它不再使用了，在下一轮中，会有另一个 48 位的轮密钥从 56 位密钥的两个部分中导出。

对通过 XOR 运算产生的 48 位，将其分成 8 个片段，每个片段 6 位。下面的说明只关注其中一个 6 位的片段，但其他的片段都要执行同样的操作。

将这个 6 位的片段输入到一个 S 盒。S 盒是一个表，它能对一个输入给出一个输出。换句话说，它是一个对输入给出替换新值的替换盒。DES 使用的 S 盒是公开的，第一个如图 6-1 所示。

	x0000x	x0001x	x0010x	x0011x	x0100x	x0101x	x0110x	x0111x	x1000x	x1001x	x1010x	x1011x	x1100x	x1101x	x1110x	x1111x
0yyyy0	12	1	10	15	9	2	6	8	0	13	3	4	14	7	5	11
0yyyy1	10	15	4	2	7	12	9	5	6	1	13	14	0	11	3	8
1yyyy0	9	14	15	5	2	8	12	3	7	0	4	10	1	13	11	6
1yyyy1	4	3	2	12	9	5	15	10	11	14	1	7	6	0	8	13

图 6-1　DES 的第一个 S 盒

请注意，这只是一个查找表。左列表示的是两端的 2 位，第一行表示的是中间的 4 位。对于可以匹配的片段，所得值就是 S 盒的输出。例如，在前述示例中，第一个数据块是 111111。从左列找到 1xxxx1，在第一行找到 x1111x。所得值是十进制的 13，其二进制为 1101。

最终轮函数产生一个 32 位的输出。然后，与 Feistel 结构一致，它们与没输入到轮函数的 32 位做 XOR 运算，并且把这两个部分交换。DES 是一个 16 轮的 Feistel 密码，这意味着该过程要重复 16 次。

关于 DES 还剩两部分要说明，第一个就是初始置换（Initial Permutation），也称为 IP。第二个是最终的置换，它是 IP 的逆置换。

DES 的优点之一是高效率。有些 DES 的实现可以达到每秒数百兆字节的数据吞吐量。简言之，这意味着它可以很快地对大量数据进行加密。大家可能觉得 16 步操作会导致加密速度相当慢；然而，这对现代计算机设备来说并非如此。DES 所面临的问题是所有对称密钥算法共有的：如何传输密钥而不至于泄密？这一问题直接促使了公钥加密技术的发展。

DES 的另一个优点是它打乱了文本的复杂性。DES 使用 16 个独立的轮次来打乱文本。这就会产生很难破解的加扰文本。DES 现在不再被使用，因为它的密钥太小不能应对暴力攻击。然而，它的总体结构，即 Feistel 网络或 Feistel 密码，是许多至今仍在使用的算法的基础，例如 Blowfish。

正如前面提到的，DES 使用的密钥不够长。现代计算机可以暴力破解 56 位密钥。但 DES 中使用的算法实际上相当不错。它是第一个广泛使用的 Feistel 结构，而且该结构仍然是分组加密很好的基础。

随着计算机性能的提高，人们开始探索能够代替 DES 的加密技术。最终，Rijnday 密码被用于高级加密标准（Advanced Encryption Standard，AES）中，并且将替代 DES。在这之间，人们曾利用多个 DES 密钥进行加密。理想情况是使用三个独立的 56 位密钥，因此这个中间解决方案被称为 Triple-DES 或 3DES。在某些情况下只使用两个 DES 密钥，算法交替使用它们。

2. Blowfish

Blowfish 是一种对称分组密码。这意味着它使用单个密钥对消息进行加密和解密，并且对消息以分组为单位同时处理。它使用从 32 位到 448 位不等的可变长度的密钥。这种密钥的长度很灵活，可以在各种情况下使用。Blowfish 是由 Bruce Schneier 在 1993 年设计的。它已经得到了密码学界广泛的分析和认可。它也是一种非商用（即免费的）产品，因而对有预算约束的组织极具吸引力。

供参考：分组密码和序列密码

分组密码有着固定长度，通常是 64 位或 128 位。在分组密码中，加密密钥和算法一次被应用于一个数据分组中（例如，连续的 64 位），而不是一次应用于一位。序列密码只是将文本作为一个正在行进的序列，在遇到文本时对每一位都进行加密。序列密码往往比分组密码快。序列密码可生成一个密钥序列（一串用作密钥的位）。加密就是将密钥序列和明文结合起来，通常是通过 XOR 运算来实现的。

---

3. AES

高级加密标准（Advanced Encryption Standard，AES）使用了 Rijndael 算法。算法的开发者对该名字的发音曾给出多个建议，包括"reign dahl""rain doll"和"rhine dahl"。该算法是由两个比利时研究员共同开发的，他们是 Proton World International 公司的 Daemen 和 Leuven 大学电子工程系的博士后 Vincent Rijmen。

AES 规定了三种密钥长度：128 位、192 位和 256 位。与之相对应，DES 的密钥长度为 56 位，Blowfish 允许密钥长度扩展至 448 位。AES 使用分组密码。感兴趣的读者可以参考 https://csrc.nist.gov/csrc/media/publications/fips/197/final/documents/fips-197.pdf，查看算法的详细说明，包括详细的数学讨论。

该算法应用很广泛，并且被认为十分安全，因此是许多加密场合的一个不错的选择。

对于想要知道更多细节的读者来说，这里仅仅是 AES 所使用过程的一般概述。该算法包括在各轮中使用的几个相对简单的步骤，描述如下：

❑ AddRoundKey：状态的每个字节都使用 XOR 操作关联一个轮密钥。这就是 Rijndael 应用从密钥规划中产生轮密钥的地方。

❑ SubBytes：是一个非线性的替换步骤，其中每个字节根据查询表用另一个字节替换。这就是矩阵的内容通过 S 盒的地方，其中每个 S 盒是 8 位。

❑ ShiftRows：是位移的步骤，其中状态的每一行循环移位一定的数量。在此步骤中，第一行保持不变。第二行中的每个字节都向左移动一个字节（最左边的折回到右边）。第三行的每个字节都左移两个字节，而第四行的每个字节都左移三个字节（需要再次折回）。

❑ MixColumns：是在状态的列上进行的混合操作，它将每列中的 4 个字节组合起来。在 MixColumns 步骤中，状态的每个列都与一个固定的多项式相乘。

上述步骤就是 Rijndael 密码的执行方式。对于 128 位的密钥，有 10 轮。对于 192 位密钥，有 12 轮。对于 256 位密钥，有 14 轮。

❑ 密钥扩展（Key Expansion）：首先使用 Rijndael 的密钥规划推导出轮密钥。密钥规划是指如何根据发送方和接收方之间交换的密钥产生每一轮的密钥。

❑ 初始轮（Initial Round）：初始轮只执行 AddRoundKey 步骤，它只是与轮密钥进行简单的 XOR 运算。这个初始轮运行一次，然后执行后续轮。

❑ 中间各轮（Rounds）：该阶段按顺序执行以下几个步骤：
- SubBytes
- ShiftRows
- MixColumns
- AddRoundKey

❑ 最终轮（Final Round）：该轮执行中间各轮中除 MixColumns 外的所有步骤。
- SubBytes
- ShiftRows
- AddRoundKey

在 AddRoundKey 步骤中，子密钥与状态进行 XOR 运算。在每一轮中，子密钥使用 Rijndael 的密钥规划从主密钥中导出，每个子密钥与状态的大小相同。

4. IDEA 加密

国际数据加密算法（International Data Encryption Algorithm，IDEA）也是一种分组密码。该算法每次操作两个 64 位的分组数据，使用 128 位的密钥。该过程相当复杂，使用从密钥生成的子密钥，对 64 位的明文分组执行一系列的模运算和 XOR 操作。加密方案总共使用 52 个 16 位的子密钥，这些子密钥是由 128 位的密钥按下述过程生成的：

❑ 将 128 位的密钥分成 8 个 16 位的密钥，作为前 8 个子密钥。

❑ 128 位密钥左移 25 位，形成一个新的密钥，然后将其分割成下一组 8 个 16 位的子密钥。

❑ 重复第二步，直到产生 52 个子密钥。加密过程包含 8 轮的加密操作。

5. Serpent

该算法是由 Ross Anderson、Eli Biham 和 Lars Knudsen 发明的。算法提交给 AES 竞赛，但没被采用，很大程度上是因为它的性能比 AES 慢。然而，在 AES 后的几年中，计算能力急剧增加。这使得一些专家重新考虑在现代系统中使用 Serpent 算法。

6. Twofish

Twofish 是 AES 竞赛（详见第 7 章）五个最终的算法之一。它与分组密码 Blowfish 有关，Bruce Schneier 也是参与该算法的团队成员。Twofish 使用 128 位分组大小，128 位、192 位和 256 位密钥长度的 Feistel 密码。它与 DES 一样也有 16 轮，与 Blowfish 一样，Twofish 没有专利，而且是公开的，任何人都可以使用而不受限制。

7. 选择分组密码

如果你决定使用分组密码，那么该选择什么样的密码呢？通过上述分组密码的分析，我们知道所有的分组密码都有其优点和缺点。对每个人没有统一的答案。在选择加密算法时需要考虑很多因素。主要有以下几个方面：

❑ 如果要加密大量的数据，那么加密速度可能和安全性同等重要。

❑ 如果你有标准的商业数据，那么几乎任何众所周知的、被接受的加密方法都足够安全, 在决策过程中应关注诸如密钥长度以及加密速度等问题。然而, 如果你在发送很敏感的数据, 比如研究数据或军事数据, 那么加密的安全性是首要考虑的, 即使需要牺牲一些速度。

❑ 可变长度密钥只有在你确实需要时才会很重要。比如一些加密产品分别在美国国内和国外使用, 那么至少要有两种长度的密钥。如果有一些数据即使以降低速度为代价也要进行更强的加密, 而另一些数据则需要加密速度快而不是很高的安全性, 那么可变长度的密钥也很重要。

6.3.2　密钥延伸

有时有必要加长密钥长度使之变得更强, 这一过程常称为密钥延伸 (key stretching)。可以通过一个算法来延伸密钥, 通常有两种密钥延伸算法:

❑ PBKDF2 (Password-Based Key Derivation Function 2, 基于口令的密钥推导函数 2) 是 PKCS #5 v. 2.01 的一部分。它对口令或密码文字连同 salt 应用某个函数 (如哈希或 HMAC 函数) 来产生密钥。(salt 的概念稍后在 "哈希" 部分讨论。)

❑ bcrypt 与口令一起使用, 它本质上使用了 Blowfish 算法的一个变种, 将其改变成了一种哈希算法, 对口令以及加入的 salt 执行哈希运算。

6.3.3　伪随机数产生器

对称密码都需要一个密钥。这些密钥又是如何产生的? 事实上, 通常使用伪随机数产生器 (Pseudo-Random Number Generators, PRNG) 来生成这些密钥。真正的随机数仅能由自然现象产生, 如放射性衰变。这对于加密数据来说是不方便的。因此, 我们使用能产生 "足够随机的" 数的算法, 这些算法称为伪随机数产生器。怎么能让 PRNG 足够好呢? 通常有以下三个特点:

❑ **不相关的序列**: 序列是不相关的, 通常不能根据给定的数据串 (比如说 16 位的数据) 来推导出后序的数据。

❑ **周期长**: 理想情况下, 一系列数据 (通常单位是位) 没有任何重复模式。然而, 现实情况下总会有一些重复, 两个重复数据之间的距离 (数字或者位) 就是周期, 周期越长越好。

❑ **均匀的**: 伪随机数通常用二进制表示。尽管它们不需要以任何可识别的模式分布, 但应该有相等数量的 1 和 0。随机序列应该是均匀的和无偏的。

德国联邦信息安全局 (German Federal Office for Information Security, BSI) 为随机数产生器的质量建立了四个标准:

❑ K1: 具有相同连续元素的概率很低的随机数序列。

❑ K2: 根据指定的统计测试, 与 "真正随机数" 不可区分的一系列数字。

❑ K3: 任何攻击者除了猜测, 不可能根据任何给定的子序列或序列中之前、之后的数来计算当前值。

❑ K4: 攻击者不可能根据产生器的内部状态、序列中前面的数或者之前的产生器内部状态来计算或猜测。

6.3.4　公钥加密

公钥加密本质上与单钥加密相反。在公钥加密算法中，一个密钥用于加密消息（称为公钥），另一个密钥用于解密消息（私钥）。公钥可以自由地分发，以便任何人都可以加密发送给你的消息，但只有你拥有私钥，因此只有你可以解密该消息。密钥的创建和应用背后所涉及的数学问题有点复杂，超出了本书的范围。许多公钥算法在某种程度上都依赖于大素数、因式分解和数论。

1. RSA 算法

RSA 是一种应用广泛的加密算法。学习密码学就必须要学习 RSA。该公钥算法是在 1977 年由三位数学家 Ron Rivest、Adi Shamir 和 Len Adleman 开发的。名称 RSA 就是用每位数学家姓氏的首字母来命名的。

RSA 的一个显著特点就是它是一种公钥加密方法。这意味着不需要考虑加密密钥的分配。然而，RSA 比对称密码慢得多。实际上，非对称密码通常比对称密码慢。

创建密钥的步骤如下：

1）生成两个大的随机的素数 p 和 q，具有大致相同的大小。

2）选取两个数，它们相乘的结果满足需要的大小（即，2048 位、4096 位等）。

3）把 p 和 q 相乘得到 n。

4）令 $n=pq$。

5）将每个素数的欧拉函数相乘，这里解释一下欧拉函数。在数论中，对于任意正整数 N，小于等于 N 且与 N 互素的正整数的个数，称为 N 的欧拉函数。两个数如果没有相同的因数，那么称它们互素。例如，5 和 7 就是互素的。对于素数来说，其欧拉函数就是当前数减 1。例如，7 有 6 个和它互素的数（1、2、3、4、5、6 都与 7 互素）。

6）令 $m=(p-1)(q-1)$。

7）再选择另一个数 e，e 与 m 互素。

8）找到一个数 d，满足与 e 相乘并且对 m 求余等于 1。（mod 表示相除取余数，例如 8 mod 3=2。）

9）找到数 d，满足：$de \bmod m \equiv 1$。

这样，将 e 和 n 作为公钥公开，而 d 和 n 作为私钥保密。

加密时，只需将消息执行 e 次幂，然后对 n 求余，即：$C= M^e \% n$，解密时计算密文的 d 次幂，然后对 n 求余：$P=C^d \% n$。

如果这一切对你来说有点复杂，你应当知道，很多人在不熟悉 RSA 算法（或任何其他密码学知识）的情况下，还在网络安全领域工作。你也可以通过使用小的整数把算法走一遍来更好地理解 RSA。

通常 RSA 使用非常大的整数。为了使算法更易于理解，下面以小的整数为例（注：此示例来自维基百科）：

1）选择两个不同的素数，如 $p=61$，$q=53$。

2）令 $n=pq=61×53=3233$。

3）计算 n 的欧拉函数 $\Phi(n)=(p-1)(q-1)$，$\Phi(3233)=(61-1)(53-1)=3120$。

4）从 $1<e<3120$ 选择任意一个与 3120 互素的数；令 $e=17$。

5）计算 d，满足 $de \bmod m \equiv 1$，可得 $d=2753$。

6）可得公钥为（$n=3233$，$e=17$）。对于明文消息 m，加密函数就是 m^{17}（mod 3233）。

7）私钥为（$n=3233$，$d=2753$）。对于密文 c，解密函数为 c^{2753}（mod 3233）。

RSA 算法基于大素数。有人可能会问"难道不能通过将公钥进行因式分解来推导出私钥吗？假设这是可以的。然而，事实证明，将大数分解成素数因子是相当困难的。目前没有高效的算法。这里说的"大数"的意思是 RSA 可以使用 1024、2048、4096 位以及更长的密钥。这是非常大的数。当然，如果有人发明出一种高效的算法，能够把大数分解成它的素数因子，那么 RSA 就会灭亡。

RSA 已经成为一种普遍应用的加密方法。它被认为是非常安全的，因此经常用在一些需要较高安全性的场合。

2. Diffie-Hellman

我们已经学习了 RSA 算法，再来看一些其他非对称密钥算法。最熟悉的可能就是 Diffie-Hellman 算法，它是第一个公开描述的非对称算法。

该密码协议允许双方在不安全信道上建立共享密钥。换句话说，Diffie-Hellman 常用于实体间通过不安全的媒介交换对称密钥，例如通过因特网。它是由 Whitfield Diffie 和 Martin Hellman 于 1976 年研发的。有趣的是，实际上几年前英国情报局的 Malcolm J. Williamson 就提出了这个方法，但当时被保密起来。

3. ElGamal

ElGamal 基于刚才提到的 Diffie-Hellman 密钥交换算法。它是在 1984 年由 Taher Elgamal 首次提出的，用在 PGP 加密软件的一些版本中。

4. MQV

跟 ElGamal 类似，MQV(Menezes-Qu-Vanstone) 也是一个基于 Diffie Hellman 的密钥协商协议。于 1995 年由 Menezes、Qu 和 Vanstone 首次提出，于 1998 年进行了修改。MQV 现在集成到公钥标准 IEEE P1363 中。

5. DSA 算法

数字签名算法（Digital Signature Algorithm，DSA）在 1991 年 7 月 26 日 David W. Kravitz 提交的美国专利 5231668 文件中进行了描述。1993 年被美国政府采纳作为联邦信息处理标准（Federal Information processing Standard，FIPS）FIPS 186。虽然任何非对称算法都可以用于数字签名，但本算法是专门为此目的而设计的。

6. Elliptic Curve

椭圆曲线（Elliptic Curve）算法于 1985 年由 Victor Miller（IBM 公司）和 Neil Koblitz（华盛顿大学）首次描述。

椭圆曲线密码体制（Elliptic Curve cryptography，ECC）的安全性是基于这样一个事实，即找到随机椭圆曲线的离散对数的难度，对于大众来说不太可能实现。

椭圆曲线的大小决定了算法的查找难度，因而决定了实现的安全性。基于 RSA 的系统使用较大模数才能提供的安全级别可以用更小的椭圆曲线组来实现。实际上有几种 ECC 算法。有 Diffie Hellman 的 ECC 版本、DSA 的 ECC 版本，以及许多其他算法。

美国国家安全局（U.S. National Security Agency）通过在其 B 组推荐算法中包含基于它的方案来支持 ECC，并允许使用 384 位密钥的算法保护分类为最高机密的信息。

6.3.5 数字签名

数字签名以相反的顺序使用非对称密码体制。该算法关注的不是数据的机密性，而是验证消息的发送方。假设你收到你老板的一封电子邮件，告诉你下周要带薪休假。你最好验证一下这个消息确实来自你的老板，而不是来自一个同事恶作剧的欺骗消息。数字签名恰好实现了这一点。

将消息的一部分，通常是消息的哈希值，使用用户的私钥进行加密（或签名）。当然，因为任何人都可以访问发送者的公钥，所以这个过程不需要保密。但是任何接收者都可以使用发送者的公钥验证签名，从而确信发送者确实发送了该消息。

6.4 识别好的加密方法

每年都有数十种加密技术发布，或者免费使用，或者有专利权可通过销售获取利润。然而，计算机的这一特殊领域充斥着骗子和吹牛者。只需在任何搜索引擎上搜索"加密"（Encryption），就可以找到大量关于最新加密技术的广告。如果没有加密技术的相关知识，又如何将合法的加密方法与欺骗分开？

虽然目前没有确定的方法来检测欺骗，但以下这些指导原则可以帮助大家避免大多数的欺骗性声明。

- ❑ **"牢不可破的"**（Unbreakable）：任何有加密技术经验的人都知道是没有这种密码的。确实存在目前尚未破解的密码，而且某些密码确实很难破解。但是，当有人声称他的方法牢不可破时，你应该持怀疑态度。
- ❑ **"通过认证的"**（Certified），加密方法没有权威的认证过程，所以公司所谓的任何"认证"都没有意义。
- ❑ **缺乏经验的供应商**：查找一下推出新加密方法的公司的相关经验。工作人员的经验如何？他们是否有数学、密码学和算法的背景？如果没有，那么他们是否把加密方法提交给了同行评审期刊的专家？他们是否至少愿意公开加密方法的工作原理，以便能得到正确的判断？

一些专家声称，应该只使用众所周知的加密方法，如 Blowfish。我不同意此观点。使用一个不那么有名的，甚至是全新的加密方法当然也可以实现一个安全的系统。现在广泛使用的方法曾经也是新的和未经测试过的。然而，当采用一个不太有名的加密方法时，需要格外谨慎以确保不被误导，这是十分必要的。显然，我并没有建议使用任何未经测试的算法。例如，当 NIST 举办竞赛并最终选择 Rijndael 密码成为 AES 时，还有四个入围的算法已被严格测试但被拒绝，其中一些方法是因为性能的问题。这些都是可以考虑的很好的算法。

6.5 理解数字签名和证书

数字签名（digital signature）不是用于保证消息的机密性，而是为了确认是谁发送了消息，这被称为不可否认性（non-repudiation）。本质上，数字签名证明了发送者是谁。数字签名其实很简单，但很智能。它们简单地逆转了非对称加密的过程。回想一下，在非对称加密中，公钥（任何人都可以访问）用于加密消息给接收者，而私钥（保持安全和私有）可以对其解密。而在数字签名中，发送者用他的私钥加密某消息。如果接收方能够用发送者的公钥解密它，那么就可以确定它一定是声称发送消息的人发送的。

6.5.1 数字证书

从前面讨论的非对称加密技术可知，公钥广泛分发，因此获取一方的公钥是非常容易的。前面一节还提到，需要用公钥来验证数字签名。至于公钥如何分发，可能最常见的方式就是通过数字证书（digital certificates）。数字证书中包含一个公钥以及一些验证它是谁的公钥的方法。

X.509 是一个规定数字证书格式和信息的国际标准，X.509 是世界上应用最多的数字证书类型。它是一个数字文档，包含一个由可信第三方签名的公钥，该可信的第三方被称为认证中心（Certificate Authority，CA）。

X.509 证书主要包含以下内容
- 版本
- 证书持有者的公钥
- 序列号
- 证书持有者的标识名
- 证书有效期
- 证书颁发者的唯一名称
- 颁发者的数字签名
- 签名算法标识符

认证中心颁发数字证书。CA 的主要作用是进行数字签名和发布绑定指定用户的公钥。它是一个或多个用户信任的管理证书的实体。

注册中心（Registration Authority，RA）通常代替 CA 在颁发证书之前做验证工作。RA 充当用户和 CA 之间的代理。RA 接收请求，对其进行身份验证，然后将请求转发给 CA。

公钥基础设施（Public Key Infrastructure，PKI）负责分发数字证书。这是一个由可信 CA 服务构成的网络，作为分发包含公钥的数字证书的基础设施。PKI 是一种机制，通过 CA 将公钥与相应用户的身份进行绑定。

如果证书过期或撤销了，该怎么办？证书吊销列表（Certificate Revocation List，CRL）是由于某种原因被撤销了的证书的列表。CA 发布自己的证书吊销列表。一种验证证书的新方法是在线证书状态协议（Online Certificate Status Protocol，OSCP），它是一种用于验证证书的实时协议。

X.509 证书有几种不同的类型。每种都至少包含在本节开始时列出的元素，但用于不同的目的。这里列出了最常见的证书类型。
- 域验证证书（Domain validation certificates）是一种最常见的类型。它们是用来确保与特定域的通信。这是一种低成本的证书，网站管理员用它来为给定域提供 TLS（Transport Layer Security，传输层安全）通信。

❑ 通配符证书（Wildcard certificates），顾名思义，该类证书可以更广泛地使用，通常用于给定域的多个子域。因此，与其对每个子域使用一个不同的 X.509 证书，不如对所有子域使用通配符证书。

❑ 代码签名证书（Code-signing certificates）是用于对某些类型的计算机代码进行数字签名的 X.509 证书。这些证书通常在发行之前对请求证书的人进行更多的验证。

❑ 机器证书（Machine/computer certificates）是指派给特定机器的 X.509 证书。这些常用在认证协议中。例如，为了让机器登录到网络，必须使用它的机器证书进行认证。

❑ 用户证书（User certificates）用于个人用户。像机器证书一样，这些证书通常用于认证。用户在访问某些资源之前必须提交他的证书进行身份认证。

❑ 电子邮件证书（E-mail certificates）用于保护电子邮件。安全多用途 Internet 邮件扩展（Secure Multipurpose Internet Mail Extensions，S/MIME）使用 X.509 证书来保护电子邮件通信。PGP 当然使用 PGP 证书。

❑ 主体别名（Subject Alternative Name，SAN）不是一种证书，而是 X.509 中的一个特殊字段。它允许你指定要由该单个证书保护的附加项，可以是附加域或 IP 地址。

❑ 根证书（Root certificates）用于根 CA，通常是由该机构自签名的。

6.5.2 PGP 证书

PGP(Pretty Good Privacy) 不是一个具体的加密算法，而是一个系统。它提供数字签名、非对称加密和对称加密。它经常出现在电子邮件客户端中。PGP 在 20 世纪 90 年代初引入，被认为是一个很好的系统。

PGP 使用自己的证书格式。主要区别是，PGP 证书是自生成的，不是由任何证书颁发机构生成的。

6.6 哈希算法

哈希[⊖]（hash）函数 H 是一个函数，它对一个可变大小的输入 m 返回一个固定大小的字符串。返回的值称为哈希值 h 或摘要（digest）。这可以在数学上表示为 $h=H(m)$。哈希函数应具有三个属性：

❑ 对可变长度的输入给出固定长度的输出。换句话说，不管你把什么输入给哈希算法，都会产生相同大小的输出。

❑ $H(x)$ 是单向的，不能执行逆运算。

❑ $H(x)$ 是无碰撞的。两个不同的输入值不会产生相同的输出。碰撞指的是两个不同输入产生相同输出的情况。哈希函数不应该存在冲突。

Windows 存储的口令就使用了哈希方法，例如，假如口令是"password"，Windows 首先对其进行哈希运算，产生如下类似的输出：

```
0BD181063899C9239016320B50D3E896693A96DF
```

⊖ Hash 一词有两种译法，一种是译成"哈希"，即音译，另一种是译成"散列"。这两种译法在国内都常使用。本书为避免歧义，统一译成"哈希"。——译者注

　　然后它将哈希值存储在 Windows 系统目录中的 SAM（Security Accounts Manager，安全账号管理器）文件中。你登录系统时，Windows 不执行"逆哈希"运算，而是对你输入的口令进行哈希运算，然后将结果与 SAM 文件中存储的值进行比较。如果它们完全匹配，你就可以登录了。

　　存储 Windows 口令只是哈希的一个应用。还有其他应用，例如在计算机取证中，在开始取证检查之前对驱动器进行哈希运算是常见的做法。在这之后，你可以随时重新执行哈希运算，查看是否有任何改变（意外或故意）。如果第二个哈希值与第一个哈希值匹配，则确定没有任何更改。

　　与哈希有关，术语"salt"指的是输入到哈希函数的随机位。本质上，salt 与要哈希的信息混合在一起。Salt 数据使得利用字典预加密词条的字典攻击变得更复杂。它对彩虹表攻击也很有效。为了获得最佳的安全性，salt 值是保密的，要与口令数据库 / 文件分开。

6.6.1　MD5

　　MD5 是在 RFC 1321 中规范的 128 位哈希算法。它是由 Ron Rivest 在 1991 年设计的，用来替换早期的哈希函数 MD4。1996 年在 MD5 的设计中发现了一个缺陷，虽然这并不是一个明显致命的弱点，但密码学者开始推荐使用其他算法，例如 SHA-1。MD5 最大的问题是它不具有抗碰撞性。

6.6.2　SHA

　　安全哈希算法（Secure Hash Algorithm，SHA）也许是当今应用最广泛的哈希算法。现在有几个版本的 SHA。SHA（所有版本）被认为是安全的和无碰撞的。它的版本包括：

- ❑ SHA-1：这个 160 位的哈希函数类似于 MD5 算法。这是由美国国家安全局（NSA）作为数字签名算法的一部分设计的。
- ❑ SHA-2：这实际上是两个具有不同分组大小的相似的哈希函数，称为 SHA256 和 SHA512。它们在字节大小上有所不同；SHA256 使用 32 字节（256 位）的字，而 SHA512 使用 64 字节（512 位）的字。每个标准都有截断的版本，称为 SHA-224 和 SHA-384。这些也是由美国国家安全局设计的。
- ❑ SHA-3：这是最新版本的 SHA，于 2012 年 10 月被采用。

6.6.3　RIPEMD

　　RIPEMD（RACE Integrity Primitives Evaluation Message Digest，RACE 完整性原语评价消息摘要）是由 Hans Dobbertin、Antoon Bosselaers 和 Bart Preneel 开发的 160 位哈希算法。该算法有 128 位、256 位和 320 位版本，分别称为 RIPEMD-128、RIPEMD-256 和 RIPEMD-320。这些都代替了原来有冲突问题的原始的 RIPEMD，较大的位数使得它们比 MD5 或 RIPEMD 更安全。

　　RIPEMD -160 作为 RIPE 项目的一部分在欧洲研发，由德国安全局推荐。该算法的作者对 RIPEMD 的描述如下："RIPEMD 160 是一种快速的密码学哈希函数，它针对在 32 位体系结构上的软件实现进行了调整。它是由 Ron Rivest 在 1990 引入的 MD4 算法的 256 位扩展演变而来的。它的主要设计特点是有两个不同的、独立并行的链，其结果在压缩函数的每个应用结束后结合起来。若想了解作者对 RIPEMD-160 的完整说明，请参考：www.esat.
kuleuven.be/cosic/publications/article-317.pdf。

6.6.4 HAVAL

HAVAL 是一个密码学哈希函数。不像 MD5，而是像大多数其他现代密码学哈希函数
一样，HAVAL 可以产生不同长度的哈希值。HAVAL 可以产生 128 位、160 位、192 位、
224 位和 256 位长度的哈希值。HAVAL 还允许用户指定用于生成哈希的轮数（3、4 或 5）。
HAVAL 是 Yuliang Zheng（郑玉良）、Josef Pieprzyk 和 Jennifer Seberry 于 1992 年提出的。

6.7　理解和使用解密

显然，一个人如果可以加密一条消息，那么他也可以对其进行解密。当然，最好是拥有
密钥和算法，并且希望使用软件来方便地加密和解密消息。然而，试图破坏安全性的人并不
拥有算法和密钥，而且想要破坏加密的数据和传输。

解密跟加密很类似，也是一门科学。它使用各种数学方法来破解加密。在 Web 上可以
找到许多破解加密的实用程序。正如前面所讨论的，没有不可破解的加密。然而，加密技术
越安全，破解需要的时间就越长。如果需要数月或数年的专门努力才能破解，那么你的数据
就是安全的。因为，当有人破解它时，信息可能不再是相关的或有用的了。

安全专业人士和懂安全的网络管理员经常使用黑客入侵系统所用的相同的工具来检查他
们的系统。使用黑客工具尝试破解加密方法是测试数据安全性的一种实用且直接的方式。

6.8　破解口令

虽然与破解加密传输不完全一样，但是破解口令⊖是类似的。如果有人能够成功破解口
令，尤其是管理员口令，那么其他安全措施就显得无关紧要了。

6.8.1 John the Ripper

John the Ripper 是一个在网络管理员和黑客中应用很广泛的口令破解器。可以从 www.
openwall.com/john/ 免费下载获取。

该产品完全是基于命令行的，没有 Windows 界面。它允许用户选择单词列表的文本文
件来尝试破解口令。虽然 John the Ripper 由于其命令行接口而不太方便使用，但它已经存
在了很长时间，而且在安全社区和黑客社区都有很好的口碑。有趣的是，在 www.openwall.
com/passwdqc/ 上有一个工具，可以确保你的口令不容易被 John the Ripper 破解。

John the Ripper 使用口令文件，而不是试图破解给定系统上的实时口令。口令通常是加
密的，保存在操作系统的一个文件中。黑客经常试图把该文件从机器上下载下来，下载到他
们自己的系统中，从而可以任意破解。他们还可能在你的垃圾箱中寻找丢弃的媒体，以便找
到可能包含口令文件的备份。每个操作系统都将口令文件存储在不同的位置：

⊖　国内用户有时把 password 称为 "口令"，有时称为 "密码"。为了与加密技术中的 cipher 进行区分，本书
　　统一将 password 译成 "口令"，而把 cipher 译成 "密码"。

❑ 在 Linux 系统中，存储在 /etc/passwd。

❑ 在 Windows 95 系统，是一个 a .pwl 文件。

❑ 在 Windows 2000 及以上系统中，是一个隐藏的 .sam 文件。

下载 John the Ripper 后，通过（在命令行中）输入 john 的命令，并在后面跟着要破解的文件来运行它：

```
john passwd
```

如果要使用一个口令列表并且只使用规则，则输入：

```
john -wordfile:/usr/dict/words -rules passwd
```

破解出来的口令将输出到终端上，并保存在一个名为 john.pot 的文件中，在你安装 John the Ripper 的目录中可以找到。

6.8.2　使用彩虹表

在 1980 年，马丁赫尔曼（Martin Hellman）描述了一种密码分析时间与内存权衡的方法，通过使用存储在内存中的预先计算出来的数据来减少密码分析的时间。本质上，这种类型的口令破解程序与在某个字符空间中可用的所有口令预先计算出来的哈希值一起工作。字符空间如 a~z 或 a~z　A~Z 或 a~z　A~Z　0~9 等。这些文件被称为彩虹表。在试图破解哈希值时，它们特别有用。因为哈希是单向函数，所以破解它的方法是试图找到匹配。攻击者根据哈希值，搜索彩虹表寻找哈希值的匹配。如果找到一个，则找到该哈希值对应的原始文本，这就是破解出来的口令。诸如 Ophcrack 等流行的黑客工具都依赖彩虹表。

6.8.3　其他口令破解程序

还有很多其他的口令破解程序，其中许多可以从 Internet 上找到并免费下载。下面这些网站列表可能对搜索有用。

❑ 俄罗斯的口令破解程序：www.password-crackers.com/crack.html

❑ 密码恢复：www.elcomsoft.com/prs.html

❑ LastBit 口令恢复：http://lastbit.com/mso/Default.asp

口令破解程序只能由管理员使用来测试系统的防御能力。试图破解其他人的口令并渗透其系统，既有伦理上的，也有法律上的后果。

6.9　通用密码分析

彩虹表是一种破解口令的方法，而密码分析是试图寻找其他破解密码方法的科学。在大多数情况下，密码分析并不十分成功。如果你看过过去一两年的新闻，你会知道美国联邦调查局无法破解 iPhone 上的 AES 加密。密码分析相当枯燥，而且不能确保成功破解。这里讨论一些常用的方法。

6.9.1　暴力破解

暴力破解（Brute Force）就是简单地尝试每一个可能的密钥。它保证能成功，但可能需要很长时间，因此不实用。例如，为了破解只有 26 种可能密钥的凯撒密码，你可以在很短的时间内尝试。但是考虑 AES，它的最小密钥是 128 位。如果你每秒尝试 1 万亿个密钥，那么可能需要 112,527,237,738,405,576,542 年的时间来尝试所有密钥。这远远超出了我们愿意等待的时间！

6.9.2　频率分析

频率分析（Frequency Analysis）涉及查看加密消息的分组，以确定是否存在任何通用得模式。最初，分析员并不会试图破解代码，而是查看消息中的模式。在英语中，字母 e、t 和单词 the、and、that、it 用得多。一个句子中单独出现的字母通常限于 a 和 I。

密码分析人员查找这种类型的模式，随着时间的推移，他们可能会推导出用于加密数据的方法。这个过程有时很简单，也可能需要付出很多努力。这种方法只适用于本章开头所讨论的古典密码学。它不适用于现代算法。

6.9.3　已知明文

已知明文（Known Plaintext）攻击依赖于攻击者拥有已知的明文和相应的密文。这使得攻击者开始尝试导出密钥。在现代密码中，仍然需要数十亿个这样的组合来破解密码。然而，这种方法成功地破解了德国海军的 Enigma 密码。Bletchley Park 的密码破解者意识到所有德国海军的信息都以 Heil Hitler 结束。他们使用这个已知的明文破解了密钥。

6.9.4　选择明文

在选择明文（Chosen Plaintext）攻击中，攻击者获得了一组他们自己选择的明文所对应的密文。这使得攻击者尝试导出所使用的密钥，进而解密用该密钥加密的其他消息。这虽然很难但不是不可能。诸如差分密码分析这样的先进的方法就是选择明文攻击。

6.9.5　相关密钥攻击

相关密钥攻击（Related Key Attack）与选择明文攻击相似，但攻击者可以获取用两个不同密钥加密的密文。如果你可以获得明文和匹配的密文，这实际上是一个非常有用的攻击。

6.9.6　生日攻击

生日攻击（Birthday Attack）是一个对密码学哈希的攻击，基于所谓的生日定理。基本思想是这样的：一个房间里需要有多少个人才极有可能使得两个人拥有相同的生日（同月同日，不是同年）？

当然，如果一个房间里有 367 个人，那么至少其中两人生日相同，因为一年通常只有 365 天，闰年再加上一天。

这个悖论不是问你需要多少人来保证有一个匹配，而是需要多少人才能有一个很高的概率。

即使有 23 人在房间里，也有 50% 的概率满足 2 个人有相同的生日：

第一个人不与前面的任何人共享生日的概率是 100%，因为在该集合中没有前面的人，这可以写为 365/365。

第二个人前面只有一个人，第二个人的生日与第一个不同的概率是 364/365。

第三个人可能与前面两个人生日相同，所以它与前面两个人的生日都不同的概率是 363/365。因为每一个都是独立的，所以可以计算如下概率：

365/365×364/365×363/365×362/365…×342/365（342 是第 23 个人不与前面某个人共享生日的概率。）当我们将这些值转换为十进制值数时，会产生如下计算（取至小数点后第三位）：

1×0.997×0.994×0.991×0.989×0.986×…0.936=0.49，或 49%

49% 是 23 人没有任何共同生日的概率，因此，有 51%（比成败概率相同要好）的机会，23 个人中有 2 人生日相同。

数学上认为大约需要 $1.7\sqrt{n}$ 来得到一个碰撞。前文提到过，碰撞是指两个输入产生相同的输出。因此，对于 MD5 哈希算法，需要 $2^{128}+1$ 个不同的输入才确定能得到一个碰撞。这是个相当大的数字：3.4028236692093846346337460743177e+38。但生日悖论告诉我们，为了拥有 51% 的机会，你只需 $1.7\sqrt{n}$（$n=2^{128}$）个输入。这个数字仍然很大：31,359,464,925,306,237,747.2，但比起尝试每个输入而言已经小多了。

6.9.7　差分密码分析

差分密码分析是一种适用于对称密钥算法的密码分析。这是 Eli Biham 和 Adi Shamir 发明的。本质上，它是检查输入中的差异，以及该差异如何影响输出中的不同。它最初只用于选择明文。然而，它也可以用于已知明文和密文的情况。

此类攻击基于成对的以某种固定差异相关的明文输入。通常通过 XOR 运算定义差异，也可以使用其他方法。攻击者计算所得密文的差异，并寻找一些统计模式。由此产生的差异称为差分。换言之，差分密码分析的重点是寻找输入位的变化与输出位发生变化之间的关系。

6.9.8　线性密码分析

线性密码分析（Linear Cryptanalysis）是由 Mitsuru Matsui 发明的，它是一种已知明文攻击，利用线性逼近来描述分组密码的行为。如果给定足够多的明文和对应密文，就可以得知密钥的位信息。显然，明文和密文越多，成功的机会就越大。线性密码分析是基于找到密码动作的仿射近似。它常用于分组密码。

密码分析是破解密码的一种尝试。例如，对于 56 位 DES 密钥，暴力破解需要尝试 2^{56} 次。线性密码分析需要 247 个已知明文。这比暴力破解要好，但在大多数情况下仍然不切实际。

6.10　隐写术

隐写术（Steganography）是一种隐藏消息的艺术和科学，除了发送者和预期接收者之外，没有人怀疑消息的存在；这是一种隐晦获取安全的形式。消息通常隐藏在某个其他文件中，如一个数字图像或音频文件，以防检测。

与密码学相比，隐写术的优点是消息本身不引人注意。如果没有人意识到消息在那里，那么他们就不会试图破译它。在许多情况下，消息被加密并通过隐写术隐藏。

隐写术最常见的实现是利用文件中的最不重要的位来存储数据。通过改变最不重要的位，人们可以隐藏额外的数据，而不会以任何明显的方式改变原始文件。

下面列举了一些应该知道的基本隐写术语：

- 载荷（payload）是秘密通信的数据。换句话说，它就是你想隐藏的消息。
- 携带者（carrier）是载荷隐藏其中的信号、流或数据文件。
- 通道（channel）是使用的介质类型。这可能仍然是照片、视频或声音文件。

虽然数字隐写术的使用是近代的事，但隐藏消息的概念不是。以下是历史上隐藏消息的一些实例：

- 古代中国人用蜡包裹纸条，把它们吞下运输。
- 在古希腊，一个信使的头发可能被剃掉，消息就写在他的头上，然后他的头发再继续生长。
- 在 15 世纪初，Johannes Trithemius 写了一本关于密码学的书，其中描述了一种技术，通过将每个字母从一个特定的列中取出作为一个词来隐藏信息。
- 近代，在计算机出现之前，使用其他的方法来隐藏信息：
- 二战期间，法国抵抗军用隐形墨水在信使的背上写下了消息。
- Microdots 是打字机句号一样大小的图像或未冲洗的胶卷，被嵌入在无害文件中。据说这些在冷战期间被间谍使用。

现在最常见的隐写术方法是通过最不重要的位来完成。每个文件的每个单元都有一定数量的位。例如，Windows 中的图像文件是每个像素 24 位。如果你改变那些最不重要的位，那么肉眼看不出变化。例如，可以将信息隐藏在图像文件最不重要的位中。使用最不重要位（Least Significant Bit，LSB）替换，替换载体文件中的某些位。

Steganophony 是在声音文件中隐藏消息的术语。这可以用 LSB 方法或其他方法来完成，例如回声隐藏（echo hiding），它将额外的声音添加到音频文件内的回声中，该额外的声音隐藏了信息。

信息也可以隐藏在视频文件中。可以用多种方法实现。视频隐写术中通常使用离散余弦变换（Discrete Cosine Transform）。该方法改变单个帧的某些部分的值。通常的方法是把这些值汇总起来。

许多工具可用于实现隐写术。许多是免费的或至少有免费试用版。这里列出了一些工具：

- QuickStego：使用方便但限制很多
- Invisible Secrets：更强大，有免费和商业版本
- MP3Stego：用于在 MP3 文件中隐藏有效载荷
- Stealth Files 4：应用于声音文件、视频文件和图像文件
- SNOW：在空白处隐藏数据

6.11　隐写分析

取证检查人员必须关注隐写术的检测和隐藏信息的提取。通常利用软件完成这个任务，但理解软件的工作原理很重要。通过分析图像近色对的变化，隐写分析器可以确定是否使用

了 LSB 替代。近色对由两种颜色组成，它们的二进制值仅在 LSB 中不同。

有几种用于分析图像检测隐藏消息的方法，其中之一是原始快速配对（Raw Quick Pair RQP）方法。它基于 24 位图像中唯一颜色和近色对的数目的统计。RQP 分析由 LSB 嵌入产生的颜色对。

还有一种方法就是使用统计学中的卡方（chi-squared）方法。卡方分析计算平均 LSB，并建立一个频率表和值对。然后对这两个表进行卡方测试。本质上，它度量理论值和计算值的差异。

音频文件的隐写分析涉及检查载波文件中的噪声失真。噪声失真预示着隐藏信号的存在。

6.12　量子计算与量子密码学

量子计算领域的创新有望显著提高计算能力。它能推动包括数据挖掘、人工智能和其他应用在内的各方面计算的进步。然而，计算能力的增加也将对密码学提出挑战。计算依赖于单个位来存储信息。而量子计算则依赖于量子比特。

量子计算的本质问题是它具有表示两个以上的状态的能力。当前的计算技术，使用经典的位，只能表示二进制值。量子位通过单光子的偏振来存储数据。这两种基本状态是水平极化或垂直极化。然而，量子力学允许两个状态同时叠加。这在经典的位运算中是不可能的。量子位的两种状态用量子记数法表示为 |0> 或 |1>。这代表水平极化或垂直极化。一个量子位是这两种基本状态的叠加。这种叠加表示为 $|\psi> = \alpha |0> + \beta |1>$。

传统的位可以表示为一个 1 或 0。一个量子位可以表示一个 1，或一个 0 或两个量子位的任何叠加。这种叠加允许更强大的运算能力，叠加使得量子位可以存储一个 1、一个 0、1 和 0 同时存储，或者 1 和 0 之间的一个值。这显著地增加了数据存储和数据处理能力。

量子算法比传统算法更擅长进行大数分解。这是一个关键的问题，因为广泛使用的 RSA 算法就是基于难以将大数分解成它的素数因子。当量子计算成为现实时，因式分解问题就不再是难题了，RSA 也就过时了。诸如 Diffie-Hellman 这样的密钥交换算法依赖于解决离散对数问题的困难。Diffie-Hellman 的两个重要改进，ElGamal 和 MQV（Menezes-Qu-Vanstone）也依赖于离散对数问题。椭圆曲线密码体制是基于解决椭圆曲线上离散对数问题的困难。量子算法将使离散对数问题可解，因而会使这些算法过时。

本质上所有当前的非对称密钥体制都是基于两大类数论问题之一：因式分解或解决离散对数问题。当量子计算机变成现实，而不仅仅是一个研究兴趣时，所有的现代非对称算法都会过时。这是网络安全的一个重要问题，因为所有现代电子商务、加密电子邮件和网络上的安全通信都依赖于这些算法。目前，NIST 正在进行一项持续多年的研究以确定后量子密码学的标准，有几种有前途的密码系统。深入探讨量子密码学已超出了本章的范围；然而，基于格的密码学和多变量密码学被认为是后量子计算密码系统的良好候选。

6.13　本章小结

加密是计算机安全的一个基本要素。你不应该发送未加密的敏感数据。加密系统硬盘也是一个不错的想法，这样，当它们被盗时，驱动器上的重要数据也不太可能被攻击。学习本章不会使你成为密码学家，但它提供的信息确实为你展示了密码学如何工作的基本原理。在下面的习题中，你将练习使用不同的密码方法，并了解更多的加密方法。

6.14   自测题

6.14.1   多项选择题

1. 为什么说加密是网络安全的重要组成部分？
   A. 不管你的网络有多安全，没有加密的数据传输仍然是很脆弱的
   B. 加密传输有助于阻止拒绝服务攻击
   C. 加密的数据包在网络中传输得更快
   D. 加密传输仅在 VPN 中是必要的

2. 下列哪一个是目前已知最古老的加密方法？
   A. PGP   B. 多字母表替换
   C. 凯撒密码   D. Cryptic 密码

3. 下列哪项是凯撒密码最主要的缺点？
   A. 它不会破坏字频   B. 它不使用复杂的数学
   C. 它不使用公钥系统
   D. 没有明显的缺点，凯撒密码对于大多数加密应用已经足够了

4. 对使用不止一个移位的凯撒密码的改进方法称为什么？
   A. DES 加密   B. 多字母表替换
   C. IDEA   D. 三重 DES

5. 下列哪种二进制运算可以用作简单的加密方法？
   A. 位移   B. OR
   C. XOR   D. 位交换

6. 为什么第 5 题中的方法安全性不高？
   A. 它没有改变字频或词频   B. 数学运算有缺陷
   C. 它不使用对称密钥系统   D. 密钥长度太短

7. 下列哪个是分组对称密钥系统？
   A. RSA   B. DES
   C. PGP   D. Diffie-Hellman

8. 第 7 题中提到的加密算法最重要的优点是什么？
   A. 复杂性   B. 不可破解
   C. 使用非对称密钥   D. 比较快

9. 第 7 题中的算法，密钥长度是多少？
   A. 255 位   B. 128 位
   C. 56 位   D. 64 位

10. 什么类型的加密使用与解密消息不同的密钥来加密消息？
    A. 私有密钥   B. 公开密钥
    C. 对称的   D. 安全的

11. 下列哪种加密方法是由三位数学家在 20 世纪 70 年代发明的？
    A. PGP   B. DES
    C. DSA   D. RSA

12. 下列哪种加密算法使用可变长度对称密钥?

    A. RSA   B. Blowfish

    C. DES   D. PGP

13. 下列哪种加密算法是分组密码,并且使用 Rijndael 算法?

    A. DES   B. RSA

    C. AES   D. NSA

14. 如果使用分组密码来加密大量数据,下列哪项因素是你在决策使用哪个密码时需要重点考虑的(假设所有可能的选择都是非常有名并且安全的)?

    A. 使用的密钥长度   B. 算法的速度

    C. 是否被任何军事组织使用过   D. 使用的密钥数量

15. 下列哪项可以使用三种不同的密钥长度?

    A. AES   B. DES

    C. 三重 DES   D. IDEA

16. 下列哪一个是最常见的合法使用口令破解器?

    A. 口令破解器不存在合法使用   B. 军事情报机构使用它来破解敌人的通信

    C. 测试自己网络的加密   D. 试图破解犯罪组织的通信以搜集证据

17. 什么是数字签名?

    A. 添加到其他数据中用来验证发送者的加密数据   B. 你的签名的扫描版本,通常采用 .jpg 格式

    C. 通过数字写字板或其他设备输入的签名   D. 一种验证文档接收方的方法

18. 使用证书的目的是什么?

    A. 验证软件是无病毒的   B. 保证签名有效

    C. 验证数字签名或软件的发送者   D. 验证文件的接收者

19. 以下哪个部门颁发证书?

    A. 联合国加密组织   B. 美国国防部

    C. 私人的证书机构   D. 美国计算机协会

6.14.2 练习题

练习 6.1 使用凯撒密码

注意:该练习非常适合分组或分班练习。

1. 写出一段常规文本。

2. 使用自己设计的凯撒密码加密它。

3. 把加密的句子传递给你的小组或班级中的另一个人。

4. 计时看那个人多久可以破解密码。

5. (选做)计算班级中破解凯撒密码的平均时间。

练习 6.2 使用二进制分组密码

1. 写出一段常规文本的句子。

2. 将文本转换成 ASCII 码。你可以参考几个有 ASCII 表的网站,比如 http://www.asciitable.com。

3. 将每个字母转换成二进制。

4. 创建一个随机的 16 位密钥。你可以简单地写一个 1 和 0 的随机串。

5. 将文本与该密钥进行 XOR 运算。

6. 把加密的句子交给班级的另一个学生,给他一个破解的机会。

7. 当所有学生都有足够的机会破解它的同组同学的密钥时,把正确的密钥交给他们。

练习 6.3   证书颁发机构

1. 在网上搜索证书颁发机构。

2. 对比两个机构，你推荐哪个？

3. 你给客户推荐证书颁发机构的理由是什么？

练习 6.4   口令破解

1. 下载一个你选择的口令破解器。

2. 试着在自己的电脑上破译口令。

3. 描述你的实验结果，你是否破解了口令？破解时花了多长时间？

4. 更改更难的口令如何影响破解花费的时间？

6.14.3   项目题

项目 6.1   RSA 加密

使用网络或其他资源，写一篇关于量子加密的简单论文。突出该领域的研究现状（不是简单的背景/历史），还应该谈谈实现量子加密所面临的重大障碍。

项目 6.2   凯撒密码程序设计

注意：该项目适合于有一些编程基础的学生。

写一个简单的程序，可以使用你喜欢的任何语言或导师推荐的语言，实现凯撒密码。本章解释了该密码的工作原理，并给出了在任何程序设计语言中如何使用 ASCII 码加密的一些想法。

项目 6.3   加密的历史

找到一种历史上使用过但现在已经不再使用的加密方法（例如第二次世界大战中德国人使用的 Enigma 密码），介绍该加密方法是如何工作的，特别注意将它与更现代的方法进行对比。

项目 6.4   口令破解

按照上面练习 6.4 给出的步骤，找到至少两个其他的口令破解程序，写一份比较和对比口令破解器的论文。注意，哪个是你认为最有效的。还要解释使用这样的程序如何有利于网络管理员。

第7章 虚拟专用网

本章目标

在阅读完本章并完成练习之后，你将能够完成如下任务：

● 使用一个 VPN。

● 使用点对点隧道协议（PPTP）作为 VPN 的加密工具。

● 使用第二层隧道协议（L2TP）作为 VPN 的加密工具。

● 使用 IPSec 增强通信的安全性和私密性。

● 理解和评估 VPN 解决方案。

7.1 引言

前面的章节重点介绍网络内部的安全。然而，当远程用户登录到网络，或远程用户访问网络上的 Web 服务器或 FTP 服务器时会发生什么？这个过程涉及远程用户，也有可能是整个远程办公室连接到网络，并且就像在本地网络上一样访问资源。这显然提出了重要的安全问题。

虚拟专用网（Virtual Private Networks，VPN）正在成为一种可以安全地远程连接到网络的常用方法。VPN 在 Internet 上创建专用的网络连接，将远程节点或用户连接在一起。VPN 不需要诸如租用线路这样的专用连接，而是使用虚拟连接将远程节点或用户连接到专用的网络上，通过对所有传输加密来提高安全性。

VPN 允许远程用户就像在专网本地那样访问网络。这意味着不仅要把用户像在本地一样连接到网络上，而且要实现安全的连接。由于绝大多数的公司都有很多员工出差或者在家办公，因此远程网络访问已经成为网络安全关注的一个重点。用户想要访问网络，管理员希望安全访问，VPN 就是能同时满足这两点的当前标准。

7.2 基本的 VPN 技术

VPN 必须模拟直接的网络连接来实现它的目标。这就意味着它必须提供与直接连接相同的访问级别和相同的安全级别。为了模拟专用的点对点链路，它将数据进行封装（或者称为打包），在包首部提供路由信息使得数据能够通过 Internet 到达目的地，这样就在两点之间创建了一条虚拟的网络连接。发送的数据被加密，进而实现了虚拟网络的专用化。

Internet Week 很好地定义了对 VPN。虽然非常古老，但现在仍然适用：" VPN 是隧道技术、加密、认证和访问控制技术的组合，用于在 Internet、管理的 IP 网络或服务提供商骨干网上传输流量的服务。"

VPN 不需要单独的技术、租用线路或者电缆连接。它是一个虚拟的专用网络，这意味着它可以使用现有的连接来提供一个安全的连接。在大多数情况下，它使用普通的 Internet 连接。本质上，VPN 是一种在互联网上创建安全连接的"兜售"的方式。图 7-1 展示了一个 VPN。

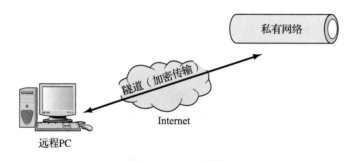

图 7-1　VPN 技术

可以使用多种方法实现计算机之间的连接，以前经常通过电话调制解调器拨号至 ISP。现在经常使用电缆、调制解调器、蜂窝设备以及其他方式。所有这些方法都有个共同的特点：它们本身不是安全的。所有传输的数据都没有经过加密，任何人都可以使用数据包嗅探器拦截和查看数据。此外，两端都没有经过认证。这意味着你不能确认在向谁发送数据或接收来自谁的数据。而 VPN 解决了上述所有的问题。

这种安排对 ISP 来说通常都能接受，用户连接只是想要一条到 Internet 的通路，而不是想要直接或者安全地连接到特定网络。然而，这种设置对于试图连接到公司网络的远程用户来说是不够的。在这种情况下，VPN 提供的私有并且安全的连接非常关键。

单个远程用户不是 VPN 技术的唯一用户。很多大型机构在多个地点有办事处。获得可靠和安全的站点到站点（site-to-site）的连接对这些公司来说是很重要的。各分支机构必须通过在互联网上传输业务的隧道连接到中央公司网络。

使用 VPN 技术进行站点到站点的连接，可以使具有多条链路的分支机构避免使用昂贵的专用数据线，而是简单地利用现有的因特网连接。

7.3　使用 VPN 协议进行 VPN 加密

VPN 的加密可以通过多种方法实现。某些网络协议在 VPN 中用得较多。两种最常用的协议就是点对点隧道协议（Point-to-Point Tunneling Protocol，PPTP）和第二层隧道协议（Layer 2 Tunneling Protocol，L2TP）。数据被封装的连接部分称为隧道（tunnel）。L2TP 常常与 IPSec 结合在一起使用，以实现高水平的安全性。本章后面将详细讨论 IPSec。

7.3.1 PPTP

PPTP 是一种隧道协议，它使用很古老的连接协议 PPP（Point-to-Point Protocol，点对点协议），将其数据包封装在 IP 数据包中，并可以在任意 IP 网络上转发，包括在因特网上。PPTP 通常用于创建 VPN。PPTP 是比 L2TP 或 IPSec 更老的协议。一些专家认为 PPTP 比 L2TP 或 IPSec 的安全性差，但它消耗的资源更少，而且几乎每种 VPN 实现都支持 PPTP。它本质上是 PPP 的一种安全扩展，如图 7-2 所示。

图 7-2　PPTP 封装了 PPP

PPTP 最初是由 PPTP 论坛于 1996 年建议的标准，该论坛是由 Ascend Communications、ECI Telematics、微软、3COM 和 U.S. Robotics 公司的人员组成的小组。这个小组的目的是设计一个协议，允许远程用户在 Internet 上安全通信。

供参考：PPP

由于 PPTP 是基于 PPP 的，因此你可能会有兴趣了解一些 PPP 的知识。PPP 是针对点对点串行链路上传输数据报而设计的。它在物理链路上发送数据包，在两台计算机之间铺设串行电缆。它用于建立和配置通信链路以及网络层协议，也用于封装数据报。PPP 由几个部分组成，实际上是由几个协议构成的：

- ❑ MP：PPP 多链路协议（Multilink Protocol）
- ❑ MP+：Ascend 的多链路协议 +
- ❑ MPLS：多协议标记交换（Multiprotocol Label Switching）

每个协议处理过程的不同部分。PPP 最初是用作一种封装协议提出的，用来在点对点链路上传输 IP 流量。PPP 还建立了许多相关业务的标准，包括：

- ❑ IP 地址的分配和管理
- ❑ 异步的和面向位的同步封装
- ❑ 网络协议复用
- ❑ 链路配置
- ❑ 链路安全测试
- ❑ 错误检测

PPP 提供可扩展的链路控制协议（Link Control Protocol，LCP）和一系列网络控制协议（Network Control Protocol，NCP），来协商可选的配置参数和功能。除了 IP，PPP 也支持其他协议，包括 Novell 的网络分组交换（Internetwork Packet Exchange，IPX）协议。

尽管已经有了新的 VPN 协议，但 PPTP 仍然被广泛使用，原因在于几乎所有的 VPN 设备厂商都支持 PPTP。PPTP 另外一个重要的优点就是它运行在 OSI 模型的第二层（数据链路层），因而支持不同的组网协议在 PPTP 隧道上运行。例如，PPTP 可以用于传输 IPX、NetBEUI 以及其他数据。

OSI 模型是开放系统互联模型（Open Systems Interconnect model）的缩写，是描述网络如何通信的一个标准。它描述了多种协议和行为，以及它们之间是如何相互作用的。该模型分为 7 层，如表 7-1 所示。

表 7-1　OSI 模型

层	功　　能	协　　议
应用层（Application）	应用程序的接口，为应用进程提供常见的应用服务	POP、SMTP、DNS、FTP
表示层（Presentation）	使应用层不再关心终端用户系统中数据表示的语法差异	Telnet
会话层（Session）	提供管理终端用户的应用进程之间对话的机制	NetBIOS
传输层（Transport）	提供端对端的通信控制	TCP、UDP
网络层（Network）	在网络中路由信息	IP、ICMP
数据链路层（Data link）	在这层将数据包编码和解码成位数据	SLIP、PPP
物理层（Physical）	表示实际的物理设备，如网卡	无

供参考：OSI 模型

以下资源提供了关于 OSI 的更多信息：

❑ Webopedia: www.Webopedia.com/quick_ref/OSI_Layers.asp
❑ HowStuffWorks.com: https://computer.howstuffworks.com/osi.htm

PPTP 支持两种通用类型的隧道：自愿隧道和强制隧道。在自愿隧道中，远程用户拨号到服务提供商的网络，建立标准的 PPP 会话，从而能够登录到提供商的网络。然后，用户启动 VPN 软件，建立一个到中央网络中的 PPTP 远程访问服务器的 PPTP 会话。这个过程称为自愿隧道，是因为由用户选择要使用的加密和认证类型。在强制隧道中，由服务器选择加密和认证协议。

7.3.2　PPTP 认证

当用户连接至远程系统时，加密数据传输不再是安全性的唯一要素，用户还必须经过认证。PPTP 支持两种独立的认证技术：可扩展认证协议（Extensible Authentication Protocol，EAP）和挑战握手认证协议（Challenge Handshake Authentication Protocol，CHAP）。

1. EAP

EAP 是专门为 PPTP 设计的，作为 PPP 协议的一部分来工作。EAP 工作在 PPP 的认证协议之中。它提供了几种不同认证方法的框架。EAP 可以替代专有的认证系统，可以使用多种认证方法，包括口令、挑战应答令牌，以及公钥基础设施证书。

2. CHAP

CHAP 是一个三方的握手（握手是用来表示认证过程的术语）协议。在建立链接之后，服务器向发起链路的客户端发送一个挑战信息。发起者通过回送一个使用单向哈希函数计算的值来作为响应。服务器根据自己对预期哈希值的计算来检查响应。如果值匹配，则认证通过；否则，连接通常会被终止。也就是说，客户端连接的授权有三个阶段，如图 7-3 所示。

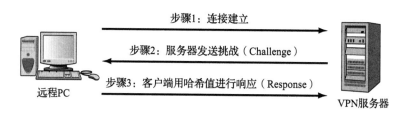

图 7-3　CHAP 认证

有趣的是, CHAP 协议周期性地重复这个过程。这意味着即使在客户端连接被验证之后, CHAP 也会反复尝试重新验证该客户端, 从而提供很强的安全等级。

> **供参考: 什么是哈希函数?**
>
> 　哈希函数这个术语经常出现在加密和认证的讨论中。因此, 准确理解什么是哈希函数显得非常重要。在第 6 章曾讨论过, 哈希函数 (H) 是一个变换。该变换根据一个可变长度的输入 (m), 返回一个称为哈希值 (h) 的固定长度的字符串。用方程表示就是: $h=H(m)$。关于哈希函数的更多细节可在以下站点获得:
>
> - ❑ Tutorials Point: https://www.tutorialspoint.com/cryptography/cryptography_hash_functions.htm
> - ❑ MathWorld: http://mathworld.wolfram.com/HashFunction.html

7.3.3　L2TP

L2TP 协议是对 PPTP 协议的扩展或增强, 通常用于在 Internet 上构建 VPN。实际上, 它是 PPTP 新的改进版本。顾名思义, L2TP 运行在 OSI 模型的第二层 (同 PPTP 一样)。很多专家都认为 PPTP 和 L2TP 的安全性都比 IPSec 差一些。但是将 IPSec 和 L2TP 一起使用来创建安全的 VPN 连接却很常见。

7.3.4　L2TP 认证

同 PPTP 一样, L2TP 也支持 EAP 和 CHAP 协议, 而且它还支持其他的认证方法, 共有以下六种:

- ❑ EAP
- ❑ CHAP
- ❑ MS-CHAP
- ❑ PAP
- ❑ SPAP
- ❑ Kerberos

EAP 和 CHAP 在前面已经讨论过了, 下面讨论剩下的五个。

1. MS-CHAP

顾名思义, MS-CHAP 是微软公司特有的对 CHAP 的扩展。微软创建 MS-CHAP 来认证远程的 Windows 工作站。其目的是集成 Windows 网络上使用的加密和哈希算法的同时, 再向远程用户提供在局域网上可用的功能。

MS-CHAP 尽可能与标准的 CHAP 保持一致。然而，二者仍存在一些基本的区别，包括：

- ❑ MS-CHAP 响应数据包设计成与微软 Windows 网络产品兼容的格式。
- ❑ MS-CHAP 格式不要求认证器存储明文或可逆加密的口令。
- ❑ MS-CHAP 提供认证器控制的认证重试和口令更改机制。这种重试与口令变化机制同 Windows 网络使用的机制兼容。
- ❑ MA-CHAP 定义了一组失败原因代码，如果认证失败，可以通过失败数据包的消息返回。这些是 Windows 软件能够读取和解释的代码，从而为用户提供失败认证的原因。

2. PAP

口令认证协议（Password Authentication Protocol，PAP）是最基本的认证形式。使用 PAP，用户的名字和口令通过网络进行传输，并与名字 – 口令对的表进行比较。通常，存储在表中的口令是加密的。但口令的传输是以明文形式传送的，没有加密，这也是 PAP 的主要缺点。内置在 HTTP 协议中的基本身份认证功能使用 PAP，如图 7-4 所示。这种方法现在不再被使用，只是为了让大家了解一下其发展历史。

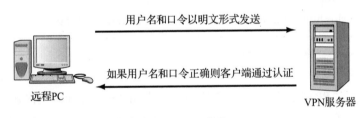

图 7-4　PAP 协议

3. SPAP

Shiva 口令认证协议（Shiva Password Authentication Protocol，SPAP）是 PAP 的另一个专用版本。大多数专家认为 SPAP 比 PAP 安全性更高，原因在于用户名和口令在传输过程中都被加密，这点跟 PAP 不同。图 7-5 展示了该认证协议。

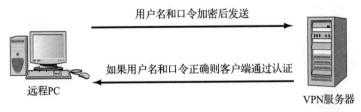

图 7-5　SPAP 协议

由于 SPAP 加密了口令，所以即使捕获了身份认证数据包，也无法读取 SPAP 口令。然而，SPAP 仍然容易受到重放攻击（即，有人记录认证交互的信息，重放该信息以获取欺骗性的访问权限）。由于 SPAP 使用相同的可逆加密方法传输口令，因此才容易导致重放攻击。

4. Kerberos

Kerberos 是最著名的网络认证协议之一。它是在麻省理工学院开发的，其名字来源于守护着哈迪斯大门的神秘的三头狗。

Kerberos 无处不在，许多安全相关的认证考试（Security+、CISSP、CASP 等）都涉及它。所以，应当对 Kerberos 有一个基本的了解。本节给出一个简短的概述，以满足大多数行业认证考试的需求。

Kerberos 通过在客户端和服务器之间来回发送消息来工作。由于它从不发送实际的口令（甚至口令的哈希值），这使得不可能有人能窃听它。相反，实际上是发送用户名。服务器查找存储的该用户口令的哈希，并将其用作加密密钥来加密数据并发送回客户端。然后客户端获取用户输入的口令之后，使用该口令作为解密数据的密钥。如果用户输入了错误的口令，那就永远不会被解密。这是一个灵巧地验证口令的方法，而且不需要被发送。认证使用 UDP 协议，使用 88 端口。

在用户的用户名被发送到身份认证服务器（Authentication Service，AS）之后，AS 将使用存储的用户口令的哈希值来加密以下两个消息，然后发送给客户端：

- 消息 A：用客户端密钥加密的客户端 /TGS（Ticket Granting Service，票据授权服务）会话密钥
- 消息 B：票据授权票据（Ticket Granting Ticket，TGT），包括客户端 ID、客户端网络地址和有效期

请注意，这两个消息都要使用 AS 生成的密钥进行加密。

然后，客户端对用户输入的口令做哈希运算，然后尝试将该哈希作为密钥来解密消息 A。如果输入的口令与 AS 从数据库中找到的口令不匹配，那么哈希值就不匹配，因而解密将无法进行。如果匹配，那么消息 A 包含了客户端 /TGS 会话密钥，可以用于与 TGS 的通信。消息 B 用 TGS 的秘密密钥（secret key）加密，因此不能被客户端解密。

现在用户被授权进入系统。但是，当用户实际请求服务器时，还需要进行更多的消息通信。当请求服务时，客户向 TGS 发送以下消息。

- 消息 C：由来自消息 B 的 TGT 和所请求服务的 ID 组成
- 消息 D：使用客户端 /TGS 会话密钥加密的认证器（Authenticator），该认证器由客户端 ID 和时间戳组成

在接收到消息 C 和 D 后，TGS 从消息 C 中获取消息 B。它使用 TGS 的秘密密钥解密消息 B，从而获得"客户 /TGS 会话密钥"。使用此密钥，TGS 解密消息 D（验证器），并向客户端发送以下两条消息：

- 消息 E：使用服务器的秘密密钥加密的客户到服务器的票据（包括客户端 ID、客户端网络地址、有效期和客户端 / 服务器会话密钥）
- 消息 F：使用客户 /TGS 会话密钥加密的客户端 / 服务器会话密钥

接收到来自于 TGS 的消息 E 和消息 F 时，客户端就拥有足够的信息向所请求服务的服务器（Service Server，SS）认证自己。客户端通过发送以下两条消息连接至 SS。

- 消息 E：来自于上述步骤（使用服务器的秘密密钥加密的客户端到服务器的票据）
- 消息 G：一个新的认证器，包括客户端 ID、时间戳，并且通过客户端 / 服务器会话密钥加密

SS 使用自己的秘密密钥解密票证（消息 E），找到客户端 / 服务器的会话密钥。使用会话密钥，SS 解密认证器，并且向客户发送以下消息以确认自己的真实身份以及为客户提供服务的意愿：

❏ 消息 H：在客户身份验证中发现的时间戳

客户端使用客户端 / 服务器会话密钥解密确认消息（消息 H），检查时间戳是否正确。如果正确，那么客户可以信任服务器，并可以开始向服务器发出服务请求。服务器向客户端提供所请求的服务。

Kerberos 的简化流程如图 7-6 所示

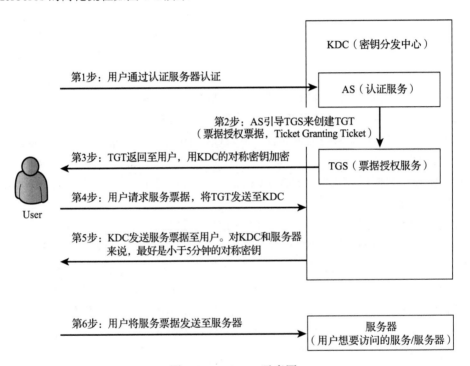

图 7-6　Kerberos 示意图

需要理解以下有关 Kerberos 的术语：

❏ 主体（Principal）：一个 Kerberos 可以将票据分配给的服务器或客户端。

❏ 认证服务（Authentication Service，AS）：授权给主体并将其连接到票据授予服务器的服务。注意一些书籍 / 资料使用服务器（server）而不是服务（service）。

❏ 票证授权服务（Ticket Granting Service，TGS）：提供票据。

❏ 密钥分发中心（Key Distribution Center，KDC）：提供初始票据并处理 TGS 请求的服务器。它经常同时运行 AS 和 TGS 服务。

❏ 领域（Realm）：组织内部的边界。每个领域都有自己的 AS 和 TGS。

❏ 远程票证授予服务器（Remote Ticket Granting Server，RTGS）：远程域的 TGS。

❏ 票据授权票据（Ticket Granting Ticket，TGT）：在认证过程中授予的票据。

❏ 票据（Ticket）：用于向服务器进行身份验证。包含客户 ID、会话密钥、时间戳和校验和。用服务器的密钥加密。

❑ 会话密钥（Session key）：临时的加密密钥。

❑ 认证器（Authenticator）：证明会话密钥是最近创建的，通常在 5 分钟内过期。

7.3.5　L2TP 与 PPTP 的对比

P2TP 实际上是第二层转发协议（由 Cisco 开发）与 PPTP 协议的结合。

PPTP 的不足促使了 L2TP 的开发。PPTP 的缺点之一就是只支持公有 IP 地址，很多拨号网络服务只支持注册的 IP 地址，这就限制了在 VPN 网络上可实现的应用类型。换句话说，只有公有 IP 地址在 InterNIC（the Internet's Network Information Center，国际互联网信息中心）注册了才可以。假设很多 VPN 最终连接到可能具有私有 IP 地址的内部服务器上，这就出现了一些限制。L2TP 支持多种协议，并且支持 Internet 上未注册的私有 IP 地址。

L2TP 对 PPTP 的另一个重要改进是 L2TP 使用 IPSec 加密，而 PPTP 只使用微软点对点加密（Microsoft Point-to-Point Encryption，MPPE）。MPPE 实际上是 DES 的一个版本，大多数情况下足够安全。然而多数专家认为 IPSec 的安全性更高一些。表 7-2 给出了 PPTP 和 L2TP 的对比。

表 7-2　L2TP 和 PPTP 的对比

	L2TP	PPTP
非 IP 网络	是，L2TP 可以工作在 X.25 和 ATM 网络上	否，只能工作于 IP 网络
加密	是，使用 IPSec	是，使用 MPPE
认证	是，使用 EAP 或者 MS-CHAP	是，使用 AP、MS-CHAP、CHAP、SPAP 和 PAP

Windows NT 只支持 PPTP，但是 Windows 2000 及随后的版本都支持 L2TP，这对 Windows 网络管理员来说是非常有吸引力的，因为它支持更多的网络连接和认证选项，并且安全性更高。

> 供参考：L2TP
>
> 下列资源提供更多的 L2TP 相关知识：
> ❑ 维基百科：https://en.wikipedia.org/wiki/Layer_2_Tunneling_Protocol
> ❑ IPVN：https://www.ivpn.net/pptp-vs-l2tp-vs-openvpn

7.4　IPSec

Internet 协议安全（Internet Protocol Security，IPSec）是一种用于创建虚拟专用网的技术。IPSec 附加在 IP 协议上来增加 TCP/IP 通信的安全性和私密性。IPSec 与微软操作系统以及许多其他操作系统结合在一起。例如，与 Windows XP 和后期版本集成在一起的 Internet 连接防火墙（Internet Connection Firewall，ICF），其中的安全设置就允许用户打开 IPSec 进行传输。IPSec 是 IETF（Internet Engineering Task Force，Internet 工程任务组，www.ietf.org）开发的一套协议，用于支持数据包的安全交换。IPSec 广泛应用于 VPN 的实现。

IPSec 有两种加密模式：传输模式（transport）和隧道模式（tunnel）。传输模式对每个数据包加密，但不加密包头，即源地址、目的地址以及其他的头部信息不加密。隧道模式既加密包头又加密数据，这比传输模式安全性高，但工作更慢。在接收端，IPSec 兼容设备解密每个数据包。为了使 IPSec 正常工作，发送端和接收端必须共享一个密钥，这说明 IPSec 是一个单密钥加密技术。在前面提到的两种模式基础上 IPSec 还提供了另外两种协议：

- ❑ AH（Authentication Header，认证首部）：AH 协议仅提供一种认证机制。AH 提供数据完整性、数据源认证以及可选的重放保护服务。通过使用由诸如 HMAC-MD5 或 HMAC-SHA 之类的算法生成消息摘要以确保数据的完整性。通过使用共享密钥来创建消息摘要以确保数据源认证。

- ❑ ESP（Encapsulating Security Payload，封装安全载荷）：ESP 提供数据机密性（加密）和认证性（数据完整性、数据源认证和重放保护）。ESP 可以仅用于机密性，或者仅用于认证性，也可以同时提供两种安全性。

两种协议都可以单独使用来保护 IP 分组，或者两个协议一起应用到同一 IP 分组。

IPSec 也可以工作在两种模式，即传输模式和隧道模式。传输模式时，IPSec 对数据加密，而不加密包头。隧道模式时，既加密数据又加密包头。

IPSec 工作时还涉及其他协议。Internet 密钥交换（Internet Key Exchange，IKE）用于设置 IPSec 中的安全关联（Security Association）。VPN 隧道的两个端点，一旦确定了如何加密和认证，就形成了一个安全关联。例如，它们是否使用 AES 加密包，密钥交换采用什么协议，以及认证采用什么协议？所有这些问题在两端之间进行协商，这些决策存储在一个安全关联中。这是通过 IKE 协议实现的。Internet 密钥交换（IKE 和 IKEv2）用于通过协议和算法的协商来建立 SA，并生成加密和认证的密钥。

Internet 安全关联和密钥管理协议（Internet Security Association and Key Management Protocol，ISAKMP）构建了一个认证和密钥交换的框架。一旦 IKE 协议建立了 SA，那么就到了实际执行认证和密钥交换的时候了。

IPSec 的一般概述对于许多安全专业人员来说是足够的。如果想要了解 IPSec 身份验证和密钥交换过程的更多细节，可参考以下内容。

VPN 端点之间的第一次交换建立了基本的安全策略，发起者提议其想使用的加密和认证算法。响应者选择合适的提议并发送给发起方。下一次交换传递 Diffie-Hellman 公钥和其他数据。这些 Diffie-Hellman 公钥将用于加密在两个端点之间传递的数据。第三次交换认证 ISAKMP 会话。这个过程称为主模式（main mode）。

一旦建立了 IKE SA，IPSec 协商（快速模式）就开始了。

快速模式 IPSec 协商，或简称为快速模式，类似于攻击模式（Aggressive Mode）IKE 协商，只不过协商必须在 IKE SA 内得到保护。快速模式协商 SA 的数据加密并管理 IPSec SA 的密钥交换。换句话说，快速模式使用在主模式中交换的 Diffie-Hellman 密钥，以继续交换将用于 VPN 中实际加密的对称密钥。

攻击模式将 IKE SA 协商压缩为三个分组，SA 需要的所有数据都由发起方传递。响应者发送建议、密钥材料和 ID，并在下一个数据包中验证会话。发起方通过验证会话来进行答复。这种协商更快，发起方和响应者 ID 明文传递。

7.5 SSL/TLS

一种新的防火墙类型使用 SSL（Secure Sockets Layer，安全套接层）或 TLS（Transport Layer Securit，传输层安全）通过一个 Web 门户提供 VPN 访问。本质上，TLS 和 SSL 是用于确保网站安全的协议。如果网址的开头是 HTTPS，则网站发送和接收的流量都是采用 SSL 和 TLS 进行加密的。

现在在提到 TLS 时，一般都是指 SSL。正是因为人们习惯了说 SSL，这个词才保留下来。从 SSL/TLS 的发展历史来看，这一点应该是显而易见的：

- ❑ 未发布的 SSL v1（Netscape）
- ❑ 版本 2 发布于 1995 年，但存在许多缺陷
- ❑ 版本 3 发布于 1996 年 (RFC 6101)
- ❑ TLS 标准 1.0，RFC 2246，发布于 1999 年
- ❑ 在 RFC 4346 中定义的 TLS 1.1 发布于 2006 年 4 月
- ❑ RFC 5246 中定义的 TLS 1.2 发布于 2008 年 8 月，它基于早期的 TLS 1.1 版本
- ❑ 截至 2017 年 7 月，TLS 1.3 是一份草案，细节尚未确定

在一些 VPN 解决方案中，用户登录到一个用 SSL 或 TLS 保护的网站，然后就可以访问 VPN 了。然而，访问一个使用 SSL 或者 TLS 的网站，并不意味着就是在使用 VPN。一般来说，大多数网站，如银行网站，只允许你访问非常有限的数据集，例如你的账户余额。而 VPN 允许你访问整个网络，就好像你实际上在这个网上一样，获得相同或类似的访问权限。

无论是使用 SSL 连接到一个电子商务网站或是建立一个 VPN，都需要 SSL 的握手过程来建立安全 / 加密的连接：

1）客户端向服务器发送客户端的 SSL 版本号、密码设置、会话特定的数据以及服务器使用 SSL 与客户端通信所需的其他信息。

2）服务器向客户端发送服务器的 SSL 版本号、密码设置、会话特定的数据以及客户端通过 SSL 与服务器通信所需的其他信息。服务器还发送自己的证书，并且如果客户端正在请求需要客户端身份认证的服务器资源，则服务器将要求客户端的证书。

3）客户端使用服务器发送的信息来认证服务器，例如，在 Web 浏览器连接到 Web 服务器的情况下，浏览器检查接收到的证书的主体名称是否与要联系的服务器的名称相匹配、证书的颁发者是否是可信的证书颁发机构、证书是否已过期，以及证书是否已被吊销。如果服务器不能认证通过，则警告用户该问题并且通知不能建立加密和认证的连接。如果服务器可以成功认证，则客户端将进入下一步。

4）使用迄今为止在握手过程中生成的所有数据，客户端（在服务器的合作下，根据使用的密码）创建会话的预主密钥（pre-master secret），用服务器的公钥（从步骤 2 收到的服务器的证书中获得）加密，之后发送给服务器。

5）如果服务器曾要求客户端身份认证（握手中的一个可选步骤），则客户端还要对另一段本次握手中特有的、双方已知的数据进行签名。在这种情况下，客户端将已签名的数据和自己的证书连同加密的预主密钥一起发送给服务器。

6）如果服务器曾要求客户端的身份认证，那么服务器会尝试对该客户端进行身份认证。如果客户端未通过认证，则会话结束。如果客户端认证成功，则服务器使用它的私钥解密预

主密钥，之后执行一系列的步骤（客户端也对相同的预主密钥执行相同的步骤）以生成主密钥（master secret）。

7）客户端和服务器都使用主密钥来生成会话密钥（session key），这些会话密钥是用于加密和解密 SSL 会话期间交换信息的对称密钥，也用于验证其完整性（即，检测 SSL 连接上的数据在发送时刻和接收时刻之间的任何变化）。

8）客户端向服务器发送一条消息，通知它客户端将用会话密钥对未来的消息进行加密。然后，它发送一个单独的（加密的）消息，表示握手的客户端部分已经完成。

9）服务器向客户端发送一条消息，通知未来的消息将用会话密钥加密。然后，它发送一个单独的（加密的）消息，表示握手的服务器部分已经完成。

这个过程如图 7-7 所示。

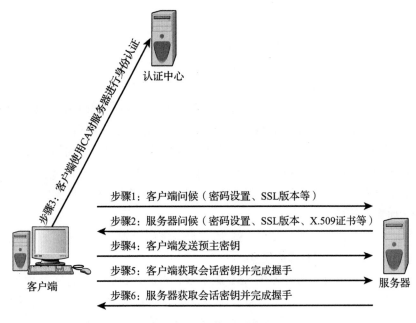

图 7-7　SSL/TLS 握手

需要注意的是，目前经常没有第 3 步操作。相反，大多数商业销售的计算机都有一个证书存储区，它包含了主要证书颁发机构的数字证书（回顾一下在第 6 章讨论的数字证书）。只有要验证来自服务器的数字签名时，才有必要使用它的证书。

7.6　VPN 解决方案的实现

不管你的 VPN 使用何种协议，都必须选择合适的软件 / 硬件配置。很多操作系统都内置了 VPN 服务器和客户端连接，适合于小型办公室或家庭环境。但对于有很多用户通过VPN 连接的大规模操作来说就不够了。在这种情况下，必须有专门的 VPN 解决方案。本节将讨论几种解决方案。

7.6.1　Cisco 解决方案

Cisco 提供几种 VPN 解决方案，其中有一个可以添加至多种 Cisco 交换机和路由器中以实现 VPN 的模块（https://www.cisco.com/c/en/us/products/ collateral/routers/2800-series-integrated-services-routers-isr/prod_qas0900aecd80516d81.html）。它还设计了客户端硬件，用于提供容易实现并且安全的 VPN 客户端。

该解决方案的主要优点是它可以与其他 Cisco 产品无缝结合。使用 Cisco 防火墙或 Cisco 路由器的管理员可能会发现这种解决方案更好。然而该方案对于那些不使用其他 Cisco 产品和不熟悉 Cisco 系统的人来说不太适用。该方案有很多吸引人的特性，包括以下几点：

❑ 它使用 3DES 加密（DES 的升级版本），但是强烈推荐把 AES 作为首选。

❑ 可以处理大于 500 字节的数据包。

❑ 每秒钟可以创建多达 60 条新的虚拟通道。在有很多用户登录或退出的情况下，这是个非常好的特性。

7.6.2　服务解决方案

某些情况下，尤其是在大型的广域网 VPN 环境中，你可能不想花时间、精力和财力去建立、保护和监视 VPN 连接，那就可以将整个过程承包给 VPN 服务商，包括安装和管理。AT&T 为很多公司提供这种服务。

服务解决方案的优点是不要求公司内部的 IT 部门有特定的 VPN 技能。对于缺乏这些特定技术领域但想要实现 VPN 的公司来说，使用外部的服务是正确的解决方案。

7.6.3　Openswan

Openswan（www.openswan.org/）是 Linux 操作系统下的一个开源的 VPN 解决方案。作为一个开源产品，它最大的优点之一就是免费。Openswan 使用 IPSec，因此是安全性很高的 VPN 解决方案。

Openswan 既支持远程用户通过 VPN 登录，又支持站点到站点的连接，它还支持无线连接；但它不支持 NAT（Network Address Translation，网络地址转换），NAT 是代理服务器的一种新型替代技术。

7.6.4　其他解决方案

很显然，还有很多其他的 VPN 解决方案。通过 Google 或者 Yahoo 搜索"VPN 解决方案"（或英文 VPN Solutions），会得到很多结果。前面介绍的 VPN 解决方案会经常见到。你应该立足于具体的数据使用需求来决定最适合的 VPN 解决方案。

> **实践中：使用 Windows 2016 创建 VPN 服务器**
>
> 　　使用 Windows Server 2016 建立 VPN 相对比较容易，简单地按照如下步骤，你就能建立一个任意客户端都可以连接的 VPN 服务器：
>
> 　　1. 打开"server roles"。
>
> 　　2. 添加 roles。
>
> 　　3. 添加 Remote Access role，如图 7-8 所示。

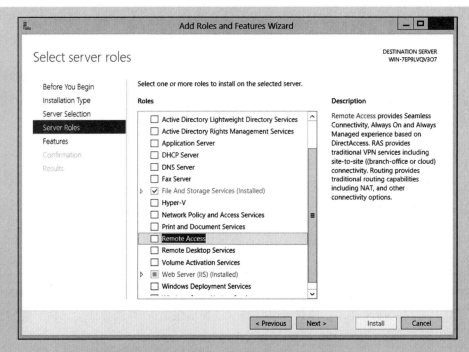

图 7-8　远程访问角色

4. 选中 "DirectAccess and VPN (RAS)"（直接访问和 VPN），如图 7-9 所示，然后单击 "Next"（下一步）。

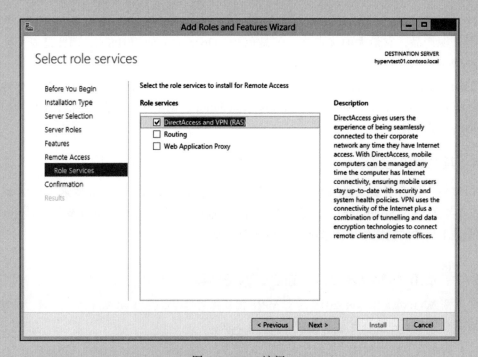

图 7-9　VPN 访问

5. 向导会要求你确认几个项目，如图 7-10 所示。

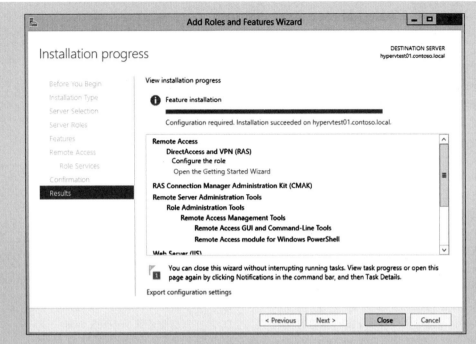

图 7-10 完成配置

下面配置能够通过 VPN 登录的用户。请注意，默认情况下，用户的拨号接入（dial-in）被禁用，因此你必须为想要使用 VPN 的用户启用拨号。

用作 VPN 服务器的服务器应该使用静态 IP 地址（跟动态分配地址相反）。

1. 依次点击"Start"（开始）、"Programs"（程序）、"Settings"（设置）、"Administrative Tools"（管理工具）、"Routing and Remote Access"（路由和远程访问），然后点击服务器名称旁边的图标。

2. 依次点击"Action"（操作）、"Configure and Enable Routing and Remote Service"（配置并启动路由与远程服务），启动简单的向导，帮助你遍历配置 VPN 服务器的整个过程。

完成向导后，你可以通过右键单击服务器图标并选择"Properties"（属性）来检查或更改配置。检查一下确保如下配置已经完成：

1. 有按需拨号和局域网连接。

2. 配置了 IP 路由和 IP 远程访问。

3. 端口设置为使用 L2TP 或者 PPTP。

根据你所处的网络环境，你需要配置防火墙以允许 VPN 流量通过。

7.7 本章小结

虚拟专用网是在 Internet 上让远程用户和站点安全连接到中心网络的安全连接。你可以使用 PPTP、L2TP 或者 IPSec 来创建 VPN。IPSec 被认为是三者之中最安全的。管理员在选择 VPN 协议时应考虑如何加密数据包、使用哪种认证方式，以及现有的硬件和软件能否支持该技术。

7.8 自测题

7.8.1 多项选择题

1. PPTP 是下列哪项术语的缩写？

   A. Point-to-Point Transmission Protocol
   B. Point-to-Point Tunneling Protocol
   C. Point-to-Point Transmission Procedure
   D. Point-to-Point Tunneling Procedure

2. L2TP 代表什么？

   A. Layer 2 Transfer Protocol
   B. Layer 2 Tunneling Protocol
   C. Level 2 Tunneling Protocol
   D. Level 2 Transfer Protocol

3. PPTP 基于哪一项早期的协议？

   A. SLIP
   B. L2TP
   C. IPSec
   D. PPP

4. PPTP 运行在 OSI 模型的哪一层？

   A. 物理层
   B. 网络层
   C. 数据链路层
   D. 传输层

5. PPTP 中的自愿隧道和强制隧道有什么区别？

   A. 只有自愿隧道允许用户选择加密
   B. 只有强制隧道强制用户发送他的口令
   C. 只有自愿隧道允许标准 PPP/ 非 VPN 连接
   D. 只有强制隧道强制 3DES 加密

6. 下列哪一项协议可以应用在 PPTP 中？

   A. MS-CHAP、PAP、SPAP
   B. EAP、CHAP
   C. PAP、EAP、MS-CHAP
   D. SPAP、MS-CHAP

7. 下列哪一项是 CHAP 重要的安全特性？

   A. 周期性的重复认证
   B. 使用 3DES 加密
   C. 对 IP 欺骗有免疫力
   D. 使用 AES 加密

8. 下列哪些认证协议能在 L2TP 中使用而不能在 PPTP 中使用？

   A. MS-CHAP、PAP、SPAP
   B. EAP、CHAP
   C. PAP、EAP、MS-CHAP
   D. SPAP、MS-CHAP

9. 下列哪一个协议安全性最弱？

   A. PAP
   B. SPAP
   C. MS-CHAP
   D. X-PAP

10. SPAP 的主要弱点是什么？

    A. 弱加密
    B. 重放攻击
    C. 明文口令
    D. 没有哈希编码

11. PPTP 使用什么加密技术？

    A. MPPE
    B. IPSec
    C. 3DES
    D. AES

12. 下面哪一项是 PPTP 的弱点？

    A. 明文口令
    B. 没有加密
    C. 只能应用在 IP 网络
    D. 大多数平台不支持

13. IPSec 由哪些协议构成？

    A. AH、IKE、ESP、ISAKMP
    B. AH、PAP、CHAP、ISAKMP
    C. ISAKMP、MS-CHAP、PAP、AH
    D. AH、SPAP、CHAP、ISAKMP

14. IPSec 中的传输模式和隧道模式有什么区别？

    A. 只有传输模式没有加密
    B. 只有隧道模式没有加密
    C. 只有隧道模式没有加密包头
    D. 只有传输模式没有加密包头

15. AH 相比 SPAP 有什么优势?
　　A. AH 使用更强的加密　　　　　　　　B. AH 使用更强的认证方式
　　C. AH 不易受重放攻击　　　　　　　　D. 没有优势，SPAP 更安全
16. IPSec 中，什么协议来保护实际的包数据?
　　A. AH　　　　　　　　　　　　　　　　B. ESP
　　C. SPAP　　　　　　　　　　　　　　　D. CHAP
17. IKE 的目的是什么?
　　A. 密钥交换　　　　　　　　　　　　　B. 包加密
　　C. 包头保护　　　　　　　　　　　　　D. 认证

7.8.2　练习题

练习 7.1　创建一个 VPN 服务器

　　Windows XP 中首先引入了一个容易使用的 VPN 向导，并且已经被移植到 Windows 的后期版本中，该向导指导你将 XP 机器设置为一个 VPN 服务器。

1. 点击"开始"菜单，然后选择"控制面板"。
2. 在"控制面板"中，选择"网络连接"。
3. 在"网络连接"对话框中，选择"创建一个新的连接"，进入新建连接向导的欢迎界面。
4. 在向导的第一个界面上单击"下一步"。
5. 在"网络连接"类型界面中，选择"创建高级连接"选项。
6. 在"高级连接"选项界面中，选择"接受传入连接"，然后单击"下一步"按钮。
7. 在"传入连接设备"界面中，选择你要接收传入连接的设备。
8. 在"传入 VPN 连接"界面上，选择"允许虚拟专用连接"选项并单击"下一步"按钮。
9. 在"用户权限"界面，选择允许传入 VPN 连接的用户，单击"下一步"按钮。
10. 在"网络软件"界面上，单击"Internet 协议（TCP/IP）"，并单击"属性"按钮。
11. 在"传入的 TCP/IP 属性"对话框中，选中"允许呼叫方访问我的局域网"复选框，以允许 VPN 呼叫方连接到局域网中的其他计算机上。如果不选中这个复选框，则 VPN 呼叫方只能连接到 Windows XP VPN 服务器上的资源。单击"确定"按钮返回"网络软件"界面，然后单击"下一步"按钮。
12. 在"完成新建连接"向导界面中单击"完成"按钮以创建连接。
13. 在传入连接完成之后，在网络连接窗口中右键单击你新创建的连接，选择"属性"命令。
至此，你已经创建了一个 VPN 服务器。

练习 7.2　建立 Windows XP VPN 客户端

1. 点击"开始"，选择"控制面板"。
2. 在控制面板中，选择"网络连接"。
3. 打开"新连接向导"，选中"连接到我工作场所的网络"，单击"下一步"按钮。
4. 单击"虚拟专用网络连接"，点击"下一步"。
5. 输入连接的名称，单击"下一步"。
6. 选择 Windows 是自动拨号先前创建的到 Internet 的初始连接，还是手动操作。如果你使用多个连接连接到 Internet，则应该使用手动，但如果你总是使用相同的连接，则可能会考虑自动方法。
7. 单击"下一步"，输入 RRAS 服务器的主机名或者 IP 地址。如果你不知道这些信息，请跟 IT 部门确认。再次点击"下一步"，选择"我只使用该连接"。再次单击"下一步"完成创建 VPN 连接。
8. 可以通过连接到练习 7.1 中创建的 VPN 服务器来进行测试。

练习 7.3   创建 Linux VPN

Linux 因发行版本不同而不同，因此，请参考你自己特定发行版本的文档资料。这里按推荐顺序给出了一些资源，其中第一个是最容易理解的：

- http://www.techrepublic.com/article/set-up-a-linux-vpn-server-by-following-these-10-steps/
- http://vpnlabs.org/linux-vpn.php

练习 7.4   截获数据包

第 5 章讨论了开源的 IDS Snort。它的一个模式是简单地截获和读取数据包，在下面的练习中可以使用该功能。

1. 以数据包嗅探器模式在 VPN 服务器上运行 Snort。
2. 截获传入的数据包。
3. 检查是否被加密。

练习 7.5   安装和配置 Openswan

1. 访问本章提到的 Openswan 的网站。
2. 将该产品下载到 Linux 服务器上。
3. 根据产品文档进行安装并配置。

练习 7.6   操作系统独立性

该练习展示不同的操作系统可以通过 VPN 连接很容易地实现通信。

1. 使用一台 Linux 主机，连接到练习 7.1 中建立的 Windows VPN 服务器。
2. 使用一台 Windows 主机，连接到练习 7.3 或练习 7.5 中创建的 Linux VPN 服务器。

7.8.3   项目题

项目 7.1   认证协议对比

1. 利用 Web 或其他资源，查找本章提到的每一个认证协议。
2. 比较这些协议，并指出它们的优点和缺点。
3. 为你所在的学校、公司或单位推荐一个协议。
4. 阐述你推荐的理由。

项目 7.2   Internet 密钥交换

1. 利用网络或其他资源，查找 IKE 是如何工作的。
2. 描述保护密钥交换安全的方法。
3. IKE 方法有什么弱点？
4. 你认为该方法用于密钥交换安全吗？

项目 7.3   成本效率

技术力量并不是判断任何解决方案的唯一标准，还必须考虑成本。在本项目中，你将进行成本估算。这要求你去研究产品网站，甚至还要打电话给销售代表。

1. 假定有一个小型局域网（少于 100 个用户、5 台服务器）。
2. 假定有 20 个远程用户，而且不会同时连接。
3. 假定在任何时刻平均有 5～8 个连接。
4. 研究能支持该场景的三个解决方案，并确定每种方案的成本。

第 8 章 操作系统加固

本章目标

在阅读完本章并完成练习之后，你将能够完成如下任务：

- 为实现安全操作正确配置 Windows 系统。
- 为实现安全操作正确配置 Linux 系统。
- 将适当的操作系统补丁程序应用于 Windows。
- 使用应用程序补丁。
- 安全配置 Web 浏览器。

8.1 引言

通过防火墙、代理服务器（或支持 NAT 的主机）、入侵检测系统、蜜罐和其他设备来保护系统的边界和子网只是保护网络安全的一部分。即使安装了防病毒软件和防间谍软件也不能保证网络的安全。要实现更安全的网络，你必须进行操作系统加固。这是为了获得最佳安全环境，而正确配置每一台计算机，特别是服务器的过程。使用最佳（optimum）一词而不是最大（maximum）是有原因的，最大安全也是最不可用的安全。最佳安全则在易用性和安全性之间达成一个平衡。

在本章中，你将学习如何正确配置 Windows 7、Windows 8/8.1、Windows 10、Linux 和各种 Web 浏览器。安全地配置操作系统及其软件是系统安全中经常被忽略的关键步骤。即使是相对缺乏经验的安全管理员也经常会考虑安装防火墙或防病毒软件，但许多人未能加固单个计算机以抵御攻击。如果发现存在漏洞，你可以关闭"打开的"端口并进一步限制"输入 / 输出"操作。所有这些技术和过程都属于风险管理系统和信息保障（Risk Management Systems and Information Assurance）的首要领域。

应该强调的是，应用程序的安全与操作系统安全一样重要。但是，应用程序太多，因此不可能在这里解决安全配置问题，只能说应该查阅应用程序文档确保它被安全配置，并且保持打补丁 / 更新。安全编程也是一个重要的主题，但它是一个完全独立的主题，不属于本书的讨论范围。

8.2   正确配置 Windows

正确配置 Windows（重点关注 Windows 7、8 和 10）包括许多方面。你必须禁用不必要的服务、正确配置注册表、启用防火墙、正确配置浏览器等。第 4 章讨论了 Internet 连接防火墙（ICF）以及状态包检查和无状态包检查的过程，8.5 节将讨论浏览器的安全配置。现在，我们来看一下 Windows 安全配置中的其他重要因素。

供参考：Windows Server 怎么样?

本章的示例使用 Windows 7、8 和 10。你可能想知道这些问题是否适用于 Windows Server（2008、2012 和 2016）。首先，Windows 10 是微软目前支持的桌面操作系统，Windows 2016 是当前的服务器版本。我们包括了 Windows 7，因为许多企业仍在使用它。

不讨论 Windows Server 2016 的第二个原因是，从操作系统加固的角度来看，它实际上与 Windows 10 完全相同。因此，本章中的大多数建议也将适用于 Windows Server（2008、2012 或 2016）。而且，微软发布的服务器版本已经比桌面版本配置得更安全。

8.2.1   账号、用户、组和口令

任何 Windows 系统都附带一些默认的用户账号和组。这些账号常常成为入侵者的起始点，他们想破解这些账号的口令并由此进入服务器或网络。简单地重命名或禁用这些默认账号就可以提高安全性。

 注意   Windows 倾向于每个版本控制面板中的设置都有变动。你的版本（7、8、8.1、10 等）中实用程序的位置有可能不同。建议你花点时间熟悉一下你的 Windows 版本中实用程序的位置。

在 Windows 7 或 Windows 8 中，可以通过开始（Start）→设置（Settings）→控制面板（Control Panel）→用户和组（Users and Groups）找到用户账号。在 Windows 10 中，则通过开始→设置→账号（Accounts）找到。图 8-1 显示了一个与你所见类似的界面。

选择 Advanced 标签页，出现如图 8-2 所示的界面。单击 Advanced 按钮，它将打开如图 8-3 所示的界面。

在该对话框上你可以更改、禁用或添加账号。下文将介绍如何使用此实用程序调整各种默认账号。

Windows 10 的账号界面如图 8-4 所示。在此你可以添加、删除或更改账号。

1. 管理员账号

默认的管理员账号具有管理权限，黑客经常试图获取管理员账号的登录信息。猜测登录是一个双重过程，首先识别用户名，然后识别口令。默认账号允许黑客绕过该过程的前半部分。

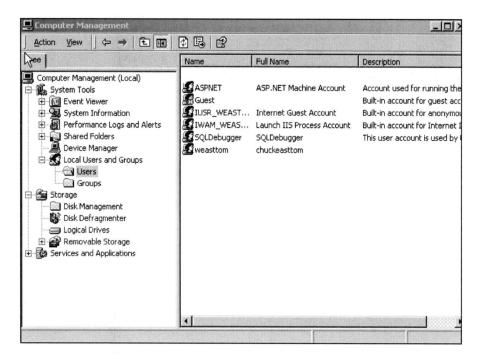

图 8-1　用户和组

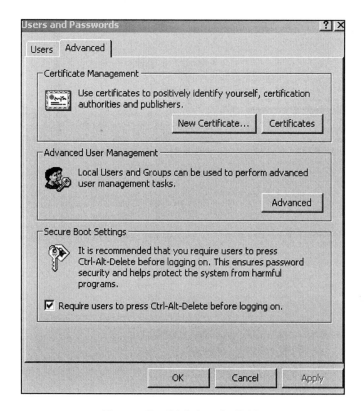

图 8-2　管理用户和口令对话框

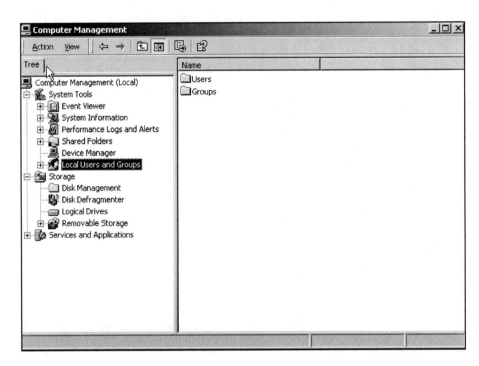

图 8-3　在"本地用户和组"对话框中更改、禁用或添加账号

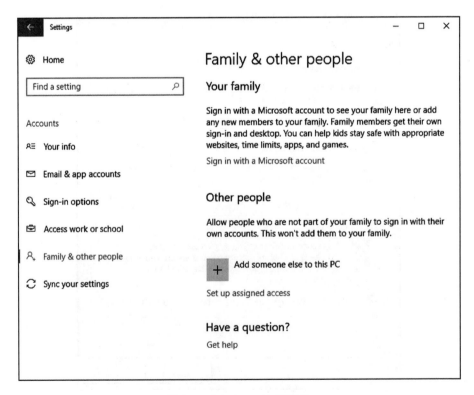

图 8-4　Windows 10 的账号

管理员应禁用此账号。双击任何账号（回想一下之前图 8-3 所示的用户和组实用程序），

可以见到如图 8-5 所示的界面。在这里可以禁用默认管理员账号。

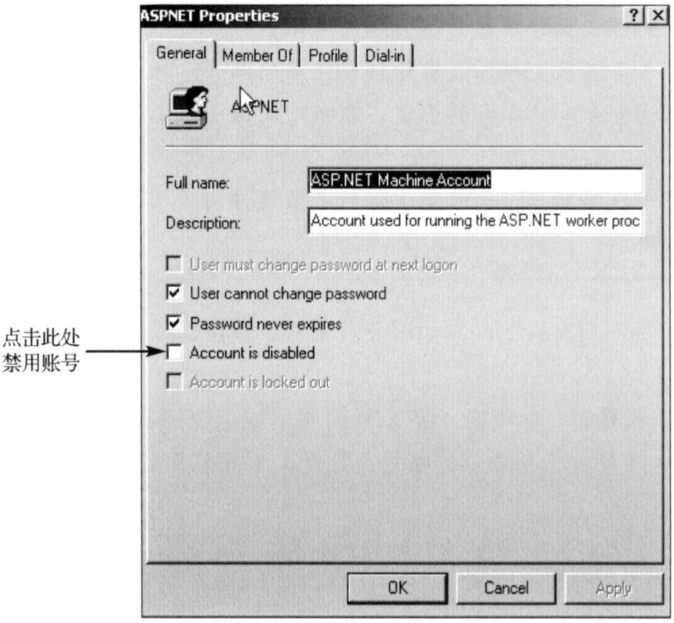

图 8-5　禁用默认的管理员账号

显然，维护服务器必须拥有一个具有管理权限的账号。下一步就是添加一个新账号，一个拥有"无害"名字的账号（如 temp_clerk、receptionist 等），并授予该账号管理权限。这样做会使黑客的任务更加困难，因为他必须先确定哪个账号实际上具有管理权限，然后才能试图攻击该账号。

一些专家建议简单地重命名管理员账号，或者使用其名字能标识其用途的管理员账号。本书不建议这样做，原因如下：

❑ 关键是黑客不应该能轻易地知道哪个用户名具有管理权限。

❑ 简单地将管理员账号重命名为不同的但仍标识其管理权限的名称，这种做法对安全性没有任何帮助。

2. 其他账号

我们集中注意力在管理员账号，因为它是最经常成为黑客目标的账号，但 Windows 还包含了其他默认用户账号。最好对所有默认账号都进行同样严格的处理。任何默认账号都可能成为黑客破坏系统的大门。以下几个账号你应该特别注意：

❑ IUSR_ 机器名：当运行 IIS 时，系统将为 IIS 创建一个默认的用户账号，它的名称是 IUSR_ 你的机器名。这是黑客试图攻击的常用账号。应该按照对管理员账号建议的方式更改此账号。

❑ ASP.NET：如果你的计算机正在运行 ASP.NET，则会为 Web 应用程序创建一个默认账号。熟悉 .NET 的黑客会以此账号为目标。

❑ 数据库账号：许多关系型数据库管理系统（如 SQLServer）都创建默认的用户账号。入侵者，尤其是想获取数据的入侵者，会以这些账号为目标。

> **供参考：禁用管理账号的其他方法**
>
> 另一个安全选项是保持默认管理员账号启用，但要将它从管理员组的成员更改为非常受限的用户账号。然后，确保没有管理员使用此账号。此时，你可以通过监视服务器的日志，查看试图登录到此账号的尝试。在短时间内重复尝试可能意味着有人正在试图破坏系统的安全。
>
> 让管理员账号保持启用，同时减少访问并监视任何使用该账号的尝试，这为黑客设置了一个虚拟陷阱。

当然，你必须拥有所有这些和其他服务的账号。建议你确保这些账号的名称不明显，并且不使用默认账号。

当添加任何新账号时，始终赋予新账号的用户或组完成其工作所需的最少数量和类型的特权，即使是为 IT 工作人员添加的账号也如此。下面是几个可能会忽略的限制用户访问 / 特权的地方：

- PC 技术员不需要数据库服务器的管理权限。即使他在 IT 部门，他也不需要访问该部门的一切。
- 管理人员可以使用驻留在 Web 服务器上的应用程序，但他们不应该拥有该服务器上的权限。
- 仅仅因为程序员开发了运行在服务器上的应用程序，并不意味着他应该拥有该服务器的全部权限。
- 也许这是加强基于角色的访问控制（Role Based Access Control，RBAC）、自主访问控制（Discretionary Access Control，DAC）和强制访问控制（Mandatory Access Control，MAC）过程的另一个位置。

这些只是设置用户权限时需要考虑问题的几个例子。记住：一定赋予用户完成其工作所必需的最少权限。这一概念通常被称为最小权限（least privileges），它是安全的基石。

8.2.2   设置安全策略

设置合适的安全策略是加固 Windows 服务器的下一步工作。这并不是指一个单位关于安全标准和程序的书面策略。在这种情况下，"安全策略"一词指的是单台机器的策略。当你依次选择"开始"→"设置"→"控制面板"→"管理工具"时，你会注意到"本地安全策略"。双击此命令并选择"账号策略"，可以看到如图 8-6 所示的界面。图 8-6 所示的对话框中的各个子文件夹被展开了。通常，当你打开此实用程序时，这些子文件夹没有被展开。注意，在 Windows 10 中，你可以通过 Run 菜单并输入 gpedit 来访问这个界面，gpedit 是本地组策略编辑器实用程序（Local Group Policy Editor utility）。

首先需要关注的是设置安全的密码策略⊖。Windows 默认的密码设置不安全。表 8-1 显

⊖ 在第 6 章曾介绍过，Password 在中文中有的翻译成"口令"，有的翻译成"密码"。中文版 Windows 系统中都称为"密码"。这里的密码与第 6 章加密技术中的密码不同。它是与用户名配套的用于认证用户的口令（password）。——译者注

示了默认的密码策略。密码最长使用期限是指强制用户更改密码之前密码的有效时间。强制密码历史是指系统记住多少个以前使用的密码，从而防止用户重复使用密码。最小密码长度定义密码中允许的最小字符个数。密码必须符合复杂性要求意味着用户必须使用包含数字、字母和其他字符组合的密码。这些是自 Windows NT 4.0 开始所有 Windows 版本的默认安全设置。如果你的系统在商业环境中受到保护，则"本地安全"设置将变为灰色，灰色表明没有进行更改的权限。

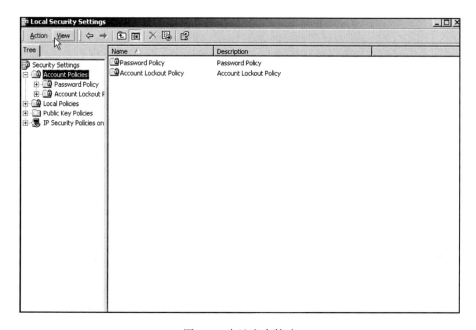

图 8-6 本地安全策略

表 8-1 默认的 Windows 密码策略

策 略	建 议
强制密码历史	记住 1 个密码
密码最长使用期限	42 天
密码最短使用期限	0 天
最小密码长度	0 字符
密码必须符合复杂性要求	禁用
使用可逆加密为域中所有用户存储密码	禁用

默认的密码策略不够安全，但应该使用什么策略来代替？不同专家的答案不同。表 8-2 列出了微软、国家安全局（National Security Agency，NSA）的建议，以及作者本人的建议，当作者的建议与前两者的建议有显著差异时，作者给出了相应解释。

表 8-2 密码设置建议

策 略	Microsoft	NSA	作 者
强制密码历史	3 个密码	5 个密码	3 个密码
密码最长使用期限	42 天	42 天	60 天
密码最短使用期限	2 天	2 天	2 天

（续）

策　略	Microsoft	NSA	作　者
最小密码长度	8 字符	12 字符	最少 12 个字符，更长的密码，如密码短语更好
密码必须符合复杂性要求	没有推荐（由用户决定）	是	是
使用可逆加密为域中所有用户存储密码	没有推荐（由用户决定）	没有推荐	没有推荐（由用户决定）

　　制定合适的密码策略在很大程度上取决于网络环境的需求。如果你的网络存储和处理高度敏感的数据，并且对黑客来说是有吸引力的目标，那么必须始终将策略和设置向更高安全方向倾斜。但是，请记住，如果安全措施太复杂，用户将很难遵守。例如，非常长而复杂的密码（如 $%Tbx38T@_FGR$）使你的网络相当安全，但是用户几乎不可能记住这样的密码。许多用户将密码写在便条上，并将其保存在一个方便但不安全的位置，比如办公桌最上层的抽屉里，这是一个严重的安全问题。

1. 账号锁定策略

　　打开"本地安全设置"对话框时，选项不限于设置密码策略。还可以设置账号锁定策略（account lockout policies）。这些策略决定用户在被锁定之前可以尝试登录多少次，以及将他们锁定多长时间。默认的 Windows 设置如表 8-3 所示。

　　这些默认策略不安全。从本质上说，它们允许无限次的登录尝试，这使得使用密码破解器非常容易，并且几乎可以保证有人最终会破解一个或多个密码从而访问系统。表 8-4 列出了微软、国家安全局和作者的建议。

表 8-3　Windows 默认的账号锁定策略设置

策　略	默认设置
账号锁定时间	未定义
账号锁定阈值	0 次无效登录
重置账号锁定计数器	未定义

表 8-4　推荐的账号锁定策略

策　略	微　软	美国国家安全局	作　者
账号锁定时间	0，未定义	15 小时	48 小时。如果有人试图在周末/假日破解密码，要将账号锁定直到管理员知道有这种企图
账号锁定阈值	5 次尝试	3 次尝试	3 次尝试
重置账号锁定计数器	15 分钟	30 分钟	30 分钟

供参考：更多指南

　　Windows 安全指南可在下列网站上查阅。这些指南适用于 Windows 的所有版本：
- 国家安全局：https://www.iad.gov/iad/library/ia-guidance/security-configuration/index.cfm
- 微软指南：https://technet.microsoft.com/en-us/library/cc184906.aspx

　　本章中的一些链接相当长，因为它们可以直接带你访问所讨论的内容。你可以访问根域（如 www.microsoft.com）并搜索所讨论的问题。

　　所有这些站点都提供了保护 Windows 客户端或服务器安全的其他观点。

2. 其他问题

一些账号和密码问题无法用计算机设置来解决。这包括设置组织的有关用户和管理员行为的策略。第 11 章将更深入地讨论这类组织策略。现在，只需考虑下面这个最重要的组织安全策略基本列表：

- ❑ 用户绝不能把密码写下来。
- ❑ 用户绝不能共享密码。
- ❑ 管理员必须使用最低需求访问规则。这意味着大多数用户即使在自己的桌面上也不应该有管理权限。

8.2.3　注册表设置

注册表的安全设置对于保护网络安全至关重要。遗憾的是，我的经验表明，这个领域经常被其他安全实践所忽视。要记住的是，如果你不知道正在注册表中做什么，就可能会造成严重的问题。所以，如果你对注册表不太熟悉，不要碰它。即使你可以轻松地进行注册表更改，也一定要在做任何更改之前备份注册表。

Windows 注册表是一个数据库，用于存储微软 Windows 操作系统的设置和选项。该数据库包含特定计算机上所有硬件、软件、用户和首选项的关键信息和设置。每当添加用户、安装软件或对系统进行任何其他更改（包括安全策略）时，这些信息都存储在注册表中。

1. 注册表基础知识

根据使用的 Windows 版本不同，组成注册表的物理文件的存储方式也不同。旧版本的 Windows（即 Windows95 和 98）将注册表保存在 Windows 目录中的两个隐藏文件中，即 user.dat 和 system.dat。自 Windows XP 开始的所有版本中，组成注册表的物理文件存储在 %SystemRoot%\System32\config 中。从 Windows 8 开始，该文件已命名为 ntuser.dat。无论使用哪个版本的 Windows，你都不能通过直接打开和编辑这些文件来编辑注册表。相反，必须使用工具 regedit.exe 来进行更改，也有较新的工具，如 regedit32。但是，许多用户发现，旧的 regedit 有一个对用户很友好的用来搜索注册表的"查找"选项。这两个工具都可以使用。

供参考：注册表设置

不正确地编辑注册表可能会使操作系统的某些部分无法使用，甚至可能根本禁止机器启动。对注册表进行任何更改时，一定要谨慎，记录下所做的更改很重要。如果你是注册表操作新手，建议你使用不包含任何关键数据或应用程序的实验室机器。因为，如果配置注册表发生严重错误，则很有可能必须重装整个操作系统。

　　尽管注册表被称为"数据库"，但它实际上没有关系型数据库的结构（就像 MS SQL Server 或 Oracle 中的表）。注册表具有类似于硬盘目录结构的层次结构。实际上，当你使用 regedit 时，你会注意到它的组织方式类似于 Windows 的资源管理器。若要查看注册表，依次单击"开始"→"运行"，并输入 regedit。就会看到注册表编辑器对话框，如图 8-7 所示。对话框中的一些文件夹可以展开。如果已经展开的话，只需折叠它们，注册表看起来就会像图 8-7 那样了。

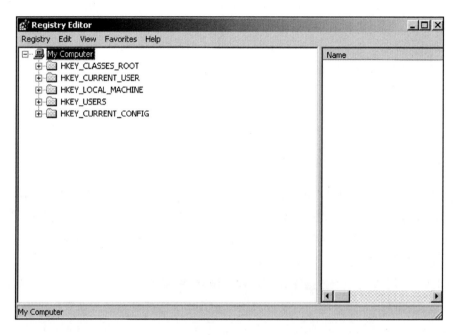

图 8-7　Windows 注册表

　　你的注册表编辑器对话框可能有与图 8-7 所示相同的五个主文件夹。以下列表简要介绍注册表的每一个主要分支。这五个文件夹是注册表的核心文件夹。

- HKEY_CLASS_ROOT：此分支包含所有文件关联类型、OLE 信息和快捷键数据。
- HKEY_CURRENT_USER：此分支链接到适合当前登录用户的 HKEY_USERS 的部分。
- HKEY_LOCAL_MACHINE：此分支包含本计算机的具体信息，包括硬件类型、软件以及其他首选项。
- HKEY_USERS：此分支包含计算机的每个用户的个人首选项。
- KEY_CURRENT_CONFIG：此分支链接到适合当前硬件配置的 HKEY_LOCAL_MACHINE 的部分。

　　如果展开一个分支，你会看到它的子文件夹。很多还有更多的子文件夹，要到达具体条目（entry）能有多达四个或更多的子文件夹。Windows 注册表中的具体条目称为键（key）。键是包含系统某个特定设置的条目。如果更改注册表，则实际上是更改特定键的设置。

　　这里只是对注册表的一个简单概述。如果你打算对注册表进行更深入的研究，而不是设置适当的安全性，则可以使用以下资源：

❑ 50 个最佳 Windows 注册表攻击：https://www.howtogeek.com/howto/37920/the-50-best-registryhacks-that-make-windows-better/

❑ Windows 注册表技巧：http://techtweek.com/windows/all-important-windows-registry-tipsand-tweaks

❑ 微软的 Windows 注册表支持页面：https://support.microsoft.com/en-us/help/256986/windows-registry-information-for-advanced-users

> **供参考：注册表安全设置**
>
> 请注意，Windows 注册表控制有关 Windows 的一切。因此，要真正保护 Windows 安全，你必须安全地配置注册表。遗憾的是，注册表的默认设置不安全。本节介绍如何在你的计算机上应用安全的注册表设置。第 12 章提供了有关安全注册表设置的更多信息。在那里，可以了解在线提供的软件产品，这些产品会告诉你计算机上任何不安全的注册表设置。这些工具是由第三方厂商销售的，不是 Windows 的一部分。

请记住，注册表设置在不同版本的 Windows 中可能有变化，因此你可能找不到下面的一个或多个设置，或者它们的位置可能略有不同。要在注册表设置中查找和检查这些键，只需展开适当的节点并继续找到特定的键即可。例如，列表中的第一个是 HKLM\SYSTEM\CurrentControlSet\Services\LanmanServer。可以首先展开 LOCAL_MACHINE 节点，然后是 SYSTEM 节点、CurrentControlSet 节点，最后展开 Services 节点。这时你就应该能够找到要查找的特定键了；在本例中，我们找到了 LanmanServer。可以应用相同的过程来查找任何键，本示例中随机选择了 LanmanServer 键。

2. 限制空会话访问

空会话（null session）是一个严重的漏洞，可以通过计算机上的各种共享来利用该漏洞。空会话是 Windows 用于标识匿名连接的方式。每当允许匿名连接到任一服务器时，你都在引入重大的安全风险。通过添加 RestrictNullSessAccess 可修改对计算机上共享的空会话访问，该注册表值可将空会话共享切换为 on 或 off，以确定服务器的服务是否限制对未经用户名和密码身份认证而登录到系统账号的客户端的访问。将值设置为 1 将限制未经身份认证的用户对所有服务器管道和共享的空会话访问，NullSessionPipes 和 NullSessionShares 条目中列出的除外。

键路径：HKLM\SYSTEM\CurrentControlSet\Services\LanmanServer\Parameters
操作：确保将 RestrictNullSessAccess 的值设置为 1

3. 限制命名管道上的空会话访问

命名管道上空会话访问的注册表设置与前面取消空会话的注册表设置原因大致相同。限制这种访问有助于防止通过网络进行的非授权访问。若要限制对命名管道和共享目录的空会话访问，请编辑注册表并删除 NullSessionPipes 和 NullSessionShares 的值。

键路径：HKLM\SYSTEM\CurrentControlSet\Services\LanmanServer\Parameters
操作：删除 NullSessionPipes 和 NullSessionShares 的所有值

4. 限制匿名访问

匿名访问的注册表设置允许匿名用户列出域用户名和枚举共享名称，应该关掉它。该键可以设置的值有：

- ❏ 0——允许匿名用户
- ❏ 1——限制匿名用户
- ❏ 2——允许具有显式匿名权限的用户

键路径：HKLM\ SYSTEM \CurrentControlSet\Control\Lsa

操作：设置 Value=2

5. TCP/IP 协议栈设置

许多注册表设置影响 TCP/IP 栈对入站数据包的处理。正确设置这些可以帮助减少 DoS 攻击的威胁。这个过程叫作堆栈调整，在第 2 章曾进行过描述。由于这些设置都是相关的，并且在相同的键路径中找到，因此它们一起在表 8-5 中给出。

在表 8-5 中，大多数设置防止数据包重定向、更改连接上的超时，并且通常更改 Windows 如何处理 TCP/IP 连接。可以在网站 https://msdn.microsoft.com/en-us/library/ff648853. aspx 上找到微软关于这些 TCP/IP 栈注册表设置建议的更多细节。

表 8-5　TCP/IP 栈注册表设置

键　路　径	建　议　值
DisableIPSourceRouting	2
EnableDeadGWDetect	0
EnableICMPRedirect	0
EnablePMTUDiscovery	0
EnableSecurityFilters	1
KeepAliveTime	300 000
NoNameReleaseOnDemand	1
PerformRouterDiscovery	0
SynAttackProtect	2
TcpMaxConnectResponseRetransmissions	2
TcpMaxConnectRetransmissions	3
TCPMaxPortsExhausted	5

 注意　所有的键都在路径 HKLM\SYSTEM\CurrentControlSet\Services\Tcpipg 下。

供参考：默认共享

　　Windows 操作系统在每个安装上都打开默认共享文件夹，供系统账号使用。因为是默认共享的，所以对于所有 Windows 机器来说都是相同的，具有相同的权限。这些默认的共享可以被熟练的黑客用作入侵你的计算机的起点。可以通过以下两种方式禁用默认管理共享：

1. 停止或禁用服务器服务，从而删除在计算机上共享文件夹的能力。（但是，你仍然可以访问其他计算机上的共享文件夹。）

2. 编辑注册表。

若要更改注册表中的默认共享文件夹设置，请转到 HKEY_Local_Machine\SYSTEM\CurrentControlSet\Services\LanmanServer\Parameters。对于服务器，编辑 AutoShareServer 键将值设为 0。对于工作站，编辑键 AutoShareWks。如果由于某种原因，你的机器没有这个键就添加它。参考：https//social.technet.microsoft.com/Forums/windows/en-US/c9d6b1c2-1059-4a8a-a6bd-56cc34104faa/disable-administrator-share?forum=w7itpronetworking。

关于默认共享的更多信息或查看有关这些共享的安全建议，请参阅下列网站：

❑ www.cert.org/historical/advisories/CA-2003-08.cfm
❑ www.sans.org/top20/

6. 远程访问注册表

远程访问注册表对黑客来说是另一个潜在的入口。Windows XP 的注册表编辑工具默认支持远程访问，但只有管理员才能远程访问注册表。幸运的是，Windows 的后期版本默认关闭了它。事实上，一些专家建议，任何人都不应该有远程访问注册表的权限。这一点当然值得商榷。如果管理员经常需要远程更改注册表设置，那么完全阻止对它们的远程访问将降低这些管理员的工作效率。但是，完全阻止对注册表的远程访问肯定更安全。要限制对注册表的网络访问：

1. 在注册表中添加以下键：HKEY_LOCAL_MACHINE\SYSTEM\CurrentControlSet\Control\SecurePipeServers\winreg。

2. 选择 winreg，单击"Security"菜单，然后单击"Permissions"。

3. 将管理员的权限设置为完全控制，确保没有列出其他的用户或组，然后单击"OK"。建议值为：Value=0

7. 其他注册表设置

调整前面讨论过的注册表设置，有助于避免 Windows 注册表默认设置中一些最常见的安全漏洞，并且肯定会提高服务器的安全性。但是，为了获得最大的安全性，管理员必须花时间仔细研究 Windows 注册表，以了解任何可以使其更加安全的附加领域。可能需要查看的一些附加设置包括：

❑ 限制对注册表的匿名访问
❑ NTLMv 2 安全（影响发送到服务器的口令的安全性）
❑ KeepAlive（影响保持连接活动的时间）
❑ SynAttackProtect（保护系统免受特定类型的 SYN 泛洪攻击）

8.2.4　服务

服务是在一个没有计算机用户直接干预下运行的程序。在 Unix/Linux 环境中，它们被称为守护进程（daemon）。计算机上的许多项目都是作为服务运行的。Internet 信息服务

（Internet Information Services，IIS）、FTP 服务以及许多系统服务都是很好的例子。任何运行的服务都是黑客潜在的起点。显然，你的计算机必须运行一些服务来完成所需的功能。但是有些服务是你的机器不使用的。如果你不使用某个服务，则应该关闭它。

> **供参考：不懂就不要动（Don't Know—Don't Touch）**
>
> 在关闭服务时你应该谨慎，以防不经意地关闭你需要的服务。一定要检查操作系统文档。经验法则是，如果你不确定，就不要碰它。

1. 在 Windows 中关闭服务

在 Windows 中关闭一个服务相对容易。在示例中，我们将关闭不需要 FTP 的机器上的 FTP 服务。

依次单击"开始"→"设置"→"控制面板"。双击"管理工具"，然后双击"服务"。会看到与图 8-8 类似的"服务"对话框。

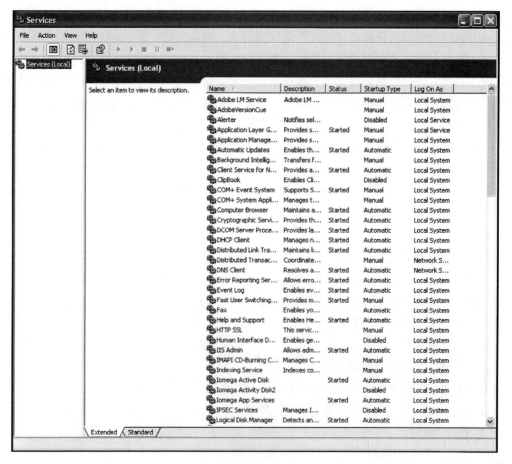

图 8-8   服务

对话框显示了安装在计算机上的所有服务，无论它们是否正在运行。注意，该对话框还显示有关服务是否正在运行、是否自动启动等信息。在 Windows 7 及更高版本中，可以通过选择单个服务来查看更多信息。当双击单个服务时，会出现与图 8-9 类似的对话框，它提供了有关服务的详细信息，并且你可以在此更改服务的设置。在图 8-9 中，我们正在查看不需要 FTP 服务的机器上的 FTP 服务。

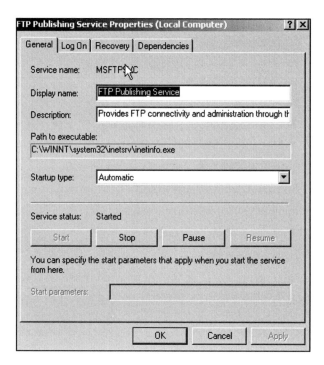

图 8-9　FTP 服务

供参考：依赖关系

我们将关闭 FTP 服务，但在你关闭任何服务之前，请单击"依赖关系"（Dependencies）选项卡，查看其他服务是否依赖于即将被关闭的服务。如果其他服务依赖于该服务，那么关闭该服务将导致它们功能异常。

在本例中，由于没有其他依赖项，所以可以转到"常规"（General）选项卡做两件事：将"启动类型"（Startup type）选项更改为"禁用"（Disabled），然后单击"停止"（Stop）按钮。在完成这些操作之后，屏幕上将显示禁用状态，服务就关闭了。

关闭不必要的服务是加固操作系统的一个必要且非常基础的部分。每一个运行的服务都可能是黑客或病毒进入你机器的途径，所以对待服务的原则是：如果你不需要，就关闭它。第 12 章将讨论扫描系统漏洞的实用程序。许多实用程序都会指出正在运行的服务和开放的端口。

也可以从命令行提示符启动和停止服务。许多管理员更喜欢命令提示符，因为它通常比通过几层的 Windows 图形用户界面更快。这个语法很简单：

```
net start <服务名>
```

或

```
net stop <服务名>
```

例如：

```
net stop messenger
net start messenger
```

供参考：Net Stop 的报错信息

在撰写本书的时候，我发现不止一个网站说不能从命令提示符中启动或停止服务。这是不准确的，但在某种程度上已经成为一些 Windows 用户的内部传说。来自微软自己网站的以下文档证实，你确实可以从命令提示符启动和停止服务：

https://answers.microsoft.com/en-us/windows/forum/windows_10-other_settings/ learning-the-net-start-command/02dfe674-d1e9-4a6d-9d75-f7896a5462f6

---

2. Windows 的端口过滤和防火墙

第 4 章和第 5 章讨论了 Windows 防火墙。打开 Windows 的端口过滤器是操作系统加固的一个基本部分。在第 4 章和第 5 章中已经给出了操作指导，我们将在本章末尾的练习中再次加以探讨。

8.2.5 加密文件系统

Windows 操作系统从 Windows 2000 开始，提供了基于公钥加密的加密文件系统（Encrypting File System，EFS），它充分利用了 Windows 2000 中的 CryptoAPI 体系结构。这种情况在 Windows 7、8 和 10 中仍然存在；但是，Windows 的后期版本中，EFS 只能在 Windows 的高端版本（如 Windows Professional）中使用。使用 EFS，每个文件都用一个随机生成的文件加密密钥加密，该密钥独立于用户的公钥 / 私钥对；这种方法使得加密能够抵抗多种形式的基于密码分析的攻击。就我们的目的而言，EFS 加密原理的细节不如它的使用方法重要。

用户接口

EFS 的默认配置使用户无须管理员帮助就可以开始加密文件。当用户第一次加密文件时，EFS 会自动生成用于文件加密的公钥对和文件加密证书。

EFS 支持单个文件或整个文件夹的加密和解密。文件夹加密是透明的。在标记为加密的文件夹中创建的所有文件和文件夹都会自动加密。每个文件都有一个唯一的文件加密密钥，因此可以安全地重命名。如果将文件从加密文件夹移动到同一卷上的未加密文件夹，则该文件将保持加密。但是，如果将未加密的文件复制到加密文件夹中，则文件状态将更改，这个文件被加密了。系统为高级用户和恢复代理（recovery agents）提供了命令行工具和管理接口。

供参考：如果用户离开了怎么办？

用户可能加密了一个文件，之后却不能对其解密。不能解密可能是因为离开了公司、生病或其他原因。幸运的是，EFS确实为管理员提供了一种方法，通过该方法可以恢复用于加密文件的密钥，从而解密。EFS允许恢复代理配置用于在用户离开公司时恢复加密数据的公钥。只有文件加密密钥可以使用恢复密钥来恢复，而用户的私钥不能。这将确保不会向恢复代理透露任何其他私人信息。

EFS的最佳之处在于它对用户来说几乎是透明的。你不需要解密一个文件就能打开并使用它。EFS自动检测加密文件，并从系统的密钥存储中定位用户的文件加密密钥。但是，如果文件从原始的计算机移动到另一台计算机，那么试图打开该文件的用户将发现该文件被加密了。以下步骤将允许你加密任何你想要加密的文件：

1. 找到要加密的文件或文件夹（使用"Windows资源管理器"或"我的计算机"）。右键单击该文件并选择"属性"，则会出现类似图8-10所示的"属性"对话框。

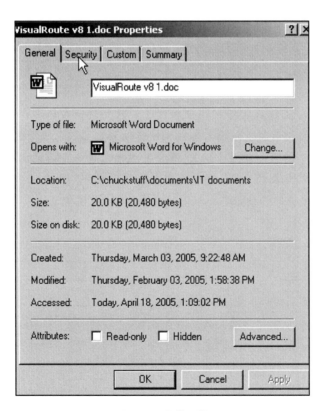

图8-10 文件属性

2. 单击"Advanced"（高级）按钮，访问可以检查并加密文件的选项，如图8-11所示。

3. 单击"Encrypt Contents to Secure Data"（加密内容以保护数据）选项。

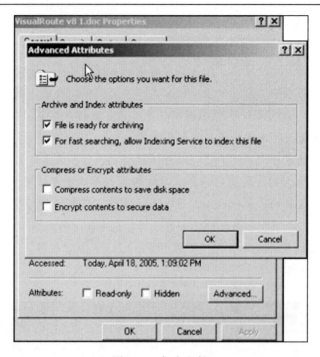

图 8-11　加密文件

　　完成此操作后，文件或文件夹就被加密了。只要同一台机器上的同一用户打开该文件，该文件就会自动解密。如果黑客将文件传输到自己的系统（或试图从事工业间谍活动的员工将该文件拷贝到磁盘带回），则会发现该文件是加密的。因为 EFS 是内置在Windows 中的，不需要额外花费，而且使用起来非常容易，所以很难找到不使用它的任何理由。如果需要更多的详细信息，以下网站应该会有所帮助：

- ❏ ServerWatch 的 EFS 评论：www.serverwatch.com/tutorials/article.php/2106831
- ❏ 检索 EFS 加密密钥的实用程序：www.lostpassword.com/efs.htm

供参考：Windows Server 中的 EFS

　　EFS 是在 Windows 2000 中引入的。而且在 Windows 8、8.1 和 10 以及 Windows Server 2008、Server 2012 和 Server 2016 中继续使用。

8.2.6　安全模板

　　我们已经讨论了使 Windows 系统更加安全的许多方法，但对于刚接触安全的管理员来说，管理服务、密码设置、注册表项和其他工具可能是一项艰巨的任务。即使是最有经验的管理员，将此类设置应用于许多计算机也可能是一项烦琐的任务。简化操作系统加固工作的最佳方法是使用安全模板（Security Templates）。安全模板包含数百个可控制一台或多台计算机的可能设置。安全模板可以控制诸如用户权限、访问权限和密码策略等领域，而且能让管理员通过组策略对象（Group Policy Objects，GPO）集中部署这些设置。

安全模板可以对目标计算机上几乎所有的安全设置进行定制。Windows 中内置了许多安全模板。这些模板被归类为域控制器、服务器和工作站。这些安全模板包含了 Microsoft 设计的默认设置。所有这些模板都位于 C:\Windows\Security\Templates 文件夹中。以下是该文件夹中安全模板的部分列表：

- ❑ Hisecdc.inf：此模板旨在增强域控制器的安全性和通信能力。
- ❑ Hisecws.inf：此模板旨在增强客户端计算机和成员服务器的安全性和通信能力。
- ❑ Securedc.inf：此模板旨在增强域控制器的安全性和通信能力，但达不到高安全域控制器安全模板（Hisecdc.inf）的级别。
- ❑ Securews.inf：此模板旨在增强客户端计算机和成员服务器的安全性和通信能力。
- ❑ Setup security.inf：此模板旨在重新应用新安装计算机的默认安全设置。它还可以用于使配置错误的系统返回到默认配置。

安装安全模板简化了管理员的网络安全工作。在本章后面的一个练习中，你将有机会练习安装安全模板的完整过程。

8.3 正确配置 Linux

深入研究 Linux 的安全将是一项漫长的任务。原因之一是 Linux 设置的多样性。用户可能使用 Debian、RedHat、Ubuntu 或其他 Linux 发行版。有些用户可能是在 shell 下工作的，而另一些人则是通过某个图形用户界面工作，比如 KDE 或 GNOME。对于不熟悉 Linux 的 Windows 用户，可以查阅我的书 *Moving from Windows to Linux*（《从 Windows 迁移到 Linux》）。幸运的是，适用于 Windows 的许多相同的安全概念可以应用于 Linux。唯一的区别在于实现，正如下面列表所解释的那样：

- ❑ 用户和账号策略在 Linux 中的设置应该与在 Windows 中相同，只有几个小的区别。这些区别更多的是在 Linux 中使用了与在 Windows 中不同的名称。例如，Linux 没有 administrator 账号它但有一个 root 账号。
- ❑ 所有未使用的服务（在 Linux 中称为守护进程）都应该关闭。
- ❑ 浏览器必须安全配置。
- ❑ 必须定期安装操作系统补丁。

除了 Windows 和 Linux 常用的这些策略之外，有几种方法是这两种操作系统不同的：

- ❑ 除非绝对必要，否则任何应用程序都不应以 root 身份运行。请记住，root 用户等同于 Windows 中的 administrator 账号。还请记住，Linux 中的所有应用程序都是以特定用户身份启动的，因此，将应用程序以 root 用户身份运行将赋予它所有的管理权限。
- ❑ root 的口令必须很复杂，而且必须经常更改。这一点与 Windows 中 administrator 的口令相同。
- ❑ 禁止所有用户的控制台等效（console-equivalent）访问。这意味着阻止常规用户对服务器上诸如关闭、重新启动和停止等程序的访问。为此，运行命令：[root@kapil /]# rm -f /etc/security/console.apps/< 服务名 >，其中 < 服务名 > 是要禁用控制台等效访问问的程序的名称。

❑ 隐藏系统信息。当你登录到 Linux 窗口时，默认情况下它会显示 Linux 发行版名称、版本号、内核版本号和服务器名称。这些信息可以作为入侵者的起点。你应该仅使用"Login:"提示符提示用户。

为此，可以编辑 /etc/rc.d/rc.local 文件，并将"#"放在以下显示的几行的前面：

```
# This will overwrite /etc/issue at every boot. So, make any changes you
# want to make to /etc/issue here or you will lose them when you reboot.
#echo "" > /etc/issue
#echo "$R" >> /etc/issue
#echo "Kernel $(uname -r) on $a $(uname -m)" >> /etc/issue
#
#cp -f /etc/issue /etc/issue.net
#echo >> /etc/issue
```

删除 /etc 目录下的 issue.net 和 issue 文件：

```
[root@kapil /]# rm -f /etc/issue
[root@kapil /]# rm -f /etc/issue.net
```

总之，安全概念的运用与操作系统无关，而真正加固任何操作系统都需要对该特定操作系统达到一定的专业水平。以下网站提供了有助于你保护 Linux 服务器的信息：

❑ Linux 安全管理员指南（Linux Security Administrators Guide）：www.linuxsecurity.com/docs/SecurityAdminGuide/SecurityAdminGuide.html

❑ Linux.com: www.linux.com/

8.4　给操作系统打补丁

在操作系统中不时地会发现安全缺陷。当软件厂商意识到缺陷时，他们通常会对代码进行修改，称为补丁或更新。无论你使用什么操作系统，都必须定期安装这些补丁。Windows 的补丁可能是最著名的，但是任何操作系统都可能发布补丁。每当发布关键补丁时，你都应该对系统进行修补。你可以考虑规划特定的时间来更新补丁。一些公司发现，每季度更新一次，甚至每月更新一次是很有必要的。

对 Windows 而言，你可以访问 www.microsoft.com。在左手边，你应该注意到一个链接，上面写着更新 Windows。点击它就可以扫描你的机器查找缺失的补丁，并从网站下载。RedHat 为 RedHat Linux 用户提供了类似的服务。在 www.redhat.com/security/ 网站上，用户可以扫描并且更新自己的系统。

供参考：补丁冲突

　　一个补丁可能与系统上的某些软件或设置发生冲突。为了避免这些冲突，你应该首先给测试机器应用补丁，确保不存在冲突之后再应用于生产机器。

8.5　配置浏览器

大多数计算机，包括公司的工作站，都被用来访问 Internet。这意味着正确的浏览器配置对于加固系统来说是绝对必要的。Internet 对单个系统或公司网络来说很可能是最大的威胁。安全地使用 Internet 很关键。本节介绍如何设置 Internet Explorer 以安全地使用Internet。

8.5.1　微软浏览器 Internet Explorer 的安全设置

一些专家声称，Internet Explorer（常简称为 IE）根本不是一个安全的浏览器。我们不会花时间比较 IE 与 Chrome 或 Mozilla 的优劣。尽管许多用户仍然使用 Internet Explorer，但微软已经推出了 Edge Browser。因为许多人使用 Internet Explorer，所以你必须了解如何使其尽可能安全。

1）打开 Internet Explorer。

2）在菜单栏上选择"工具"，然后选择"Internet Options"（Internet 选项）。会出现一个类似于图 8-12 所示的界面。

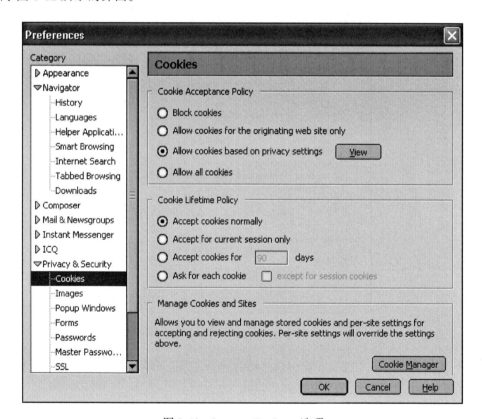

图 8-12　Internet Explorer 选项

Internet 选项窗口包括一个"Privacy"（隐私）选项卡和一个"Security"（安全）选项卡。下面将讨论这两个选项卡和应该选择的设置。

1. 隐私设置

随着间谍软件的日益增长，隐私设置对于操作系统的加固来说和安全设置同样重要。单击"Advanced"（高级）按钮可以更改浏览器处理 cookie 的方式。不幸的是，在不接受一些cookie 的情况下上网是很困难的。建议设置如下：

❑ 阻止第三方 cookie

❑ 提示第一方 cookie

❑ 始终允许会话 cookie

这些设置将帮助你避免与 cookie 相关的一些问题。你还可以单击"Edit"（编辑）按钮，设置浏览器允许来自某些站点的 cookie，而不允许来自其他站点的 cookie。

2. 安全设置

安全设置比隐私设置更复杂，并且还有更多的安全选项供选择。你可以在浏览器中简单地选择低、中、高的默认级别，但大多数有安全意识的管理员会使用"Custom"（自定义）按钮来设置针对本单位的安全性。当你选择自定义时，会出现类似图 8-13 所示的对话框。我们不会讨论所有的设置，但将解释其中一些较为重要的选项。

如你所见，有许多不同的设置可供使用。表 8-6 总结了最重要的项目以及建议的设置。

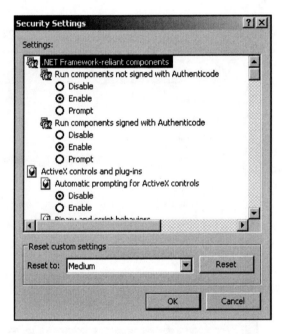

图 8-13　Internet Explorer 的自定义安全设置

由于 Web 通常是一个机构安全中最薄弱的部分，因此确保浏览器的设置安全对于操作系统安全和整体的网络安全至关重要。

8.5.2　其他的浏览器

除了 Internet Explorer 和 Edge 之外，还有其他浏览器可用，包括 Mozilla Firefox、Opera、Safari(Mac 操作系统)、Chrome 和 IceWeasel(仅 Linux，默认为 Kali Linux)。每种浏览器都有不同的安全设置方法，但适用于 Internet Explorer 的原则也同样适用于这些浏览器：限制 cookie、不允许 ActiveX 组件在不知情的情况下运行，以及不允许在不知情的情况下执行任何脚本。如果将相同的原则应用于其他浏览器，则应该能够实现与 Internet Explorer 相似的安全性。

表 8-6 Internet Explorer 的自定义安全设置

设 置	目 的	建 议
Run components not signed with Authenticode (运行未用 Authenticode 签名的组件)	允许在系统上执行未签名的软件组件	至少将它设置为提示你，但考虑完全禁用它
Run components signed with Authenticode (运行用 Authenticode 签名的组件)	允许在系统上执行签名的软件组件	Prompt (提示)
Download Signed ActiveX (下载签名的 ActiveX)	允许签名的 ActiveX 自动下载到你的系统	Prompt (提示)
Download Unsigned ActiveX (下载未签名的 ActiveX)	允许未签名的 ActiveX 自动下载到你的系统	Prompt (提示)。你可能认为应该 Disable (禁用)，但许多 Flash 动画都没有签名，如果禁用你将无法看到这些动画
Initialize and script ActiveX controls not marked as safe (未标记为安全的脚本和脚本初始化 ActiveX)	允许 ActiveX 组件运行脚本	建议 Disable (禁用)，但至少要 Prompt (提示)
Script ActiveX controls marked safe (标记为安全的脚本 ActiveX 控件)	允许这些 ActiveX 组件运行脚本	Prompt (提示)
Downloads (font, file, etc.) (下载字体、文件等)	下载网页所需的文件、字体等	Prompt (提示)
Java permissions (Java 权限)	这个设置只允许你确定 Java applet 可以或不能在你的系统上做什么。Java applet 可以传输恶意代码，但是所有 applet 都需要在你的系统上执行一些操作	High safety (高安全性)
All others (所有其他)	这是所有其他非关键项目的集合。这些不同的设置并不像前面讨论的那些对安全至关重要	如果不想完全禁用某些内容，则始终可以使用提示。在大多数情况下，简单地禁用所有网站使一些网站不可浏览，因此出于实用目的，"prompt before…" 是首选

8.6　本章小结

操作系统加固是网络安全的一个关键环节，它有很多方面。包括保护操作系统安全、应用补丁、使用适当的安全设置和保护浏览器。为了确保机器的安全，必须解决所有这些因素。

仔细配置操作系统会使许多黑客技术更加困难。它还可以使系统更好地抵抗 DoS 攻击。为用户和账号制定适当的策略会使黑客入侵这些账号变得更难。策略应涵盖诸如适当的密码长度、密码有效期／密码历史等问题。

在 Windows 中，你还可以使用 EFS 来保护数据。EFS 最初是在 Windows 2000 中引入的，一直持续到今天。它是一个宝贵的工具，可以而且应该用于保护任何敏感数据。

对于任何版本的 Microsoft Windows，正确的注册表设置都是安全的关键。注册表是 Microsoft Windows 操作系统的核心和灵魂，如果不能进行正确的注册表设置，那么将在安全性方面留下巨大的漏洞。

正确配置浏览器会使系统更不容易受到恶意软件的攻击。限制 cookie 可以帮助确保隐私得到保护。阻止浏览器在你不知情的情况下执行脚本或任何活动代码是保护系统免受恶意软件攻击的关键步骤。

8.7　自测题

8.7.1　多项选择题

1. 禁用默认的 administrator 账号并设置替代账号的目的是什么？
   A. 使用户更难猜测登录信息　　B. 使管理员具备安全意识
   C. 允许更密切地管理员访问　　D. 使密码安全性更强
2. 所有用户都应该拥有什么样的权力？
   A. 管理员　　B. 客户
   C. 尽可能多的权力　　D. 完成操作所需的最少的权力
3. NSA 建议的最小密码长度是多少？
   A. 6　　B. 8
   C. 10　　D. 12
4. 微软推荐的密码最长留存期是多久？
   A. 20 天　　B. 3 个月
   C. 1 年　　D. 42 天
5. NSA 建议的账号锁定阈值是多少？
   A. 5 次　　B. 3 次
   C. 4 次　　D. 2 次
6. 下列哪一项最准确地描述了注册表？
   A. 包含系统设置的关系数据库　　B. 包含系统设置的数据库
   C. 软件注册的数据库　　D. 软件注册的关系数据库
7. 更改注册表中的 TCP/IP 设置叫什么？
   A. 栈调整　　B. 栈修改
   C. 栈压缩　　D. 栈建设

8. EFS 使用什么类型的加密？

  A. 单密钥   B. 多字母

  C. 公钥加密   D. 微软公司专有的秘密算法

9. 如果将未加密的文件复制到加密文件夹中会发生什么？

  A. 它仍未加密   B. 文件夹未加密

  C. 什么都不发生   D. 文件被加密

10. 以下哪一个模板用于为域控制器提供最大的安全性？

  A. Hisecdc.inf   B. Securedc.inf

  C. Hisecws.inf   D. Sectopdc.inf

11. 下面哪一个是用于 Linux、而对 Windows 不常用的安全建议？

  A. 关闭所有不使用的服务（Linux 中称为守护进程） B. 安全地配置浏览器

  C. 定期对操作系统进行修补   D. 禁用所有控制台普通用户的等效访问

12. 对任何计算机上不使用的服务的处理原则是什么？

  A. 只有当它们是关键的时候，才关掉它们   B. 关掉它们

  C. 仔细监视它们   D. 将它们配置为最低特权

13. 什么操作系统需要定期打补丁？

  A. Windows   B. Linux

  C. 所有   D. Macintosh

14. 对于"未使用 Authenticode 签名的运行组件"，Internet Explorer 中的最低安全设置是什么？

  A. 禁用   B. 启用

  C. 禁止   D. 提示

15. 在 Internet Explorer 中"对没有标记为安全的 ActiveX 控件进行初始化和脚本运行"推荐的安全设置是什么？

  A. 禁用   B. 启用

  C. 禁止   D. 提示

8.7.2 练习题

练习 8.1　用户账号和密码策略

  注意：这个练习最好是在实验室计算机上完成，而不是在实际使用的机器上完成。遵循本章给出的指导方针，完成以下任务：

1. 创建一个具有管理权限的新账号。

2. 禁用所有默认账号，如果无法禁用，则将其更改为最低权限。

3. 执行 NSA 关于密码策略和账号锁定策略的建议。

练习 8.2　注册表安全设置

  注意：此练习应在实验室 Windows 机器上进行，而不是在正常使用的机器上进行。使用本章中给出的指导方针，检查机器的设置，以确保实现下列建议：

- 限制空会话访问。
- 限制匿名访问。
- 更改默认共享。
- 对命名管道限制空会话访问。

练习 8.3　堆栈调整

注意：本练习应在实验室机器上进行，而不是在正常使用的机器上进行。

按照本章提供的指导方针，更改注册表设置，使 DoS 攻击更加困难。

练习 8.4　安装安全模板

　　本练习应在实验室 Windows 机器上进行，而不是在正常使用的机器上进行。按照这里给出的步骤，你应该能够将安全模板应用到 Windows 7 或 XP 计算机上。可以使用本章中提到的默认模板之一，也可以使用从选定的网站下载的模板。

1. 从命令提示符（依次单击"开始"→"运行"）输入 MMC。出现一个如图 8-14 所示的界面。

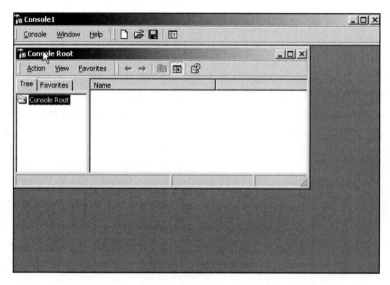

图 8-14　MMC 控制台

2. 转到下拉菜单控制台，并选择"添加 / 删除"控制台。
3. 单击"添加 / 删除管理单元"时，可以选择多个控制台。查找并选择安全配置和分析。
4. 将其添加到控制台后，可以右键单击它并选择"打开数据库"。然后给数据库命名任何你喜欢的名字。当按 Enter 键时，你的对话框将更改为显示所有模板的列表。选择你想要的那个。

练习 8.5　安全加固 Linux

使用实验室的 Linux 机器（任何发行版都可以）和本章中提供的数据，完成以下工作：

1. 确保用户账号的安全设置。
2. 关闭未使用和不需要的守护进程。
3. 应用本章中给出的 Linux 特有的设置。

练习 8.6　安全加固微软的 Internet Explorer

使用实验室的计算机，通过以下步骤加固微软 Internet Explorer：

1. 阻止所有未签名的 ActiveX。
2. 对 Cookie 仅限于第一方 cookie 和会话 cookie。
3. 阻止所有脚本。

练习 8.7　修补 Windows

使用实验室计算机修补 Windows，最好是一台已经很长时间没有修补的计算机：

1. 登录 www.microsoft.com。
2. 扫描补丁。
3. 更新所有修补程序，并记录更新的修补程序。

8.7.3 项目题

项目 8.1 账号和密码设置

本章提供来自 NSA、Microsoft 和作者的关于账号和密码的建议。使用 Web（包括但不限于本章中确定的资源），查找来自其他可靠资源（CERT、SANS、任何安全认证供应商等）的建议。写一份简短的文件，讨论这些建议，特别注意这些建议与本章所提建议不同的领域。

项目 8.2 注册表设置

注意：本项目适用于对注册表有较强了解的学生或可能是一个团队项目。

编写你认为应该修改的至少三个附加注册表设置，以创建更多安全的 Windows 操作系统。并详细解释你的理由。

项目 8.3 加密文件系统

使用 Web 或其他资源，查找有关加密文件系统的细节，该系统是 Windows 的一部分。描述此文件系统，以及你所发现的任何优势和不足。

Chapter 9

第9章 防范病毒攻击

本章目标

在阅读完本章并完成练习之后，你将能够完成如下任务：

- 解释病毒攻击的工作原理。
- 解释病毒如何传播。
- 区分不同类型的病毒攻击。
- 使用病毒扫描器检测病毒。
- 制定适当的策略以防御病毒攻击。

9.1 引言

第2章介绍了病毒攻击，第8章又给出了更多细节。在本章中，你将了解更多关于病毒攻击的工作原理，并了解如何防御病毒攻击。

有一点已经指出，Internet上最普遍的威胁是计算机病毒或蠕虫。这是因为一旦病毒被释放，它就会迅速而不可预测地传播。其他攻击，如DoS、会话劫持和缓冲区溢出等，都通常针对特定的系统或网络。而病毒会传播到它能到达的任意一台计算机。事实上，任何系统最终都会遇到病毒。网络受到病毒的影响有多大，完全取决于你本人，以及你采取的安全措施。

由于病毒构成如此严重的威胁，因此，防范此类攻击对于任何网络管理员来说都是至关重要的。不幸的是，一些管理员认为，由于他们安装了病毒扫描器，所以是安全的。这种假设是不准确的。在本章中，你将了解病毒攻击是如何工作的，并研究一些真实的病毒攻击案例。然后，你将了解更多关于防病毒软件的工作原理，并查看一些商业解决方案。你还会了解一些机构为减少系统感染病毒的可能性而可以实施的适当策略。最后，你将了解在其他设备（防火墙、路由器等）上有助于减少病毒感染威胁的配置选项。

9.2 理解病毒攻击

理解病毒是什么，它是如何传播的，以及不同的变种对于抗击病毒威胁的必要性。你还需要对病毒扫描器的工作方式有深刻的理解，以便对你所在机构购买病毒扫描器做出明智的选择。在本节中，我们将详细地探讨这些问题，以使你具备构建坚实的病毒攻击防御所需的技能。

9.2.1　什么是病毒

大多数人对计算机病毒都很熟悉，但对病毒的定义可能并不清楚。计算机病毒是一种自我复制的程序。通常，病毒还会具有其他一些负面功能，例如删除文件或更改系统设置。病毒的根本特性是自我复制和快速传播。通常，这种增长本身就是受感染网络的一个问题。它会导致网络流量过大，从而阻止网络正常运行。回想一下在第 2 章中，我们讨论了所有技术都有有限的能力来执行工作这一事实。病毒占用一个网络的流量越多，留给真正执行工作的容量就越少。

9.2.2　什么是蠕虫

蠕虫是一种特殊的病毒。有些文章非常详细地区分蠕虫和病毒，而另一些则将蠕虫看作是病毒的一个子集。蠕虫是一种在没有人类干预的情况下可以传播的病毒。换句话说，病毒需要人的操作（如下载文件、打开附件等）才能感染一台机器，但蠕虫可以在没有这种交互的情况下传播。近年来，蠕虫的爆发比标准的、非蠕虫病毒更加普遍。坦率地讲，今天大多数被称为"病毒"的东西实际上是蠕虫。

9.2.3　病毒如何传播

对付病毒的最好方法是限制病毒的传播，所以了解病毒如何传播是至关重要的。病毒通常会以两种方式之一进行传播。最常见、也是最简单的方法是阅读你的电子邮件地址簿，并向地址簿中的每个人发送电子邮件。用程序实现非常简单，这就解释了为什么它如此常见。第二种方法是简单地扫描你的计算机与网络的连接，然后将自己复制到你的计算机可以访问的网络上的其他计算机。这实际上是病毒传播最有效的方法，但这比其他方法需要更多的编程技巧。

第一种方法是目前为止最常见的病毒传播方法。微软的 Outlook 可能是最常受到这种病毒攻击的电子邮件程序。原因与其说是 Outlook 存在安全缺陷，不如说是 Outlook 太易于使用。

供参考：易用性与安全性

在易用性和安全性之间总是会有冲突。使用系统越容易，安全性就越低。相反的情况也是如此：你让一个系统越安全，它就越难使用。一些安全专业人士只关注安全方面，而没有充分考虑可用性问题。这导致一些安全专家完全避免使用微软产品，因为微软的关注点一直是可用性，而不是安全性。

要成为一名高效的网络管理员，你必须对这些考虑持平衡的观点。世界上最安全的计算机是从网络上隔离的、从没安装过任何软件并且移除了所有便携式媒体驱动器（如 CD-ROM、软驱、USB）的计算机。这样的计算机也是完全没有用处的。

关于微软的 Outlook 为何经常受到病毒攻击的原因，有许多理论观点。一种解释是它在市场上很盛行。病毒作者想要造成大破坏，最好的方法是瞄准最常用的系统。

Outlook 经常成为目标的另一个原因是，为它编写病毒相对容易。我们之前提到过，许多电子邮件应用程序允许程序员为应用程序创建扩展。微软的所有 Office 产品都允许为企业编写软件的合法程序员访问应用程序的许多内部对象，从而能轻松地创建与微软 Office 套件集成的应用程序。例如，程序员可以编写一个应用程序来访问 Word 文档、导入 Excel 电子表格，然后使用 Outlook 自动将结果文档发送给当事方。微软在这方面做得很好，使这个过程非常容易，通常需要很少的编程就能完成这些任务。使用 Outlook 时，引用 Outlook 和发送一封电子邮件所需代码不足 5 行。这意味着一个程序实际上可以让 Outlook 自己发送电子邮件，而用户却毫无察觉。在 Internet 上有许多免费的代码示例，来展示如何做到这一点。因此，程序员不需要非常熟练就能访问 Outlook 地址簿并自动发送电子邮件。本质上，Outlook 编程的容易性就是有那么多针对 Outlook 的病毒攻击的原因。

尽管绝大多数病毒攻击是通过附加到受害者现有的电子邮件软件上传播的，但最近爆发的一些病毒使用了其他方法进行传播。一种越来越普遍的方法是病毒拥有自己的内部电子邮件引擎。拥有自己的电子邮件引擎的病毒不需要借用机器的电子邮件软件。这意味着，不管你使用什么电子邮件软件，这种病毒都可以从你的机器上传播。另一种病毒传播方法是简单地在网络上复制自己。通过多种途径传播的病毒爆发越来越普遍。

病毒传播的另一种方式是检查被感染的系统，寻找连接到的任何计算机，并将自己复制到它们上。这种自我传播不需要用户交互，所以使用这种方式感染系统的程序被归类为蠕虫。

不管病毒如何到达你的家门口，一旦它感染了你的系统，它就会试图传播，而且在许多情况下，它还会试图对你的系统造成一些伤害。病毒一旦感染了你的系统，它可以做任何合法程序可以做的事情。这意味着它能偷偷地删除文件、更改系统设置或造成其他损害。病毒攻击的威胁怎么强调也不为过。一些病毒的爆发甚至使现有的安全软件失效，如防病毒扫描器和防火墙。让我们花点时间来研究一个典型的蠕虫和几个病毒攻击的例子，这些在本文撰写时是很常见的。研究现实世界中的病毒爆发能提供对这些病毒工作原理的深刻理解。出于这一目的，病毒和蠕虫的攻击示例在本节都将介绍。

1. Zafi 蠕虫

这是一个古老的蠕虫，但能说明蠕虫的问题。该蠕虫发布的第一个版本只有匈牙利语，所以它的传播有些受限。但到了 Zafi.d 版本，它是用英语传播的。这个版本的病毒据说是一个节日问候卡，在 2004 年圣诞节前夕迅速传播。使用节日问候语作为电子邮件的主题显著地增加了被阅读的机会。它的战略时机的选择可能使它比采用其他方法感染了更多的系统。病毒有自己的 SMTP 电子邮件引擎并将自己发送到尽可能多的地址。该蠕虫从计算机上可以找到的多种不同类型的文件中获取电子邮件地址，包括 HTML、ASP、文本文件以及其他文件类型。

一旦系统被感染，除了将自身发送到电子邮件地址之外，它还尝试检测计算机上的防病毒程序文件，并用自己的副本覆盖它们。这种禁用防病毒软件的能力使得 Zafi.d 特别危险。某些版本的 Zafi 还尝试对如下站点进行 DoS 攻击：

❏ www.2f.hu

❏ www.parlament.hu

❏ www.virushirado.hu

典型的 Zafi 蠕虫电子邮件如图 9-1 所示。

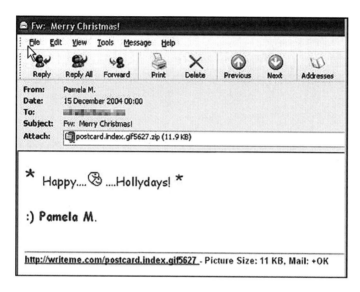

图 9-1　Zafi 蠕虫

2. Rombertik

Rombertik 在 2015 年肆虐。这个恶意软件使用浏览器读取用户访问网站的凭证。它通常作为电子邮件的附件发送。也许更糟的是，在某些情况下 Rombertik 要么重写硬盘上的主引导记录，使机器无法启动，要么开始加密用户主目录中的文件。

3. Shamoon

Shamoon 是 2012 年发现的一种针对能源部门运行的微软 Windows 操作系统的计算机病毒。Symantec（赛门铁克）、Kaspersky（卡巴斯基）实验室和 Seculert（塞库尔特）于 2012 年 8 月 16 日宣布了这一发现。它本质上是一个窃取数据的程序，似乎是针对能源公司的系统。Shamoon 的一个变种在 2017 年再次出现。这种病毒的有趣之处在于它主要针对沙特 Aramco（阿美）公司的电脑。

4. Gameover ZeuS

Gameover Zeus 是一种创建点到点僵尸网络（peer-to-peer botnet）的病毒。从本质上说，它在受感染的计算机与指挥控制计算机之间建立加密通信，使攻击者能够控制各种受感染的计算机。2014 年，美国司法部暂时关闭了与指挥控制计算机的通信；2015 年，联邦调查局宣布奖励 300 万美元给为逮捕 Evgeniy Bogachev 提供的信息，Evgeniy Bogachev 涉嫌与 Gameover Zeus 有关。

指挥控制计算机是僵尸网络中用来控制其他计算机的计算机。它们是管理僵尸网络的中心节点。

5. Mirai

Mirai 病毒最早于 2016 年 9 月被发现，它影响运行 Linux 的网络设备。它会把这些设备变成被远程控制的僵尸。它主要集中在 IP 摄像头、路由器和类似设备上。一旦被感染，这些设备会被用作 DDoS 攻击的一部分。

6. Linux.Encoder.1

Linux.Encoder.1 是一种勒索软件，于 2015 年 11 月首次被发现。之所以著名，是因为它专门针对 Linux 计算机。它常常通过 Magento 的一个缺陷进行传播，Magento 是许多电子商务网站中在线购物卡用的软件。它首先用 128 位的 AES 加密文件，然后再用 RSA 加密 AES 的密钥。

7. Kedi RAT

2017 年 9 月，Kedi RAT（远程访问特洛伊木马）通过网络钓鱼电子邮件传播开来。一旦进入受感染的系统，它就会窃取数据，然后通过一个 Gmail 账号将数据作为邮件发送出去。它主要试图寻找受感染系统上的个人和（或）财务数据，以便出售。

供参考：病毒感染的未来

近年来，许多计算机安全专业人士曾对微软操作系统和应用程序中的安全漏洞表示遗憾。其中一种说法（但绝不是唯一的说法）是，Outlook 特有病毒攻击的流行性表明，微软产品中存在根本性的安全缺陷。随着不特定于任何电子邮件系统的病毒攻击越来越多，我们很可能会看到更多感染非微软产品的病毒攻击。

9.2.4　病毒骗局

多年来，一种不同以往的病毒现象变得越来越普遍，这就是病毒骗局（virus hoax）。一个人并没有真正写病毒，而是发送电子邮件给他拥有的每个邮件地址。这封电子邮件声称是来自某个著名的防病毒中心，并警告说一种新的病毒正在传播，可能会损坏用户的电脑。通常，电子邮件会指示人们从计算机中删除一些文件，以清除病毒。然而，这个文件并不是真正的病毒，而是计算机系统的一部分。jdbgmgr.exe 病毒骗局使用了此方案。它鼓动读者删除系统实际需要的一个文件。不可思议的是，许多人都遵循其指导，不仅删除了文件，而且迅速给他们的朋友和同事发电子邮件，警告他们删除机器上的文件。

1. Jdbgmgr 骗局

这种特定的病毒骗局也许是最广为人知和被充分研究的。在几乎所有关于病毒的综合讨论中，你都会看到它。jdbgmgr.exe 病毒骗局鼓动读者删除系统实际需要的一个文件。典型的信息是这样的：

I found the little bear in my machine because of that I am sending this message in order for you to find it in your machine. The procedure is very simple:

The objective of this e-mail is to warn all Hotmail users about a new virus that is spreading by MSN Messenger. The name of this virus is jdbgmgr.exe and it is sent automatically by the Messen-ger and by the address book too. The virus is not detected by McAfee or Norton and it stays quiet for 14 days before damaging the system.

The virus can be cleaned before it deletes the files from your system. In order to eliminate it, it is just necessary to do the following steps:

1. Go to Start, click Search.

2. In the Files or Folders option write the name jdbgmgr.exe.

3. Once you have found that file, delete it.

jdbgmgr.exe 实际上是微软的 Java 调试器注册程序（Microsoft Debugger Registrar for Java）。删除它可能会导致基于 Java 的程序以及 Web 小程序不能正常工作。

2. Tax Return 骗局

这个骗局最早出现于 2003 年。电子邮件的要点是让收信人认为在美国通过 Internet 提交联邦税款是不安全的。事实上，这种网上提交是完全安全的，通常会给纳税人更快速地退款。电子邮件的内容如下：

> **WARNING**
>
> *Nobody still knows if it's true, but it's worthwhile to protect yourself.*
>
> *Don't send your tax return by the Internet (for the time being).*
>
> *A new virus has been unleashed through the Internet to capture your tax return. The author created this virus to intercept all files using the extensions generated by the Federal Revenue program. If there is a rebate, the virus changes the current account indicated by the victim, changing it to the author's account. After that the changed file goes to the Federal Revenue Database. The victim receives the usual return-receipt, because the tax return doesn't fail to be delivered. There is a small increase in time of shipping, necessary because of the changed account information, which is not apparent to the person waiting for the tax return, therefore the recipient of the rebate assumes that it is due to a high volume of traffic or problems with the telephone line, etc. ...all problems that we are accustomed to, being on the Internet. The new virus still informs its author about the rebates that he managed to capture, including the values that he'll pocket.Send this e-mail to all your friends.*

幸运的是，这个特别的骗局并没有对受感染的机器造成任何实际的损害。然而，它确实劝阻了受害者使用宝贵的和高效的服务——网上报税处理，从而给受害者带来了极大的不便。在第 14 章讨论信息战时，你应该记住这一事件。这个电子邮件骗局显然是为了削弱人们对政府服务的信心。

3. W32.Torch 骗局

和其他大多数骗局一样，这种骗局不会造成直接伤害，但会成为一种巨大的麻烦——相当于 Internet 上的恶作剧电话。与 jdbmgre.exe 骗局不同，它不鼓励你从系统中删除文件。但它确实会使接收者高度关注。在这个骗局中发送了一条消息，声明如下：

NEW VIRUS DESTROYS HARDWARE

A new virus found recently is capable of burning the CPU of some computers and even causing damage to the motherboard. Yes, it's true, this virus damages the hardware of your computer. The virus, called w32.torch, uses the winbond w83781d chip, present in most modern motherboards, which is responsible for controlling the speed of the CPU and system fans. The infection takes place using the well-known Microsoft DCOM net-trap Vulnerability, and when installed, the virus spreads to other computers in the local network using this method. Reverse-engineering the virus code, we find no evidence of code other than that responsible for the CPU burnout. The virus turns off the high temperature detection in the BIOS (already disabled by default) and then slowly decreases the speed of the fans, leading the system to a deadly increase of the internal temperature. If you feel that your computer is becoming "quiet," it's better to check it out because it may be stopping, and you may have only a few minutes left to disconnect it. The virus contains the text "Moscow Dominates - out/27/03" which is shown in the tray of some machines based on their IP address, perhaps indicating Soviet origin. There is no payload set to activate on this date, but it may be an indication that something is supposed to happen on this day. Some antiviruses already detect it, check if yours is up to date.

到目前为止，还没有病毒直接破坏硬件。

4. 勒索软件

如今在讨论恶意软件时不可能不讨论勒索软件（ransomware）。2013 年，随着 CrytpoLocker 的出现，许多人开始第一次讨论勒索软件，而勒索软件的出现却远远早于此。第一个已知的勒索软件是 1989 年的 PC Cyborg 特洛伊木马，它只使用了弱对称密码加密文件名。2017 年年初，勒索软件 WannaCry 开始在英国的医疗保健系统中传播。它攻击未修补的 Windows 系统。这再次说明了第 8 章讨论过的打补丁的必要性。

"Bad Rabbit"计算机病毒于 2017 年下半年传播。这种病毒也是勒索软件，它开始攻击俄罗斯和乌克兰，但迅速蔓延到世界各地。

9.2.5 病毒类型

有许多不同类型的病毒。在本节中，我们将简要介绍一些主要的病毒类型。病毒可以通过其传播方法或在目标计算机上的活动来分类。

- **宏病毒**：该病毒感染办公文档中的宏。许多办公产品，包括微软的 Office，都允许用户编写称为宏的小程序。这些宏也可以编写成病毒。Macro 病毒被写在某些业务应用程序的宏里。例如，微软的 Office 允许用户编写宏来自动执行某些任务。微软的 Outlook 让程序员可以使用 Visual Basic 编程语言的一个子集，即 Visual Basic for Applications（简称 VBA）来编写脚本。实际上，这种脚本语言是内置在所有微软 Office 产品中的。程序员还可以使用关系密切的 VB Script 语言。这两种语言都很容易学。如果这样的脚本被附加到电子邮件，并且收件人正在使用 Outlook，那么脚本就可以执行。这种执行可以做很多事情，包括扫描地址簿、查找地址、发送电子邮件、删除电子邮件等。

- ❑ **引导区病毒**：顾名思义，引导区病毒感染的是驱动器的引导扇区，而不是操作系统。这使得它们更难根除，因为大多数防病毒软件都在操作系统中工作。
- ❑ **多成分病毒**：该病毒以多种方式攻击计算机，例如，同时感染硬盘的引导扇区和一个或多个文件。
- ❑ **内存驻留病毒**：该病毒会自动安装，然后从计算机启动到关机一直保持在 RAM 中。
- ❑ **装甲病毒**：该病毒使用难以分析的技术，代码混淆就是这样一种方法。这类病毒的代码如果被反汇编，那么代码很不容易跟踪。压缩代码是另一种病毒装甲的方法。
- ❑ **隐形病毒**：该病毒有很多种，它们试图向防病毒软件隐藏自己。下面介绍几种常见的隐形方法：
  - • **稀疏感染器**：该病毒试图通过只偶尔执行其恶意活动来逃避检测。对于稀疏感染病毒，用户只在短时间内看到症状，然后一段时间没有症状。在某些情况下，稀疏感染器以特定的程序为目标，但病毒仅在该目标程序每执行第 10 次或第 20 次时才执行。稀疏感染器也可能有一次突发的活动，然后休眠一段时间。该主题有许多变种，但基本原理是相同的，即减少攻击的频率，从而减少被检测的概率。
  - • **加密**：有时病毒被加密，即使是弱加密，对于防止被防病毒程序识别出来也足够了。然后，当要发起攻击时，病毒被解密。
  - • **多态**：该病毒不时地从根本上改变它的形式，以避免被防病毒软件发现。一种更高级的形式被称为变形病毒（metamorphic virus），它可以完全改变自己。

更复杂的、更先进的病毒是模块化开发的。一个模块除了在目标上安装自己之外，可能做很少的工作。因为它没有真正的恶意活动，所以可能不会被防病毒软件检测到。下载模块将下载实际的恶意负载。如果该负载是加密的，那么下载模块可能还负责解密。启动模块负责激活或启动下载的恶意负载。

9.3　病毒扫描器

对病毒最有效的防御是病毒扫描器。病毒扫描器本质上是一个可以防止病毒感染你的系统的软件。通常它扫描入站的电子邮件和其他入站流量。大多数病毒扫描器还具有扫描诸如 USB 驱动器等便携式媒体设备的能力。大多数人都大概知道病毒扫描器的工作原理。本节会更详细地介绍扫描器是如何工作的。

一般来说，病毒扫描器有两种工作方式。第一种方法是，它们包含一个所有已知病毒文件的列表。通常病毒扫描器厂商提供的服务之一是定期更新这个文件。这个列表通常在一个小文件中，常称为 .dat 文件（data 的缩写）。当你更新病毒定义时，实际上是你当前的文件被厂商网站上的一个更近的文件所取代。

我个人曾研究过的每个病毒扫描器都允许你将它配置为定期下载最新升级。不管你选择哪种病毒扫描器，你都要将它设置为可以自动更新，这一点非常重要。

防病毒程序扫描你的 PC、网络和入站的电子邮件，来查找已知的病毒文件。PC 上或附加到电子邮件中的每个文件都与病毒定义中的文件进行比较，看看是否存在匹配。对于电子邮件，可以通过寻找特定的主题行和内容来完成。已知的病毒文件通常在主题行和它们所附加的消息体中有特定的短语。然而，病毒和蠕虫可以有多种首部，其中的一些很常见，比如：re:hello 或 re:thanks。仅对已知病毒列表进行扫描会导致许多假阳性（false positives）。因此，病毒扫描器还要检查附件，以查看它们是否具有匹配已知病毒的特定的大小和创建日期，或它是否包含已知的病毒代码。文件大小、创建日期和位置是病毒的特征。依据病毒扫描器的设置，它可能会提示你采取某个动作，文件可能会被移动到隔离文件夹，或者文件可能被直接删除。这种类型的病毒扫描器只有当 .dat 文件更新后才有效，并且仅用于已知的病毒。

病毒扫描器的另一种工作方式是监视系统中病毒的某些典型行为。这可能包括程序试图写入硬盘驱动器的引导扇区、更改系统文件、修改系统注册表、自动化电子邮件软件或者自我扩散。病毒扫描器经常使用的另一种技术是搜索执行后仍驻留内存的文件，这称为驻留（Terminate and Stay Resident，TSR）程序。一些合法的程序也可以这样做，但通常这是病毒的标志。

许多病毒扫描器已经开始使用其他的方法来检测病毒。这些方法包括扫描系统文件，然后监视任何试图修改这些文件的程序。这意味着病毒扫描器必须首先识别对系统至关重要的特定文件。对 Windows 系统来说，这包括注册表、boot.ini 和可能的其他文件。然后，如果有任何程序试图更改这些文件，扫描器会警告用户，用户必须授权此更改后它才可以继续操作。

区分按需病毒扫描和持续扫描器也很重要。持续病毒扫描器在后台运行，持续不断地检查 PC 是否有病毒的迹象。按需扫描器只在你启动它们时才会运行。大多数现代防病毒扫描器都同时提供这两个选项。

9.3.1　病毒扫描技术

现在已经了解了病毒扫描器使用的一般方法，下面更详细地介绍各种病毒扫描器使用的具体扫描技术。

1. 电子邮件和附件扫描

由于病毒的主要传播方式是电子邮件，所以电子邮件和附件扫描是任何病毒扫描器的最重要功能。有些病毒扫描器实际上是在将电子邮件下载到你的计算机之前，在邮件服务器上检查电子邮件。其他的病毒扫描器是在你的计算机上，在将电子邮件和附件传递给电子邮件程序之前扫描它们。无论是哪种情况，都应该在你有机会打开电子邮件并在系统上释放病毒之前对它进行扫描。这是一个关键的区别。如果病毒首先被带到你的机器上，然后被扫描，那么无论多小，病毒仍然有机会感染你的机器。大多数商用网络病毒扫描器会在把邮件发送到工作站之前在服务器上扫描电子邮件。

2. 下载扫描

无论何时你通过网络链接或者通过某个 FTP 程序从 Internet 上下载东西时，你都有可能下载受感染的文件。下载扫描很像电子邮件和附件扫描，但只是对你选择下载的文件进行扫描。

3. 文件扫描

下载扫描和电子邮件扫描只会保护系统免受来自网站下载或者通过电子邮件传播的病毒。它们对于通过网络复制、存储在共享驱动器上或者在安装病毒扫描器之前已经在计算机上的病毒没有用。

文件扫描是检查系统上的文件，查看它们是否与任何已知病毒相匹配的扫描类型。这种扫描通常是按需进行，而不是持续进行的。安排病毒扫描器定期做一次完整的扫描是个好办法。我个人建议每周扫描一次，最好是在没有人使用电脑的时候。

扫描计算机硬盘上的所有文件确实耗费时间和资源。这种类型的扫描使用了类似于电子邮件和下载扫描的方法，它寻找已知的病毒特征。因此，此方法仅限于发现已知的病毒，不能发现新病毒。

4. 启发式扫描

这可能是最先进的病毒扫描形式。这种扫描使用规则来确定文件或程序的行为是否像病毒，这是查找未知病毒的最佳方法之一。新病毒不会出现在任何病毒定义列表中，因此必须检查它的行为以确定它是否是病毒。然而，这一过程并非万无一失，一些实际的病毒感染可能被遗漏，而一些非病毒文件可能被怀疑是病毒。

启发式扫描的副作用是它很容易导致假阳性。这意味着它可能会将一个文件识别为病毒，而实际上它并不是病毒。大多数病毒扫描器并不会简单地删除病毒。它们将病毒放在一个隔离区域，在那里你可以手动检查它们，以决定是否应该删除文件或将它们还原到其原始位置。检查被隔离的文件而不是简单地删除它们很重要，因为有些文件可能是假阳性的。根据本书作者的个人经验，在大多数现代病毒扫描器中，假阳性相对罕见。

由于启发式扫描方法越来越精确，因此更多的病毒扫描器将会采用这种方法，并且将更依赖这种方法。现在，这种方法为充分保护系统提供了希望。这类算法在持续改进中。现在的一个研究领域就是在杀毒算法中加入机器学习。

5. 活动代码扫描

现代网站经常嵌入活动代码，如 Java applet 和 ActiveX。这些技术可以为网站提供很好的可视化效果。但是，它们也可能是恶意代码的载体。在下载到计算机之前，扫描这些对象是任何高质量病毒扫描器的基本功能。第 8 章曾讨论过，修改你的浏览器设置以便在网站执行任何这样的活动代码之前提示你。将浏览器配置与扫描活动代码的防病毒软件包结合，可以显著降低你感染这种病毒的可能性。

6. 即时消息扫描

即时消息扫描是病毒扫描器的一个相对新的特性。使用此技术的病毒扫描器扫描即时消息通信，查找已知病毒或特洛伊木马文件的特征。近年来，即时消息的使用急剧增加。它现在经常用于商业和娱乐目的。这种日益普及使得对即时消息的病毒扫描成为有效病毒扫描的重要组成部分。如果你的防病毒扫描程序不扫描即时消息，那么你应该避免使用即时消息或者选择一个不同的防病毒软件包。

大多数商用病毒扫描器使用多模式扫描方法。它们组合使用我们这里讨论的方法，即使不是全部的方法也包含了大多数。任何没有使用上述介绍的大多数方法的扫描器，作为你系统的安全屏障来说价值都不大。

9.3.2 商用防病毒软件

有许多防病毒包可供个人计算机和网络范围内的病毒扫描使用。我们将在这里介绍一些常见的防病毒软件。在为自己所在机构购买病毒扫描解决方案或者在向客户推荐解决方案时，必须考虑以下因素：

□ **预算**：价格不应该是唯一的，甚至是最重要的考虑因素，但肯定必须要考虑。

□ **漏洞**：一个拥有多样化用户、经常从外部接收电子邮件或从 Internet 下载的机构，比那些间歇使用 Internet 的小型公司需要更多的防病毒保护。

□ **技能**：任何最终使用该产品的人都必须能够理解如何使用它。你是为一群懂技术的工程师提供病毒扫描器，还是为一群不太精通技术的终端用户？

□ **技术**：病毒扫描器是如何工作的？它使用什么扫描方法？.dat 文件多久更新一次？厂商对新的病毒威胁多快响应并发布新的 .dat 文件？

在选择防病毒解决方案时，必须考虑所有这些因素。很多时候安全专家简单地推荐他们熟悉的产品，而不做深入的研究。本节将介绍多种防病毒解决方案以及每种解决方案的优点。

1. McAfee

McAfee 是一家著名的防病毒软件厂商。他们的防病毒软件已经以多种名称销售，包括 VirusScan、Endpoint Security 和 Total Protection。该公司为家庭用户和大型机构提供解决方案。McAfee 的所有产品都有一些共同的功能，包括电子邮件扫描和文件扫描。它们还扫描即时通信流量。

McAfee 扫描电子邮件、文件和即时消息以查找已知的病毒特征，并使用启发式方法来定位新的蠕虫。由于蠕虫的使用越来越多（与传统病毒相反），因此这是一个重要的优点。McAfee 相对容易下载和安装，你可以从该公司的网站上获得一个试用版。下面我们看一下家庭版的特性，它的功能与企业版类似。

图 9-2 显示了 McAfee 防病毒软件的主界面。可以看到，McAfee 为多个安全产品提供了一个集成的管理界面，包括它的防火墙和防病毒产品。主界面显示了扫描计算机、扫描漏洞、配置防火墙、配置家长设置（parental settings）等选项。

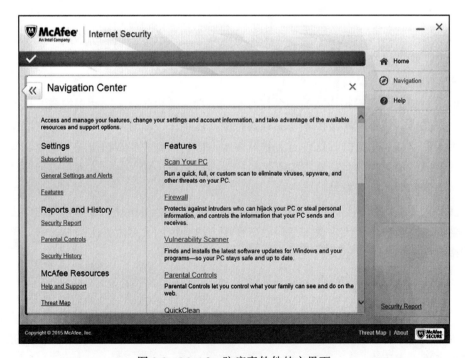

图 9-2　McAfee 防病毒软件的主界面

依次选择"virusscan→Options"来选择你要扫描的内容、希望如何扫描以及何时扫描。图 9-3 显示了规划扫描对话框。你可以选择扫描入站文件、电子邮件、即时消息等。你还可以选择在设定的时间安排扫描，然后选择是否要扫描整个机器。

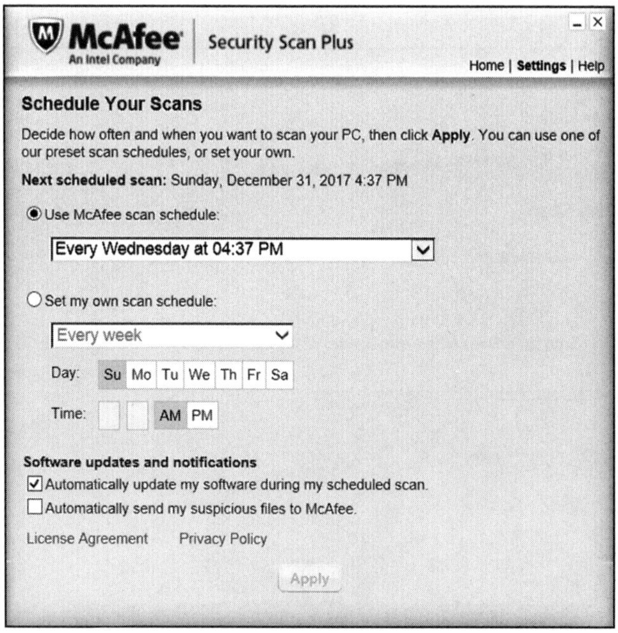

图 9-3　规划扫描选项

特别令人感兴趣的是 McAfee 的世界病毒地图，如图 9-4 所示。这是世界上当前正在进行的病毒活动的地图。对于安全专业人员来说，这可能是非常宝贵的信息，特别是当你所在机构地理分布很广泛的时候。

这张地图很有用。你可以选择所有病毒，或仅选择前 10 名。你还可以选择查看特定地理区域内每百万用户中受感染的计算机，或者每百万用户中有多少文件受到感染。如果你点击地图上的某个区域，就会放大那个地理区域。你可以继续放大，直到看到单个城市，从而可以发现任何地理区域中关于病毒感染的大量信息。

考虑我们前面列出的四个标准——预算、漏洞、技能和技术，McAfee 的表现相当不错：

❑ 它的价格非常便宜。

❑ 针对不同程度的漏洞有不同的版本。

❑ 使用起来相对容易，只需要有限的技能即可使用。

❑ 从技术上讲，它是一个非常好的扫描器，它使用多种方式扫描病毒。它还有有趣的附加功能，如病毒感染地图。

这些特性使 McAfee 成为家庭用户和企业网络的一个良好选择。

2. Norton AntiVirus

Norton（诺顿）AntiVirus 也是一家十分著名的防病毒软件厂商。你可以为个人计算机或整个网络购买 Norton 解决方案。Norton 提供电子邮件和文件扫描，以及即时消息扫描。它还提供了发现蠕虫的启发式方法和传统的特征扫描。最新版本的 Norton AntiVirus 还增加了防间谍软件和防广告软件这两个非常有用的扫描功能。Norton Antivirus 的另一个有趣的特性是预装扫描（preinstall scan）。在安装过程中，安装程序会扫描机器上任何可能干扰 Norton 的病毒感染。因为，寻求禁用防病毒软件的病毒攻击越来越常见，所以这个功能非常有用。

图 9-4　McAfee 的世界病毒地图

与大多数防病毒厂商一样，Norton 也为个人电脑和整个网络提供了不同版本，其中个人版本有免费试用版，你可以免费下载和使用 15 天。我们将简要地分析这个产品，以说明 Norton AntiVirus 产品的功能。

当你下载该产品时，你将得到一个自解压的可执行文件。只需在 Windows 资源管理器或我的电脑中双击它，就会在几乎不与用户交互的情况下自行安装。当启动 Norton 时，如图 9-5 所示的初始界面将提供很有价值的信息。它允许你访问安全设置、性能设置等内容，这是相当关键的信息。如果你的病毒定义最近没有更新，那么就无法抵御最新的病毒。知道最后一次全系统扫描的时间，可以告诉你当前计算机的安全程度。当然，你还需要知道打开了什么类型的扫描，从而了解 Norton 保护你免受什么威胁。

如果你在左侧选择了"Scan for Viruses"（病毒扫描），那么你可以看到许多选项，如图 9-6 所示。你可以扫描软盘、可移动媒体、硬盘驱动器或特定的文件和文件夹。你选择的扫描范围越大，扫描所需的时间就越长。

图 9-5　Norton 主界面

　　扫描完成后，Norton 会列出所有的可疑文件，并给出隔离、删除或忽略它们的选项，如图 9-7 所示。Norton 一个很吸引人的方面是，它还检测许多常见的黑客工具。在图 9-7 中，这台计算机没有任何恶意的东西。如果 Norton 发现了一些恶意的东西，比如黑客工具 John the Ripper（这是一个口令破解器），它就会提醒用户。这一点非常有用，因为任何不是你存放的但却在你机器上的黑客工具都表明你的计算机已经被黑客入侵，而且黑客仍在继续使用你的计算机。入侵者甚至可能会使用你的机器对其他机器发起攻击。

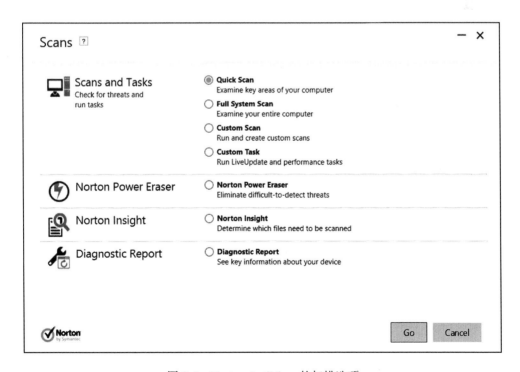

图 9-6　Norton AntiVirus 的扫描选项

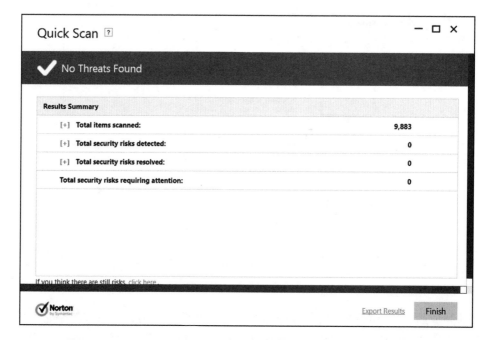

图 9-7　Norton 的扫描结果

对扫描结果，你必须一点点浏览，但 Norton 也提供报告。确切的位置取决于你的 Norton 产品和版本。它让你访问 Norton 维护的病毒百科全书，以及一个关于所有扫描的报告。在机构环境中，你应该定期打印和归档此报告，这为审计提供了有价值的信息。当你运行这些报告时，它会记录你所做的扫描，查找哪些病毒，以及何时进行扫描。可以保留这些信息，以便在今后的审计中，轻松地验证为防止病毒感染所采取的步骤。

同样，如果考虑我们前面列出的四个标准——预算、漏洞、技能和技术，那么 Norton 的表现也相当不错：

- ❑ 价格非常便宜。McAfee 和 Norton 的定价基本相同。
- ❑ 对不同的漏洞提供不同的版本。大多数商用防病毒厂商都为不同的环境提供一系列产品。
- ❑ 它的图形界面使得配置和使用 Norton 与使用 McAfee 执行相同任务同样简单。
- ❑ 从技术上讲，它是一个非常好的扫描器，使用多种方式扫描病毒。它除了防病毒之外，还检查黑客工具，这是一个额外的优点。与 McAfee 一样，Norton 对于家庭用户和商业用户来说都是一个不错的选择。它提供了一个相当有效又易于使用的工具。

3. Avast Antivirus

该产品对家庭、非商业用户免费。你可以从厂商的网站 www. avas.com/ 下载该产品。你也可以找到专业版本、UNIX 或 Linux 版、服务器专用版本。特别令人感兴趣的是该产品提供多种语言版本，包括英语、荷兰语、芬兰语、法语、德语、西班牙语、意大利语和匈牙利语。图 9-8 显示了 Avast Antivirus 的主界面。

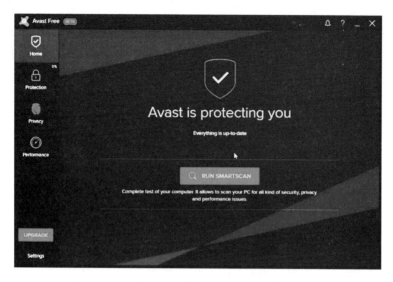

图 9-8　Avast Antivirus 的主界面

下载后，你可以看到 Avast 打开一个教程。这一特性，连同它的家庭版本免费这一特点，使得 Avast 对于家庭用户新手来说非常具有吸引力。多语言和多操作系统支持的特性使得它对许多专业人士也具有吸引力。当它发现一个病毒时，就会发出声音警报，并发出语音提示" Warning: There is a virus on your computer"（警告：你的电脑上有病毒）。但是，当我用 Avast Antivirus 扫描我的电脑时，它并没有像 Norton 一样检测到比较旧的黑客工具。

使用我们之前列出的四个标准——预算、漏洞、技能和技术来评估 Avast Antivirus：

❑ 它是免费的，这使得它比 Norton 或 McAfee 都实惠。

❑ 有一个商用版本用于企业环境。

❑ 它也有图形界面，因此易于使用，而且在初始启动时提供教程的特性使得它成为新手的理想选择。

❑ 它是一个相当不错的扫描器。

然而，它缺乏诸如 McAfee 的病毒地图和 Norton 的黑客工具检查等附加功能。对于商业环境，你应该使用 Norton 或 McAfee。然而，对于小型办公室或家庭用户来说，Avast 是一个很好的选择。它免费这一事实意味着，任何人绝对没有理由不使用病毒扫描器。

4. AVG

AVG 防病毒软件现在已经相当流行。原因之一是它既有免费版本，又有商用版本。主界面如图 9-9 所示。AVG 是一个鲁棒的、功能齐全的防病毒软件。它与微软 Outlook 等电子邮件客户端集成，并且可以过滤网页流量和下载内容。

5. Kaspersky

Kaspersky（卡巴斯基）现在越来越受欢迎。它包括商用和个人版本。与大多数防病毒产品一样，它还包括与检测病毒不直接相关的其他特性。例如，Kaspersky 包含一个加密的密码库，如果你愿意的话，可以把你的密码保存在里面。Kaspersky 的界面如图 9-10 所示。

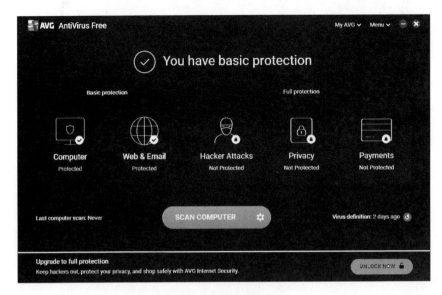

图 9-9　AVG 防病毒软件

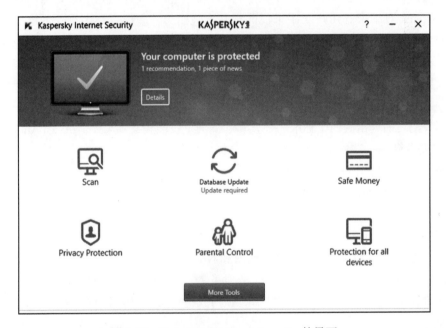

图 9-10　Kaspersky Internet Security 的界面

6. Panda

Panda（www.pandasoftware.com）既有商用版又有免费版本。商用版本还附带反间谍软件。与 Norton 和 McAfee 一样，你可以得到一个与防病毒软件捆绑在一起的个人防火墙。此产品有英文、法文和西班牙文版本。这种范围广的特性使其成为一个健壮且有效的解决方案。

7. Malwarebytes

该产品可在 https://www.malwarebytes.com/ 上获取。有一个免费版本和一个付费的高级版本。该产品的界面如图 9-11 所示。

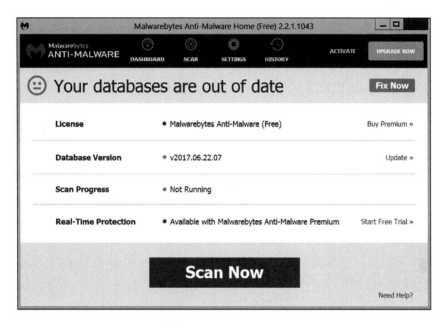

图 9-11　Malwarebytes

Malwarebytes 在业界有着很好的声誉，得到了广泛认可，而且使用起来也相当简单。

8. 其他病毒扫描器

除了 McAfee、Norton、Avast、Kaspersky、Panda 和 Malwarebytes 之外，Internet 上还有许多其他的防病毒产品。简单的网络搜索就可找出大量的杀毒产品。作为一名安全专业人员或网络管理员，你必须熟悉多种杀毒解决方案，而不是简单地依赖最流行或最广为人知的解决方案。重要的是，你应该根据产品（它的工作原理、易用性、成本等）来决定使用什么样的防病毒软件。最受欢迎的产品对你的环境来说可能不是最好的产品或最理想的产品。

9.4　防病毒策略和规程

研究病毒攻击是如何传播的，并观察具体的攻击可以清楚地了解病毒造成的危害。我们还研究了病毒扫描器的工作原理，包括一些商用防病毒产品。然而，防病毒扫描器并不是保护你免受病毒攻击的唯一方法。事实上，在某些情况下，病毒扫描器是不够的。你需要策略和规程来完成你的防病毒战略。策略和规程就是书面规则，它规定管理员和终端用户应该采取的动作以及其他应该避免的活动。下面简要介绍一些防病毒策略。第 11 章将更详细地讨论策略。

- ❑ 总是使用病毒扫描器。McAfee、Norton、AVG 和 Kaspersky 是四种最广为人知和经常使用的病毒扫描器。但我们也研究了其他解决方案。每年只需花费大约 30 美元来更新病毒扫描器。如果不使用病毒扫描器可能代价更大。
- ❑ 如果对附件不确定，就不要打开它。当你明确要求某人提供文件时，打开该人的附件才可能是安全的。非预期的附件总是引起关注。
- ❑ 请考虑与朋友和同事交换一个代码字（code word）。告诉他们，如果他们想给你发附件，就把代码字放在邮件的标题中。如果没有代码字，请不要打开任何附件。

- 不要相信发送给你的"安全警报"。Microsoft 不以这种方式发送补丁。定期检查它的网站，以及前面提到的防病毒网站。
- 对发送给你的任何电子邮件都保持戒心。保持电子邮件的办公用途将有助于减少危险。笑话、Flash 电影等不应该在公司的电子邮件系统上发送。
- 不要从 Internet 上下载文件。如果你需要下载一个文件，那么应该让 IT 部门下载，仔细扫描这个文件后再将其转发给用户。现在，显然有很多人会选择下载文件，所以这个警告是理想情况，不太现实。如果你觉得必须下载文件，你应该遵循下面两个简单的规则：

1）只从知名的、有信誉的网站下载。

2）先将文件下载到起初与网络断开的一台机器上。然后扫描系统中的病毒。事实上，如果你确实请求 IT 部门为你下载一些东西，那么这很可能就是他们使用的过程。

这些策略不会让一个系统 100% 地杜绝病毒，但将在很大程度上保护它。只要认为合适，你可以任意扩展它们。

9.5　保护系统的其他方法

安装和运行防病毒软件以及拥有可靠的防病毒策略都是保护系统非常重要的步骤。事实上，许多公司只使用这两个步骤。但是，要保护系统免受病毒攻击，你还可以采取其他重要步骤：

- 设置所有浏览器阻止活动代码（ActiveX、脚本等）。请注意，这将使一些网站不可见。在安全性和可用性之间的一个折中办法是设置所有浏览器，让它们在执行任何活动代码之前警告用户。
- 设置所有用户账号，使他们不能安装软件或更改浏览器的安全设置。
- 隔离子网（尤其是像大学校园实验室这样的高风险子网），在子网和网络的其他部分之间放置一台被自身病毒扫描严格保护的防火墙。

显然，这些措施是额外的。许多机构不隔离子网，也不阻止用户安装软件或更改浏览器的安全设置。许多机构满足于简单地安装防病毒扫描器和设置一些策略。但如果你想要一个真正完整的防病毒战略，那么这些额外的步骤就是完整战略的一部分。

9.6　系统感染病毒后该怎么办

不幸的是，无论你采取了什么措施来防止病毒感染，你的系统仍有可能被感染。下一个问题就是，感染后你该怎么办？你做出的反应取决于病毒的严重程度和传播的程度，但通常你需要致力于三件事：

- 阻止病毒的传播
- 清除病毒
- 查清感染是如何开始的

以下各节将详细介绍每项内容并说明如何实施。

9.6.1　阻止病毒的传播

在病毒感染的情况下，首要任务是阻止病毒的传播。当然，这取决于病毒传播的程度。

如果病毒只影响到一台计算机，那么可以简单地将该计算机与网络断开连接。然而，你不太可能会在病毒扩散到机器之外之前检测到它。鉴于此，你通常应该遵循以下步骤：

- ❏ 如果感染位于 WAN 的某个区段上，那么立即断开该区段与 WAN 的连接。
- ❏ 如果感染位于子网上，则立即断开该子网。
- ❏ 如果存在带有敏感数据的服务器连接到（以任何方式）受感染的计算机，则断开这些服务器。这将防止敏感数据的丢失。
- ❏ 如果有备份设备连接到受感染的计算机，请断开它们。这将防止你的备份介质被感染。

显然，你的目标是避免你的系统上有病毒。但如果这种不幸的事件发生了，遵循这些步骤可以将损害降到最低，并使你的系统在较短的时间内恢复和运行。

9.6.2　清除病毒

一旦隔离了受感染的机器，下一步就是清理它们。如果你知道这个特定的病毒，那么应该能够通过运行防病毒程序来删除它，或者应该能够在 Internet 上找到病毒清除说明。如果极低概率事件发生了，你无法删除病毒，那么你可能别无选择，只能格式化计算机并从备份中恢复它们。但是必须强调，发生这种情况的概率非常低。

如果你确实成功地清除了病毒，那么在重新连入网络之前你应该先彻底扫描机器上的任何其他病毒感染。你要确保它是完全干净的，才能把它联网。

9.6.3　查清感染是如何开始的

一旦遏制并移除了病毒，下一个目标就是保证它不会复发。最好的方法是查清病毒最初是如何进入系统的。为此，需要用以下三种方式进行情况调查：

- ❏ 与被感染机器的用户交谈，查看是否有人打开了任何电子邮件附件、下载了任何东西，或者安装了任何东西。因为这是三种最有可能的病毒感染途径，所以应首先检查。
- ❏ 阅读该特定病毒的任何在线文档。这些文档会告诉你它正常的传播方法。
- ❏ 如果以上步骤都不能告诉你发生了什么，那么检查机器上的所有活动日志。关键是找出你当前的安全策略出了什么问题并加以改正。

9.7　本章小结

病毒攻击，甚至病毒骗局，可以说是对计算机网络的最大威胁。随着蠕虫越来越常见，病毒传播方法的复杂性也在不断提高。你可以采取很多步骤来减轻计算机病毒爆发带来的危害。

显然，第一步是使用病毒扫描器。然而，你必须对病毒扫描器的工作原理有一个明确的理解，才能针对具体情况选择合适的扫描器。有各种各样的商用和免费的防病毒解决方案。任何安全专业人员都应该熟悉其中的几个。在安装和配置防病毒解决方案后，下一步就是建立书面的策略和规程。关键是要详细说明你希望终端用户如何使用系统工具。策略中没有涉及的任何情况都是病毒感染的机会。最后，你可以采取更严谨的步骤，包括阻止用户安装软件、安全配置浏览器和隔离子网，以限制可能感染计算机的任何病毒的传播。将防病毒软件与系统的安全配置、软件的常规修补、防火墙以及完善的安全策略相结合，可以获得更完整的保护。尽管本书中的各种主题被分成几章，但你必须记住，一个完整的安全战略必须让所有元素一起发挥作用。

9.8　自测题

9.8.1　多项选择题

1. 除了任何恶意负载之外，病毒或蠕虫对系统造成危害的最常见方式是什么？

　　A. 通过增加网络流量和使系统过载　　　　B. 通过填满你的收件箱

　　C. 通过对主机执行 DoS 攻击　　　　　　D. 通过包含特洛伊木马

2. 病毒和蠕虫的区别是什么？

　　A. 蠕虫比病毒传播得更远　　　　　　　　B. 蠕虫更有可能伤害受感染的系统

　　C. 蠕虫在没有人类干预的情况下传播　　　D. 蠕虫比病毒更经常删除系统文件

3. 以下哪个是微软 Outlook 经常成为病毒攻击目标的主要原因？

　　A. 许多黑客不喜欢微软　　　　　　　　　B. Outlook 复制病毒文件的速度更快

　　C. 可以很容易地编写访问 Outlook 内部机制的程序　　D. Outlook 比其他电子邮件系统更常见

4. 病毒传播最常见的方法是什么？

　　A. 感染软盘　　　　　　　　　　　　　　B. 感染 CD

　　C. 通过即时通信附件　　　　　　　　　　D. 通过电子邮件附件

5. 下列哪一项对 Zafi.d 蠕虫的广泛传播贡献最大？

　　A. 它声称来自 IRS

　　B. 它声称是一张节日贺卡，而且是发布在一个重要节日的前夕

　　C. 它使用脚本附件而不是活动代码

　　D. 它使用活动代码，而不是脚本附件

6. Zafi.d 最危险的一面是什么？

　　A. 它删除了注册表　　　　　　　　　　　B. 它试图重写部分病毒扫描器

　　C. 它试图覆盖关键的系统文件　　　　　　D. 它发送有关受感染计算机的信息

7. Kedi RAT 病毒的主要传播方法是什么？

　　A. 它使用自己的 SMTP 引擎发电子邮件　　B. 它借用了 MS Outlook

　　C. 它在受感染的软盘上　　　　　　　　　D. 它附在 Flash 动画上

8. Rombertik 病毒还尝试了什么额外的恶意活动？

　　A. 它覆盖主引导记录　　　　　　　　　　B. 它试图覆盖部分病毒扫描器

　　C. 它试图覆盖关键的系统文件　　　　　　D. 它发送了有关受感染计算机的信息

9. taxpayer 病毒骗局是什么？

　　A. 一封声称在线报税被感染和不安全的电子邮件

　　B. 一封电子邮件试图让受害者发送税务支票到假地址

　　C. 一种病毒从目标计算机上删除了所有与税务有关的文件

　　D. 一种于 2003 年感染美国国税局的病毒

10. 在病毒的上下文中，什么是 .dat 文件？

　　A. 包含系统信息的文件　　　　　　　　　B. 被感染的文件

　　C. 带有损坏数据的文件　　　　　　　　　D. 带有病毒定义的文件

11. 什么是启发式扫描？

　　A. 使用基于规则的方法进行扫描　　　　　B. 根据病毒定义文件进行扫描

　　C. 只扫描系统管理区域（注册表、引导扇区等）　　D. 预定扫描

12. 什么是活动代码扫描?

    A. 一直在进行的扫描(即主动地)   B. 扫描活动的 Web 元素(脚本、ActiveX 等)

    C. 主动扫描恶意代码   D. 主动扫描蠕虫

13. 在购买防病毒软件时,下列哪一项是最不重要的考虑因素?

    A. 软件使用的扫描类型   B. 软件针对新病毒进行更新有多快

    C. 配置和使用有多容易   D. 软件的成本

14. 以下哪一项是 McAfee 拥有,而大多数防病毒解决方案没有的一个有用特性?

    A. 它做安装前扫描   B. 它有针对新用户的教程

    C. 它的主屏幕对你的系统有一个安全评级   D. 它使用启发式扫描

15. 以下哪一项是 Norton 防病毒软件有,而大多数防病毒解决方案没有的有用特性?

    A. 它做安装前扫描   B. 它有针对新用户的教程

    C. 它的主屏幕对你的系统有一个安全评级   D. 它使用启发式扫描

16. 以下哪一项是 Avast 防病毒有,而大多数防病毒解决方案中没有的有用特性?

    A. 它做安装前扫描   B. 它有针对新用户的教程

    C. 它的主屏幕对你的系统有一个安全评级   D. 它使用启发式扫描

9.8.2 练习题

注意:这些练习会让你使用不同的防病毒产品。在安装和使用一个产品之前卸载另一个产品是非常重要的。

练习 9.1 使用 McAfee

1. 下载 McAfee 的试用版。
2. 扫描你的机器。
3. 注意 McAfee 的主屏幕给你的 PC 的安全评级和原因。
4. 注意病毒检测器发现了什么。
5. 尝试设置和选项,尤其是扫描规划。

练习 9.2 使用 Norton

注意:如果你在第 2 章做了所有的项目,那么会对这里的第一个练习很熟悉。然而,这里要求你将 Norton 与其他防病毒解决方案进行比较。

1. 下载 Norton AntiVirus 的试用版。
2. 特别注意它的安装前扫描。
3. 扫描你的机器。
4. 注意病毒检测器发现了什么。
5. 尝试设置和选项,特别是扫描规划。

练习 9.3 使用 Avast Antivirus

1. 下载 Avast Antivirus 的试用版。
2. 扫描你的机器。
3. 检查初始教程。对于新手用户来说,它够用吗?
4. 注意病毒检测器发现了什么。
5. 尝试设置和选项,特别是扫描规划。

练习 9.4 使用 Malwarebytes Antivirus

1. 下载 Malwarebytes Antivirus 的试用版。
2. 扫描你的机器。

3. 请注意其他病毒扫描器没有的 Malwarebytes 的任何特性。

4. 注意病毒检测器发现了什么。

5. 尝试设置和选项，特别是扫描规划。

练习 9.5　使用 Panda AntiVirus

1. 下载 Panda AntiVirus 的试用版。

2. 扫描你的机器。

3. 注意其他病毒扫描器没有的 Panda AntiVirus 的任何特性。

4. 注意病毒检测器发现了什么。

5. 尝试设置和选项，特别是扫描规划。

9.8.3　项目题

项目 9.1　比较防病毒软件

比较四个防病毒软件包的特点，特别注意：

1. 对一个解决方案来说是独一无二的项。

2. 每个扫描器会检出什么（也就是说，如果它们都被用来扫描同一个文件夹，它们是否都检测到相同的项目？）。

项目 9.2　研究病毒

1. 利用各种 Web 资源，找到一种在过去 90 天内活跃的新病毒。

2. 描述病毒是如何传播的，它都做了什么？它的传播范围有多广（McAfee 的病毒地图应该对你有所帮助）。

3. 描述病毒造成的任何已知损害。

4. 描述为对抗病毒采取的措施。

项目 9.3　防病毒策略

　　对于这个项目，你需要查询几个防病毒策略文档（在下面列出）。你将发现有些条目是共有的，有些条目只存在于它们中的一部分。列出这些资源中的共有项（这表明所有资源都认为它们很重要），解释它们为什么这么重要。

- SANS 研究所实验室防病毒策略：https://www.sans.org/security-resources/policies/retired/pdf/anti-virus-guidelines

- http://searchsecurity.techtarget.com/tip/Developing-an-antivirus-policy

- 西部密歇根大学的防病毒策略：https://wmich.edu/it/policies/antivirus

本章目标

在阅读完本章并完成练习之后，你将能够完成如下任务：

- 描述特洛伊木马。
- 采取措施防止特洛伊木马攻击。
- 描述间谍软件。
- 使用反间谍软件。
- 创建反间谍软件策略。

10.1　引言

第 2 章介绍了特洛伊木马及其对网络的威胁，第 8 章对此进行了扩展。特洛伊木马程序是任何连接到 Internet 的系统的常见威胁。如果用户从 Internet 下载软件、屏幕保护程序或者文档，那么特洛伊木马就是一个重要的问题。特洛伊木马不像病毒攻击或 DoS 攻击那样普遍，但它们确实是对系统的实际威胁。为了拥有一个安全的网络，你必须采取措施保护网络免受特洛伊木马攻击。在本章中，你将了解一些知名的特洛伊木马攻击，以及采取什么样的措施来减少这些攻击带来的危害。

在过去的几年里，无论是在家还是在单位，间谍软件已经成为计算机用户一个日益危险的问题。现在，许多网站在用户打开它们时，都会将间谍软件或其近亲广告软件放到用户的系统上。除了对信息安全的明显威胁外，这些应用程序还消耗了系统资源。在本章中，我们还将研究间谍软件构成的威胁，以及对抗它们的方法。

除了本章中描述的防范方法之外，还应该注意的是，在第 9 章中讨论的病毒防御也将有助于打击特洛伊木马和间谍软件。它们都是恶意软件的例子。

10.2　特洛伊木马

正如第 2 章和第 8 章说明的那样，特洛伊木马是一种看似具有良性目的，但实际上执行某些恶意功能的应用程序。这种诡计使得这些应用程序对系统构成了非常危险的威胁。Internet 上有很多有用的实用工具（包括许多安全工具）、屏幕保护程序、图像和文档。大多数 Internet 用户都会下载其中的一些东西。因此，创建一个具有恶意负载的、有吸引力的下载是获得个人计算机访问权限的一种有效方法。

应对特洛伊木马的一个防御措施是阻止所有下载，但这不是特别实用。Internet 的神奇之处和价值在于它提供了对如此大量信息的便捷访问，以如此苛刻的方式限制访问，颠覆了给予员工 Internet 访问的一个最重要原因。与使用这样的强硬策略不同，你将学习保护系统免受特洛伊木马威胁的其他方法。

一旦系统感染木马，它可能会执行任意数量的、非预期的活动。特洛伊木马最常采取的行动包括：

- 擦除计算机上的文件。
- 传播其他恶意软件，如病毒。对执行此操作的特洛伊木马的另一个术语是投递者（dropper）。
- 使用宿主（host）计算机发起分布式拒绝服务（DDoS）攻击或发送垃圾邮件。
- 搜索诸如银行账号数据等个人信息。
- 在计算机系统上安装后门。这意味着让特洛伊木马的创建者很容易访问系统，例如创建一个用户名和口令，从而可以访问系统。

在上面列出的项目中，尽管安装间谍软件和投递病毒正变得越来越普遍，但安装后门和执行分布式拒绝服务攻击可能是特洛伊木马攻击最常见的结果。

10.2.1 识别特洛伊木马

本节首先介绍一些过去已经发生的、知名的特洛伊木马攻击。这会让你了解这些应用程序实际上是如何工作的，然后继续探索可以实施的减轻危险的方法和程序。

1. Back Orifice

这个命名相当直白的木马可能是最有名的特洛伊木马。它相当古老，但它是恶意软件 / 木马历史上一个臭名昭著的部分。Back Orifice 是一种允许用户使用简单的控制台或 GUI 应用程序，通过 TCP/IP 连接控制计算机的远程管理系统。一些用户下载了它，认为它是一个可以使用的良性的管理实用程序。另一些人甚至没有意识到他们正在下载它。Back Orifice 为远程用户提供的对目标机器的控制权，不少于下载了它的人。

供参考：Back Orifice 是特洛伊木马吗？

一些专家认为，Back Orifice 和一些其他攻击，如 NetBus（稍后介绍），不是真正的特洛伊木马，因为它们看起来并不像合法的应用程序。包括作者在内的其他专家则认为这是不正确的，原因如下：

- 这些程序可以附加到合法的应用程序上，因而创建了一个特洛伊木马的教科书示例。
- 一些用户下载该程序时认为它是一个合法的管理工具。
- 一些用户在访问某些网站时在不知情的情况下下载了该程序。这些网站与负载结合创建了一个特洛伊木马。

Back Orifice 很小而且完全自动安装。在任何 Windows 机器上简单地执行服务器程序就
可以安装服务器。Back Orifice 还可以附加到其他
Windows 可执行程序上，这些程序在安装完服务器之
后会正常运行。换句话说，它可以附加到用户下载的
合法程序上，从而在后台安装 Back Orifice。更阴险的
是，Back Orifice 在任务列表或关闭程序列表中不显示。
这个程序还能在每次计算机启动之后就启动。Back
Orifice 为入侵者提供的远程管理界面如图 10-1 所示。
该图应该让你对入侵者能用这个工具对你的系统做多
少事有大概的了解。

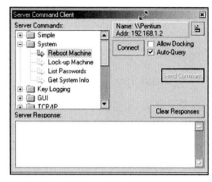

图 10-1　Back Orifice 界面

 警告　**注册表设置**
> 对 Windows 注册表的任何更改都必须谨慎进行。必须时刻小心，如果你自己不确
> 定，那就不要做。你可以先在实验室机器上而不是在实际系统上尝试。

Back Orifice 是一个非常古老的特洛伊木马程序，这里作为一个例子进行了讨论。你现
在不太可能会看到它。如果你已经感染了 Back Orifice（或者希望检查是否已感染），通过注
册表是删除它的最好方式：

1. 点击"开始"菜单。

2. 单击"运行"，然后输入 Regedit。

3. 展开分支，定位键 HKEY_LOCAL_MACHINE\SOFTWARE\Microsoft\Windows\Current
Version\RunServices。

4. 双击默认（default）键，将打开一个对话框，该对话框显示键和当前值（Value data），
这个值是".exe"。选中此键并按 <Delete> 键（注意，不是 <Backspace>），然后单击"确定"
按钮。

5. 关闭 Regedit 并重新启动机器。

6. 转到命令提示符并输入 del c:\windows\system\exe~1。

> **注意**　有时，Windows 会移动一个键，甚至在更新版本的 Windows 中移除它。根据你正在
> 运行的 Windows 版本，你可能没有这个特定的键，或者它可能位于不同的位置。你
> 可能需要在 Microsoft TechNet 上进行一些搜索。

2. Anti-Spyware 2011

Anti-Spyware 2011 是一个特洛伊木马，可感染包括 XP、Vista 和 Windows 7 在内的
Windows 客户端计算机。这个特洛伊木马假装是一个反间谍软件程序。它实际上禁用了防病
毒程序的安全相关进程，同时还阻止访问 Internet，从而阻止了更新。此程序将更改计算机
的 Windows 注册表，将自己置于启动组中。当机器被感染时，用户将收到许多虚假的安全
消息。这不是一个新的程序，有几乎相同的早期版本，如 Windows anti-spyware。这只是一
个例子，尽管日期似乎很老，但实际上有大量的针对 Windows 和 Macintosh 的假杀毒和假
反间谍软件程序，它们实际上都是特洛伊木马。

3. Shedun

Shedun 是 2015 年首次发现的并且针对 Android 系统的一种特定类型的恶意软件。该木马的攻击向量是重新包装合法的 Android 应用程序，如 Facebook 或游戏 Candy Crush，但在里面包含了广告软件。其目标是让广告软件进入目标系统，然后用广告淹没用户。

4. Brain Test

Brain Test 是另一种 Android 木马，也是在 2015 年被发现的。它看起来像是一个智商测试应用程序。然而，它比 Shedun 邪恶得多。它不是简单地传送广告软件，而是在目标系统上安装一个 rootkit。

5. FinFisher

该产品很有趣，因为它是由一家私营公司开发的，专门出售给执法机构。它可以用多种方式传播，但与本章相关的是，它可以作为软件更新出现。然而，它最终安装在目标系统上的是间谍软件。这是为执法机构设计的，应该有合法授权，用在嫌疑人的电脑上。然而，整个 FinFisher 产品套件被 WikiLeaks（维基解密）在 2011 年发布，自那时以来，在无数计算机上都发现了这个产品。

6. NetBus

NetBus 特洛伊木马在效果上与 Back Orifice 非常相似。NetBus 蠕虫试图用 NetBus 特洛伊木马感染目标计算机。该工具是一个远程管理工具（Remote Administration Tool，常称为 RAT），非常类似于 Back Orifice。然而，NetBus 只在端口 20034 上运行。它让远程用户完全控制受感染的机器，就像坐在键盘前一样拥有完全的管理权限。NetBus 的管理界面如图 10-2 所示。可以看到，入侵者可以在受感染的计算机上完成多种高级任务。

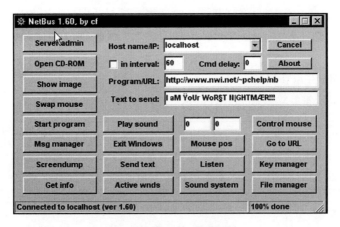

图 10-2　NetBus 管理界面

检查计算机是否感染了 NetBus 非常简单。只需进入命令提示符并用下列命令之一telnet 即可。如果你得到回应，那么你可能已被感染。命令格式如下：

telnet 127.0.0.1 12345

telnet 127.0.0.1 12346

如果你已经被感染，那么最好通过注册表按照以下步骤清除它：

1. 使用 regedit.exe，查找键 HKEY_LOCAL_MACHINE\Software\Microsoft\Windows\Current Version\RunServices\。

2. 删除键 666。

3. 重新启动计算机。

4. 删除 Windows 系统目录中的 SKA.EXE 文件。

7. FlashBack

FlashBack 木马是在 2011 年首次发现的。虽然它有点过时，但是应该受到关注，因为此特洛伊木马专门影响运行 Mac OS X 的计算机。感染来自于将用户重定向到一个包含漏洞利用 applet 的站点，这使得恶意软件被下载。

8. GameOver Zeus

这个特洛伊木马在 2014 至 2016 年非常活跃，在撰写本书时仍在被发现。首先它值得关注，因为它基于古老的 Zeus Trojan 组件。第二，它很有趣，因为它建立了一个加密的点到点的僵尸网络，允许犯罪者控制受感染的计算机。

9. Linux 木马

常常发现非微软操作系统的拥护者吹嘘他们的系统具有更高的安全性。的确，在许多微软产品中，有些特性似乎更倾向于可用性而不是安全性。然而，一些安全专家争辩说，非微软操作系统的安全性明显更好的主要原因，是因为它们在个人电脑市场中的份额要小得多，因此对恶意软件的创建者来说不那么具有吸引力。随着这些操作系统变得越来越流行，我们将会看到更多的攻击集中到它们身上。事实上，已经有专门针对 Linux 的特洛伊木马。

Linux 有许多实用程序可用。大多数都随 Linux 发行版本附带，但是 Linux 用户通常会从 Internet 下载这些程序的更新。util-linux 文件就是其中之一，它包含了 Linux 系统的几个基本实用程序。在 1999 年 1 月 22 日至 1999 年 1 月 24 日，在至少一台 FTP 服务器上的 utillinux-2.9g.tar.gz 文件中被放置了特洛伊木马。此特洛伊木马应该分发到镜像 FTP 站点。不知道有多少镜像站点有这个文件，也不知道有多少用户下载了它。该木马的年龄应该能够告诉你，它不是 Linux 系统的新威胁。随着 Linux 的日益普及，你应该会看到更多的 Linux 木马。

这种特定的特洛伊木马是一个经典的后门木马。在带特洛伊木马的 util-linux 发行版中，程序 /bin/login 被更改，包括了将包含主机名和登录用户信息的电子邮件发送给特洛伊木马创建者的程序代码。合法 util-linux 包的发行者使用一个新版本更新了他们的站点。但是，不能确定有多少系统安装了木马版的程序包，或者有多少系统被破坏。

10. Portal of Doom

这是一个古老的木马，但却非常经典。此特洛伊木马也是一个后门管理工具。它使远程用户能够对受感染的系统进行大量控制。如果远程用户通过 Portal of Doom 控制了你的系统，那么远程用户可以采取的动作包括但不限于：

❏ 打开和关闭光驱。

❏ 关闭系统。

❑ 打开文件或程序。

❑ 访问驱动器。

❑ 更改口令。

❑ 记录键盘击键。

❑ 拷贝屏幕。

Portal of Doom 与 Back Orifice 和 NetBus 非常相似。它很容易使用，并且拥有图形用户界面，如图 10-3 所示。

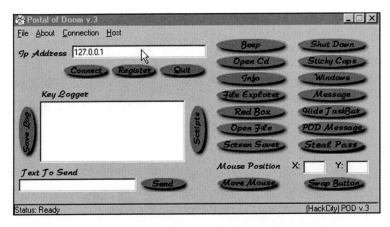

图 10-3　Portal of Doom 的管理界面

你可以通过以下步骤手动删除此特洛伊木马：

1. 删除注册表中位于 HKEY_LOCAL_MACHINE\Software\Microsoft\Windows\Current Version\RunServices 的 String 键。

2. 使用任务管理器关闭 ljsgz.exe 的进程。如果你关闭不了，那么重新启动机器。由于你已经更改了注册表，因此 ljsgz.exe 程序不会再次启动。

3. 从 Windows 系统目录中删除 ljsgz.exe 文件。

10.2.2　感染特洛伊木马的征兆

很难确定你的系统是否是特洛伊木马的受害者。有许多征兆表明你的系统可能感染了特洛伊木马。当然，假设你或其他合法用户没有进行这些更改，这些征兆包括：

❑ 浏览器的主页被改变。

❑ 口令、用户名、账号等被更改。

❑ 对屏幕保护程序、鼠标设置、背景等的任何更改。

❑ 任何设备（如光驱）似乎在自己工作。

任何这些更改都是感染特洛伊木马的征兆，表明你的系统可能被感染了。

10.2.3　为什么有这么多特洛伊木马

为什么我们看到这么多特洛伊木马？实际上我想知道为什么我们看不到更多。Internet上有各种免费工具可以让人创建特洛伊木马。一个简单的例子是 eLiTeWrap，如图 10-4 所示，你可以在 Google 上搜索它然后免费下载。它是一个简单的命令行工具，非常容易使用：

1）打开命令窗口。

2）导航到你存放 eLiTeWrap 的文件夹。

3）确保文件夹中有两个程序（一个是携带者程序，另一个是你想要附加的程序）。

4）输入你想要运行的可见文件的名称。

5）输入操作：

    a）仅打包

    b）打包并执行、可见、异步

    c）打包和执行、隐藏、异步

    d）打包和执行、可见、同步

    e）打包并执行、隐藏、同步

    f）仅执行、可见、异步

    g）仅执行、隐藏、异步

    h）仅执行、可见、同步

    i）仅执行、隐藏、同步

6）进入命令行。

7）输入第二个文件（你想要暗中安装的项目）。

8）输入操作。

9）文件处理完成后，按 Enter 键。

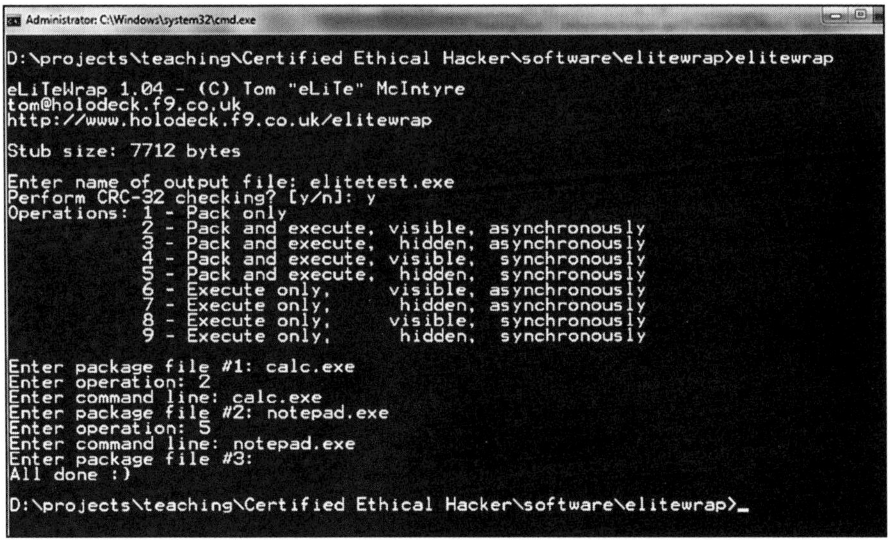

图 10-4　eLiTeWrap

实践中

    当考虑任何可能被认为是"黑客工具"的工具时，你应该首先检查它是否违反了公司关于拥有这样工具的政策。其次，带着这些工具进行国际旅行可能是个不太明智的行为。法律因国而异，我不能保证，如果某个国家的主管部门在你的笔记本电脑、便携式媒体或其他你拥有的设备上发现这些工具会有什么反应。

eLiTeWrap 只是一个例子。Internet 上还有许多其他工具可供你创建特洛伊木马。如果你确保这两个程序实际上无害，并且仅用于演示目的，则可以在教室环境中使用此工具。这个程序应该展示了创建一个特洛伊木马有多容易，以及为什么你在下载程序和实用工具时应该小心。

10.2.4　阻止特洛伊木马

我们已经看过几个真实世界的特洛伊木马，应该让你很好地理解了它们是如何工作的。但真正的问题是，如何防止你的系统被特洛伊木马所利用？答案是采用技术措施和策略措施的混合方法。

1. 技术措施

有几种技术措施可以保护你的系统免受特洛伊木马的威胁。当然，这些措施并不确保防止木马攻击，但它们肯定能提供适当程度的安全：

❑ 回想一下，NetBus 使用端口 20034 工作。这是阻止机器上所有不需要端口的另一个理由，而不仅仅是服务器或防火墙。在所有服务器、工作站和路由器上端口 20034 都被阻塞的系统不会受到 NetBus 的影响。如果其中一台网络机器感染了 NetBus，攻击者将无法使用它。

❑ 防病毒软件是另一种减少木马攻击危险的方法。大多数杀毒软件都扫描已知的特洛伊木马和病毒。在所有计算机上保持防病毒软件的更新和正确配置将极大地帮助用户防御特洛伊木马。

❑ 阻止浏览器中的活动代码也有助于降低特洛伊木马的风险。它将阻止用户查看某些动画，但也可以阻止将特洛伊木马引入到系统的几个途径。至少，浏览器应该设置成在运行任何活动代码之前警告用户并获得他们的允许。

❑ 你可能已经意识到，作为一般的计算机安全策略，你应该始终给予用户执行其工作任务所需的最低权限。此策略特别有助于防范特洛伊木马。如果终端用户无法在其计算机上安装软件，那么在无意中安装特洛伊木马就会更难。

2. 策略措施

技术在计算机安全的任何方面只能发挥这些作用，防范特洛伊木马也是一样。终端用户策略是防范特洛伊木马的关键部分。幸运的是，一些简单的策略可以极大地帮助保护你的系统。你可能会注意到，其中许多策略都是用来保护你的网络免受病毒攻击的。

❑ 除非你完全确定附件是安全的，否则不要下载任何附件。这意味着除非你明确请求一个附件，或者至少期望一个附件，而且该附件与你预期的匹配（如名称合适、格式正确等），否则不要下载它。

❑ 如果不需要某个端口，请关闭它。表 10-1 列出了知名特洛伊木马使用的端口。此列表并非详尽无遗，但应该让你了解如果不关闭不必要的端口，系统会有多脆弱。

❑ 不要在计算机上下载或安装任何软件、浏览器皮肤、工具栏、屏幕保护程序或动画。
如果你需要这类中的某一项，请 IT 部门先扫描它以确保安全。

❑ 小心隐藏的文件扩展名。例如，你认为是图像的一个文件可能是恶意的应用程序，
它不是 mypic.jpg，而是 mypic.jpg.exe。

表 10-1　知名特洛伊木马使用的端口

使用的端口	特洛伊木马
57341	NetRaider
54320	Back Orifice 2000
37651	Yet Another Trojan (YAT)
33270	Trinity
31337 和 31338	Back Orifice
12624	Buttman
9872–9872, 3700	Portal of Doom (POD)
7300–7308	Net Monitor
2583	WinCrash

10.3　间谍软件和广告软件

间谍软件对家庭计算机用户和机构来说都是一个日益严重的问题。当然，这类应用程序
可能会危及一些敏感信息。另外还可能消耗太多的系统资源。间谍软件和广告软件都使用内
存。如果你的系统有太多这样的应用程序，那么它们会消耗系统的大量资源，以至于你的合
法软件将无法运行。我曾亲眼见过，计算机由于运行了太多的间谍软件 / 广告软件，以至于
机器无法使用。

间谍软件和广告软件的主要区别在于它们在你的机器上所做的事情不同。它们以同样
的方式感染你的机器。间谍软件寻求从你的机器获取信息，并供其他人使用。这可以通过多
种方式实现。而广告软件寻求在机器上创建弹出广告。因为这些广告不是由网络浏览器生成
的，因此许多传统的弹出阻止器不能阻止它们。

间谍软件和广告软件都是网络安全和家庭 PC 安全日益严重的问题。这是计算机安全软
件的一个重要组成部分，曾在很大程度上被忽略。即使在今天，也没有足够多的人认真对待
间谍软件来防范它。其中一些应用程序只是将你的主页更改为不同的站点（这些被称为主页
劫持者）；另一些应用程序则在你的收藏夹中添加项目（或从中读取项目）。其他应用程序可
能会更有侵略性。

10.3.1　识别间谍软件和广告软件

正如病毒和特洛伊木马威胁最终被安全专业人士和黑客所熟知一样，也有一些广告软件
和间谍软件在计算机安全界很知名。了解具体的现实世界的广告软件和间谍软件，以及这些
应用程序如何发挥作用，将有助于你更好地理解它们带来的威胁。

1. Gator

这是一个很古老的例子，但仍然很经典。Gator 可能是最广为人知的广告产品。该产品通常是通过内置到 Internet 上可以下载的各种免费软件包中分发的。一旦它出现在电脑上，你就会被各种各样的弹出广告淹没。这家公司从销售他们展示的广告中获得了可观的利润。由于这种利润问题，一些人起诉了专门针对 Gator 的反间谍软件公司。

Gator 的制造商坚持认为其产品不是间谍软件，不会从你的计算机发出信息。然而，你所遭受的弹出广告的数量范围，可以从仅仅是烦人到严重损耗内存。例如，与 Gator 相关的产品 Weather Scope 自身使用 16MB 的内存。各种广告软件很容易消耗掉大量的系统内存，这会对系统的性能造成明显的损耗。

有两种方法可以删除 Gator（不包括使用反间谍软件，它可以自动为你删除 Gator）：

方法 1　添加 / 删除程序：

1）右键单击系统托盘中的 Gator 图标，然后单击 Exit。

2）单击 Windows 的"开始"按钮，选择"设置"，然后单击"控制面板"。

3）选择"添加 / 删除程序"图标。

4）在已安装程序列表中找到 Gator 或 Gator eWallet。选中它，然后单击"删除"按钮。

方法 2　注册表（如果方法 1 不起作用，则此方法奏效）：

1）右键单击系统托盘中的 Gator 图标，然后单击 Exit。

2）使用 regedit 打开注册表并选择键 HKEY_LOCAL_MACHINE\Software\Microsoft\Windows\CurrentVersion\Run。

3）找到条目 CMESys、GMT 或 trickler，然后右键单击它并选择 Delete。

4）重新启动 Windows。

5）打开 C:\ProgramFiles\Common Files，删除 CMEII 和 GMT 文件夹。

这两种方法应该都能使计算机摆脱这一广告软件。通常，手动删除间谍软件或广告软件常需要使用任务管理器来停止运行的进程。然后，你需要扫描硬盘驱动器以删除应用程序，并使用 regedit 工具将其从注册表中删除。可以看到，这是一个相当困难的过程。

2. RedSheriff

RedSheriff 是间谍软件而不是广告软件。此产品作为嵌入在你访问的网页中的 Java applet（Java 小程序）加载。一旦访问该网站，此 applet 将收集关于你访问的信息，例如页面加载所需的时间、停留时间以及访问的链接。此信息将发送给母公司。许多 Internet 服务提供商（Internet service providers，ISP）已经开始在他们的起始页面中包括 RedSheriff，这些页面被编程为每次用户登录到 Internet 时加载。RedSheriff 的问题有两个方面：

❑ 没有人（制造者除外）真正确定它收集了什么数据或数据是如何使用的。

❑ 许多人对监视他们网站使用习惯的任何人都有负面反应。

RedSheriff 程序被市场定位为一个报告工具，用来衡量访问者如何使用网站。可以在网站 http://cexx.org/cache/redsheriff_products.html 上查看厂商自己的评论。

10.3.2　反间谍软件

大多数防病毒产品都包含反间谍软件。不过，你可以购买专用的反间谍软件。反间谍软件是防御间谍软件和广告软件的好方法，就像杀毒软件防御病毒和特洛伊木马一样。本质上，它通过扫描计算机检查运行在机器上的间谍软件。大多数反间谍软件都是通过检查系统中已知的间谍软件文件来工作的。就像病毒一样，你很难识别标识间谍软件的特定行为。必须对照已知的间谍软件列表检查每个应用程序。这意味着你必须维护某种类型的订阅服务，以便获得间谍软件定义列表的日常更新。

在当今的 Internet 环境下，运行反间谍软件就像运行杀毒软件一样重要。如果不这样做，就会造成严重后果。由于间谍软件的存在，个人数据，也许是敏感的业务数据，很容易在你不知情的情况下从机构中泄露出去。你还应该记住，间谍软件完全有可能成为有目的的工业间谍活动的工具。在本节中，我们将研究一些常用的反间谍软件实用程序。

> **供参考：反广告软件**
>
> 专门设计来检测和删除广告软件的软件可能不太常见。大多数厂商将广告软件和间谍软件合在一起，所以大多数反间谍软件解决方案也会扫描广告软件。

1. Spy Sweeper

Spy Sweeper（间谍软件清扫器）可在 www.Webroot.com 得到。其厂商提供企业范围的反间谍软件解决方案，以及针对个人电脑的解决方案。最重要的是，你可以免费下载该软件，但要想获得间谍软件定义的更新则需要注册（并为此付费）。除了允许扫描系统外，它还实时监视浏览器和下载，并对任何更改进行告警。例如，如果主页有更改，Spy Sweeper 会在提交更改之前请你确认。

然而，这个产品最大的优点是它简单易用。如果使用该软件的人是新手，那么 Spy Sweeper 是一个极好的选择。下面我们只研究几个特性，你就可以看到它是如何工作的。初始界面如图 10-5 所示，新用户可以轻松地清扫、查看隔离项、更新软件和执行其他任务。

图 10-5　Spy Sweeper 的打开界面

　　当运行清扫功能时，会看到关于正在发生的事情的实时报告，如图 10-6 所示。这个报告显示该程序要测试多少个间谍软件定义、此过程的进度以及到目前为止已经发现了什么。

　　清扫完成后，可疑程序 / 文件被识别出来，你可以选择恢复、删除或者隔离它们。Spy Sweeper 不会自动删除它们。这是一个很好的特性，因为这可以防止意外删除被错误识别为间谍软件的项目。

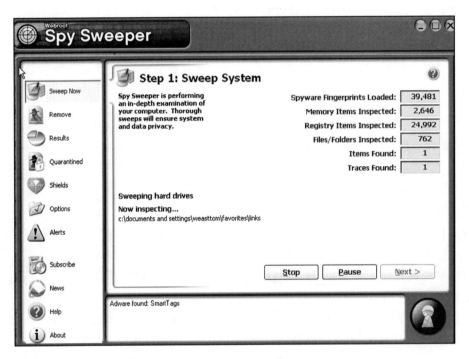

图 10-6　Spy Sweeper 的清扫过程

　　Spy Sweeper 的另一个有趣的特性是它提供各种防护功能，如图 10-7 所示。这些防护可以防止 Internet Explorer 主页、收藏夹、Windows 启动、内存中的程序等发生更改。大多数间谍软件和广告程序都试图改变其中一个或多个项目。在做出任何改变之前，这些防护都需要你的直接确认。

2. Zero Spyware

　　Zero Spyware 在功能上与 Spy Sweeper 类似。像 Spy Sweeper 一样，它提供了一个免费试用版，可以从公司的网站下载。与我们已经研究过的其他反间谍软件不同，它并没有受到太多的媒体关注。而且，在图 10-8 中可以看到，它的试用版是有限制的。它不提供主页防护或广告软件防护这些其他工具有的功能，它的扫描选项也较少。

　　Zero Spyware 的优点之一是它包含一个系统诊断实用程序，这是我们研究过的其他反间谍软件包所没有的。此实用程序将结果放在 Web 页面中，从而易于查看或显示。

　　表 10-2 给出了这两个顶级反间谍软件的简要对比。每个功能按从 1 到 5 定级，其中 5 是最好的。每当评估任何类型的安全产品时，创建这样的表格都非常有用。对多种特性赋予不同的值，然后比较总分（以及最重要的特性），这能够帮助你决定哪个产品适合你。

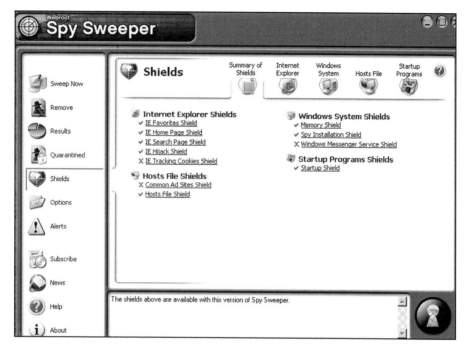

图 10-7　Spy Sweeper 的防护功能

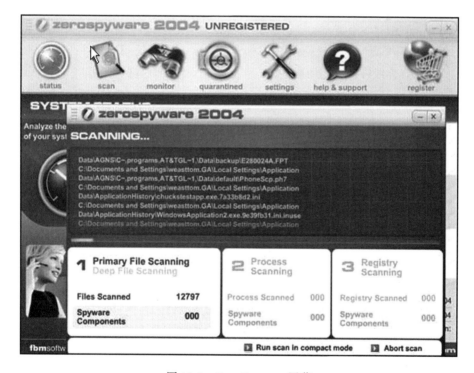

图 10-8　Zero Spyware 屏幕

表 10-2　反间谍软件比较

	Spy Sweeper	Zero Spyware
价格	3	3

（续）

	Spy Sweeper	Zero Spyware
防护	5	3
间谍软件定义	5	4
试用版选项	5	2
系统诊断	2	5
总计	20	17

3. 反间谍软件产品的研究和比较

与防病毒、防火墙和其他安全产品一样，有许多反间谍软件可供选择。下述网站或者提供反间谍软件，或者提供用于评估各种产品的反间谍软件评论。大多数产品的价格从 19.95 美元到 39.95 美元不等，而且很多产品都有免费的试用版可供下载。

- PCMag，2018 年最佳反间谍软件：https://www.pcmag.com/roundup/354515/the-best-spywareprotection-security-software
- IEEE 的"反间谍软件产品比较"：http://ieeexplore.ieee.org/xpl/login.jsp？tp=&arnumber=6030154&url=http%3A%2F%2Fieeexplore.ieee.org%2Fxpls%2Fabs_all.jsp%3Farnumber%3D6030154
- Digital Trends 最佳免费防病毒软件（也包括间谍软件）：https://www.digitaltrends.com/computing/best-free-antivirus-software/

这份清单并不全面。简单地使用 Web 搜索就会发现大量反间谍软件产品。然而，这些是更常用的产品，你或许应该使用这些产品作为探索反间谍软件的开始。

10.3.3　反间谍软件策略

与计算机安全的所有方面一样，为了保护系统不受间谍软件和广告软件的影响，必须制定适当的策略。其中许多策略与保护系统免受木马和病毒感染的策略相同。

- 除非完全确定附件是安全的，否则不要下载任何附件。这意味着除非你明确请求了一个附件，或者至少期望一个附件，而且该附件与你的语气匹配（即名称适当、格式正确等），否则不要下载它。
- 确保浏览器配置为阻止 cookie，或者最多只允许在非常有限的时间内使用 cookie。Cookie 存储来自特定网站的信息，但是你访问的任何网站都可以读取机器上的任何 cookie。
- 浏览器应该配置成阻止在用户不知情的情况下运行的脚本。
- 一些浏览器（例如 Chrome 和 Mozilla）也提供弹出阻塞功能。弹出广告通常是广告软件的媒介，因此阻止这样的广告非常关键。
- 除非完全确定应用程序、浏览器皮肤、屏幕保护程序或实用程序的安全性，否则不要从 Internet 下载它。
- 阻止 Java applet，或者至少要求在加载之前用户手动确认。这将阻止 RedSheriff 和许多其他间谍软件实用程序。

10.4　本章小结

特洛伊木马和间谍软件都会对网络造成重大威胁。特洛伊木马和病毒经常重叠（即，一个病毒可能安装特洛伊木马）。病毒扫描器和适当的策略是防范特洛伊木马的唯一途径。因此，仔细制定和实施反特洛伊木马策略尤为重要。

间谍软件和广告软件是计算机系统面临的日益严重的问题。间谍软件可以通过泄露系统的详细信息或系统上的机密数据来破坏安全性。广告软件主要是令人讨厌，而不是一个直接的安全威胁。然而，随着你的计算机感染越来越多的广告软件，这些程序最终会耗尽系统资源，直至系统完全无法使用。

你可以通过反间谍软件实用程序和适当策略的组合来保护自己防范广告软件和间谍软件。有多种反间谍软件工具可用，本章也研究了其中的许多工具。

10.5　自测题

10.5.1　多项选择题

1. 以下哪项是特洛伊木马程序最常做的两件事情？
   A. 发起 DDoS 攻击并开启后门
   B. 安装间谍软件并启动 Ping of Death 攻击
   C. 删除注册表键和更改系统文件
   D. 劫持主页并删除注册表键

2. Back Orifice 会对系统做什么？
   A. 删除或损坏微软 Office 应用程序
   B. 在受感染的系统上安装病毒
   C. 为远程用户提供对计算机的完全管理访问权限
   D. 对微软网站发起 DDoS 攻击

3. 以下哪项是 Back Orifice 最险恶的方面？
   A. 它很小
   B. 它通过电子邮件传播
   C. 它似乎是合法的程序
   D. 它不显示在任务列表中

4. Shedun 是怎么传播的？
   A. 作为一个 Windows 更新
   B. 作为一个合法的 Android app
   C. 作为一个 iOS 更新
   D. 作为一个防病毒程序

5. 1999 年的 util-linux 特洛伊木马有什么后果？
   A. 它发送了登录用户的登录信息
   B. 它删除或损坏了注册表
   C. 它为黑客打开端口 1294
   D. 它用 IRC 打开机器的后门

6. 下面哪一项最准确地解释了为什么用户的最小必要特权有助于防范特洛伊木马？
   A. 如果用户不能删除程序，那么他不能意外地删除反间谍软件和防病毒程序
   B. 如果用户不能安装程序，那么他将不太可能安装特洛伊木马
   C. 如果用户不能安装程序，那么他完全不可能安装特洛伊木马
   D. 如果用户不能删除程序，那么他不能更改你放在他机器上的安全设置

7. 为什么隐藏文件扩展名是一种安全威胁？
   A. 用户可能下载一个实际上是恶意可执行文件的图片
   B. 如果不知道准确的文件扩展名，用户就无法正确地组织系统
   C. 病毒扫描器无法处理扩展名隐藏的文件
   D. 隐藏的扩展名几乎肯定标志着一个蠕虫

8. Gator 是什么？

    A. 当你访问某些网站时自动下载的广告软件

    B. 通常附在通过 Internet 找到的免费程序上的广告软件

    C. 是在你访问一个网站时收集关于你的信息的间谍软件

    D. 从你的硬盘上获取银行信息的间谍软件

9. 什么是 RedSheriff？

    A. 当你访问某些网站时自动下载的广告软件

    B. 通常附在通过 Internet 找到的免费程序上的广告软件

    C. 当是在你访问一个网站时收集关于你的信息的间谍软件

    D. 从你的硬盘上获取银行信息的间谍软件

10. 手动删除间谍软件通常需要除了下列哪一项之外的所有操作？

    A. 格式化硬盘驱动器   B. 从注册表中删除键

    C. 重新安装 Windows   D. 重新安装防病毒软件

11. 为什么阻塞弹出广告对安全有好处？

    A. 弹出广告会降低生产力

    B. 弹出广告可以成为黑客进入系统的媒介

    C. 弹出广告可以是间谍软件或广告软件进入系统的媒介

    D. 弹出广告会耗尽系统的内存

12. 以下哪一项最有可能是你希望限制 Java applet 的原因？

    A. Java applet 可以很容易地被修改成间谍软件

    B. Java applet 可以删除硬盘上的文件

    C. Java applet 通常包含病毒

    D. 除了传递病毒之外，Java applet 没有其他有用的用途

13. 你为什么要限制 cookie？

    A. cookie 消耗系统内存   B. cookie 占用硬盘空间

    C. 任何网站都可以阅读任何 cookie   D. cookie 经常被病毒感染

10.5.2　练习题

练习 10.1　Back Orifice

1. 使用以下网站之一获得 Back Orifice：

    • http://www.cultdeadcow.com/tools/bo.html

    • www.cultdeadcow.com/tools/bo.html

2. 把它安装在实验室的电脑上。

3. 使用远程管理功能更改目标系统。

练习 10.2　NetBus

1. 使用以下网站之一获取 NetBus：

    • https://packetstormsecurity.com/search/files/？ q=netbus%201.70%20zip

    • http://msantoshkumar.blogspot.com/2012/12/netbus-v16-download.html

2. 把它安装在实验室的电脑上。

3. 使用远程管理功能更改目标系统。

练习 10.3　Spy Sweeper

1. 下载 Spy Sweeper 到实验室机器上（最好是带有 Gator、Back Orifice 等的机器）。

2. 运行该程序并注意它检测到了哪些项，但不要删除它们。

10.5.3　项目题

项目 10.1　特洛伊木马的影响

使用 Web 或其他资源查找以下事实：

1. 木马攻击有多常见？

2. 这些对企业有什么影响？

3. 你建议采取哪些步骤来帮助减少特洛伊木马攻击的威胁？

项目 10.2　间谍软件和广告软件的影响

使用 Web 或其他资源，查找以下事实：

1. 间谍软件和广告软件有多常见？

2. 这些对企业有什么影响？

3. 你建议采取哪些步骤来帮助减少间谍软件和广告软件的威胁？

项目 10.3　使用其他反间谍软件

1. 下载一种本章未介绍的反间谍软件产品。

2. 把它安装在实验室机器上并运行。

3. 把得到的结果与 Spy Sweeper 的结果做比较。

第11章 安全策略

本章目标

在阅读完本章并完成练习之后，你将能够完成如下任务：

- 制定有效的用户策略。
- 列出有效的系统管理策略。
- 定义有效的访问控制策略。
- 制定有效的开发策略。

11.1　引言

在整本书中都会偶尔提到策略这个话题；但是，我们的主要焦点是安全技术。不幸的是，单纯依赖技术并不是解决网络安全问题的万能药。其中一个主要原因就是，如果人们不能够遵循适当的程序，安全技术就不会有效地发挥作用。这样的例子包括：

- 防病毒软件不会阻止用户手动打开一个附件释放病毒。
- 如果前员工（可能对公司不满）仍然掌握有效的口令或者简单地将口令写在便签上并贴在电脑显示器旁，那么该公司的网络即使在技术上进行过安全加固，仍然会变得非常脆弱。
- 如果服务器放在公司每名员工都可以随意进入的房间中，那么它是不安全的。

单靠技术并不能解决网络安全的另一个原因是，技术必须被正确地应用。策略可以有效地引导你去实施和管理安全，包括安全技术。在本章中我们将研究计算机安全策略，包括制定好的安全策略要考虑的因素以及如何建立网络安全策略的示例。

11.2　定义用户策略

第1章曾提到，对大多数机构来说系统滥用是一个主要问题。该问题的很大一部分来源于很难准确定义什么是滥用。有些事情是很明显的滥用，比如在上班时间用公司的电脑搜索其他公司职位或浏览非法网站。但是，在其他有些方面却很难界定，比如一名员工利用她的午餐时间浏览她想购买的汽车的信息。通常，好的用户策略明确列出人们该如何使用系统以及什么是不能做的。一个策略必须非常清晰和具体才能行之有效。诸如"电脑和 Internet 访问仅限于工作用途"之类含糊的陈述是不够的。

每个机构都必须有适用于整个机构的具体策略。在前面的例子中，使用"电脑和 Internet 访问仅限于工作用途"这样的一般性陈述是有问题的。假设你有一名员工，偶尔会利用几分钟时间通过公司电脑查看私人邮件。你认为这是可以接受的，并决定不使用前面所说的策略。稍后有其他员工每天花两到三个小时上网冲浪，你因他违反公司策略而开除他。这名员工可能会因为错误的解雇起诉公司。

用户策略还涵盖了其他潜在的滥用领域，包括：共享口令、复制数据、员工去吃午饭时账号仍保持登录状态等。所有这些问题最终都会对网络安全产生严重影响，因此必须在用户策略中明确阐述。下面我们将研究有效的用户策略必须覆盖的几个领域：

- ❑ 口令
- ❑ Internet 使用策略
- ❑ 电子邮件附件
- ❑ 软件安装与移除
- ❑ 即时消息
- ❑ 桌面配置

11.2.1　口令

保持口令的安全十分关键。本书第 8 章讨论了口令，合适的口令是操作系统安全加固的一部分。你应该记得，好的口令被定义为一个长度为 6 到 8 个字符、使用数字和特殊字符并且与终端用户没有明显直接联系的口令。举个例子，对于一个达拉斯的牛仔迷来说，不建议他使用诸如"cowboys"或者"godallas"这样的口令，但是推荐他使用诸如"%trEe987"或者"123DoG$$"，因为这些口令不直接反映应出用户的个人兴趣并且不容易被猜到。诸如最小口令长度、口令历史、口令复杂度等问题都属于管理策略，而不是用户策略。这些复杂性要求现在仍然是很好的建议。但是，你应该考虑更长一些的口令，比如 12 个字符或者更长。用户策略决定终端用户的行为方式。本章后面将讨论短语口令。

然而，不管一个口令有多长多复杂，如果它被写于粘贴在电脑显示器的便签纸上，这个口令就是不安全的。这是显而易见的，但是在办公室的电脑显示器或者是办公桌最上面的抽屉里找到口令并不罕见。每个门卫或者其他任何路过办公室的人都可以轻易地得到口令。

公司员工之间共享口令也很常见。例如，鲍勃下周要出差，所以他把自己系统的口令给了胡安，这样胡安可以登录鲍勃的系统查看他的邮件以及其他信息。问题是现在两个人都知道了口令。那么在鲍勃离开的这段时间，如果胡安突然病了并决定将口令告诉雪莉以便于她能够在自己生病离开的这段时间继续查看系统，那么会发生什么呢？很多人在很短的时间内都可以得到这个口令，从安全的角度来看，这个口令将变得不再有用。

像口令的最小长度、口令有效期、口令历史等都是管理策略的问题。系统管理员可以

强化这些要求。但是，如果用户不以安全的方式管理他们的口令，那么这些措施都不会特别有用。

所有这些问题都意味着你需要关于用户如何使用口令的明确策略。这些策略应该指出如下内容：

- ❑ 口令不应该写在任何容易接近的地方。最好是根本不写下来，但如果写下来了，那么一定要确保保存在安全的地方，如用户家中加锁的盒子里（即，别放在办公室的电脑旁）。
- ❑ 口令绝不能与任何人因任何理由共享。
- ❑ 如果员工认为他的口令已被攻击，他应该立即与 IT 部门联系，从而可以更换他的口令，并且可以监测和跟踪所有使用他的旧口令的登录尝试。

我建议大家选择诸如 "ILikeCheeseBurgers" 之类的短语口令，然后将所有 "e" 更换为 "3"，并使用一些大写字母。也可以添加一些符号从而变成 "#ILik3Ch33s3Burg3rs"。这是一个非常安全的口令。它很容易记住且长度和复杂性满足要求。

口令的复杂性要求能够抵御字典攻击（使用来自口令字典中的词）和猜测攻击。但你可能想知道为什么口令长度非常重要。原因与口令的存储方式有关。在 Windows 中，当你选择了一个口令，该口令经哈希处理后存在 SAM 文件中。现在回想一下第 6 章，哈希是不可逆的。当你登录时，操作系统会将你输入的任何值做哈希运算，然后与存放在 SAM 文件中的值进行比较。如果是相同的，你就可以成功登录。

对口令进行哈希处理导致了一种被称为彩虹表的有趣的黑客技术的使用。彩虹表包含了所有可能在口令中使用的达到给定大小的组合键的哈希值。例如，所有单字符组合的哈希值、所有双字符组合的哈希值等，以此类推，直至达到某个限定长度的所有组合的哈希值（通常是 8 到 10 个字符）。如果你获得了 SAM 文件，那么你可以在彩虹表中搜索任何匹配。如果找到一个匹配项，那么对应的明文一定是口令。诸如 OphCrack 之类的工具可以在 Linux 中启动运行，然后针对 SAM 文件搜索彩虹表。但是，较大的彩虹表很麻烦。目前还没有彩虹表可以处理 20 个字符以上的口令。

可以在 http://www.passwordanalytics.com/theory/security/rainbow-table.php 上找到关于该讨论更好的参考。

11.2.2 Internet 使用策略

大多数机构都为用户提供某种 Internet 访问。之所以提供 Internet 访问，最重要的原因就是收发电子邮件。然而，在业务或学术环境中这绝不是访问 Internet 的唯一原因。还有浏览网页，甚至网上聊天室。所有这些在任何机构内都可以用于合法目的，但也可能产生严重的安全问题。因此，必须制定合适的策略来管理这些技术的使用。

网络中蕴含着丰富的数据资源。在整本书中，我们经常引用可以找到有价值的安全数据和有用工具的网站。Internet 上还有着大量的关于各种技术的实用教程。但即使与技术无关的商业利益也可以通过网络提供。以下是网络合法商用的几个例子：

- ❑ 销售人员查看竞争对手的网站，了解他们在哪些领域提供了哪些产品或服务，甚至可能获知价格。

❑ 债权人检查企业的贝氏或标准普尔评级，查看他们的企业财务评级如何。

❑ 商务旅客查看天气状况并获知旅行报价。

当然，在公司网络上显然不适合进行其他活动：

❑ 使用网络搜索新工作

❑ 任何色情用途

❑ 任何违反法律的用途

❑ 利用网络开展员工自己的业务（即，员工参与其他与公司业务不相关的活动，比如，登录 eBay 购物）

除此之外，还有一些灰色地带。有些活动可能对一些机构来说可以接受，但对其他机构来说则不行。比如：

❑ 员工利用午餐或休息时间在线购物

❑ 午餐时间或休息时间在线阅读新闻报道

❑ 浏览幽默网站

一个人认为荒谬且显而易见的事对另一个人来说可能并非如此。对任何单位来说，制定明确的策略详细说明在工作中哪些网络使用是可接受的，哪些是不可接受的，这很关键。给出明确的例子，说明什么是可以接受的使用，什么是不可以接受的使用也很重要。你还应该记得，大多数代理服务器和防火墙可以阻塞某些网站，这将有助于阻止员工滥用公司的网络连接。

11.2.3　电子邮件附件

如今大多数商业活动，甚至是学术活动都通过电子邮件开展。就像我们在前面几个章节中讨论过的，电子邮件也恰好是病毒传播的主要工具。这意味着对任何网络管理员来说电子邮件安全都是一个重要的问题。

> **供参考：电子邮件通信**
>
> 有些人可能还没有完全理解电子邮件通信的范围和用途。现在，许多人完全或部分时间在家办公。很多课程甚至是全部学位课程，都在 Internet 上提供。不同地理区域的商业伙伴需要沟通。电子邮件提供了一种发送技术数据、业务文档、布置家庭作业等的途径。更重要的是，从业务或是合法性的角度来看，它提供了所有通信的记录。在很多情况下，电子邮件显然远远优于电话通信。
>
> 作为一个典型的例子，本书作者从未见过出版公司的任何人，也没见过他的代理人本人。除了几个简短的电话，所有有关出版本书的沟通都是通过电子邮件完成的。其中的大部分是通过电子邮件附件传送文档和图片。这说明了电子邮件作为学术和业务交流的途径日益重要。
>
> 找到准确的使用电子邮件办公的统计数据很困难。但是，不管你进入什么类型机构的哪个办公室，询问任何员工他们收到的相关业务邮件的流量，你都可能会发现这个数量相当大。相对于电话和传真等其他通信方式，电子邮件通信所占的比重可能会继续增长。

显然，你不能简单地禁止所有的电子邮件附件。但你可以为如何处理电子邮件附件建立一些准则。用户应该仅打开符合以下标准的附件：

❑ 邮件是预期的（例如，用户向某些同事或客户请求了文档）。

❑ 如果邮件不是预期的，那么它必须来自于一个已知的信源。你应联系发件人并询问他是否发送了附件。经证实，则可以打开附件。

❑ 它看起来是一份合法的业务文件（即，电子表格、文档、演示文稿等）。

应该注意的是，有些人可能发现这样的标准不现实。毫无疑问，这些标准带来了不便。但是，随着经常附加到电子邮件的病毒的泛滥，这些措施是谨慎的。许多人选择不按照这个级别的标准去避免病毒，这也可能是你的选择。只需记住，每年有数百万台计算机会感染各种病毒。

任何人都不应该打开符合以下任何标准的附件：

❑ 来源不明的附件。

❑ 它是某种活动代码或可执行文件。

❑ 它是一些动画或电影。

❑ 邮件本身看起来不合法。（它似乎在吸引你打开附件，而不是简单地作为一个合法业务通信并恰好有一个附件。）

如果最终用户有任何疑问，就不应该打开邮件。相反，他应该联系 IT 部门中负责处理安全问题的人员。该人员可以将电子邮件的主题与已知病毒进行比较，或者直接查看电子邮件。证实邮件合法后，用户才可以打开附件。

供参考：关于附件

我在这个问题上遵循"防患于未然"的准则。这意味着，当遇到在 Internet 上不断转发的一些笑话、图像、Flash 动画等，直接做删除处理。这可能意味着我错过了许多幽默的图片和故事，但这也意味着我避免了很多病毒。你可以考虑参照这种做法。

11.2.4 软件的安装与移除

这确实是一个有绝对答案的问题。不应该允许终端用户在他们的机器上安装任何东西，包括墙纸、屏幕保护程序、实用工具等。最好的办法是限制他们的管理权限，使他们不能安装任何东西。然而，该方法应该加上一个强有力的策略声明，禁止在用户的电脑上安装任何东西。如果他们想安装什么，应该首先由 IT 部门负责检查并授予权限。这个过程可能很烦琐，但却很有必要。有些机构甚至从用户的电脑上移除了媒体驱动器（光驱、USB 等），使用户只能安装 IT 部门放在网络驱动器上的文件。这种极端方式通常超出了大部分机构的要求，但却是一个你应该知道的选项。

11.2.5 即时消息

即时消息也被公司和机构的员工广泛使用，但同时也存在滥用的问题。在某些情况下，即时消息被用作合法的业务目的。然而，它的确会引起重大的安全风险。曾出现通过即时消息传播的病毒。在一次事件中，病毒会将所有对话的内容复制给用户好友列表中的所有人。这样，用户认为是私密的对话内容被广播给与他通过信的每一个人。

从纯粹的信息安全角度来看，即时消息也是一种威胁。不像电子邮件，由于通过企业的电子邮件服务器因而具有可追踪性。没有什么可以阻止终端用户通过即时消息传递商业秘密或其他机密信息而不被检测到。建议禁止机构内的所有计算机使用即时消息。如果你的公司确实必须使用它，那么一定要确立非常严格的使用准则，包括：

- ❑ 即时消息只能用于业务通信，不能用于私人对话。这一点目前可能有点难以强制执行。像这样的规定往往都难以执行。更常见的规则，如禁止个人性质的网页浏览，也很难强制执行。然而，制定这些规则仍然是个好主意。那样，如果你发现一个员工违反了这些规定，就可以参考公司禁止此类行为的策略对其进行处罚。但是，你应该意识到，你很有可能抓不到大部分违反此类规定的情况。
- ❑ 不要使用即时消息发送机密的或私人的业务信息。

11.2.6　桌面配置

许多用户喜欢重新配置他们的桌面。这包括改变桌面背景、屏幕保护程序、字体大小、分辨率等。从理论上讲，这不应该是安全隐患。只更改计算机的背景图像不会危及计算机的安全。然而，桌面配置还涉及其他问题。

第一个问题就是背景图片是从哪里获得的。通常情况下终端用户从因特网上下载图片，这为病毒和特洛伊木马的入侵提供了机会，特别是使用隐藏扩展名的病毒或木马（例如，文件看起来是"mypic.jpg"但实际上是"mypic.jpg.exe"）。如果员工使用的背景或屏幕保护程序冒犯了其他员工，还会出现涉嫌人身攻击或骚扰之类的问题。出于这个原因，一些机构决定禁止对系统配置进行任何更改。

第二个问题是技术上的。为了让用户可以更改屏幕保护程序、背景图片和分辨率，你必须同时赋予用户其他的更改系统设置的权限，而这些权限是你不想让他们获得的。因为图形显示选项不能与所有其他的配置选项分开。这意味着允许用户更改屏幕保护程序的同时可能允许他们更改其他设置，因而会危及系统的安全性（如网卡配置或 Windows ICF 防火墙）。

解雇或开除

任何可能导致被学校开除或被解雇（甚至是降级）的策略，都应首先由法律顾问和／或人力资源部门批准。错误的解雇或开除可能会产生严重的法律后果。本书作者既不是律师也不是法律专家，提供不了法律建议。你必须向律师咨询这些事情。

携带私人设备

对于大多数机构来说，携带私人设备（Bring Your Own Device，BYOD）已经成为一个严重的问题。所有员工，至少是大部分员工都拥有私人的智能手机、平板电脑、智能手表以及运动手环等。他们很可能将这些设备带到工作场所。当这设备连接到公司的无线网络时，就引入了一系列新的安全问题。你并不清楚这些设备之前都连接过哪些网络、安装过哪些软件或者哪些数据信息会通过这些私人设备泄漏出去。

在高安全等级的环境中，问题的答案可能是禁止携带个人拥有的设备。然而，在很多机构中，这样的策略不现实。一种解决方法是在办公场所专设一个 Wi-Fi 供这些私人设备连接，但它不连接到公司的主网络上。另一种技术上更复杂的方法是探测所有连接到网络的设备，如果不是公司发行的设备，则限制该设备的访问。

对于 BYOD 也有其他选择。比如，选择私人设备（Choose Your Own Device，CYOD）策略允许员工携带私人设备到单位，但该设备必须在预先批准的设备列表中。这使得公司能够对连接到网络的用户进行控制。

单位提供设备（Company Owned and Provided Equipment，COPE）是另一种选择。在这种情况下，公司提供设备并对其拥有全部控制权。但是，当员工办公事和私事都使用这个设备时又带来了新的问题，更不要说为员工提供设备以及维护设备的花费了。

不管你采用什么方法，都必须针对私人设备制定一些策略。这些设备已经无处不在并且还在不断涌现。就在几年前，智能手机还是唯一的 BYOD 设备。但现在，智能手表、智能行李箱等层出不穷，很难预测未来会出现哪些新的电子设备。

11.2.7　用户策略的最后思考

本节概述了适当和有效的用户策略。施行严密的用户策略对任何机构来说都是至关重要的。然而，除非对违规行为制定明确的惩罚措施，否则这些策略将无效。许多机构发现，明确每个事件发生的具体后果很有帮助，诸如：

- ❏ 第一次违反任何策略的人员将受到口头警告。
- ❏ 第二次违反将受到书面警告。
- ❏ 第三次违反将被停职或开除（在学术机构，可能会导致停学或开除学籍）。

你必须清楚地列出违反策略可能导致的后果，所有用户在入职该机构时都应该在用户策略副本上签名。这可以防止任何人声称他们不知道这些策略。不定期地组织员工重新熟悉策略也是一个好主意，尤其是策略发生变更时。

认识到滥用企业的 Internet 访问还要付出其他代价也很重要。这个代价就是降低生产力。平均一名员工会花多长时间去阅读私人邮件、浏览与公司业务无关的网页或即时消息呢？这很难说清。然而，做一个非正式的调查，在任意工作日的工作时间，到 www.yahoo.com 上，单击其中一个新闻报道，在报道底部会有关于这条新闻的消息板块，它会列出回复帖的日期和时间。查看一下有多少个回帖是在工作时间完成的。不太可能所有参与回复的用户都处于轮休、退休，或是在家休病假的状态。

问题在于谁制定这些策略。这是严格管理吗？是 IT 部门吗？理想情况下，一个由人力资源和 IT 部门组成的委员会，在有法律专业人士提供意见并且高层管理人员批准的情况下来制定策略。制定出的策略必须是深思熟虑的结果。

11.3　定义系统管理策略

除制定用户策略之外，你还必须为系统管理员制定清晰的策略，必须有一套添加用户、删除用户、处理安全问题、更换系统等操作的程序，还必须有处理意外情况的程序。

11.3.1　新员工

当雇佣一名新员工时，系统管理策略必须定义具体的步骤以确保公司安全。必须让新员工具备访问其工作职能所需的资源和应用程序的权限。这些权限的授予必须被记录下来（可能记录在日志文件中）。每名新员工都会收到一份单位电脑的安全／可接受使用策略，并签署文档表示其已经收到，这一点也很关键。

在新员工开始工作前，IT 部门（特别是网络管理）应收到一份该员工将入职的业务部门提交的手写申请。这份申请应准确说明该员工需要哪些资源以及开始工作的时间。申请上还应该有该业务部门中有相关审批权限的负责人的签名。然后，负责网络管理或网络安全的人员才能同意和签署这份申请。在新员工获得系统的相关使用权限之后，还应将这份申请复印存档。

11.3.2　离职员工

当一名员工离职后，应确保其所有登录都已终止，并且立即停止他对所有系统的所有访问权限，这一点至关重要。不幸的是，太多单位在这方面都没有给予足够的重视。当员工离职时，你不能确定哪个员工对机构怀恨在心。在员工即将离职的最后一天工作时关闭他的所有访问权限是非常重要的。这也包括办公大楼的出入权限。如果一名前员工拥有钥匙并对单位心怀不满，没有什么能够阻止他返回单位行窃或破坏计算机设备。当员工离开公司时，应该确保在他离职前的最后一天采取以下行动：

- ❑ 所有登录服务器、VPN、网络或其他资源的权限都被禁用。
- ❑ 归还所有钥匙。
- ❑ 所有电子邮件账号、Internet 访问、无线网络、手机等都停用。
- ❑ 主计算机资源的任何账号都已取消。
- ❑ 搜查该员工的工作站硬盘。

最后一项可能看起来很奇怪。但是，如果一名员工搜集了一些数据准备带走（公司专有数据）或进行一些其他不法行为，你需要立即发现。如果你确实发现了这些行为的证据，那么你要确保该工作站的安全，并将其作为任何民事或刑事诉讼的证据。

所有这些措施在某些读者看来可能有些极端。诚然，对于绝大多数即将离职的员工来说，你都不需要有顾虑。但是，如果你没有养成在员工离职时对他的访问进行安全检查的习惯，那么你最终会遇到本可以避免的令人遗憾的情况。

11.3.3　变更申请

IT 的本质就是变更。不仅是终端用户来来往往，而且要求也在不断变更。业务部门请求访问不同的资源，服务器管理员升级软件和硬件，应用程序开发人员安装新软件，Web 开发人员修改站点等。变更一直都在发生。因此，拥有一个对变更进行控制的程序至关重要。

这个程序不仅能够使变更平滑过渡，而且还允许 IT 安全人员在变更实现之前检查潜在的安全问题。变更控制申请应遵循以下步骤：

- ❑ 业务部门的相关负责人签署申请，表示批准。
- ❑ 相关的 IT 部门（数据库管理员、网络管理员、电子邮件管理员等）验证该申请是否能够满足（从技术和性价比两个方面考虑）。
- ❑ IT 安全部门验证这个变更不会产生任何安全问题。
- ❑ 相关 IT 部门制定一个实施变更的计划以及一个在变更失败情况下回滚的计划。
- ❑ 安排变更的日期和时间，并通知所有相关的部门。

你的变更控制程序可能与上面提到的不同；实际上，你的程序可能更具体。但要记住的关键是，为了确保你的网络安全，在变更实施之前一定要研究它们可能带来的影响。

实践中：变更控制中的极端情况

即使是只有几年 IT 专业经验的人也可以告诉你，实现变更控制有多种不同的方法。真正的问题是那些制造不合理极端情况的 IT 小组。作者本人两种情况都遇到过。在不涉及公司真实名称的情况下，我们来看每种极端情况下的真实案例：

软件咨询公司 X 是一家给各种公司定制财务应用软件的小公司。他们有一个不到 20 人规模的开发团队，经常到全国各地的客户所在地出差。成员基本都有如下特点：

- ❑ 任何应用程序都没有文档，甚至注释都很少。
- ❑ 根本没有变更控制程序。如果有人不喜欢服务器的某个设置或者网络的某些配置，他们就直接进行修改。
- ❑ 没有对前员工的访问进行处理。在一个案例中，曾经出现过一个前员工离开 6 个月后仍然拥有有效的登录账号。

显然这个案例不单单是安全方面，从几个角度来看都应该引起警醒。但是，这是一个极端案例，它造成了一个非常混乱的、不安全的环境。安全意识较强的管理员倾向于走到相反的极端，会对生产效率产生负面影响。

公司 B 拥有超过 2000 名员工和一个大约 100 人的 IT 团队。但在该公司中，IT 部门官僚主义盛行，导致他们的工作效率受到了严重影响。在一个案例中，该部门做出了一个决策：Web 服务器管理员同时需要一台简单的数据库服务器上的数据库管理权限。然而，这样一个简单的过程，经过他的经理和 CIO 之间的一次面谈、两次电话会议以及经理与数据库管理员之间数次的邮件交流，历时 3 个月才完成。

这个公司令人费解的变更控制过程对生产力有着严重的负面影响。有些员工私下里估计，即使是最低级的 IT 主管，在参加会谈 / 会议、在会谈 / 会议上做报告或者为会谈 / 会议做准备方面，花费了 40% 的工作时间。而且，一个人的 IT 职位越高，官僚主义活动耗费的时间也越多。

上述两个案例表明了在变更控制管理中应尽量避免的两种极端情况。要实现变更控制管理这个目标，需要一个有序的、安全的变更管理方法，而不能成为生产力的障碍。

11.3.4 安全漏洞

不幸的是，事实上你的网络在某种程度上可能会存在某种安全漏洞。这意味着你可能会成为拒绝服务攻击的目标，系统会感染病毒，黑客会获取系统的访问权限，并破坏或复制一些敏感数据。如果这类事件发生你必须有应对计划。本书不可能详细地告诉你如何处理每一个可能发生的事件，但我们可以讨论在某种特定情况下或通常情况下应对策略应遵循的原则。我们将研究每一个主要类型的安全漏洞以及应该采取的行动。

1. 病毒感染

当病毒攻击你的系统时，应当立即隔离被感染的一台或多台计算机。这意味着将这些计算机断开网络连接。如果是一个子网，则关掉子网的交换机。隔离被感染的计算机（除非整个网络都被感染了，在这种情况下应关闭路由器或者 ISP 连接，确保和外部世界网络隔离，从而阻止病毒向外网传播）。完成隔离措施后，可以安全地执行如下步骤：

- 扫描并清除每一台被感染的计算机。因为它们已经断网，因此这将是一个手动扫描的过程。
- 记录这个事件、清理系统所花费的时间 / 资源以及被感染的系统。
- 当你确定系统已经干净了，将它们分阶段联机（每次几台）。在每一个阶段检查它们是否都已经打过补丁、完成升级以及正确配置并运行着防病毒软件。
- 向负责的相关单位领导报告这个事件以及你采取的措施。
- 当处理完这个事件并通知到相关人员后，应当与相关的 IT 部门人员召开一个会议，讨论一下从这个漏洞中学到了什么，以及在将来如何防止此类事件的发生。

2. 拒绝服务攻击

如果你已经采取了本书前面列出的措施（如正确配置路由器和防火墙，以减少任何试图进行的拒绝服务攻击的影响），那么你可能已经减轻了这种类型的攻击所带来的破坏。使用防火墙日志或入侵检测系统查找是哪个 IP 地址（或多个 IP 地址）发起的攻击。记录下这个 IP 地址，然后禁止该 IP 地址访问你的网络（前提是你的防火墙支持这个功能，目前大多数防火墙都支持该功能）。

- 使用网络在线资源，如国际信息中心（interNIC）等，查出这个 IP 地址属于谁。联系相关机构并告知他们发生了什么情况。
- 记录所有发生的行为并通知相关的机构领导。
- 当你处理完拒绝服务攻击并通知相关人员后，应当与相关的 IT 部门人员召开一次会议，讨论一下能从此次攻击中学到什么，以及在将来如何防止此类事件的发生。

3. 黑客入侵

如果确信你的系统被黑客入侵了，你应该采取一些具体的步骤。这些步骤可以帮助你记录入侵事件并防止对系统的进一步破坏。在进行一些必要步骤之前，你应该记住，入侵调查可能会变成刑事调查。如果你没有妥善处理证据，刑事案件可能毫无进展。对每个事件响应小组都应该进行有关数字取证的基本培训。如果缺少这些训练，那么不要触碰这些被入侵的系统，打电话找数字取证专家来处理。以如何制作一个驱动器的副本作为起点至关重要。第 16 章描述了数字取证的一些基本内容。

- ❑ 立即复制所有被感染系统的日志（防火墙、目标服务器等），用来作为证据。
- ❑ 立即扫描系统，查找特洛伊木马、防火墙设置的变化、端口过滤规则的变化、运行的新服务等。实质上你正在执行紧急审计（第 12 章将详细介绍），以确定已经造成的破坏。
- ❑ 记录所有东西。在你的所有文档中，这个文档必须是最详尽的文档。必须详细指出哪位 IT 人员在什么时间采取了什么行动。其中一些数据可能会在稍后成为法庭程序的一部分，所以这些数据务必要准确。记录在这期间采取的所有行动，至少有两人证明并在日志记录上签字是一个很好的想法。
- ❑ 修改所有受影响的口令，修复所有入侵导致的破坏。
- ❑ 通知相关的业务领导发生的情况。
- ❑ 当你处理完漏洞并通知相关人员后，应当与相关的 IT 部门人员召开一次会议，讨论一下能从此漏洞中学到什么，以及在将来如何防止此类事件的发生。

这些只是通用的指导原则。一些机构可能制定了在遇到此类安全漏洞时可能采取的更加具体的行动标准。你应该注意到，在整本书中当我们讨论针对网络安全的各种不同类型的威胁时，我们已经提到了应当采取的特定措施和策略。本章提出的策略意在补充已经列出的内容。遗憾的是，事实上一些机构没有针对紧急情况发生时的计划。制定一些可以实施的通用程序是很重要的。

11.4　定义访问控制

在任何机构的安全策略中经常引起争议的一个重要领域就是访问控制。用户希望不受限制地访问网络上的数据和资源，而管理员则希望保护这些数据和资源，在用户的愿望和管理员的期望之间总是存在冲突。这意味着任何极端的策略都是不切实际的。你不能简单地尽可能全面地锁定每个资源，因为这会阻碍用户对这些资源的访问。相反，也不能简单地允许每个人都具有对资源的完全访问权限。

> **供参考："CIA"三元组**
>
> 这里的 CIA 不是一个邪恶的阴谋，也不代表中央情报局（Central Intelligence Agency, CIA）。CIA 是机密性（Confidentiality）、完整性（Integrity）和可用性（Availability）三个单词的首字母缩略词。CIA 原则直接影响对资源的访问。其理念是，数据必须保持机密性。这意味着只有那些需要知道的人员才能访问这些数据。第二点，必须保持数据的完整性。这意味着数据必须是可靠的。这包括限制谁可以更改数据以及在什么条件下可以更改数据。最后，所有的数据在访问时必须是可用的。

在考虑访问控制策略时应牢记这个缩写词。你的目标是确保数据的准确性、机密性，并且仅向授权方提供。

这是最小权限概念发挥作用的地方。这个思想很简单。每个用户，包括 IT 人员，只能获得他们能够有效完成其工作的最少权限。与其问"为什么不给这个人对 × 的访问权？"不如问"为什么给这个人对 × 的访问权?"如果你没有很充分的理由,就不提供相应的访问权限。这是计算机安全的基础之一。对资源拥有访问权限的人越多,安全漏洞发生的可能性越大。

显然,必须在访问权限和安全之间进行权衡。一个常见的例子涉及销售联系人信息。公司的市场部门显然需要访问这些数据。但是,如果公司的竞争对手拿到了公司的销售联系人信息会发生什么呢? 这个信息可能使他们开始以你现在的客户名单为目标。这就要求在访问权限和安全之间进行权衡。在这种情况下,你可能会让销售人员仅访问其负责区域内的联系人信息。除销售经理之外,没有人应该具有访问所有联系人信息的权限。

11.5　定义开发策略

许多 IT 部门都包括程序员和 Web 开发人员。不幸的是,许多安全策略不涉及安全编程。无论你的防火墙、代理服务器、病毒扫描和安全策略有多完备,如果开发人员编写的代码存在缺陷,那么你的系统就存在安全漏洞。显然,安全编程的话题需要一个单独的章节来彻底研究。尽管如此,我们仍可以考虑一个简要的检查清单来定义安全开发策略。如果你的公司目前没有安全编程计划,那么这个清单肯定比什么都没有要好。它还可以作为有关安全编程的思考与谈论的起点。

- ❑ 所有代码,尤其是由外单位(合同厂商、技术顾问等)开发的代码都必须进行后门程序 / 特洛伊木马的检查。
- ❑ 所有的缓冲区必须有防止缓冲区溢出的错误处理方法。
- ❑ 所有的通信(例如使用 TCP 套接字发送消息)都必须遵守你所在机构的安全通信规定。
- ❑ 任何有关打开端口或执行任何类型通信的代码都必须完整记入文档,IT 安全部门要知晓这些代码,了解这些代码会做什么以及如何使用它。
- ❑ 所有厂商都必须向你提供一份证明他们的代码中没有安全缺陷的签名文件。

即使遵循了这些措施,也不能保障你的系统中没有引入缺陷代码,但它肯定大大降低了这个概率。遗憾的是,大多数机构甚至连这些简单的措施都没有完全采用。

11.6　本章小结

在本章你应该学到,单纯依靠技术不足以确保一个网络的安全。你必须制定清晰具体的策略对网络的使用进行规范,包括员工对计算机资源的使用、新员工管理策略、离职员工管理策略、访问权限、应急响应程序,以及应用程序和 Web 站点中的代码安全。

用户策略必须覆盖用户如何使用公司技术的所有方面。在某些情况下,比如即时消息和 Web 应用,强制实施策略可能存在困难,但这并不能改变它们必须存在的事实。如果你的用户策略未能覆盖一个特定的技术应用领域,那么你就难以对在这一领域表现出滥用行为的员工采取措施。

你还应该了解到,不仅是终端用户需要策略,IT 人员也需要明确描述如何处理各种情况的策略。特别值得关注的是如何处理新员工和离职员工的策略。你还需要认真考虑变更管理策略。

11.7　自测题

11.7.1　多项选择题

1. 下面哪一项没有表明对策略的需求？

　　A. 防病毒软件不能防止用户下载被感染的文件

　　B. 最安全的口令如果被写在粘贴在电脑旁的便签纸上就毫无安全性可言了

　　C. 终端用户通常没那么聪明，必须告诉他们所有事情

　　D. 技术安全措施取决于员工的执行

2. 下面哪一项不是用户策略要覆盖的领域？

　　A. 口令的最小长度　　　　　　　　　　　B. 对用户可以或不可访问网站的描述

　　C. 是否能够以及何时可以分享口令　　　　D. 当用户认为其口令泄露时应采取什么措施

3. 下面哪一项不是用户口令策略的例子？

　　A. 用户不应该在办公室保留口令的副本　　B. 口令必须是 8 个字符长

　　C. 用户只能跟他的助手分享口令　　　　　D. 口令不能跟任何员工共享

4. 如果一名员工认为他的口令被泄露给了其他人该如何处理？

　　A. 如果这是一名可信赖的员工或好友，可以忽略这件事

　　B. 立即修改口令

　　C. 通知 IT 部门　　　　　　　　　　　　D. 忽略这件事

5. 以下哪一项可以被推荐为可接收的邮件附件？

　　A. Flash 动画　　　　　　　　　　　　　B. 同事发来的 Excel 表格

　　C. 用户预期的附件　　　　　　　　　　　D. 从已知来源发来的纯文本附件

6. 以下哪个选项是应该禁止用户安装软件的最好原因？

　　A. 他们无法正确安装，因而会导致工作站发生安全问题

　　B. 他们可能会安装使计算机上已存在的安全程序失效的软件

　　C. 软件安装非常复杂，应该由专业人员来做

　　D. 如果用户的账号没有安装软件的权限，那么特洛伊木马就不会在这个用户权限下被无意安装

7. 以下哪个选项不是即时消息带来的严重安全风险？

　　A. 员工可能发送骚扰消息　　　　　　　　B. 员工可能发出机密信息

　　C. 病毒或蠕虫可能通过即时消息感染工作站　D. 即时消息程序可能实际上就是一个特洛伊木马

8. 所有行之有效的用户策略必须具备的最重要的特征是什么？

　　A. 它们必须由律师审查　　　　　　　　　B. 它们必须包括要承担的后果

　　C. 它们必须经过公证　　　　　　　　　　D. 它们必须正确归档和维护

9. 以下哪一项是新员工入职的正确顺序？

　　A. IT 部门收到新员工入职通知及分配资源申请→新员工被授予访问资源的权限→简要向新员工介绍安全 / 可接受使用策略→新员工签署收到单位安全规定的确认文件

　　B. IT 部门收到新员工入职通知及分配资源申请→新员工被授予访问资源的权限→新员工签署收到单位安全规定的确认文件

　　C. IT 部门收到新员工入职通知并分配给其申请的资源访问权限→简要向新员工介绍安全 / 可接受使用策略→新员工签署收到单位安全规定的确认文件

　　D. IT 部门收到新员工入职通知并分配给其默认的权限→新员工签署收到单位安全规定的确认文件

10. 以下哪一项是即将离职员工的正确离职程序？

　　A. IT 部门收到员工的离职通知→禁用该员工的所有登录账号→禁止该员工所有的访问权限（包括物理的和电子的）

  B. IT 部门收到员工的离职通知→禁用该员工的所有登录账号→禁止该员工所有的访问权限（包括物理的和电子的）→搜索／扫描该员工的工作站

  C. IT 部门收到员工的离职通知→禁止该员工所有物理的访问权限→禁止该员工所有电子的访问权限

  D. IT 部门收到员工的离职通知→禁止该员工所有电子的访问权限→禁止该员工所有物理的访问权限

11. 以下哪一项是变更请求的正确操作流程？

  A. 业务部门经理请求变更→IT 部门验证申请→实施变更

  B. 业务部门经理请求变更→IT 部门验证申请→安全部门验证申请→安排变更并制订回滚计划→实施变更

  C. 业务部门经理请求变更→IT 部门验证申请→安排变更并制订回滚计划→实施变更

  D. 业务部门经理请求变更→IT 部门验证申请→安全部门验证申请→实施变更

12. 当发现一台或多台计算机感染病毒后应采取的第一步措施是什么？

  A. 记录这个事件　　　　　　　　　　B. 扫描并清理被感染的计算机

  C. 通知相关部门　　　　　　　　　　D. 隔离被感染的计算机

13. 在访问控制中最好的经验法则是什么？

  A. 允许能够安全授予的最大访问权限　　B. 允许工作需要的最小访问权限

  C. 对所有用户的访问权限实行标准化　　D. 严格限制大多数用户的访问权限

14. 当在技术层面处理完安全漏洞后，最后需要处理的事情是什么？

  A. 隔离被感染的计算机　　　　　　　B. 研究漏洞，了解如何防止同类事件再次发生

  C. 通知管理层　　　　　　　　　　　D. 记录该事件

15. 下列哪一项是应该在所有安全代码中实现的项目列表？

  A. 所有代码都要检查是否存在后门或者特洛伊木马，所有缓冲区都要有防止缓冲区溢出的错误处理，所有的通信活动都要详细记入文档

  B. 所有代码都要检查是否存在后门或者特洛伊木马，所有缓冲区都要有防止缓冲区溢出的错误处理，所有的通信都要遵守单位的规定，所有的通信活动都要详细记入文档

  C. 所有代码都要检查是否存在后门或者特洛伊木马，所有缓冲区都要有防止缓冲区溢出的错误处理，所有的通信都要遵守单位的规定

  D. 所有代码都要检查是否存在后门或者特洛伊木马，所有的通信都要遵守单位的规定，所有的通信活动都要详细记入文档

11.7.2　练习题

  下面的每个练习都旨在给你提供制定部分策略的经验。将它们综合起来，就可以展示一个大学计算机网络的完整策略。

练习 11.1　用户策略

1. 使用本章提供的指南（以及其他必要的资源）创建一份文档，定义校园环境中的终端用户策略。
2. 该策略应该为全体人员明确定义什么是可接受的使用，什么是不可接受的使用。
3. 你可能需要针对行政人员、教师和学生制定不同的策略。

练习 11.2　新生策略

1. 使用本章提供的指南（以及其他必要的资源），为新生开设新账号创建一份分步骤的 IT 安全策略。
2. 该策略应明确定义学生具有哪些资源的访问权限，哪些不可以访问以及访问的持续时间。

练习 11.3　离校学生策略

1. 使用本章提供的指南（以及其他必要的资源），为提前离校（开除、退学等）的学生创建一份处理账号／权限的分步骤 IT 安全策略。

2. 需要考虑特殊学生的问题，比如作为教员助手的学生或者作为计算机实验室的实验助手的学生，他们能访问绝大多数学生不能够访问的资源。

练习 11.4　新教员 / 工作人员策略

1. 使用本章提供的指南（以及其他必要的资源），为新入职教员或其他工作人员创建一份开设新账号的分步骤 IT 安全策略。
2. 策略应该明确定义该员工可以访问哪些资源，不可以访问哪些资源以及其他任何限制。（提示：与学生策略不同，不需要定义访问持续时间，因为这个时间应该是无限期的）。

练习 11.5　离职教员 / 工作人员策略

1. 为处理即将离职（辞职、辞退、退休等）的教员或工作人员创建一份策略。使用本章中的指南以及任何其他你喜欢的资源。
2. 确保你不仅考虑到了关闭各种访问权限，还考虑到了存放在他们工作站中的私有研究材料的可能性。

练习 11.6　学生实验室使用策略

1. 参考本章中的材料，创建一份可接受的计算机实验室使用策略。
2. 确保详细说明网页、电子邮件的使用以及任何其他可接受的使用。
3. 谨慎排除不可接受的用法。（例如，玩游戏可接受吗？）

11.7.3　项目题

项目 11.1　研究策略

1. 研究下述讨论安全策略的 Web 资源：
   - AT&T 可接受使用策略：https://www.att.com/legal/terms.aup.html
   - 布朗大学可接受使用策略：https://it.brown.edu/computing-policies/acceptable-use-policy
   - SANS 研究所策略：https://www.sans.org/security-resources/policies/
2. 总结这些策略建议的主要思想。尤其注意这些建议中不同于或超越本章建议内容的地方。
3. 选择你认为最安全的策略建议，并陈述你的理由。

项目 11.2　研究安全策略

1. 向本地的公司或者大学请求一份它的安全策略副本，并仔细研究这些策略。
2. 总结这些策略建议的主要思想。尤其注意这些建议中不同于或超越本章内容的地方。
3. 选择你认为最安全的策略建议，并陈述你的理由。

项目 11.3　创建你自己的策略

注意：这个项目最好由团队合作完成。

1. 到目前为止，在本书中我们研究了安全，包括策略。在阅读过本章并完成前面的练习和项目之后，你已经详细研究了来自各种 Web 资源的策略，以及一些实际机构的策略。
2. 扩展在本章练习中所创建的简要策略，创建一个用于你所在学术机构的完整的网络安全策略。你需要增加管理策略、开发策略等内容。

第12章 评估系统的安全性

本章目标

在阅读完本章并完成练习之后，你将能够完成如下任务：

- 评估一个系统的安全。
- 扫描一个系统的漏洞。
- 评估一个网络的整体安全。
- 使用安全的"6P"步骤。
- 给系统打补丁。
- 记录安全相关信息。

12.1　引言

随着学习计算机安全知识的增多，你将学会保护特定系统安全的新技术。然而，评估系统安全的能力是非常重要的。在开始管理系统安全之前，你必须对系统当前的安全状态有一个现实的评估。本章讨论在评估系统安全级别时应该遵从的基本步骤。在实施任何安全措施之前评估系统的安全级别十分重要。你必须了解系统当前的状态，以便于正确地处理漏洞。你还应当实施定期的安全审计，以确保系统安全维持在一个适当的级别。

对于安全专业人员和公司来说，签订审计系统安全的合同也是很平常的事。无论评价系统安全的目的是什么，你都需要有指导你进行评估的某种框架。本章带你了解如何实现这样的评估以及要寻找什么东西。

12.2　风险评估的概念

评估一个网络的安全总是从风险评估开始。这涉及你要保护的资产、针对这些资产的威胁、系统中的漏洞以及可采取哪些方法保护它们。这里提供了一些计算风险的公式。

最基本的公式是计算单损失预期（Single Loss Expectancy，SLE），或者说某单一损失会造成什么影响。这是通过将资产价值（Asset Value，AV）乘以曝光系数（Exposure Factor，EF）来计算的。曝光系数是一个百分比，表示在给定事件中，将损失多少资产的价值。例如，如果损失或者被盗的话，一台已经贬值 20% 的笔记本电脑现在只值它原有价值的 80%。这个计算公式表示为：

$$SLE = AV \times EF$$

因此，如果一台笔记本电脑以 800 美元的价格购买，并且每年贬值 10%，这样就产生了 0.9（即 90%）的曝光系数，那么一台笔记本被盗或丢失的 SLE 就是：

$$SLE = 800(AV) \times .9(EF)$$
$$SLE = \$720$$

下一个公式是年化损失预期（Annualized Loss Expectancy，ALE）。这代表了你在一年中因为某个特定问题可能遭受的损失。该公式是 SLE 乘以年发生率（Annual Rate of Occurrence，ARO）：

$$ALE = SLE \times ARO$$

因此，在上面的笔记本案例中，如果你认为你每年会损失六台笔记本电脑，那么进行如下计算：

$$ALE = 720(SLE) \times 6(ARO)$$
$$ALE = \$4320$$

正如你所看到的，数学实际很简单。

另一个要理解的概念是剩余风险（residual risk）。本质上，这是在你采取了所有可以规避风险的步骤之后剩下的风险。这个话题使我们想到了你如何处理已确定风险的问题。实际上只有四种解决方案：

- ❑ **减轻**：这意味着你要采取措施来降低风险。不管你做什么，都可能留下一些风险。例如，如果你担心恶意软件，则运行杀毒软件就是减轻风险。这是最常见的解决方案。
- ❑ **避免**：这种方法很难实现。它意味着不存在安全风险。例如，如果你担心用户从网上下载病毒，那么完全避免这一情况的唯一方法就是禁止用户获取上网权限。这通常不是一个可行的解决方案。
- ❑ **转移**：就是将风险转移给其他人。最明显的例子是网络破坏保险，如果你购买了这样的保险，那么由风险带来的损失将转嫁给保险公司。
- ❑ **接受**：如果风险的可能性很小，或者减轻风险比遭受风险的代价还大，那么你可以选择不采取任何措施，简单地接受风险。

12.3　评估安全风险

在第 1 章中，我们提供了一种基于多种因素为系统安全风险赋值的方法。本章将在这个基础上进行扩展。先回忆一下评价系统的三个方面：

- ❑ 对攻击者的吸引力
- ❑ 信息的性质
- ❑ 安全级别

待评估系统的每一个因素都被赋予一个 1 至 10 之间的数字。前两个数字被加在一起，然后减去第三个数字。得到的数字越小，系统就越安全；数字越大，系统潜在的风险就越大。对系统来说最好的等级是：

- ❑ 对攻击者的吸引力得 1 分（例如，一个系统几乎不为人所知、没有政治和意识形态意义等）。
- ❑ 信息性质得 1 分（例如，一个没有机密或者敏感信息的系统）。
- ❑ 在安全级别上得 10 分（例如，一个拥有防火墙、端口阻塞、防病毒软件、入侵检测系统、反间谍软件、适宜的策略、所有工作站和服务器都进行了多层加固、实施了主动安全措施的系统）。

这个假定的系统会得到 1+1–10，即 –8 分。这是可能的最低威胁得分。相反，最糟糕的系统等级是：

- ❑ 对攻击者的吸引力得 10 分（例如，一个广为人知的系统，具有非常有争议的意识形态或政治意义）。
- ❑ 信息性质得到 10 分（例如，一个存有高度敏感金融记录或者机密军事数据的系统）。
- ❑ 在安全级别上得 1 分（没有防火墙、没有杀毒软件、没有系统加固等）。

这个系统得分 10+10–1，即 19 分。这样的假设系统实际上正在等待着灾难的发生。作为系统管理员，你不可能遇到这两种极端的系统。评估系统对黑客的吸引力肯定是非常主观的。然而，评估信息内容的价值或安全水平可以用简单的度量标准来完成。

为了评估系统上信息内容的价值，你需要考虑这些数据公开之后的影响。这些数据公开之后最坏的情形是什么样呢？表 12-1 根据可能造成的最坏影响对数据进行分类，并给出了符合这种情形的数据类型的例子。

表 12-1　数据的价值

分　数	影　响	描　述
1	可以忽略不计，至多造成个人困扰	非敏感数据：视频租赁记录，图书销售记录
2～3	竞争优势轻微损失	低级业务数据：基本流程和程序文件、客户联系名单、员工名单
4～5	竞争优势重大损失（商业或者军事的）	更敏感的商业数据：商业战略、商业研究数据、基本的军事后勤数据
6～7	重大财务损失、重大声誉损失、可能对军事行动造成负面影响	财务／个人资料：社会安全号码、信用卡号码、银行账号、详细的军事后勤数据、军事人员记录、保密的健康记录
8～9	重大商业利益损失、对军事／军事行动产生重大影响	敏感的研究数据／专利产品数据、机密的军事信息
10	严重的生命损失、威胁到国家安全	绝密数据、武器详细资料、军队阵地、特工身份名单

你可以使用相似的度量标准来评估任何网络的安全级别。表 12-2 展示了一个例子。

请注意观察表 12-2。首先，等级 3 实际上是所有人应该使用的最低限度。因为无论是 Windows 系统还是 Linux 系统都有内置的防火墙，即使家庭用户也没有理由不达到等级 3。很多机构网络应该达到的最低标准应该是等级 5 或 6。还应该指出，你可能找不到完全符合这些级别的网络。然而，这个表能够给你一些如何评估系统安全等级的指导原则。

表 12-2　采取的安全措施

1	没有任何安全措施	大部分家庭用户
2	基本的防病毒软件	大部分家庭用户
3	防病毒软件、浏览器的一些安全设置、基本过滤规则	小型办公室 / 家庭办公室的防火墙用户（SOHO）
4	在等级 3 的基础上加上常规的补丁，以及其他一些诸如更强大的浏览器和反间谍软件等额外的安全措施	小型商业 / 学校
5	在等级 4 的基础上加上路由器加固、强口令要求、入侵检测系统、关于下载的基本策略、可接受的用户策略、敏感服务器加固	拥有全职管理员的网络
6~7	在等级 5 的基础上，同时拥有入侵检测系统和反间谍软件、关闭所有不必要的端口、子网过滤、强口令策略、优秀的物理安全、敏感数据加密、所有服务器加固、适宜的销毁备份介质、位于边界的状态包检查防火墙、Web 服务器位于 DMZ 中、所有子网路由器上的包过滤，以及其他在计算机安全各方面广泛应用的策略	拥有较大的 IT 团队，可能有全职的安全专业人员的网络
8~9	在等级 6-7 的基础上，同时具有正规的内部和外部安全审计、硬盘加密（如 Windows EFS）、物理安全中基于生物特征的方法（指纹识别）、拓展日志的记录范围、IT 工作人员的背景检查、所有工作站 / 服务器的完整加固、所有人员佩戴安全 ID 徽章、所有数据加密传输	拥有全职安全专业人员的网络
10	在等级 8-9 的基础上，加上所有 IT 工作人员的安全证明、每月进行升级 / 打补丁 / 审计、定期的渗透测试、严格限制互联网的使用或完全阻断互联网、工作站不可使用可移动介质（光驱、USB 等）、包括武装警卫的物理安全	军事 / 科研机构

注：此表并不意味着这个级别的安全应该在对应类型的机构中找到；它们仅仅是最可能找到该级别的地方。

这个评估体系有些简单化，其中的某些部分具有主观色彩。只是希望这可以为你开始进行网络安全方面的工作奠定一个基础。在评估安全等级时，使用数值来对安全威胁等级进行定量分析将很有帮助。真正的问题是，你有一些量化的方法来评估给定系统的安全。简单介绍这个系统是因为现在很少有类似的系统存在。大多数的安全评估都带有主观色彩。这个数字计分系统（由本书作者发明）可以作为一个起点，欢迎读者对其进行拓展。

12.4　进行初步评估

灾难恢复、访问权限和适当的策略是刚接触安全的新手经常忽略的主题。为了使它简单和便于记忆，评估系统安全的阶段可以划分为"6P"：

- □ 补丁（Patch）
- □ 端口（Ports）
- □ 保护（Protect）
- □ 策略（Policies）
- □ 探测（Probe）
- □ 物理（Physical）

在本节将讨论前三个"P"。第五个"P"——探查，将在下一节讨论，而策略已经在第 11 章介绍了。你应当注意到，这"6P"划分方法是本书作者的发明（正如数字计分系统一样），目前还不是安全行业的标准。这里将它们作为处理系统安全性的一个框架。

12.4.1　补丁

给系统打补丁或许是安全中最基础的部分。因此，当对系统的安全性进行评估时，你应该检查是否有程序来管理所有日常的补丁更新。当然，你也应当查看主机是否实际安装了最新的补丁和安全更新。书面的策略是基础，但当进行安全审计时，必须确保这些策略被实际实施了。

如你所知，操作系统和应用程序的厂商会偶尔在他们的产品中发现安全漏洞，并发布补丁弥补这些漏洞。但不幸的是，补丁发布 30 天或更长时间后机构仍然没有更新补丁的情况并不少见。

1. 应用补丁

应用补丁是指操作系统、数据库管理系统、开发工具、Internet 浏览器等全部被检查是否有补丁更新。在微软环境中这很容易实现，因为微软的网站拥有一个应用程序，可以扫描你系统中的浏览器、操作系统或者办公产品所需的补丁。确保所有补丁都是最新的是一个非常基本的安全原则。评估系统时这应该是首要任务之一。不管是哪个操作系统和应用软件的厂商，你都可以在它们的网站上找到如何下载和安装最新补丁的相关信息。但请记住，所有的一切都要打补丁，包括操作系统、应用程序、驱动程序、网络设备（交换机、路由器等）。

一旦确定了所有的补丁都是最新的，下一步就是建立一个系统确保它们保持最新。一个简单的方法是采用定期补丁检查，即在预定的时间检查所有主机是否都打了最新的补丁。也有自动的解决方案，可以给机构中所有的系统打补丁。所有机器都强制性地打补丁，而不仅仅是服务器。

2. 自动补丁系统

手动给主机打补丁可能比较麻烦，并且在大型网络中是不切实际的。然而，目前有自动的解决方案，可以在单位中给所有的系统打补丁。这些解决方案在预设的时间扫描你的系统并升级必要的补丁。下面列出一些这样的方案：

- ❑ Windows Update：对运行微软 Windows 的系统而言，你可以设置 Windows 自动给系统打补丁。最新的 Windows 版本自动打开这个选项。如果你的系统较老，可访问 https://support.microsoft.com/en-us/help/12373/windows-update-faq 并按照相关说明更新系统。这可以为运行 Windows 操作系统的单台计算机进行常规更新。这种方法确实存在一些缺点，首先就是该操作只会更新操作系统而不升级计算机上安装的其他应用程序。第二个缺点就是在将补丁部署到整个网络之前，它不提供在测试计算机上检测补丁的任何方法。它的主要优点就是免费，并且是集成在 Windows 操作系统中的。
- ❑ HFNetChkPro：这个产品可以在 https://www.petri.co.il/hfnetchk_pro 下载。它自动维护和管理补丁，包括重启已经打过补丁的机器。它按照单个许可证进行销售，五个许可证授权的价格大约为 200 美元，一百个许可证授权大约为 2100 美元。
- ❑ ZENWorks Patch Management：该产品可以从 Micro Focus 的网站 https://www.microfocus.com/products/zenworks/patch-management/ 下载。

❑ **McAfee ePolicy Orchestrator**：该产品（https://www.mcafee.com/us/products/ epolicy-orchestrator.aspx）非常有趣且很受欢迎。它自动给系统打补丁，并且还包含了其他一些特性。一个比较有意思的特性是，它检测任何连接到网络但没有使用 ePolicy Orchestrator 进行配置的设备。这有助于防范"流氓"主机。在规模比较大的机构中，让员工自行设置他们的主机和服务器可能是个重大安全风险。ePolicy Orchestrator 还可以监视网络防御的其他方面，包括防病毒和防火墙软件。

还有一些其他的补丁管理软件解决方案。以上四个提供了可用解决方案的示例以及它们的价格范围。使用任何主流的搜索引擎进行一次简单的互联网搜索，就可以找到其他几个供你参考的选项。

补丁管理系统的选择经常会受到其他因素的影响，比如公司使用了什么其他软件。例如，如果你已经使用了 McAfee 的防火墙和防病毒软件，那么在选择补丁管理系统时无疑应当优先考虑该公司的产品。

如果没有使用自动补丁管理系统，那么下一个最好的选择就是安排定期的手动打补丁。这意味着机构的 IT 部门要有一个升级计划表，按计划定期扫描每一台计算机，并升级补丁。该工作的频度由机构对安全的需求决定。每季度进行一次补丁升级应该是任何单位的最低要求。对于大多数机构来讲，每月升级一次是较为合适的。如果对安全级别有更高的要求，那么手工升级补丁可能不是一个合适的选择。

12.4.2 端口

正如前面章节讨论的那样，所有的通信都通过某个端口进行。这对很多病毒攻击也适用。通常病毒攻击会利用某个不常用的端口获得系统的访问权限。请回忆一下，端口 1 至端口 1024 已经分配并用于一些熟知的协议。我们已经研究了使用某些特定端口号的病毒、特洛伊木马和其他安全威胁。如果这些端口被关闭了，那么你的系统中针对这些攻击的脆弱性就会显著降低。

不幸的是，一些系统管理员没有制定关闭未使用端口的策略。原因可能是，很多管理员认为如果防火墙阻止了特定的流量，那么就没有必要关闭单个计算机上的端口了。然而，这种方法只能提供边界安全性，而提供不了分层安全。通过关闭单个计算机上的端口，你为防火墙被攻破的情况提供了一个备份。作为一个原则，任何没有明确使用需求的端口都应该关闭，并且该端口的所有通信都应该禁止。端口通常和服务相关联。例如，FTP 服务通常和端口 21 和端口 20 相关联。为了关闭单个端口，你需要先关闭使用这个端口的服务。这就意味着所有服务器和个人工作站上不使用的服务都应当被关闭。

Windows 和 Linux 系统都有内置的防火墙功能可以阻塞某些端口。这意味着除了关闭所有客户端上不需要的服务外，你还应该关闭相应的端口。本章结尾部分有几个练习，具体指导你如何在 Windows 8 或 10 上关闭服务。对于 Windows 7、Windows Server 2012 和 Windows Server 2016 来说，过程基本相同。

网络中未使用的路由器端口也应当关闭。如果你的网络是一个大型广域网（WAN）的一部分，那么你可能是通过一个路由器连接到广域网上。任何打开的端口都有可能成为病毒和黑客入侵的通道。因而每一个端口的关闭都会使系统受到攻击的机会减少。不同路由器关闭端口的操作细节是不同的。路由器或厂商附带的文档应能够提供如何关闭端口的详细指导。如果你的路由器有提供相关服务的厂商,那么你应当制作一个所有需要端口的列表,然后要求厂商关闭路由器上所有不用的端口。

实践中:关闭端口

很多公司倾向于集中在防火墙上实现端口过滤。然而,入侵者或病毒总有机会能够进入你的网络。因此,谨慎的做法是在每台计算机上都阻塞服务和端口。当进行这些操作的时候,你应该确保当前需要使用的端口不被关闭。建议采用下面的步骤关闭工作站上未使用的端口:

1. 使用端口扫描器,得到主机上所有开放端口的列表。

2. 查明每个端口做什么用,然后在端口列表中注明哪些端口是确实需要的。

3. 在一台测试计算机上,关闭你认为不需要的端口。实际上,应该关闭除了列为必要端口外的所有端口。

4. 把你所有的标准应用都用一下,看它们是否可以正常工作。

假设第 4 步工作正常,那么在 1~2 台 β 版测试机上应用相同的设置,并且使用几天,观察它们是否正常工作。现在你已经准备好关闭所有工作站上不必要的端口了。重要的是,确保你的阻塞操作不会禁用或者妨碍合法应用程序或网络进程。

12.4.3 保护

下一阶段是确保使用所有合理的保护性软件和设备。这意味着在你的网络和外部世界之间至少要使用一个防火墙。在第 3 章和第 4 章已经讨论过了防火墙。最好使用更高级的防火墙,如状态包检查防火墙。当审计一个系统时,你不仅应当关注系统是否使用了防火墙,而且应该关注防火墙是什么类型的。你还应当考虑在防火墙和 Web 服务器上使用入侵检测系统。某些专家认为入侵检测系统是不必要的,你当然可以在不使用入侵检测系统的情况下拥有一个安全的网络。

然而,IDS 是了解即将发生的攻击的唯一途径,而且有免费的、开源的入侵检测系统可用。鉴于此,很多专家极力推荐它们。防火墙和 IDS 将为网络边界提供基本的安全性,但仍需要进行病毒扫描。每一台机器,包括服务器,都必须有定时更新的病毒扫描软件。病毒感染是大多数网络的最大威胁,这一观点已经得到广泛认同。正如前面讨论过的,在所有系统上考虑使用反间谍软件可能是非常谨慎的做法。这将防止网络用户无意中在网络上运行间谍软件。

最后,在第 2 章中讨论过的代理服务器也是一个非常好的想法。它不但隐藏了内部的 IP 地址,而且大多数代理服务器允许发现用户访问了什么站点并对特定的站点实施过滤。很多安全专家认为代理服务器与防火墙一样重要。

除了保护网络之外,你还必须保护传输的数据,尤其是向外传输的数据。所有的外部连接都应该通过 VPN 实现。数据加密能防止黑客通过包嗅探器截获数据。在需要更高安全等级的地方,甚至可以对所有内部传输也进行加密。

简而言之，当评估网络的保护时，请查看是否有以下项目，以及是否正确配置并发挥作用：

- 防火墙
- 防病毒保护
- 反间谍软件保护
- 入侵检测系统（IDS）
- 代理服务器或 NAT
- 数据传输加密

请注意，在大多数网络中前两项都能达到要求。任何没有防火墙或者防病毒软件的网络都不符合标准，以至于审计工作在这里就应当停止。实际上，像这样的机构似乎不太可能会进行安全审计。入侵检测系统和数据加密选项或许不太常见，但对所有系统来说都应当考虑使用它们。

12.4.4　物理安全

除了保护网络免受非预期访问之外，你还必须确保它有足够的物理安全。如果放在大门敞开、无人值守的房间中，即使是防护最安全的计算机也毫无安全性可言。必须制定一些策略或规章，管理放置计算机房间的门锁，并对笔记本电脑、平板电脑和其他移动式计算机设备进行管理。服务器必须放在一个上锁的和安全的房间中，在合理的范围内允许尽可能少的人访问它们。备份磁带应该保存在防火的保险柜中。文档和旧的备份磁带在废弃之前应当销毁（如通过融化磁带、硬盘消磁、粉碎 CD 等）。

对路由器和交换机的物理访问应该被牢牢控制。拥有地球上最高端的技术、最专业的信息安全手段，却把服务器放在一个任何人都可以随意出入、没有加锁的房间内的做法就是一个灾难性的配方。物理安全中最常见的错误之一就是把路由器或交换机放在储藏室中。这意味着，除了你自己的安全专业人员和网络管理员外，所有清洁人员都可以接触到路由器或交换机，并且他们中的任何一个人都可能在很长一段时间内不锁房门。

在物理安全方面有如下一些应当遵循的基本规则：

- **服务器房间**：放置服务器的房间应该是建筑物内防火条件最好的房间。这个房间应该配备坚固的房门和牢固的门锁，比如拨销。只有那些确实有必要进入这个房间的人员才有钥匙。也可以考虑建立服务器房间的进出日志，每个人在进入或离开房间时都要进行登记。实际上，已经有可以记录谁在何时进入或离开房间的电子锁。你可以咨询本地的安全厂商，了解有关价格和可用性的更多细节信息。
- **工作站**：所有的工作站都应当有醒目的识别标识。你应该定期清点它们。像保护服务器那样保护工作站的安全通常在物理上是不可能的，但可以采取一些措施以改善它们的安全性。
- **其他设备**：投影仪、刻录机、笔记本电脑等都应该妥善地锁起来。任何想使用这些设备的人员都应该签名登记。在归还时，应该检查其完好性以及是否归还了所有配件。

实践中：物理安全

什么程度的物理安全是足够的呢？这完全取决于你的具体情况。首要措施，也是很多公司都采用的措施，就是不允许非本单位人员在办公楼附近闲逛。所有雇员必须佩戴身份标识徽章。任何没有佩带徽章的人都被禁止进入，并要求他们返回接待处（除非有雇员陪同）。这本身就向安全前进了一步。

另一个措施就是确保所有敏感设备都被锁起来。很多公司都已经这样做了，但随后却允许很多人配了钥匙。这使得门锁提供的安全等级降低了。应该让尽可能少的人拥有钥匙。如果某人没有明确进入的需要，那么就不应该拥有钥匙。

随着生物识别技术的实现成本变得越来越便宜，它的使用也越来越普遍。这种系统通过指纹控制对设备的访问。它具有不容易复制或者丢失的优点，这是钥匙所不具备的。该方法也使得你可以很容易地掌握谁在何时访问了什么设备。

所有的机构都应该考虑这些措施。有些机构在物理安全方面采取了更加严密的措施，在此罗列出一些较为极端的做法。其中的大部分可能已经超出了业务需求。但是，当你涉及处理一些敏感或机密数据时，你可能会考虑使用这些方法。

❑ 在所有服务器机房或设备储存间使用生物识别锁。这种锁通过指纹识别触发，且可以记录进出人员及时间。

❑ 所有进入办公场所的访客都应进行登记（包括进入和离开时间），并由雇员全程陪同。

❑ 所有离开人员携带的提包都应进行检查，或者至少要进行随机抽查。

❑ 所有能够记录数据的便携式设备都不允许使用。包括 USB 驱动器、可拍照手机以及能够复制数据或记录屏幕图像的任何设备。

❑ 所有的打印操作都要进行登记。登记内容包括：人员、打印时间、打印文档的名称和文档大小。

❑ 所有的复印操作都要进行登记。登记内容与打印类似。

如果你所处的环境需要比常规情况更高的安全等级，那么可以考虑采纳这些措施。

12.5 探测网络

评估网络安全最关键的步骤可能就是探测网络的漏洞。这意味着使用各种实用程序扫描网络存在的漏洞。有些网络管理员跳过了这个步骤。他们审计策略、检查防火墙日志和补丁等。然而，本节所谈论的探测工具和大多数黑客所使用的工具相同。如果你想知道你的网络有多么脆弱，那么更严谨的做法是试一下入侵者使用的工具。本节将回顾一下常见的扫描 / 探测工具。本质上来说，可以进行三种类型的网络探测。熟练的黑客也使用相同类型的探测来评估你的网络。

❑ **端口扫描**：这是对熟知端口（有 1024 个）或所有端口（有 65535 个）进行扫描以发现哪些端口处于开放状态的过程。知道哪些端口是打开的可以得知关于系统的很多信息。如果你看到 160 和 161 端口是打开的，那么可以得知系统正在使用 SNMP 服务。从网络管理员的角度来看，那些非必要的端口都不应该开放。

❑ **枚举**：这是攻击者试图找出目标网络上有什么的过程。诸如用户账号、共享文件夹、打印机等都是他们感兴趣的项目。其中的任何一项都可能提供攻击点。

❑ **漏洞评估**：这是利用某个工具搜寻已知漏洞，或者攻击者可能尝试手工访问漏洞的过程。有一些优秀的工具可用于漏洞评估。

网上有很多免费工具可以用于主动扫描。有简单的，也有复杂的。任何参与预防或调查计算机犯罪的人员都应该熟悉一些这样的工具。

12.5.1　NetCop

我们要研究的第一个扫描器就是 NetCop。该扫描器不是安全社区或者黑客社区中应用最广泛的，但它的易用性使其成为我们开始网络探测的最好选择。该实用程序可以从很多网站获得，包括 http://download.cnet.com/windows/netcop-software/3260-20_4-112009.html。当下载 NetCop 时，你会得到一个自解压可执行文件，它会在你的计算机上自动安装该扫描器，并在程序菜单中创建一个快捷方式。启动 NetCop 时，显示如图 12-1 所示的界面。正如你从图中看到的，这个扫描器用起来相对简单直观。

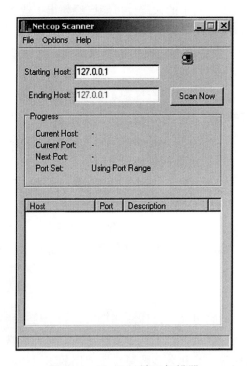

图 12-1　NetCop 端口扫描器

你做的第一个选择是如何扫描 IP 地址。你可以选择扫描单个 IP 地址，也可以选择扫描一个 IP 地址范围。后者对网络管理员特别有用，可以使用该方法扫描网络上所有开放的端口。在此，我们从扫描自己的主机，即单个 IP 地址开始。要想扫描自己的计算机，你需要输入机器的 IP 地址。你可以输入计算机的真实 IP 地址，也可以输入环回地址（127.0.0.1）。当输入单个 IP 地址并单击了"Scan Now"按钮后，你可以看到程序逐个扫描每个端口的过程，如图 12-2 所示。这个检查过程很有条理但有点慢。

如果你愿意，可以停止扫描；但如果你让它扫描所有的端口，就可以看到类似于图 12-3 中所示的结果。当然，所检测的主机不同就会得到不同的开放端口。找出哪些端口是开放的是整个扫描工作的关键。

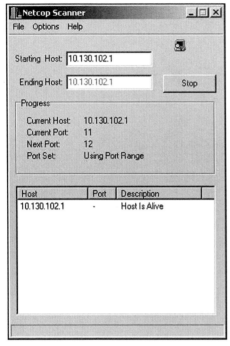

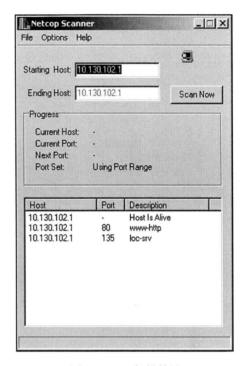

图 12-2　NetCop 扫描单个 IP 地址　　　　　　　图 12-3　IP 扫描结果

找出给定计算机开放了哪些端口仅仅是完成了一半任务。重要的是要知道每一个端口的用途，以及关闭哪些端口不会对计算机的使用造成负面影响。

随着时间的推移，你可能会记住几个常用的端口。要想得到所有端口的完整列表，可以查看下述 Web 站点中的任何一个：

❑ www.networksorcery.com/enp/protocol/ip/ports00000.htm
❑ www.iana.org/assignments/port-numbers

考虑一下这些端口告诉了你什么类型的信息。开放 80 端口的计算机可能是服务器。但其他端口可以给黑客提供更多信息。例如，NetBIOS 通常使用 137 端口、138 端口和 139 端口，它通常与老版本的 Windows 操作系统相关联。如果入侵者了解到目标计算机正使用老版本的 Windows 操作系统，那么他就知道他能够利用已经在新版本中更新过的漏洞。其他的端口能够表明在目标计算机上是否运行着数据库服务器、电子邮件服务器或其他重要服务。这些信息不仅能够帮助黑客攻破操作系统，而且还能帮助他们识别出信息丰富的目标。

如果你在一个有组织结构的机构工作，那么最好的做法就是创建一个所有开放端口的列表，鉴别哪些端口是运营所必需的而哪些不是；然后把这个列表分发给其他网络管理员、IT 管理员和安全管理员等相关人员；给他们一个确定自身业务所需额外端口的机会；然后你就可以着手关闭所有不需要的端口了。

12.5.2　NetBrute

　　某些端口扫描软件不仅仅是简单地扫描开放端口。一些端口扫描软件还能提供一些额外的信息。RawLogic 的 NetBrute 就是这样一款产品，你可以在 www.rawlogic.com/netbrute/ 找到它。该软件在安全社区和黑客社区中都非常流行。几乎所有的安全专业人员都会在他们的工具箱中为这款软件留有一席之地。这个实用程序向你提供开放端口以及其他重要的信息。安装并启动 NetBrute 之后，你将看到如图 12-4 所示的界面。

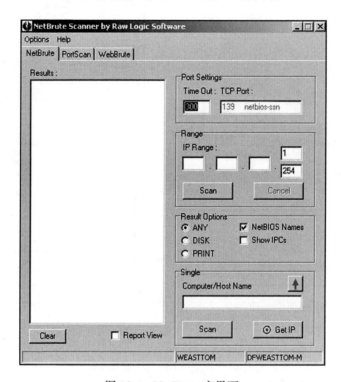

图 12-4　NetBrute 主界面

　　正如你在图 12-4 中看到的，它有三个选项卡。我们首先集中讨论 NetBrute 的选项卡。你既可以选择扫描一个 IP 地址范围（对网络管理员评估自己系统的漏洞而言很理想），也可以选择单个 IP 地址目标。完成扫描后，它将显示所选计算机上所有的共享驱动器，如图 12-5 所示。

　　共享文件夹和驱动器对安全来说很重要，因为它们给黑客提供了进入系统的一种可能的途径。如果黑客可以获得对共享文件夹的访问权限，他就能利用这个共享文件夹上传特洛伊木马、病毒、键盘记录器和其他设备。共享驱动器的规则很简单：如果你不是必需它们，那么就不要保留它们。任何驱动器和文件夹都可以被设为共享或者不共享。除非你有非常有说服力的理由，否则就不要共享它们。如果你确实决定要共享它，那么共享驱动器的细节（包括共享的内容和共享的原因）应当写入你的安全文档中。

　　利用 PortScan 选项卡，你可以发现端口。除了向你提供开放端口列表，而不是共享文件夹/驱动器列表外，它的工作方式与第一个选项卡完全相似。因此有了 NetBrute，就相当于拥有了端口扫描器加上共享文件夹扫描器。本质上，第二个选项卡包含了你可以从诸如

NetCop 等其他产品获得的绝大多数相关信息。

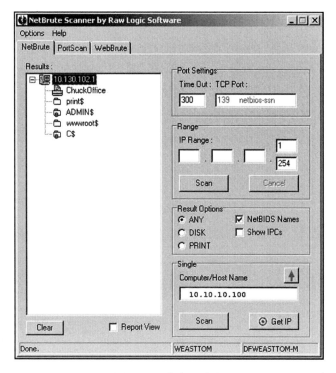

图 12-5　共享驱动器

当扫描网络时，前两个选项卡非常重要。然而，如果你希望检查 Web 服务器的安全，就应当使用 WebBrute 选项卡。WebBrute 选项卡能够让你扫描一个目标站点，并获取类似于使用 Netcraft 所能获取的信息。这个扫描向你提供诸如目标操作系统和 Web 服务器软件等信息。

NetBrute 易于使用，并且提供了你可能需要的大多数基本信息。除了能够探测开放端口之外，追踪共享文件夹和驱动器的能力尤其有用。这个工具同时被黑客以及安全专业人员广泛使用。

12.5.3　Cerberus

Cerberus 互联网扫描器是本书作者最喜欢的，同时也是使用最为广泛的扫描实用工具之一。可以在 https://www.cerberusftp.com/download/ 免费下载（可以使用你喜欢的搜索引擎搜索 Cerberus）。该工具使用非常简单，并且能够提供很多信息。当启动这个工具时，可以看到如图 12-6 所示的界面。

在该界面中，你可以单击最左边的以房子作为图标的按钮。或者在 File 菜单中选择 Host 菜单项。然后输入你想扫描主机的 URL 或者 IP 地址。单击带有 "S" 标记的按钮或者在 File 菜单中选择 Start Scan 菜单项。Cerberus 就可以扫描指定主机并提供丰富的信息。可以在图 12-7 中看到本次扫描中得到的各类信息。

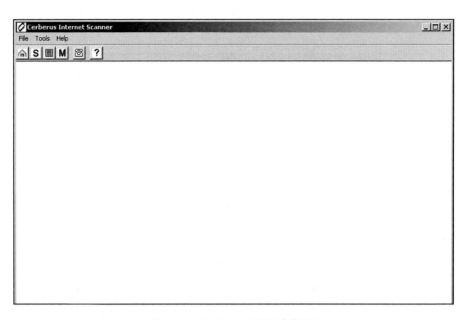

图 12-6　Cerberus 互联网扫描器

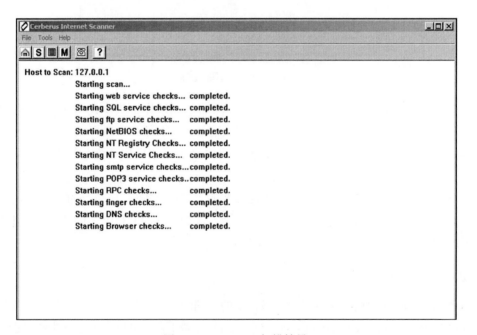

图 12-7　Cerberus 扫描结果

　　单击第三个按钮可以查看报告。该报告将以 HTML 文档（该文档便于保存以便将来参考）的形式发布，文档中提供了到各个分类的链接。可以单击想要查看的分类。作为一个原则，你应该保存所有类似的安全报告以便将来审计。如果发生诉讼，证明你在部署和审计安全方面尽到了自己的职责是非常有必要的。同样重要的是将这些活动记录下来，作为你采取安全防范措施记录的一部分。这个文档在任何外部审计，以及帮助新 IT 安全专业人员熟悉已经采用过什么措施等方面都很重要。这些信息应该存放在安全的地方，因为它对于那些想威胁你系统安全的人来说非常有价值。图 12-8 给出了这种报告的一个示例。

要审查的最感兴趣的部分（特别是对安全管理员来说）就是 NT 注册表报告。这个报告将检查 Windows 注册表并通知所发现的安全漏洞以及如何更正它们，如图 12-9 所示。

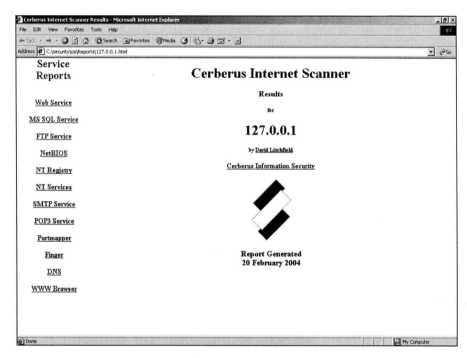

图 12-8　Cerberus 报告

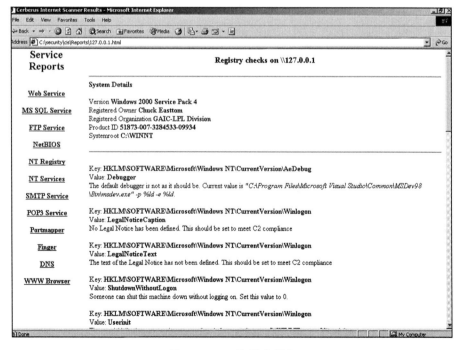

图 12-9　NT 注册表报告

这个列表显示了具体的 Windows 注册表设置、为什么这些设置不是特别安全，以及为了使其安全你可以怎么做。出于很明显的原因，这个工具在黑客中非常流行。Cerberus 提供了一个系统所有潜在漏洞的地图，包括但不限于共享驱动器、不安全的注册表设置、运行的服务和操作系统中已知的漏洞。

你可能已经注意到，本书在 Cerberus 上给出了比其他扫描器更多的细节。主要出于两方面的原因：一是这个扫描器比其他大多数端口扫描器给出了更多的信息；二是这个扫描器深受作者喜爱。

12.5.4　UNIX 的端口扫描器：SATAN

SATAN 是一个古老但已经在 Unix 管理员（以及黑客）中流行多年的工具。这个工具不是邪恶的超自然实体，而是分析网络的安全管理员工具（Security Administrator Tool for Analyzing Networks，SATAN）的缩写。它可以从任何网站免费下载。这些网站大多都列于 http://linux.softpedia.com/progDownload/ SATAN-Download-23306.html。这个工具仅能运行在 Unix 上，不能用于 Windows。

SATAN 由 Dan Farmer 和 Wietse Venema 共同开发，Dan Farmer 是 COPS（Computer Oracle and Password System）的作者，Wietse Venema 来自荷兰埃因霍芬理工大学。SATAN 最初发布于 1995 年 4 月 5 日。应该指出的是，SATAN 以及许多其他探测工具，最初被黑客用来寻找目标系统的漏洞。随着时间的推移，更多具有创新精神的网络管理员开始将这些工具用于自己的目的。很明显，如果你想保护系统抵御入侵者，那么尝试使用与入侵者相同的工具将非常有帮助。

用户可以输入单台机器或整个机器域来进行攻击。有三种级别的攻击：

❑ **轻度攻击**：轻度攻击只简单地报告哪些主机在线，以及这些主机上运行着哪些远程过程调用（Remote Procedure Call）服务。

❑ **正常攻击**：正常攻击通过与目标建立各种连接来进行探测，包括 telnet、FTP、WWW、gopher 和 SMTP。这些探测用于发现主机上运行着什么操作系统以及有哪些漏洞。

❑ **深度攻击**：深度攻击在正常攻击的基础上，要额外查找几个其他的已知漏洞，如可写入的匿名 FTP 目录或信任主机。

这个产品的发展历史相当辉煌。它起源于两名计算机科学家的工作，Sun Microsystems 的 Dan Farmer 和埃因霍芬理工大学的 Wietse Venema。他们联合发表了题为 "Improving the Security of Your Site by Breaking Into It"（通过攻入你的网站来改善其安全）的论文（http://www.dcs.ed.ac.uk/home/rah/Resources/Security/admin_guide_to_cracking.pdf）。这是一篇很古老的论文。文中的技术可能已经不再有用了，但其中的概念仍有用。在这篇论文中，他们讨论了使用黑客技术尝试突破自己的系统，以发现安全漏洞的方法。在撰写论文的过程中，他们开发了 SATAN 工具，目的是帮助网络管理员实现论文中的建议。这意味着 SATAN 是一个计算机科学家改善计算机安全工作的产品。它不是一个商用产品，可以从很多 Web 站点免费下载。

12.5.5 SAINT

安全管理员集成网络工具（Security Administrator's Integrated Network Tool，SAINT）是一个网络漏洞评估扫描器（http://www.saintcorporation.com/），它被用来扫描系统并发现安全缺陷。它对网络中的关键漏洞按重要性排序，并对你的数据提出保护建议。SAINT 可以在以下几方面给你带来益处：

- ❑ 对漏洞按重要性排序可以让你集中资源在最关键的安全问题上。这或许是 SAINT 最有吸引力的特性。
- ❑ 快速的评估结果帮助你快速确定问题。
- ❑ 高度可配置的扫描选项提高了网络安全程序的效率。
- ❑ 它允许网络管理员便捷地设计并生成漏洞评估报告，这些报告在审计时非常有用。
- ❑ 只要运行扫描它就可以自动升级。

该产品比 Cerberus 和 SATAN 都要新，并且在黑客和安全社区中都获得了广泛认可。

12.5.6 Nessus

Nessus 或者"Nessus Project"是另一个功能极为强大的网络扫描器。它是一款商用产品，你可以在 https://www.tenable.com/products/nessus/nessus-professional 找到它。Nessus 速度快并且可靠，它的模块化结构允许用户按需配置。Nessus 工作在 Unix 类的操作系统（Mac OS X/macOS、FreeBSD、Linux、Solaris 等）上，也可以在 Windows 上使用。实际上，Nessus 可能是应用最为广泛的扫描器。虽然对某些人来说，Nessus 可能比较昂贵，但许多安全专家认为它是一个不可或缺的漏洞扫描器。

Nessus 包含多种可启用的插件，可根据你要进行的安全检查类型来决定使用哪些。这些插件协同工作，因为每个测试都指明进行该测试需要什么条件。例如，如果某个测试要求有一个远程 FTP 服务器，但是前面的测试表明不具备这样的条件，那么该测试将不能执行。不执行无效的测试可加速扫描的进程。这些插件每天都更新，并且可以从 Nessus 的网站获得。

Nessus 对一个系统的扫描结果详细得令人难以置信，并且有多种可用的报告格式。这些报告给出了安全漏洞、警告和注意信息。Nessus 不会试图修补它找到的任何安全漏洞。它简单地提供报告，并给出如何使脆弱的系统更安全的建议。

坦白地讲，如果你想进行专业的漏洞扫描，至少可以考虑使用 Nessus。它提供了一个 7 天试用版，让你体验该软件是否符合你的需求。

12.5.7 NetStat Live

NetStat 是最流行的协议监视器之一，它免费集成在微软的 Windows 系统中。NetStat Live（NSL）作为 NetStat 的一个版本，可以从 Internet 的很多站点免费下载，例如 www.analogx.com/contents/download/network/nsl.htm。这个产品是一个简单易用的 TCP/IP 协议监视器，它可以用来监视入站、出站的准确流量，不论你是使用调制解调器、电缆调制解调器、DSL 还是本地网络。它允许你查看数据从你的计算机到 Internet 上其他计算机的速度。它甚至可以告诉你数据要经过多少台计算机才能到达目的地。NSL 还可以采用图形界面显示

CPU 的使用情况。这是一个特别有用的功能，例如，当你感觉到网速变慢了，它可以识别出变慢的原因是计算机还是网络连接。

NetStat Live 的界面如图 12-10 所示。这个截图显示了最近 60s 的数据吞吐量。它显示了平均数据速率、从上次重新启动开始发送的总数据量以及最大数据速率。它对所有入站和出站的消息都进行这样的统计跟踪。

如果想启用或者禁用某个功能框，只需在窗口上单击右键，选择 Statistics 命令，然后选中你想要查看的统计旁边的复选框即可。选项包括：

❑ 本地主机（Local Machine）：当前主机的名称、IP 地址和要监测的网络接口

❑ 远程主机（Remote Machine）：远程主机，包括平均的 ping 时间和经过的跳数

❑ 入站数据（Incoming Data）：入站（下载）通道上的数据

❑ 入站总量（Incoming Totals）：入站数据的总量

❑ 出站数据（Outgoing Data）：出站（上传）通道上的数据

❑ 出站总量（Outgoing Totals）：出站数据的总量

❑ 系统线程（System Threads）：当前系统中运行的所有线程的个数

❑ CPU 使用率（CPU Usage）：图形化显示 CPU 的负荷

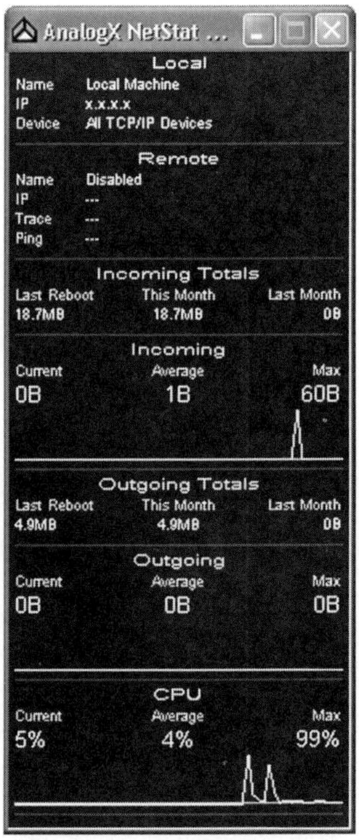

图 12-10　NetStat Live 对信息的统计跟踪

请注意，在 Remote 部分列出了一台主机及其相关的一些信息。你可以轻松地改变想搜集信息的目标服务器。打开 Web 浏览器，找到一个 Web 页面，复制 URL（连同 "http://" 一起复制）到剪贴板（可使用快捷键 <Ctrl>+<C>）。当你返回 NSL 时，将会看到服务器已经被你浏览的网站信息所取代。使用 NetStat 或 NetStat Live 的一个最重要的原因就是，对于给定的服务器找出什么是正常的流量。如果你不了解正常行为的特征，就很难判断是否发生了异常行为。

实践中：在进行审计时

像之前讨论过的一样，评估网络的初期步骤是检查相关文档。这一步可以为你提供关于该机构安全措施的宝贵信息。无论你是正在做内部审计，还是作为一个外部机构对其他机构进行审计，文档中的一些能说明问题的迹象可以告诉你该机构的安全措施的严密程度。

例如，将到服务器的正常流量记入文档的机构或许更密切关注其安全框架的细节。还有其他一些说明其良好安全举措的细节：

❑ 一个书面文档形式的补丁维护计划。

❑ 一个书面文档形式的变更控制过程。

❑ 完整的网络图，以及每台机器上的细节。必须保证该文档的安全，且一般未授权人员不能接触该文档。

❑ 关于网络团队人员的安全培训与认证的文档。

❑ 正在进行的内部安全培训。

❑ 定期学习网络安全书籍、杂志，并浏览安全相关网站。

所有这些项目都表明该机构对待安全问题严肃认真。另外，文档中的一些细节可能会指出相反的信息，包括：

❑ 非常有限的或过期的文档。

❑ 易被未授权人获得的没有安全保护的文档。

❑ 过于模糊的安全策略。

❑ 安全策略没有提及任何违反规定的负面后果。

❑ 缺乏日志（绝大多数的修改，如数据库、服务器、安全策略等，都应被记录）。

这些内容仅仅是你审阅任何机构文档时的一部分文档。

12.5.8 Active Ports

Active Ports 是另一个 Windows 操作系统下简单易用的扫描工具。可以免费从 http://www.majorgeeks.com/files/details/active_ports.html 下载。该程序使你能够监测本地计算机上所有开放的 TCP 和 UDP 端口。图 12-11 显示了 Active Ports 的主界面。Active Ports 将端口与使用该端口的应用程序进行对应，因此你能够观察到哪个进程打开了哪个端口。它还显示了每个连接对应的本地和远程的 IP 地址，并且允许你结束使用那个端口的进程。

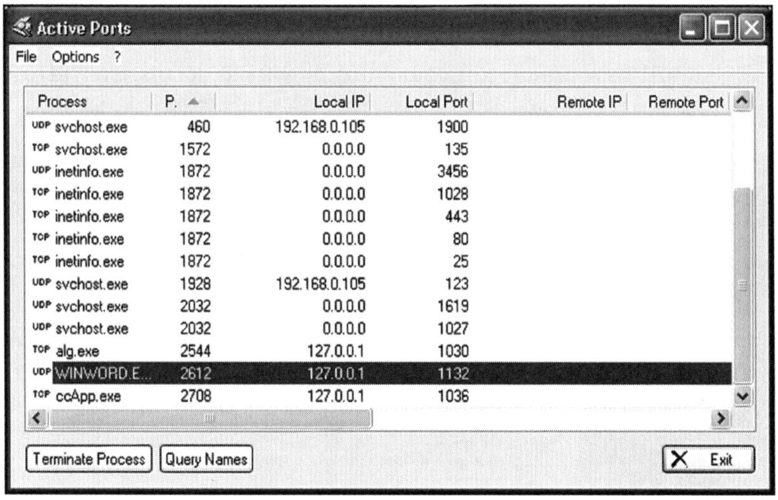

图 12-11 Active Ports 用户界面

Active Ports 缺少一些你可以在 Cerberus 或 SATAN 等高级工具中找到的特性。但是它确是一个好的入门工具，尤其是在你不具备端口扫描相关经验的情况下。

12.5.9 其他端口扫描器

还有很多端口扫描工具和安全工具可以在网上获得，下面列出了其中几个：

□ 像 Active Ports 一样，Fport 报告所有开放的 TCP 和 UDP 端口，并将它们映射到对应的应用程序。另外，它还将那些端口映射到运行着的进程。Fport 可识别未知的开放端口以及与它们相关联的应用程序。该产品可以在 https://www.mcafee.com/us/downloads/free-tools/fport.aspx 下载。

□ TCPView 是一个 Windows 程序，它能够显示系统上所有 TCP 和 UDP 端点的详细列表，包括远程地址和 TCP 连接的状态。TCPView 提供了一个很方便的 NetStat 程序子集。TCPView 可以在 https://docs.microsoft.com/en-us/sysinternals/downloads/tcpview 下载。

□ SuperScan 原先是 Foundstone 公司出品的一款扫描器，现在由 McAfee 发布。可以从 http://sectools.org/tool/superscan/ 免费下载。这款扫描器生成 HTML 格式的扫描报告。SuperScan 最吸引人的地方是在同一个网站上有多种类型的工具可以选择，包括可以扫描大量特定漏洞的工具。这个网站值得花时间好好研究一下。

选用特定的端口扫描器通常由个人喜好决定。最好的方法是使用三个或四个不同的扫描器，以确保能够检测到所有可能的漏洞。使用多于三个或四个扫描器增加的好处有限，并且非常耗时。我强烈推荐将 Cerberus 作为你应该选择的扫描器之一。你可能还会使用在第 6 章中推荐的口令破解器全面测试你的口令，以确保口令不能被轻易破解。

更有安全头脑的网络管理员会在他们的服务器上使用这些工具，只是为了检测安全性。全职的安全专业人员甚至会使用与黑客相同的工具来检测漏洞。这是网络管理员应该采取的主动且重要的措施。

12.5.10   微软基准安全分析器

微软基准安全分析器（Microsoft Baseline Security Analyzer，MBSA）很明显不是最强大的漏洞评估工具，但是它有一个令人印象深刻的易用界面，并且是免费的，如图 12-12 所示。该工具可以在 https://www.microsoft.com/en-us/download/details.aspx?id=7558 获得。

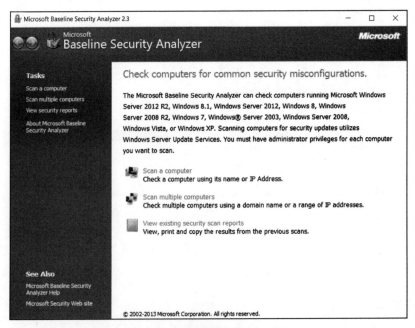

图 12-12   微软基准安全分析器

你可以选择扫描一台或多台机器，而且可以选择想扫描什么漏洞，如图 12-13 所示。

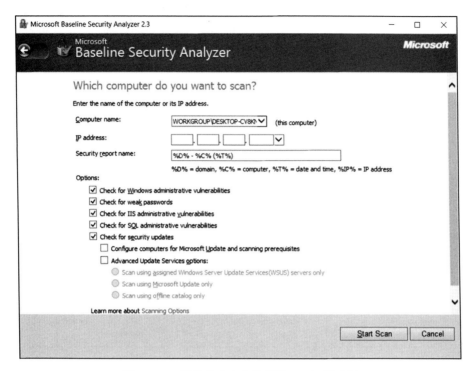

图 12-13　微软基准安全分析器——扫描选择

当扫描完成时，一个完整的报告将呈现给用户，如图 12-14 所示。

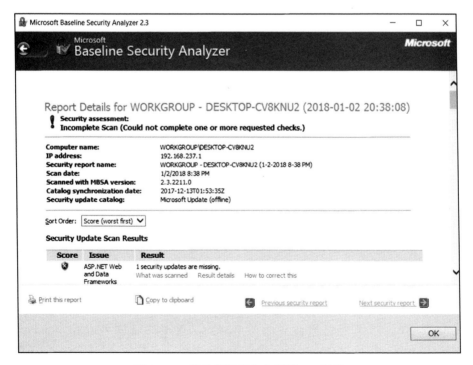

图 12-14　微软基准安全分析器——结果

　　如你所见，这个简单易用的工具给你展示的不仅是给定系统中漏洞的清晰概括，而且还包括了具体细节。这将使一名攻击者很容易去利用这些漏洞，但同时也很容易帮助你去纠正漏洞。这既是一款可以用来在你的系统中查找可能的攻击向量的工具，也是一款系统管理员用来检查系统漏洞的优秀工具。

12.5.11　NSAuditor

　　NSAuditor 提供基本的系统枚举功能。如果你看一下该工具，就会看到"Enumerate Computers"（枚举计算机）按钮，如图 12-15 所示。

　　点击它后可以看到你想要枚举的一些选项，如图 12-16 所示。

图 12-15　NSAuditor 的枚举计算机按钮

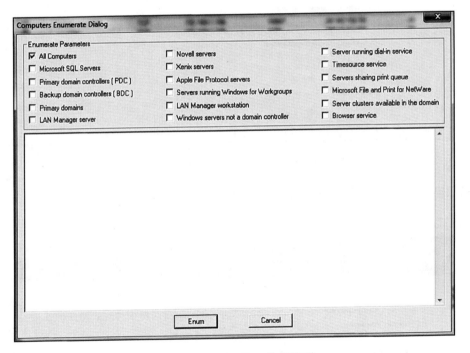

图 12-16　NSAuditor 枚举选项

　　你有很多可用选项：你可以枚举全部计算机，或仅仅是局域网控制器，或服务器，或MS SQL 数据库服务器。当运行枚举器时，输出结果以 XML 格式呈现，如图 12-17 所示。

　　你可以看到，它列举了网络中每台计算机的大量信息。你得到了一张网络中所有计算机的列表，并且可以看到它们在运行哪些服务。任何一个运行着的服务都是一个潜在的攻击向量。

12.5.12　Nmap

　　在黑客社区以及安全社区中最流行的端口扫描器可能是这款免费的工具——Nmap（https://nmap.org/）。带图形化操作界面的 Windows 版本的软件可以在 https://nmap.org/download.html 下载。你可以在命令行下操作 Nmap 并学习各种命令和标志。但是如果使用图形化界面，只需点击就可以了，如图 12-18 所示。

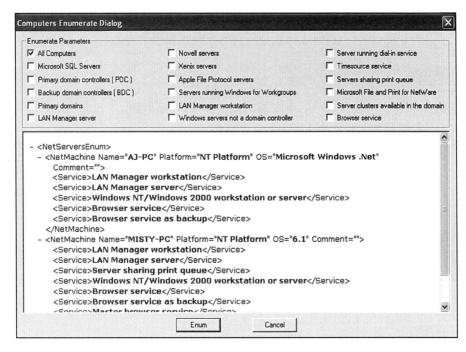

图 12-17　NSAuditor 枚举结果

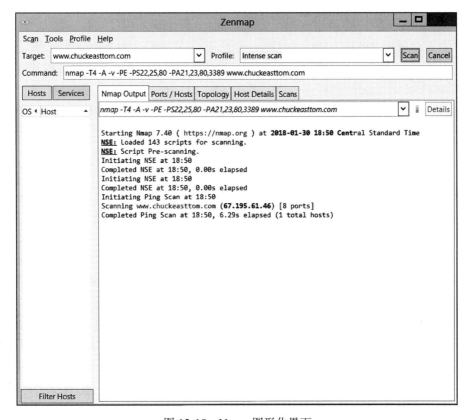

图 12-18　Nmap 图形化界面

但是，如果你打算经常使用 Nmap，可能需要学习相关的命令和标志。幸运的是，通过网络搜索"Nmap tutorials"就可以找到一系列的教程和视频。

12.6　漏洞

在前面的部分中，我们介绍了很多漏洞扫描器。但很重要的一点是准确理解什么是漏洞。漏洞是可以被黑客利用来攻击系统的某个缺陷。

12.6.1　CVE

最常见的漏洞列表是 CVE 列表。通用漏洞披露（Common Vulnerabilities and Exposures，CVE）是由 Mitre 公司在 https://cve.mitre.org/ 上维护的一个列表。它不仅是最常用的也是最综合的漏洞列表。CVE 列表旨在为漏洞提供一个通用的名称和描述，从而能使安全专业人员在进行漏洞交流时有的放矢。在过去，CVE 设计成使用 CVE-YYYY-NNNN 格式的 CVE ID 号。这种格式只允许每年标识 9999 个单独的漏洞。新的格式采用 CVE 前缀 + 年份 + 任意数字的形式，并且允许任意的位数。

12.6.2　NIST

美国国家标准和技术研究所（National Institute of Standards and Technology，NIST）维护了一个漏洞数据库，你可以通过网址 https://nvd.nist.gov/ 访问该库。NIST 同样使用了 CVE 格式。例如，CVE-201712371 被描述为"Cisco WebEx 网络播放器远程代码执行漏洞，它存在于处理高级记录格式（Advanced Recording Format，ARF）和 WebEx 记录格式（WebEx Recording Format，WRF）文件的 Cisco WebEx 网络播放器中。远程攻击者可以利用该漏洞，通过电子邮件或 URL 向用户提供一个恶意的 ARF 或 WRF 文件，使用户信任并播放该文件。利用该漏洞可以使受影响的播放器崩溃，并且在某些情况下，可以允许在目标用户的系统上执行任意代码。"

12.6.3　OWASP

开放式 Web 应用程序安全项目（Open Web Application Security Project，OWASP）是 Web 应用安全的标准。他们发布了很多重要的文档。鉴于我们当前的目的，最重要的是列表中的前 10 条，可以在 https://www.owasp.org/index.php/Category:OWASP_Top_Ten_Project 下载。每隔几年，他们就会发布一个前十大 Web 应用漏洞列表。这个列表包含 Web 应用程序中最常见的漏洞。从渗透测试的角度来看，不对这些进行测试是一种疏忽大意的做法。对于安全专业人员来说，最让人不安的是这些年来这份列表的变化少之又少。这份列表是可公开获得的，而且有免费工具可用于测试这些漏洞，但是很多网站仍然存在这些漏洞。更重要的是，OWASP 提供了一个名为 OWASP ZAP（Zed 攻击代理）的工具，可用于对这些漏洞进行测试。可以从 https://www.owasp.org/ index.php/OWASP_Zed_Attack_Proxy_ Project 下载。这是一种非常直观的产品，只需输入你想要测试的 URL 并单击按钮即可。随后 OWASP ZAP 会执行一次相当完整的漏洞扫描，并提供详细的结果和纠正这些问题的建议。

12.7 McCumber 立方体

McCumber 立方体是一种评估网络安全的方法，它考虑各方面的信息。John McCumber 在 2004 年的著作《*Assessing and Managing Security Risk in IT Systems: A Structured Methodology*》中对它进行了详细描述。它把安全看成一个三维立方体。之所以被称为立方体，是因为这三个维度是用图形表示的，如图 12-19 所示。这些维度分别是目标、信息状态和安全保障，接下来分别进行说明。

12.7.1 目标

网络安全的三大传统目标如下：

❑ **机密性**：保证敏感信息不会有意或无意地被泄露给非授权的人。

❑ **完整性**：保证信息不会有意或无意地被修改，从而使其可靠性受到质疑。

❑ **可用性**：确保授权的个人在需要时能够及时且可靠地访问数据和其他资源。

图 12-19　McCumber 立方体

12.7.2 信息状态

正如我们之前在本书中讨论过的，无论处于何种状态，信息或数据都必须受到保护。信息状态包括：

❑ **存储**：信息系统中处于静态的数据（Data At Rest，DAR），例如存储在硬盘上的数据。

❑ **传输**：信息系统之间正在传输的数据，也称为传输中的数据（Data In transit，DIT），例如将数据从一台计算机或设备发送到另一台计算机或设备。

❑ **处理**：对数据进行操作以达到预期的目标。这与静态的数据不同。正在被处理的数据虽然仍在硬盘上，但是已经被加载到内存中并且正在被处理。

12.7.3 安全保护

McCumber 立方体的这一部分描述了为保护系统所采取的措施。

❑ **策略和实践**：所有用于保护数据的管理控制手段。

❑ **人为因素**：终端用户培训，甚至是员工的筛选都是人为因素的一部分。

❑ **技术**：用于保护数据的各种技术措施，包括防火墙、入侵检测系统和防病毒软件等。

12.8 安全文档

在本章乃至本书中，我们经常提到安全文档。至此，毫无疑问你已经意识到需要记录安全的相关信息。但是，你可能不清楚具体有哪些文档。遗憾的是，这是一个没有严格行业标准的网络安全领域。没有关于文档标准的参考手册。

本节中，我们将探讨一些你应该拥有的基本文档，以及它们应包含什么内容。为简单起见，许多文档直接与前面提到的安全"6P"相关。

12.8.1　物理安全文档

你应该拥有一个列出物理安全的文档。这些计算机位于什么地方？这意味着要记录每台服务器、工作站、路由器、集线器和其他设备的位置。这个文档应该包含序列号以及哪些人员可以访问它们。如果一台设备放在锁着的房间中，那么这个文档还应该有一个列表记录谁拥有那个房间的钥匙。

如果你对进入安全保护房间的事件进行了记录，那么这些日志的副本应该同其他物理安全文档一样妥善保存。但是，即使在一个中等规模的网络中，这可能很快就会变成一个相当庞大的文件而不是单个文档。所以，你可以考虑采取某些措施，例如，在一段时间之后（比如 1 年）存档访问日志，并在更长一段时间之后（比如 3 年）销毁它们。

12.8.2　策略和员工文档

所有的策略必须以文件形式存在。任何修改都应与原件一起归档。假设你让雇员签署了一份声明他们知晓这些策略的协议（你绝对应该这样做），那么这些副本也必须记录在文件上。

除策略文档外，你还应当保存一份员工以及他们可访问项目的列表。这包括物理访问以及他们拥有登录权限的任何主机（服务器、工作站和路由器），你还应当留意他们拥有什么样的访问权限（标准用户、高级用户、管理员等）。

12.8.3　探测文档

不论在何时进行何种安全审计，都必须存档审计报告。即使是由外部顾问进行的审计也应存档。审计报告应包括发现的任何缺陷，以及采取哪些步骤加以纠正的后续报告。

如果发生了安全事件（比如病毒感染或入侵），那么至少应该有一个简要的备忘录来总结发生了什么。该文档应该说明安全事件是什么、发生的时间、哪些计算机受到影响，以及它是如何被纠正的。

12.8.4　网络保护文档

应当记入文档的最明显的项目是准确说明已有的网络安全防护措施。这个文档应当详细描述如下内容：

❑ 使用了什么防火墙以及它是如何配置的？
❑ 使用了什么入侵检测系统以及它是如何配置的？
❑ 使用了什么防病毒软件和反间谍软件？
❑ 配置蜜罐了吗？
❑ 单台主机采取了哪些安全措施（比如工作站防火墙）？

注意：这些文档应该妥善保管，且限制访问。如果入侵者能够访问这些文档，那么他就拥有了关于网络弱点的详细分析。

12.9　本章小结

定期的安全审计必须是所有正常安全计划的一部分。在最低限度上，审计必须包括如下步骤：

□ 检查是否有合适的安全策略。
□ 检查所有系统是否已经对操作系统及应用程序升级补丁。还要检查是否有补丁管理计划以及是否被记入文档。
□ 检查物理安全。
□ 使用端口扫描器和其他软件探测系统，以检测并纠正发现的缺陷。
□ 记录在安全审计中所采取的具体步骤，发现的任何缺陷，以及采取或建议采取的任何纠正措施。

12.10　自测题

12.10.1　多项选择题

1. 下面哪个扫描器提供了有关目标系统注册表的信息？

　A. Cerberus
　B. NetCop
　C. NetBrute
　D. Active Ports

2. 机构网络应该拥有的最低安全级别是多少（使用本章介绍的 1～10 级表示）？

　A. 1
　B. 3
　C. 5
　D. 7

3. 下面哪一项是最基本的安全措施？

　A. 关闭不用的服务
　B. 实现一个入侵检测系统
　C. 给操作系统打补丁
　D. 进行周期性的安全审计

4. 帮助你了解正在进行的攻击的最好设备、方法或技术是什么？

　A. 服务器日志
　B. 防火墙日志
　C. 入侵检测系统
　D. NAT

5. VPN 应该用于什么类型的通信？

　A. 所有到你网络的外部连接
　B. 可能传输敏感信息的外部连接
　C. 所有内部通信
　D. 可能传输敏感数据的所有内部连接

6. 下面哪个选项不是记录安全活动和审计的主要原因？

　A. 在诉讼中证明进行了尽职调查
　B. 为各种内部和外部的审计提供信息
　C. 让新工作人员快速跟上当前的安全状态
　D. 展示网络管理员实际上做了多少工作

7. 下面哪一个选项是最不必要的安全设备 / 软件？

　A. 边界防火墙
　B. 所有主机上的反间谍软件
　C. 所有主机上的防病毒软件
　D. 对所有的内部传输进行加密

8. 用过的存储介质应当如何处置？

　A. 不应该处理，应当存档
　B. 在 5 年之后正常处理
　C. 在处置前应当彻底销毁
　D. 如果包含敏感数据，则应该存档而不应该销毁

9. 下面哪个实用程序可以显示系统上的共享驱动器？

　A. NetCop
　B. NetBrute
　C. NetGuard
　D. NetMaster

10. 下面哪一个扫描器提供了有关 Windows 注册表的信息？

　A. NetCop
　B. SATAN
　C. Cerberus
　D. SAINT

11. 下面哪一个扫面器是在黑客群体中流行且只能在 Unix 下运行的？

    A. NetCop   B. SATAN

    C. Cerberus   D. SAINT

12. SAINT 最与众不同的特点是什么？

    A. 它的注册表报告   B. 它对漏洞的优先级排序

    C. 它对共享驱动器的扫描   D. 映射网络流量的能力

13. 使用 NetStat 或 NetStat Live 的最重要的原因是什么？

    A. 检测 DoS 尝试   B. 发现注册表漏洞

    C. 检测口令   D. 确定正常的网络流量

14. 使用扫描器最好的方法是什么？

    A. 随便选择一个扫描器并使用   B. 使用三个或四个不同的扫描器

    C. 找到功能最全面的扫描器并使用   D. 使用能够找到的每一个类型的扫描器

15. 除了端口和安全扫描器外，你还想使用什么工具来评估安全？

    A. 入侵检测系统   B. 防火墙

    C. 病毒   D. 口令破解器

12.10.2 练习题

练习 12.1 使用 NetBrute

1. 下载 NetBrute，并根据在产品中找到的说明进行安装。

2. 扫描实验室电脑或个人电脑，发现开放的端口。

3. 将你的发现记入文档。同时注意任何 NetBrute 提供而其他工具没有提供的内容。

练习 12.2 使用 Cerberus

1. 下载 Cerberus，并根据在产品中找到的说明进行安装。

2. 扫描实验室电脑或个人电脑，发现开放的端口。

3. 注意你通过使用 Cerberus 发现的而其他工具不能探测到的信息。

练习 12.3 使用 SATAN

注意：此实验需要基于 Unix 的操作系统。

1. 下载 SATAN，并根据在产品中找到的说明进行安装。

2. 扫描实验室电脑或个人电脑，发现开放的端口。

3. 将你的发现记入文档。特别注意 SATAN 的扫描结果与基于 Windows 软件的扫描结果之间的差异。

练习 12.4 使用其他端口扫描器

1. 下载其他的端口扫描器并根据在产品中找到的说明进行安装。

2. 扫描实验室电脑或个人电脑，发现开放的端口。

3. 记录使用该端口扫描器获得的结果与使用其他扫描器获得的结果间的区别。

练习 12.5 给系统打补丁

1. 选择一台实验室主机，最好是有一段时间没有检查补丁的主机。

2. 访问 https://support.microsoft.com/en-us/help/12373/windows-update-faq，并按照说明更新你的电脑。

3. 注意这个主机有多少关键的和推荐的补丁需要更新。

练习 12.6 物理安全

注意：本实验适合以小组为单位完成。

1. 以你所在的教育机构为例，（尽可能多地）检查服务器和技术的物理安全。

2. 制订你自己的安全改进计划。

3. 你的计划应该包括其他附加内容，如：

- 生物识别技术
- 告警
- 对钥匙的访问限制
- 将路由器置于锁和钥匙的监管之下

12.10.3　项目题

项目 12.1　使用安全评级打分

使用本章开头介绍的安全评级打分，评估校园的计算机系统和网络的安全。对每一个评级得分给出明确的理由，并给出改进系统安全的建议。

项目 12.2　评估安全策略

找到一个允许你查看其安全策略的机构。你可以尝试咨询你的工作单位、询问朋友和亲戚，你是否可以和他们公司的 IT 部门联系，或者和你所在学院/大学的 IT 部门协商一下。在你开始之前，确保该机构对你的评估没有异议。

你所评估的机构应该有书面的安全策略。归纳总结这个机构的安全策略，并提出你认为需要改进安全的建议。你也可以利用定义合适安全策略的资源与所选机构的策略进行对比。提供这些信息的资源包括：

- 国土安全部：https://www.dhs.gov/sites/default/files/publications/FCC%20Cybersecurity%20Planning%20Guide_1.pdf
- Sans 研究所，2003：www.sans.org/security-resources/policies/
- Scott Barn 的 *Writing Information Security Policies*，2001

项目 12.3　进行一次全面审计

注意：这个练习需要一个设备齐全的实验室（至少 10 台机器），最好以小组为单位完成。

你和你的小组应该对所选的实验室进行全面的审计，并详细记录你所发现的信息。这个审计必须包括实验室策略评估、探测主机、检测补丁以及本章中提到的其他项目。

第13章 安全标准

本章目标

在阅读完本章并完成练习之后,你将能够完成如下任务:

- 运用美国国防部橙皮书计算机安全标准
- 理解 COBIT 等行业标准
- 理解 ISO 标准
- 运用 Common Criteria 计算机安全标准
- 运用 Bell-LaPadula 模型、Clark-Wilson 模型、Biba Integrity 模型,Chinese Wall 模型和 State Machine 模型等安全模型。

13.1 引言

在过去几十年中,网络安全作为一个研究领域已逐渐发展成熟。这意味着已有许多安全标准经过了充分的研究并得到了广泛的认可。除此之外还有大量的安全模型可助你采取安全措施。理解这些标准和模型,对于帮助你开发适合于自身网络的完整安全策略非常重要。通过前面12章的内容,你已经学习了防火墙、代理服务器、防病毒软件、防御 DoS 攻击、安全策略等内容。除此之外,掌握安全标准和模型的知识将使你对网络安全有更深刻的理解。

13.2 COBIT

信息及相关技术控制目标(Control Objectives for Information and Related Technologies,COBIT)是一个框架,这个框架在提供适用于各种网络安全环境的结构方面非常有效。COBIT 由信息系统审计与控制协会(Information Systems Audit and Control Association,ISACA)开发,并于 1996 年首次发布。COBIT 最初的目标是用于财务审计,但随着时间的推移,其使用范围已经扩大。 2005 年,COBIT 作为 ISO 的一个标准发布,即 ISO 17799:2005。其当前的版本是 2012 年 4 月发布的 COBIT 5。这个版本包括五个组成部分:框架(framework)、流程描述(process description)、控制目标(control objective)、管理指南(management guideline)和成熟度模型(maturity model)。每一个都是整体框架不可或缺的一部分,而且对信息安全管理非常重要。

　　COBIT 的框架（framework）部分是标准的一个方面，并使该标准能相对容易地与其他标准整合。该部分的通用性很强，因此要求机构开发与其业务需求相关的良好实践。"良好实践"是一个定义宽泛的术语。在 COBIT 的这项组成部分中，可以整合任何适合机构的标准。例如，处理信用卡的公司会将 PCI DSS 标准集成到 COBIT 的框架组件中，然后该机构将根据 PCI DSS 标准开发实践。这表明 COBIT 非常灵活，可以与许多标准集成，但这些标准本身并不是网络安全的完整解决方案。任何一个标准都只能作为 COBIT 框架的一部分，这说明这些 IT 标准的关注点比较单一。

　　COBIT 的下一个组成部分是过程描述（process description）。虽然它适用于任何网络环境，但却超越了诸如 HIPAA 和 PCI DSS 这样的现有标准，本章后面将讨论这两个标准。该组件要求机构能清楚地描述所有业务流程。这是关键的初始步骤，因为在切实掌握机构的确切流程之前，谁都无法有效地处理安全问题。

　　COBIT 中的过程描述要求尽可能详细。这些描述包括给定过程的所有输入以及相应的预期输出。机构中的每个过程都必须加以描述。这些详细的描述为该过程的安全需求提供了指导。例如，如果给定的流程要处理信用卡信息，那么理解输入和输出将有助于确定合适的安全控制。

　　COBIT 的第三个组成部分是控制目标（control objective）。这是 COBIT 中超出安全标准的另一个方面，它提供了一个信息保障的框架。该部分要求机构为每个安全控制设立明确的目标。无论该控制本质上是管理性的还是技术性的，它都必须有明确清晰的目标。没有这些目标，就无法评估安全控制的有效性。

　　目标越具体越详细就越有效。例如，实现防病毒软件的解决方案就是一个控制目标。一个通用的目标就是简单地陈述其目标是减轻恶意代码风险。而一个更详细的目标则是将网络中恶意软件爆发的频率或者有害的影响降低 20%。目标越精确，度量及改善性能就越容易。

　　从控制目标自然导出管理指南（management guideline），即 COBIT 的第四个组成部分。该部分要求管理层确定实现安全目标的责任，以及度量安全控制性能的实现方法。

　　值得注意的是，管理指南在 COBIT 的组成部分中位列第四。因为只有在解决了前三个部分之后，才有可能制定有效的管理指南。如果没有明确的控制目标，没有对业务流程的理解和类似信息，就很难进行管理。

　　最后，COBIT 还包括成熟度模型（maturity model）。成熟度模型从如何开发流程的角度来检查每个流程。从本质上讲，每个独立的安全流程都应该首先进行评估确定其成熟度，以此来确定该流程的成熟程度。成熟度（maturity）定义为如何针对目标执行该控制。然后，随着时间的推移，评估安全过程以确定它是否成熟并且在改进中。例如，有关口令的策略最初可能会根据通用指南制定。之后，可以根据该机构发生的事件、公布的标准或对安全人员理解的增加来进行修订。这个过程就是在逐渐成熟。

13.3　ISO 的标准

　　国际标准化组织（International Organization for Standardization，IOS）为广泛的主题制定标准。有着数百个这样的标准，因此不可能在一本书的某个章节中完全涵盖。事实上，每个标准自身都可以作为一本书的主题，或者至少是书的几章。因此，这里只列出一些比较重要的网络安全标准：

- ISO/IEC 15408：信息技术安全评估通用准则
- ISO/IEC 25000：系统和软件工程
- ISO/IEC 27000：信息技术——安全技术
- ISO/IEC 27001：信息安全管理
- ISO/IEC 27005：风险管理
- ISO/IEC 27006：可信认证标准
- ISO/IEC 28000：供应链安全管理系统规范
- ISO 27002：信息安全控制
- ISO 27003：ISMS（信息安全管理体系）实现
- ISO 27004：IS（信息安全）指标
- ISO 27005：风险管理
- ISO 27006：ISMS（信息安全管理体系）认证
- ISO 27007：信息安全管理体系审核指南
- ISO 27008：技术审计
- ISO 27010：机构间沟通联系
- ISO 27011：电信行业信息安全指南
- ISO 27033：网络安全
- ISO 27034：应用程序安全
- ISO 27035：事件管理
- ISO 27036：供应链
- ISO 27037：数字取证
- ISO 27038：文档约减
- ISO 27039：入侵防护
- ISO 27040：存储安全
- ISO 27041：调查保障
- ISO 27042：数字证据分析
- ISO 27043：事件调查

13.4 NIST 的标准

美国国家标准与技术研究所（National Institute of Standards and Technology，NIST）为各种事务制定标准。本节将讨论对网络安全来说较为重要的一些标准。

13.4.1 NIST SP 800-14

特别出版的 800-14，即 *Generally Accepted Principles and Practices for Securing Information Technology Systems*，描述了应在安全策略中运用的常见安全原则。其目的是描述可用于制定安全策略的 8 项原则和 14 个实践。该标准基于的 8 项原则是：

1）计算机安全支持该机构的任务。

2）计算机安全是健全管理的一个有机部分。

3）计算机安全应该具有成本效益。

4）系统所有者在该机构外也有安全责任。

5）应明确计算机安全的责任和义务。

6）计算机安全需要全面的、综合的方法。

7）应定期重新评估计算机安全。

8）计算机安全受到社会因素的制约。

13.4.2　NIST SP 800-35

NIST SP 800-35，即 *Guide to Information Technology Security Services*，概述了信息安全。在此标准中，定义了 IT 安全生命周期的 6 个阶段：

- ❑ 第 1 阶段：启动。在此阶段，该机构正在考虑部署一些 IT 安全服务、设备或流程。
- ❑ 第 2 阶段：评估。此阶段涉及确定和描述机构当前的安全状况。建议使用可量化指标。
- ❑ 第 3 阶段：解决方案。此阶段评估各种解决方案，并选择一个或多个解决方案。
- ❑ 第 4 阶段：实施。在此阶段实施 IT 安全服务或流程，启用 IT 安全设备。
- ❑ 第 5 阶段：运维。阶段 5 是对阶段 4 中实施的安全服务或过程，及启用的 IT 安全设备进行持续的运行和维护。
- ❑ 第 6 阶段：收尾。在适当的时候结束阶段 4 实施的所有内容。通常这是在系统被更新或者被更好的系统所取代的时候。

13.4.3　NIST SP 800-30 修订版 1

NIST SP 800-30 修订版 1，即 *Guide for Conducting Risk Assessments*，它是进行风险评估的标准。风险评估在第 12 章中已经进行了讨论。该标准为如何进行此类评估提供了指导。这个过程有 9 个步骤：

- ❑ 步骤 1：系统描述
- ❑ 步骤 2：威胁识别
- ❑ 步骤 3：漏洞识别
- ❑ 步骤 4：控制分析
- ❑ 步骤 5：确定可能性
- ❑ 步骤 6：影响分析
- ❑ 步骤 7：风险确定
- ❑ 步骤 8：控制建议
- ❑ 步骤 9：结果文档

13.5　美国国防部的标准

风险管理框架（Risk Management Framework，RMF）是整个联邦政府的统一信息安全框架，它在联邦政府部门及机构、国防部（Department of Defense，DoD）以及情报局（Intelligence Community，IC）取代了原来的 DIACAP（Defense Information Assurance Certification and Accreditation Process，国防信息保障认证及鉴定流程）。

DIACAP 是国防部用于识别、实施、验证、认证和管理信息保障（IA）能力和服务的程序，称为信息保障控制，对国防部信息系统（DoD IS）的操作进行授权。它还描述了国防部信息保障控制的配置管理过程和支持实现的材料。DIACAP 已被 RMF 所取代。

13.6   使用橙皮书

橙皮书是美国国防部出版的几本书中一本的通用名称。因为每本书都使用颜色作为标记，所以整个系列被称为彩虹系列（Rainbow Series）。13.7 节将把整个系列作为一个整体进行介绍。橙皮书的全称是"国防部可信计算机系统评估标准"（Department of Defense Trusted Computer System Evaluation Criteria，DOD-5200.28-STD）。它是计算机安全标准的一个基石，如果没有很好地理解此书，就无法成为安全专家。虽然橙皮书已被取代，但书中的概念仍值得研究，因为它们为网络安全标准提供了重要指导。

该书列出了对各种操作系统进行评级的标准。在你已经阅读的章节中，我们主要关注 Windows，同时对 Linux 给予了一定的关注。对于大多数设置而言，这些操作系统都提供了足够的安全性。但是，你需要知道安全操作系统可有多种安全级别。如果你正在考虑关键服务器的操作系统，则应考虑该操作系统的基础安全评级。如果你所在机构打算与任何军事、国防或情报机构进行合作，那么这些部门可能要求你的操作系统达到特定的安全级别。

对于不为美国政府工作的人来说，橙皮书的真正副本很难获得，这使得理解安全评级很困难。这本书并没有保密，只是没有广泛出版。你可以在以下 Web 地址中找到它的摘录、章节和标准：

- ❏ 橙皮书网站：www.dynamoo.com/orange/
- ❏ 国防部橙皮书：http://csrc.nist.gov/publications/history/dod85.pdf
- ❏ 国防部标准：http://csrc.nist.gov/publications/history/dod85.pdf#search ='%20orange%20 book%20computer%20security

国防部的安全分类被设计成使用从 D（最低保护）到 A（已验证保护）之间的某个字母表示。橙皮书的设计通常用于评估操作系统而非整个网络的安全级别。但是，如果在服务器和工作站上运行的操作系统不安全，那么网络也不会特别安全。下面我们花一点时间来研究一下这些类别。

13.6.1   D——最低保护

此类别用于不符合其他类别规范的任何系统。任何未能获得更高分类等级的系统都会定为 D 类。简而言之，这是一个相当低的分类，以至于不必费心去为它评级。换句话说，D 等级表示尚未评级的操作系统。默认情况下，任何未给予其他评级的操作系统都是 D 级。很难找到任何广泛使用的 D 级操作系统。

13.6.2   C——自主保护

自主保护适用于具有可选对象（如文件、目录、设备等）保护的可信计算基（Trusted

Computing Base，TCB）。这意味着文件结构和设备有一定的保护。这是一个相当低的保护等级。C 是一个通用类，其所有成员（C1、C2 等）都具有基本的审计功能。这意味着安全事件被记入日志。如果你曾在 Windows 2000 或 Windows XP 看过事件查看器，那么你已经看到过安全审计日志的例子了。操作系统实际上归类于诸如 C2 这样的子类别，而不是通用的 C 类。

> **供参考：什么是可信计算基?**
>
> 　　可信计算基（TCB）是指一个计算机系统内全部保护机制的总和，包括硬件、固件和软件，其组合负责实施安全策略。可信计算基正确实施统一安全策略的能力取决于可信计算基内部机制的正确性，以及与安全策略相关的参数的正确输入。

1. C1——自主安全保护

C1 自主安全保护是在 C 保护的基础上，增加了一些内容。以下列表给出了实现 C1 级保护所需的一些额外特性。这种安全等级在过去很常见，但在过去的十几年中，大多数操作系统厂商都以 C2 为目标了。

- ❏ 自主访问控制，例如访问控制列表（Access Control List，ACL）、用户 / 组 / 其他保护。
- ❏ 通常用于都处于相同安全级别的用户。
- ❏ 定期检查可信计算基。可信计算基是橙皮书中对任何计算系统的通用术语。
- ❏ 使用用户名和口令保护方式并且保护认证数据库安全。
- ❏ 受保护的操作系统和系统操作模式。
- ❏ 经过测试的安全机制，且无明显旁路。
- ❏ 用于用户安全的文档。
- ❏ 用于系统管理安全的文档。
- ❏ 用于安全测试的文档。

对一些读者来说，这个列表可能不是特别清晰。为了明确 C1 安全是什么，我们看一下橙皮书中有关 C 级的一些实际摘录，然后解释这些摘录的含义：

- ❏ "TCB 要求用户在执行任何希望 TCB 仲裁的行动之前识别自己的身份。此外，TCB 应使用一种保护机制（如口令）来认证用户的身份。TCB 应保护认证数据，从而使这些数据不会被任何非授权用户访问。"

这将意味着用户在执行任何操作前必须先登录。这可能听起来稀松平常，但早期版本的 Windows（3.1 及之前版本）并不要求用户登录。许多旧的桌面操作系统都是如此。

- ❏ "应对 ADP 系统的安全机制进行测试，以验证它像系统文档中声明的那样工作。测试应当确保非授权用户没有明显的途径可以绕过或击败 TCB 的安全保护机制。"

这听起来很模糊。它仅表示操作系统已经经过了测试，确保它像自己的文档所声明的那样工作。它并没有说这个文档应该声明的安全等级，只是说必须进行测试以确保操作系统符合文档中的声明。读者还应该注意到 ADP 代表自动数据处理（Automatic Data Processing）。它指的是任何不需要直接人工干预处理数据的系统。这听起来像是对大多数计算机系统的描述，事实的确如此。不要忘了，这本橙皮书最初是在多年前构思出来的。

2. C2——受控访问保护

顾名思义，C2 就是带有附加限制的 C1。

❑ 目标保护可以基于单个用户，例如，通过访问控制列表（ACL）或托管数据库实现。

❑ 访问的授权只能由授权用户分配。

❑ 用户有强制的鉴别和授权过程，例如，用户名 / 口令。

❑ 全面审计安全事件（事件、日期、时间、用户、成功 / 失败、终端 ID）。

❑ 操作使用保护系统模式。

❑ 在 C1 文档的基础上，增加有关检查审计信息的信息。

IBM OS/400、Windows NT/2000/XP 和 Novell Netware 中都使用此级别的认证。如今大多数 Windows 系统都是 C2。同样，分析橙皮书的实际内容，并稍做详细说明，对解释这种安全级别可能会有所帮助。

❑ "TCB 应定义并控制 ADP 系统中命名用户和命名对象（如文件和程序）之间的访问。这种加强的机制（例如，自己 / 组 / 公共控制、访问控制列表）应允许用户通过命名个体、定义的个体组或同时使用二者来指定和控制这些对象的共享，并且应控制访问权限的传播。自主访问控制机制通过明确的用户行为，或者通过默认方式，保护对象免受非授权访问。这些访问控制应该能够包括或者排除单个用户粒度的访问。未获得访问权限的用户对对象的访问权限只能由授权用户分配。"

用直白的话说，上述文字的意思是，一旦用户登录并且具有了特定对象的访问权限，则此用户无法简单地将自己"提升"到更高的访问级别。这还表示，对于一个 C2 级的操作系统，你必须能够将安全权限分配给单个用户，而不是简单地分配给整个组。

❑ 对存储对象中所包含信息的所有授权，都应该在初始分配、从 TCB 池中未使用的存储对象分配或重新分配给主体之前进行回收。由前一个主体的行为产生的信息，包括加密形式的信息，都不能再用于任何获取已释放回系统的对象访问权限的主体。"

该段文字意味着，如果一个用户登录并使用某个系统对象，那么在该对象可以被另一个用户重新使用之前，它的所有许可都将被回收。这可以防止具有较低安全访问权限的用户在具有较高安全访问权限的用户之后立即登录，并可能重新使用前一个用户留在内存中的某个系统对象。这是另一种防止用户访问他可能无权访问的项目的方法。

❑ "TCB 应要求用户在开始执行任何其他希望 TCB 仲裁的行动之前进行识别。此外，TCB 应使用一种保护机制（如口令）来认证用户的身份。TCB 应保护认证数据，使其不能被任何非授权用户访问。TCB 应通过提供能够唯一识别每个 ADP 系统用户的能力来加强个人责任性。TCB 还应提供将该身份与该个体采取的所有可审计行为关联起来的能力。"

简而言之，该段文字意味着不仅应该记录安全活动，而且还应该将它们与特定的用户相关联。通过这样的方法，管理员就可以判断哪个用户做了什么活动。同样，如果你曾经看过 Windows 的安全日志，你会看到这些内容。图 13-1 展示了来自 Windows8 事件日志中的一个事件。请注意这里显示了个体的用户名。

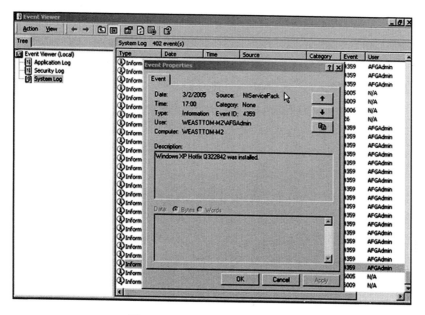

图 13-1　Windows 8 的事件日志

13.6.3　B——强制保护

B 类是一个相当重要的类别，因为它提供更高级别的安全性。它通过指定 TCB 保护系统应该是强制性而非自主决定的来实现这一点。与 C 类别一样，这是一个包含多个子类别的宽泛的类别。你不会遇到一个简单地被评为 B 级的操作系统，而应该是 B1、B2 等。

1. B1——标记安全保护

这个分类与 B 相似，只增加了一些安全特性。

□ 强制对所有对象的安全和访问进行标记。文中的术语对象（object）包括文件、进程、设备等。

□ 审计标记对象。

□ 对所有操作的强制访问控制。

□ 指定打印到人类可阅读输出（如打印机）的安全级别的能力。

□ 指定任何机器可阅读输出的安全级别的能力。

□ 加强的审计。

□ 加强的操作系统保护。

□ 改进的文档。

我们再次转向橙皮书中对此安全级别的实际描述，并将其作为能更好地理解该特定安全评级的指南。

□ "TCB 应该维护每个主体及其控制下的存储对象（如过程、文件、段、设备）相关的敏感性标签。这些标签应该作为强制访问控制决策的基础。为了导入未标记的数据，TCB 应该请求并接收授权用户相应安全级别的数据，而且所有这些操作都是 TCB 可审核的。"

这段文字告诉我们，在 B1 级系统中，每个对象（包括所有文件和设备）和每个主体

（用户）都被分配了安全级别（标签）。没有安全级别，系统就不能添加任何新主体或对象。这意味着，与 C1 和 C2 系统不同，他们的访问控制是自主选择的（即可选的），而在 B1 系统中不可能有任何主体或对象未被定义访问控制。再来看看 Windows 操作系统。该系统中的许多项目都具有受限的访问（通常仅限于管理员）。这包括控制面板和各种管理工具。但是，某些项目（例如附件）却没有访问控制。在 B1（或更高）等级的系统中，所有项目都具有访问控制。

这些安全标签是 B1 安全评级的关键。关于 B1 评级的许多橙皮书文档都围绕着如何导入或导出这些标签。

- "TCB 应该要求用户在开始执行任何其他期望 TCB 进行仲裁的行动之前识别自己。此外，TCB 应该维护认证数据，这些数据包括用于验证个人用户身份的信息（如口令），以及用于确定许可和授权或个人用户的信息。TCB 利用此数据认证用户的身份，并确保外部可能代表单个用户所创建主体的安全级别和授权由该用户的许可和授权控制。TCB 应该保护认证数据，以便使其不能被任何非授权用户访问。TCB 应该能够通过提供唯一识别每个 ADP 系统用户的能力来加强个体的责任性。TCB 还应提供将这个身份与这个人采取的所有可审计行为关联起来的能力。"

这一段可能听起来与 C 类中说明安全活动应该被审计的那一段相同。但是，这其实更进了一步。每个操作不仅会与执行该操作的用户一起进行审计，而且还会记录用户的访问权限 / 安全级别。这能清楚地标明任何试图执行超出其安全权限行为的用户。

这种级别的操作系统安全性可以在几个非常高端的系统上找到，例如：

- HP-UX BLS（Unix 的一个高安全版本）
- Cray Research Trusted Unicos 8.0（著名的 Cray 研究计算机的操作系统）
- Digital SEVMS（一个高安全的 VAX 操作系统）

2. B2——结构化保护

顾名思义，这是对 B 类的一个增强。它包括 B 类所做的一切，并增加了一些附加特性。

- 影响交互式用户的安全等级更改通知
- 分层的设备标签
- 对所有对象和设备的强制访问
- 用户和系统之间的可信路径通信
- 追踪隐蔽存储通道
- 将更严格的系统操作模式转换为多级独立单元
- 改进的安全测试
- 版本、更新和补丁的分析和审核

在几个操作系统中可以实际找到这种安全级别：

- Honeywell Multics：这是一个非常安全的大型机操作系统。
- Cryptek VSLAN：这是一个非常安全的网络操作系统组件。VSLAN（Verdix Secure Local Area Network，Verdix 安全局域网）是一个网络组件，能够互连在不同安全等级范围内运行的主机系统，允许多级安全（Multi-Level Secure，MLS）的局域网操作。

❑ Trusted XENIX：这是一个非常安全的 Unix 变体。

研究橙皮书能更好地了解 B2 和 B1 安全级别之间的差异。这几段确实说明了主要区别：

❑ "TCB 应该支持自身与进行初始登录和身份验证的用户之间的可信通信路径。通过该路径的通信只能由用户发起。"

这段文字告诉我们，不仅用户在访问任何系统资源之前要进行认证，而且用于身份验证的通信必须是安全的。这在客户端 / 服务器环境下尤其重要。一个 B2 级服务器仅在登录过程是安全的情况下才允许客户端登录。这意味着登录通信应使用 VPN 加密或其他能确保用户名和口令安全的方法。请注意，前两个 B2 级的操作系统用于分布式环境。

❑ "在交互式会话期间，当与终端用户相关的安全级别发生任何变化时，TCB 都应立即通知他。当需要显示主体的完整敏感性标签时，终端用户应能够查询 TCB。"

在这段摘录中我们看到，如果用户登录到系统，并且其安全级别或他正在访问的某个对象的安全级别发生了更改，则会立即通知该用户，在必要时，他的访问将被改变。在许多你很熟悉的系统中（如 Windows、Unix、Linux），如果更改了用户的权限，那么这个更改将在用户下次登录时生效。但在 B2 级系统中，更改能立即生效。

3. B3——安全域

这个类别是 B 类别的另一个增强。

❑ 基于组和标识的附加的 ACL

❑ 可信路径访问和认证

❑ 自动安全分析

❑ 安全审计事件的审计

❑ 系统宕机后的可信恢复和相关文档

❑ TCB 中的零设计缺陷和最小实现缺陷

据作者所知，只有一个 B3 认证的操作系统，即 Getronics / Wang Federal XTS-300。这是一个高度安全的类 Unix 操作系统，配有图形用户界面。橙皮书对 B3 安全评级的描述有几个精彩部分，这有助于说明 B2 和 B3 之间的差异。

❑ "TCB 应该定义并控制 ADP 系统中命名用户与命名对象（如文件和程序）之间的访问。这种增强机制（如访问控制列表）应该允许用户指定和控制这些对象的共享，并应提供控制，限制访问权限的传播。自主访问控制机制通过明确的用户行为或者通过默认方式，保护对象免受非授权的访问。这种访问控制对每个命名对象，指定一个命名个体列表和一个命名个体组列表，以及他们访问该对象的各自模式。此外，对于每个这样的命名对象，可以指定一个命名个体列表和一个命名个体组的列表，不赋予他们对象的访问权。尚未拥有访问权限的用户对对象的访问权限只能由授权用户分配。"

这段文字说明，B3 系统将访问控制提升到更高水平。在这样的系统中，每个对象必须有一个具体的授权用户列表，并且可以有一个具体的禁止用户列表。这点超出了 C 等级，其对象可以有一个授权用户列表。它特有的禁止用户列表也超出了较低的 B 等级。

❑ "TCB 应能够创建、维护、防止修改、防止非授权访问、防止破坏对所保护对象访问的审计踪迹。审计数据应受 TCB 保护，只许获得了审计数据授权的用户进行读取访问。TCB 应能够记录下类事件：使用识别和认证机制，将对象引入用户的地址空间（如文件打开、程序启动），删除对象，计算机操作员和系统管理员和 / 或系统安全员采取的动作以及其他安全相关事件。TCB 还应能够审核任何人类可阅读输出标记的覆盖。对于每个记录的事件，审核记录应标识：事件的日期和时间、用户、事件类型以及事件的成功或失败。对于标识 / 认证事件，请求的来源（例如：终端 ID）应包含在审计记录中。对于将对象引入到用户的地址空间的事件和对象删除事件，审计记录应包括对象的名称和对象的安全级别。ADP 系统管理员应能够基于个体身份和 / 或对象安全级别，选择性地审核任何一个或多个用户的动作。TCB 应该能够审计可能被用于利用隐蔽存储通道的已识别事件。TCB 应包含一种机制，该机制能够监测到那些预示着即将违反安全政策的安全可审计事件的发生或累积。当超过阈值时，该机制应能够立即通知安全管理员，如果这些安全相关事件继续发生或累积，系统应采取破坏性最小的行动来终止事件。"

本段文字告诉我们，B3 系统的审计工作达到了更高层次。在这样的系统中，不仅所有与安全相关的事件都能被审计，而且任何表示安全策略可能被违反的事件发生或累积，都将触发对管理员的警报。这在概念上类似于入侵检测系统。然而，在此事件中不仅仅入侵迹象会受到监视，而且那些可能会导致操作系统安全的任何一部分受到任何损害的任何事件或事件序列也都会受到监视。

13.6.4　A——可验证保护

分类 A 是最高安全的分类。它分为 A1 和 A2 及以上级别。A2 及以上等级只是操作系统理论上的分类，也许某天会开发出来。目前还不存在这样的操作系统。

A1——可验证保护

该级别包括了 B3 中的所有内容，并增加了形式化方法和 TCB 的完整性证明。A 级和 B 级操作系统之间的最大区别在于开发过程。对于 A 级系统，橙皮书仔细描述了在系统开发过程中必须采取的特定控制以及必须遵从的测试标准。这基本上意味着 A 级系统在其开发过程中已经仔细验证了其安全的各个方面。这样做需要大量的精力和费用。你会注意到我们仅列出的两个 A1 系统都用于军事。

实际上你可以找到几个 A1 认证的系统：

❑ 波音 MLS LAN：这是一种高度安全且专用的网络操作系统。

❑ Honeywell SCOMP（Secure Communications Processor，安全通信处理器）：这是一种高度安全且专用的网络操作系统。

实践中：你所在机构的橙皮书

许多 IT 专业人员根据下述三个因素之一选择操作系统：

❑ 成本

□ 他们最熟悉什么

□ 可用的软件最多

这意味着在许多机构中，你将看到 Windows 桌面操作系统和 Windows、Linux 或 Unix 服务器。然而，随着安全性成为一个更大的问题，也许应该考虑其他的标准，至少对于服务器而言是这样。请注意，Windows 系统是 C2 级系统，这意味着 Windows 2000 或 Windows 2003 服务器也被评级为 C2。对于许多单位来说这已经足够了。

然而，你可能希望考虑更安全的解决方案，至少确保最关键的服务器安全运行。通常 C2 级或 B1 级系统已足够了。这可能意味着选择某个版本的 Unix（虽然希望微软最终会发布一个更安全的服务器版本，也许是一个 B1 级或更高等级的服务器版本）。你可以仍然使用 Windows 工作站，甚至可以将 Windows 用于不太重要的服务器，例如 Web 服务器。但是对于包含关键数据（如信用卡数据）的主要数据库服务器，请使用更安全的 Unix 版本。

在 Linux 社区中曾有很多人谈论，有人在为这个开源操作系统制作一个更安全的版本，专门用于高度安全的环境。到目前为止，据作者所知，这样的产品尚未发布。但是，鉴于开源软件社区的历史，这似乎只是时间问题。

13.7　使用彩虹系列

正如我们所提到的，橙皮书只是彩虹系列的一部分。除了常提到的橙皮书，你还应该关注其他的书籍。彩虹系列中的每一本书都是美国国防部信息安全指南的一部分。你可以在网站 https://fas.org/irp/nsa/rainbow.htm 查看该系列。

以下是该系列中的书籍列表，以及每本书的简短描述。有些书比其他书更适用于网络防御学习。对于那些与我们的学习不太相关的书籍，描述就更为简洁。你可能认为，如果你不直接参与国防或情报相关的系统，就不需要熟悉这些标准。但是，当你尝试保护任何网络时，考虑一下这些安全标准和最安全系统的要求是十分必要的。许多私人公司已经做到了这一点，并采纳了其中一种或多种标准供自己使用。

□ Tan Book（褐皮书）——*A Guide to Understanding Audit in Trusted Systems*（可信系统审计指南）[6/01/88，第 2 版]。该书介绍了审计可信系统的推荐流程。回想一下，事件审计是橙皮书中几个安全分类的重要特征。褐皮书准确地描述了如何进行审计。对于任何安全专业人员来说，本书都值得一读。

□ Bright Blue Book（宝蓝书）——*Trusted Product Evaluation - A Guide for Vendors*（可信产品评估——供应商指南）[3/1/88，第 1 版]。顾名思义，这是给供应商的指南。只有当你的公司试图向美国国防部销售安全系统时，本书才对你有用。

□ Orange Book(橙皮书)——*A Guide to Understanding Discretionary Access Control in Trusted Systems*（可信系统中自主访问控制指南）。本章的前面详细介绍了此部分。

□ Aqua Book（浅绿书）——*Glossary of Computer Security Terms*（计算机安全术语词汇表）。在书店和互联网上到处都有计算机的安全术语表。你正在阅读的本教科书也包括这样的词汇表。浅绿书是国防部计算机安全术语表，值得粗略浏览一下。

- Burgundy Book（紫红书）——*A Guide to Understanding Design Documentation in Trusted Systems*（可信系统中设计文档指南）。顾名思义，该书研究了文档所需的内容。与大多数政府机构一样，此标准要求冗长的文档，可能比大多数单位要求的文档更详细。

- Lavender Book（淡紫书）——*A Guide to Understanding Trusted Distribution in Trusted Systems*（可信系统的可信分发指南）。该书讨论了分布式系统中的安全标准。在当今的电子商务时代，任何安全专业人员花一些时间研究这些标准都是非常有用的。

- Venice Blue Book（威尼斯蓝皮书）——*Computer Security Subsystem Interpretation of the Trusted Computer System Evaluation Criteria*（可信计算机系统评估标准的计算机安全子系统解读）。该书介绍了要添加到现有安全系统中的任何硬件或软件的评估标准。虽然这个特定文档的细节对于你的网络防御研究来说并不关键，但这个概念却很关键。回想在第 12 章中，我们讨论了变更控制流程。这个概念非常重要的原因之一就是，即便是非常安全的系统也可能因添加不安全的设备或软件而损害其安全性。

- Red Book（红皮书）——*Trusted Network Interpretation Environments Guideline-Guidance for Applying the Trusted Network Interpretation*（可信网络解读环境指南——应用可信网络解读的指南）。在该书中，你将找到评估网络安全技术的标准，这与紫红书中的材料密切相关。

- Pink Book（粉皮书）——*Rating Maintenance Phase Program Document*（评级维护阶段计划文件）。在该书中，你将看到评级维护计划的标准。这同样涉及第 12 章中讨论的变更控制问题，并与威尼斯蓝皮书有关。安全系统的日常维护要么增强系统的安全，要么危及系统的安全，这取决于维护是如何执行的。

- Purple Book（紫皮书）——*Guidelines for Formal Verification Systems*（形式化验证系统指南）。对于开发系统的厂商来说，它希望根据国防部的指南进行评级，该书概述了验证该系统安全性的过程。

- Brown Book（棕皮书）——*A Guide to Understanding Trusted Facility Management*（理解可信设施管理指南）[6/89]。由于安全系统必须位于某些建筑物 / 设施中，因此该设施的管理是安全专业人员关注的问题。该书详细列出了可信设施的管理原则。

- Yellow-Green Book（黄绿书）——*Writing Trusted Facility Manuals*（编写可信设施手册）。任何熟悉政府各类文件的人都习惯于文书工作和大量的手册。该书是编写手册的指南。

- Light Blue Book（浅蓝书）——*A Guide to Understanding Identification and Authentication in Trusted Systems*（可信系统中标识和认证指南）。该手册详细探讨身份认证过程。仅当你尝试创建自己的身份认证过程，而不是使用许多现有的身份验证协议中的某个协议时，此信息对你才很关键。

- Blue Book（蓝皮书）——*Trusted Product Evaluation Questionnaire*（可信产品评估调查问卷）[1992 年 5 月 2 日，第 2 版]。该文档与橙皮书密切相关，因为它包含了要根据橙皮书的标准对操作系统进行评级时必须回答的问题。

- ❑ Grey/Silver Book（灰皮书 / 银皮书）——*Trusted UNIX Working Group (TRUSIX) Rationale for Selecting Access Control List Features for the UNIX System*（可信 UNIX 工作组（TRUSIX）选择 UNIX 系统访问控制列表特性的基本原理）。对于使用 UNIX 的读者来说，该书特别有价值。它研究了在 UNIX 操作系统中选择特定访问控制列表选项的标准。

- ❑ Lavender/Purple Book（淡紫书 / 紫皮书）——*Trusted Database Management System Interpretation*（可信数据库管理系统解读）。顾名思义，该书详细介绍了安全数据库管理系统的需求。鉴于数据库是所有业务编程的核心，数据库系统的安全是一个重要问题。

- ❑ Yellow Book（黄皮书）——*A Guide to Understanding Trusted Recovery*（可信恢复指南）。如果发生了任何故障（硬盘驱动器崩溃、洪水、火灾等），你必须恢复系统。对于安全系统来说，即使是这样的恢复也必须按照该书列出的安全准则进行。

- ❑ Forest Green Book（森林绿书）——*A Guide to Understanding Data Remanence in Automated Information Systems*（自动化信息系统中的数据剩余指南）。该书涵盖了数据安全存储的要求。

- ❑ Hot Peach Book（桃红书）——*A Guide to Writing the Security Features User's Guide for Trusted Systems*（编写可信系统的安全特性用户指南的指南）。该书是另一本关于如何编写手册的手册。

- ❑ Turquoise Book（宝石绿书）——*A Guide to Understanding Information System Security Officer Responsibilities for Automated Information Systems*（理解自动化信息系统的信息系统安全官责任的指南）。在许多政府机构中或在国防承包商公司中，有一名指定的安全官员全面负责安全。该书概述了这名官员的责任。它与网络防御没有直接关系，但在制定单位的安全策略时可以提供背景信息。

- ❑ Violet Book（紫罗兰书）——*Assessing Controlled Access Protection*（评估受控的访问保护）。在该书中，读者将找到与如何评估访问控制程序相关的标准。大多数操作系统（至少是 C 级或更高等级）具有某种访问控制（在 C 级系统中是自主决定的，在 B 级系统中是强制性的）。

- ❑ Blue Book（蓝皮书）——*Introduction to Certification and Accreditation*（认证及审批简介）。本手册介绍了产品实现国防部认证的过程。

- ❑ Light Pink Book（浅粉书）——*A Guide to Understanding Covert Channel Analysis of Trusted Systems*（可信系统的隐蔽通道分析指南）[11/93]。某些较高等级系统（B2 及以上）的一个特征是通信通道的处理。该文档详细讨论了对这些通道的分析。

显然，没有人能够学完、更不用说记住所有这些书。橙皮书现在已经不再使用了，但它仍然提供了系统安全如何工作的宝贵观点，所以你应该基本熟悉它。除此之外，只需选择与你的工作或个人研究兴趣最相关的一本或两本书，并让自己熟悉这些书。从本节获取的最重要知识就是了解各种书籍的作用所在。你应该知道对于特定目的该参考哪本书。

13.8　使用通用准则

橙皮书和整个彩虹系列都是出色的安全指南。其他几个机构和其他国家也制定了自己的安全指南。每个这样的独立安全标准会在某些问题上交叉重叠。最终，美国、加拿大和欧洲负责现有安全标准的组织开始了一个项目，将他们独立的标准融合到一组 IT 安全标准中，这些标准被称为通用准则（Common Criteria，www.commoncriteriaportal.org/cc/，通常缩写为 CC）。它的第 1 版于 1996 年 1 月完成。

通用准则起源于三个标准：

- ❑ ITSEC（Information Technology Security Evaluation Criteria，信息技术安全评估标准），英国、法国、荷兰、德国和澳大利亚使用的欧洲标准。可以在网址 https://www.bsi.bund.de/SharedDocs/Downloads/DE/BSI/Zertifizierung/ITSicherheitskriterien/ itsec-en_pdf.pdf？_blob=publicationFile 了解有关 ITSEC 的更多信息。但是请记住，在大多数情况下，该标准都已被 CC 准则所取代。
- ❑ 美国国防部的橙皮书。
- ❑ CTCPEC（Canadian Trusted Computer Product Evaluation Criteria，加拿大可信计算机产品评估标准），这是加拿大的标准。该标准与橙皮书的目的大致相同。

CC 准则基本上是这三个标准的融合。虽然它们现在可以应用于任何产品，但最初的目的是为向国防或情报组织销售计算机产品的公司制定的标准。顾名思义，CC 准则的想法是具有共同的安全标准：通用，即适用于广泛的机构和行业。

与信息技术中的大多数东西一样，CC 准则最终也进行了修订。CC 2.0 版于 1998 年 4 月发布。该版本的 CC 于 1999 年被采纳为 ISO 国际标准 15408。后续较小的修订也被 ISO 采纳。最初创建 CC 主要是用来取代部分彩虹系列以及欧洲和加拿大的类似标准。但它的使用已经远远超出了与国防相关的应用程序。CC 现在经常用于私人机构的安全设置。实际上，该标准的基本内容是 CISSP（Certified Information Systems Security Professional，注册信息系统安全专家）认证测试的一部分。

很显然，CC 很重要并且被广泛使用，但它究竟涵盖了什么？ CC 定义了一组通用的安全要求。这些要求分为功能要求和保证要求。CC 进一步定义了两种可以使用这个公共集合构建的文档：

- ❑ **保护轮廓**：这是用户创建的文档，用于标识用户的安全要求。
- ❑ **安全目标**：这是由特定系统的开发人员创建的文档，用于标识特定产品的安全能力。
- ❑ **安全功能需求**：指明特定产品应提供的各个安全功能。
- ❑ **安全保障需求**：描述在产品开发（和最终评估）过程中采取的措施，以确保产品实际上符合安全功能。

机构常常被要求对产品进行独立评估，以展示产品确实符合特定安全目标中的声明。该评估被称为目标评估或 TOE（Target of Evaluation）。CC 具有支持这些独立评估的内置机制。

通用标准列出了安全保障的一些要求 / 级别。这些级别通常称为评估保障级别（Evaluation Assurance Levels，EAL）。这些 EAL 编号为从 1 到 7，数字越大表示安全评估越彻底。其想法是使用数字尺度对安全产品、操作系统和安全性进行评级。每个级别的标准都已确立，并且对于使用 CC 的所有各方都是相同的。本质上，EAL 是基于本节前面所述的安全目标、安全功能需求和安全保障要求的。

13.9　使用安全模型

橙皮书和通用准则旨在评估操作系统、应用程序和其他产品的安全级别。确保你所在机构使用的产品符合某种安全标准无疑是保护网络安全的关键部分。评估系统的过程以及我们在本书中讨论过的所有内容都非常直接且非常实用。但是，现在是时候要深入研究计算机安全的理论方面了。在本节中，我们将讨论各种广泛使用的模型，这些模型是形成机构安全策略的基础。在此重申，当然可以仅使用本书前 12 章中的实用指南来保护网络。但是，在某些机构（尤其是大型机构）中，你会发现它们首先选择特定的安全模型，然后才构建安全策略。在中小型机构中，通常不选择安全模型。

必须强调的是，这些模型是理论框架，可以帮助指导你的网络防御策略。没有这些模型，你当然可以成功地捍卫网络，但在本书中，我们的目标是让你全面理解网络防御。

> **供参考：安全模型和 CISSP**
>
> CISSP（Certified Information Systems Security Professional，注册信息系统安全专家）考试涵盖了其中的几个模型，因此如果你以后要参加考试，现在熟悉它们对你有利。

13.9.1　Bell-LaPadula 模型

Bell-LaPadula 模型是一个描述各种访问控制规则的形式化安全模型。这是最早的计算机安全模型之一。它由名叫 Bell 和 LaPadula 的两位研究人员于 1973 年开发，旨在加强政府和军事应用中的访问控制。整个模型建立在被称为"基本安全法则"的原理上。该法则指出：

一个系统是安全的当且仅当初始状态是安全状态并且所有状态转换都是安全的，因此无论发生什么输入，每个后续状态也将是安全的。

换句话说，如果你从一个安全的系统开始，并且之后发生的任何可能改变系统状态的单个事务也是安全的，那么该系统将保持安全状态。因此 Bell-LaPadula 模型专注于任何改变系统状态的事务。

该模型将系统分为一系列的主体和对象。主体是试图访问系统或数据的任何实体，通常指正在访问另一个系统或该系统内数据的应用程序或系统。例如，如果程序被设计为执行数据挖掘操作，要求它访问数据，那么该程序是主体，而它尝试访问的数据是对象。在这个上下文中，对象实际上是用户可能尝试访问的任何资源。

该模型定义了对这些主体和对象的访问控制。任何主体和对象之间的所有交互都基于各自的安全级别。通常有四个安全级别：

- ❑ 不涉密（Unclassified）
- ❑ 秘密（Confidential）
- ❑ 机密（Secret）
- ❑ 绝密（Top secret）

这个分类与美国军方使用的四个分类相同，这并非巧合。因为，这个特殊的模型最初就是为军事应用而设计的。

模型中有两个属性描述了强制访问。这就是简单安全属性（simple-security）属性和 * 属性：

- **简单安全属性（simple-security 属性，也称为 ss- 属性）**：该属性意味着只有当主体的安全级别高于或等于对象的安全级别时，主体才能读取对象。这通常被称为下读（read-down）。它的意思是，如果主体具有机密级的安全性，则它只能读取机密、秘密级和不涉密的材料。该主体无法读取绝密级的材料。
- *** 属性（也称为星属性）**：仅当对象的安全级别高于或等于主体的安全级别时，主体才能在对象上执行写操作，这通常被称为上写（write up）。允许系统写入比自身更高的安全级别似乎很奇怪，但这里的关键是使用了单词"写"的宽泛的定义。意思是机密级别的系统的输出不能低于机密。这就防止了机密系统将其输出归类为秘密或不涉密。

Bell-LaPadula 模型还有第三条规则，适用于自主访问控制（Discretionary Access Control，DAC），称为自主安全属性。自主访问被定义为基于命名用户和命名对象的访问控制策略。

- **自主安全属性（discretionary security property，也称为 ds 属性）**：当前访问集合的每个元素，以及特定的访问模式（如读、写或追加），都包含在相应的主体 – 对象对的访问矩阵条目中。

13.9.2　Biba Integrity 模型

Biba Integrity 模型也是一个较古老的模型，于 1977 年首次发布。该模型与 Bell-LaPadula 模型类似，因为它也使用了主体和对象；此外，它控制对象修改的方式与 Bell-LaPadula 模型控制数据泄露的方式相同，这在 Bell-LaPadula 模型中称为"上写"。

Biba Integrity 由三部分组成。前两个在措辞和概念上与 Bell-LaPadula 模型非常相似，但具有更广泛的应用。

- 主体无法执行完整性级别低于主体的对象。
- 主体无法修改具有更高完整性级别的对象。
- 主体不能向具有更高完整性级别的对象请求服务。

本质上，这最后一项意味着具有秘密许可的主体甚至不能向具有机密或绝密许可的任何对象请求服务。其想法是防止主体向具有更高安全等级的对象请求数据。

13.9.3　Clark-Wilson 模型

Clark-Wilson 模型于 1987 年首次发布。与 Bell-LaPadula 模型一样，它也是一个主体对象模型。但是，它引入了一个新的元素：程序。除了考虑主体（访问数据的系统）和对象（数据）之外，它还考虑访问程序的主体。使用 Clark-Wilson 模型，有两个实现数据完整性的主要元素：

- 符合格式的事务
- 职责分离

符合格式的事务意味着用户不能在没有谨慎限制的情况下操纵或更改数据。这可以防止一个事务在无意间更改安全数据。职责分离可防止授权用户进行不合适的修改，从而保持数据的外部一致性。

Clark-Wilson 模型使用完整性验证和转换过程来维护内部和外部的数据一致性。验证程序确保数据在执行验证时刻符合完整性规范。简单来说，这意味着该模型明确要求进行外部审计，以确保安全程序存在且有效。该模型本质上包含三个独立但相关的目标：

❑ 防止非授权用户进行修改
❑ 防止授权用户进行不合适的修改
❑ 保持内部和外部的一致性

13.9.4　Chinese Wall 模型

在商业中，Chinese wall（中国墙）一词用于表示公司各部分之间完全隔离。它的字面意思是建立一些机制，确保公司的不同部分保持隔离，以便信息不会在两个部分之间流通。它常用于防止利益冲突。

Chinese wall 模型由 Brewer 和 Nash 提出。该模型旨在防止可能导致利益冲突的信息流动。例如，仅当没有其他包含非清洁信息的对象可读取时，才授予写访问权限。与 Bell-LaPadula 模型不同，对数据的访问不受目标数据的属性约束，而是受到主体已拥有访问权限的数据的约束。同样与 Bell-LaPadula 模型及 Biba 模型不同的是，这种模式源于商业概念而非军事概念。利用该模型，数据集被分组为"利益冲突类"，所有主体允许访问属于每个这样的利益冲突类中的至多一个数据集。

该模型的基础是，用户仅允许访问与他已拥有的任何其他信息不冲突的信息。从计算机系统的角度来看，用户已经拥有的唯一信息必须是用户先前访问过的信息。

13.9.5　State Machine 模型

State Machine（状态机）模型着眼于系统从一个状态到另一个状态的转换。它从捕获系统的当前状态开始。之后，将系统在该时间点的状态与系统的先前状态进行比较，以确定在此过渡期间是否存在安全违规。它通过查看以下几项信息进行评估：

❑ 用户
❑ 状态
❑ 命令
❑ 输出

如果状态转换时没有安全破坏实例，则 State Machine 模型将系统视为处于安全状态。换句话说，状态转换应该是有意发生的；否则，这就是一个安全破坏。任何非故意的状态转换都被视为安全破坏。

13.10　美国联邦法规、指南和标准

美国的一些法律、法规和标准对网络安全很重要。如果你从事相关业务（例如，PCI DSS 仅适用于信用卡处理），那么你只需遵从这些规则，但它们能对网络安全需求提供深入洞察。

13.10.1　健康保险流通与责任法案

1996 年健康保险流通与责任法案（Health Insurance Portability & Accountability Act，HIPAA）的隐私规则，也称为个人可识别健康信息隐私标准（Standards for Privacy of Individually

Identifiable Health Information），为个人健康信息的使用 / 披露提供了第一个全美国可接受的法规。本质上，隐私规则定义了所涉及实体如何使用个人可识别健康信息或 PHI（Personal Health Information，个人健康信息）。其中的实体（covered entities）是一个在符合 HIPAA 的指南中经常使用的术语。

13.10.2　经济和临床健康信息技术法案

经济和临床健康信息技术法案（The Health Information Technology for Economic and Clinical Health Act，HITECH）作为 2009 美国复苏与再投资法案（American Recoveries and Reinvestment Act of 2009）的一部分获得通过。HITECH 对 HIPAA 进行了几项重大修改。这些修改包括：

- ❑ 为开发有意义的电子健康记录使用创造激励机制
- ❑ 改变商业伙伴的责任和义务
- ❑ 重新定义什么是违规
- ❑ 制定更严格的通知标准
- ❑ 加强执法力度
- ❑ 提高违规处罚
- ❑ 创建新代码和事务集

13.10.3　Sarbanes-Oxley（SOX）

Sarbanes-Oxley 法案于 2002 年生效，对金融业务和公司治理的监管进行了重大修改。以参议员 Paul Sarbanes 和代表 Michael Oxley 命名，他们是该法案的主设计师。法案还规定了一系列合规期限。

该法案不仅影响公司的财务方面，而且还影响从事存储公司电子记录工作的 IT 部门。Sarbanes-Oxley 法案规定，所有商业记录，包括电子记录和电子消息，都必须保存"不少于五年"。不遵守规定的后果是罚款、监禁或两者兼而有之。

13.10.4　计算机欺诈和滥用法案（CFAA）

计算机欺诈和滥用法案（Computer Fraud and Abuse Act:18 U.S. Code § 1030，CFAA）也许是最基本的计算机犯罪法之一，值得任何对计算机犯罪领域感兴趣的人仔细研究。将这一立法视为关键的主要原因是，它是第一个重要的、旨在防止基于计算机的犯罪的联邦立法。在这项立法之前，法院对计算机犯罪审判，只能依据普通法律定义和对传统的非计算机犯罪的立法进行调整。

正如我们在前两章中所看到的，在整个 20 世纪 70 年代和 80 年代初期，计算机犯罪的频率和严重程度都在增加。针对这一日益严重的问题，修订了 1984 年的"综合犯罪控制法案"（Comprehensive Crime Control Act），包含了专门针对非授权的访问和使用计算机及计算机网络的法律规定。这些法规认定未经授权访问计算机中的机密信息为攻击性重罪。同样，未经授权访问计算机系统中的财务记录为轻罪。

然而，这些修正案本身并非尽善尽美。因此，在 1985 年，众议院和参议院就潜在的计算机犯罪法案都举行了听证会。这些听证会最终达成了 1986 年国会颁布的 Fraud and Abuse Act (CFAA)，该法案修正了 U.S. Code § 1030。该法案的最初目标是为以下类别的计算机和计算机系统提供法律保护：

- 在某些联邦实体的直接控制下
- 金融机构的一部分
- 参与州之间或国外的商务

如你所见，该法案旨在保护属于联邦范围内的计算机系统。该法案把若干活动明确定为犯罪。第一个就是未经授权访问计算机以获取以下任何类型的信息：

- 国家安全信息
- 金融记录
- 来自消费者报告机构的信息
- 来自美国政府任何部门或机构的信息

13.10.5　与访问设备相关的欺诈和有关活动法案

与访问设备相关的欺诈和有关活动 (Fraud and Related Activity in Connection with Access Devices:18 U.S. Code § 1029) 与 18 U.S.Code § 1030 密切相关，但涵盖了访问设备（如路由器）。本质上，这个法案模仿 1030，但适用于访问系统的设备。在我看来，这个法案最令人着迷的地方是它还涵盖了"伪造访问设备"。在后面的章节中，你将了解"流氓访问设备"和"中间人攻击"(man-in-the-middle attack)。该法律将明确说明相关规定。

13.10.6　通用数据保护法规

通用数据保护法规 (General Data Protection Regulation，GDPR) 是 2016 年首次创建的欧盟法律。其全部目的就是处理数据隐私。它适用于收集数据和处理数据的任何实体（企业、政府机构等）。即使一个机构不在欧盟范围内，如果它拥有欧盟数据，那么 GDPR 也同样适用。

13.10.7　支付卡行业数据安全标准

支付卡行业数据安全标准 (Payment Card Industry Data Security Standard，PCI DSS) 是处理主要信用卡及借记卡持卡人信息的机构的专有信息安全标准。此行业监管有几个目标，你可以在 https://www.pcisecuritystandards.org/documents/PCI_DSS_v3-2.pdf？agreement=true&time=1517432929990 查找具体目标。下面列出了最重要的部分（来自该网站）：

1.1 要求：所有商家必须通过安装防火墙和路由器系统来保护持卡人信息。安装防火墙系统将控制谁将访问机构的网络，路由器是连接网络的设备，因此要符合 PCI 标准。

- 防火墙和路由器的标准规程为：
  1. 配置更改时执行测试
  2. 鉴别与持卡人信息的所有连接
  3. 每六个月检查一次配置规则
- 配置防火墙，禁止来自网络和主机的非授权访问，并拒绝有关持卡人的任何信息直接公开访问。此外，在访问组织中 PCI 合规性网络的所有计算机上安装防火墙软件。

1.2 要求：更改所有默认口令。首次设置软件时提供的默认口令是可识别的，黑客可以轻松发现这些口令从而访问敏感信息。

2.1 要求：持卡人数据是在支付卡上找到的有关持卡人的任何个人信息，商家永远不能保存持卡人数据，包括授权后加密的认证数据。商家最多只能显示主账号（Primary Account Number，PAN）的前六位和后四位数字。如果商家存储 PAN，那么要以加密形式保存数据以确保数据安全。

2.2 要求：在通过公共网络（如 Internet）传输数据时，要求所有信息都经过加密，以防止犯罪分子在此过程中窃取个人信息。

3.1 要求：计算机病毒以多种方式进入计算机，但主要是通过电子邮件和其他在线活动。病毒危害商家计算机上的持卡人个人信息的安全性，因此所有有关的联网计算机上必须安装防病毒软件。

3.2 要求：除防病毒软件外，计算机上安装的应用程序和系统还容易遭受到破坏。商家必须在厂商提供的安全补丁发布后的一个月内安装补丁，以避免持卡人数据泄露。安全警报程序、扫描服务或软件可用于向商家发出信号以通知任何漏洞信息。

4.1 要求：作为商家，必须限制持卡人信息的可访问性。安装口令和其他安全措施，来限制员工访问持卡人数据。只有必须访问这些信息才能完成工作的员工才被允许访问该信息。

4.2 要求：为了在访问敏感信息时跟踪员工的活动，为每个用户分配一个用于访问持卡人数据的不可阅读的口令。

4.3 要求：监控对持卡人数据的物理访问；通过保护印刷信息以及数字信息的安全，不允许非授权人员有机会检索这些信息。销毁所有过时的持卡人信息。维护访客日志并将日志保存至少三个月。

5.1 要求：保留跟踪所有活动的系统活动日志，并且每天审查日志。日志中存储的信息在发生安全漏洞时非常有用，可以跟踪员工活动并找到违规来源。记录条目至少反映：用户、事件、日期和时间、成功或失败信号、受影响数据的来源以及系统组件。

5.2 要求：每个季度要使用无线分析仪检查无线接入点，以防止未经授权的访问。此外，扫描内部和外部网络以识别系统中任何可能的易受攻击区域。安装软件以识别未授权人员的任何修改。另外，确保所有 IDS / IPS 引擎都是最新的。

如果你要处理信用卡，那么不可避免要遵守这一标准。

13.11　本章小结

除了动手实践技术和过程之外，计算机安全还具有理论基础，应该对其进行研究。美国国防部有彩虹系列，这是一系列使用颜色编码的手册，规定了安全的各个方面。尽管在很大程度上已被取代，但它仍然值得研究。我们还研究了 ISO 标准和行业标准，如 COBIT。

CC 是由几个不同国家使用的标准融合而成的另一个系列准则。此准则还用于评估系统的安全性，尤其是要在国防或情报相关机构使用的系统。

可以从不同模型的角度来看待安全。Bell-LaPadula 模型、Clark-Wilson 模型和 Biba Integrity 模型都将数据访问视为主体和对象之间的关系。这些模型起源于国防工业。另外，Chinese Wall 模型起源于私营企业，它从利益冲突的角度看待信息安全。最后，我们研究了 State Machine 模型，它关注系统从一个状态到另一个状态的转变。

13.12　自测题

13.12.1　多项选择题

1. COBIT 是作为什么标准出版的?
   A. NIST SP 800-14
   C. ISO / IEC 17799:2005
   B. ISO / IEC 15408
   D. NIST SP 800-35

2. 哪个美国标准涵盖了风险评估?
   A. ISO 27037
   C. ISO 27007
   B. NIST SP 800-30
   D. NIST SP 800-14

3. 哪个标准定义了 IT 安全生命周期的六个阶段?
   A. ISO 27007
   C. NIST SP 800-35
   B. NIST SP 800-30
   D. ISO 27004

4. COBIT 的 _____ 组成部分是该标准的一个方面，它使得整合其他标准变得相对容易。
   A. 整合
   C. 流程描述
   B. 控制目标
   D. 框架

5. 你应该咨询哪个美国标准来指导你制定安全策略?
   A. NIST SP 800-35
   C. ISO 27004
   B. NIST SP 800-14
   D. ISO 27008

6. 你在管理事件响应时会咨询哪些国际标准?
   A. ISO 27035
   C. NIST SP 800-14
   B. NIST SP 800-35
   D. ISO 27004

7. 哪个加拿大标准被用作通用准则的一个基础?
   A. ITSEC
   C. CTCPEC
   B. 橙皮书
   D. CanSec

8. 通用准则主要适用于什么类型的系统?
   A. 家庭用户系统
   C. 业务系统
   B. 军事 / 情报系统
   D. 商业系统

9. 什么是 EAL?
   A. 评估授权级别
   C. 执行授权级别
   B. 执行保障负载
   D. 评估保障水平

10. 以下哪个模型侧重于任何更改系统状态的事务?
    A. Biba Integrity
    C. Clark-Wilson
    B. ITSEC
    D. Bell-LaPadula

11. "上写" 概念是什么意思?
    A. 将文件写入安全位置
    C. 记录安全漏洞
    B. 将数据发送到更高安全级别的对象
    D. 记录交易

12. 以下哪个主体 – 对象模型引入了程序元素?
    A. Bell-LaPadula
    C. Clark-Wilson
    B. Chinese Wall
    D. Biba Integrity

13. 在业务实践背景下，什么是 Chinese wall？

  A. 组织内信息流动的障碍   B. 高度安全的网络边界

  C. 组织间信息流动的障碍   D. A2 级网络边界

14. 以下哪种模型基于利益冲突的概念？

  A. Biba Integrity   B. State Machine

  C. Chinese Wall   D. Bell-LaPadula

15. 如果状态转换时没有安全漏洞的实例，以下哪个模型认为系统处于安全状态？

  A. Clark-Wilson   B. State Machine

  C. Bell-LaPadula   D. Chinese Wall

13.12.2　练习题

练习 13.1：理解 COBIT

1. 阅读本章中 COBIT 的描述，并使用在线资源。

2. 用你自己的话写下对 COBIT 的简短描述。

练习 13.2：使用 NIST SP 800-30

使用 NIST SP 800-30，概述如何对小型网络进行风险评估。

练习 13.3：应用通用准则

1. 使用网络或其他资源，找出通用准则的指导原则是什么。

（提示：在 CC 文档中明确地说明了这一点。）

2. 查找使用通用准则的机构的一些示例。

3. 通用准则有哪些优点和缺点？

4. 什么情况最适合通用准则？

练习 13.4：Biba Integrity 模型

1. 使用 Web 或其他资源，识别创建 Biba Integrity 模型的公司。

（提示：对 Biba 完整模型的网络搜索将揭示包含此详细信息的网站。）

2. 开发这个模型的最初目的是什么？

3. 确定现在使用此模型的公司或机构。

4. 这个模型有哪些优点和缺点？

5. 哪种情况最适合此模型？

13.12.3　项目题

注意：这些项目旨在指导学生探索其他安全模型和标准。

项目 13.1：应用 ITSEC

使用包括下面列出的网站等各种资源，查找有关 ITSEC 的以下信息：

- 系统是否仍在使用？
- 如果是，在哪里？
- 系统关注哪些安全领域？
- 该系统有哪些优点和缺点？

以下网站可能会有所帮助：

- IT 安全词典：www.rycombe.com/itsec.htm
- 信息战网站：www.iwar.org.uk/comsec/resources/standards/itsec.htm
- ITSEC 标准：www.boran.com/security/itsec.htm

项目 13.2：CTCPEC

使用包括下面列出的网站在内的各种资源，查找有关 CTCPEC 的信息，找到以下问题的答案：

- 系统是否仍在使用？
- 如果是，在哪里？
- 系统关注哪些安全领域？
- 该系统有哪些优点和缺点？

以下网站可能会有所帮助：

- 计算机安全评估常见问答：www.opennet.ru/docs/FAQ/security/evaluations.html
- 加拿大通信安全：http://www.acronymfinder.com/Canadian-TrustedComputer-Product-Evaluation-Criteria-(CTCPEC).html

项目 13.3：通用准则

使用网络和其他资源，写一篇关于通用准则的简短文章。可以任意选择你感兴趣的领域详细说明，但你的论文必须解决以下问题：

- 当前使用的版本是什么？
- 什么时候发布的？
- 此版本如何定义安全范围？
- 哪些行业认证使用通用准则？

Chapter 14

第14章 物理安全和灾难恢复

本章目标

在阅读完本章并完成练习之后，你将能够完成如下任务：

● 理解物理安全。
● 实现物理安全。
● 理解灾难恢复。
● 理解业务连续性。

14.1 引言

物理安全性是安全专业人员经常忽视的问题。大多数 IT 安全人员都会依据防火墙、防病毒软件以及其他技术解决方案来考虑安全。但事实上，物理安全与技术安全同等重要。

许多 IT 专业人员认为灾难恢复不如技术安全令人兴奋，但它却是网络安全的一个关键部分。

ISC2 CISSP 考试和 CompTIA Security+ 考试都强调物理安全和灾难恢复。这证明了这两个问题的重要性。

14.2 物理安全

物理安全实际上是一个多方面的问题。最明显的问题就是在物理上保护设备安全。除此之外，还必须考虑诸如控制建筑物通道及如何应对火灾等问题。警报和摄像机等监控系统也是物理安全的一部分。

14.2.1 设备安全

物理安全从控制对建筑物和建筑物内关键房间的访问开始。最基本的，服务器机房有带锁的门。除此之外，还必须有一种方法来控制谁有权访问机房。强烈推荐使用刷卡或密码锁门禁系统的方法，该方法能记录谁以及何时进入了机房。还应该考虑机房本身。机房最好无窗，如果有，那么也必须是加固的窗户，外面的人无法轻易查看房内。机房还应该是防火的，因为服务器机房失火将是一场重大的灾难。

服务器机房显然是安全的一个关键项目，但并不是唯一的项目。如果路由器或交换机分布在建筑物中，那么它们必须位于非授权人员不能轻易访问的位置。可上锁的壁橱是存放这些物品的好位置。锁定工作站使其固定在桌面上也是一种常见做法。这使得偷窃计算机相当困难。

本质上，任何本身有价值或包含有价值数据的设备都必须进行物理保护。为移动业务电话配备远程擦除功能也是一种常见做法。这样，如果它们被盗或丢失，管理员可以远程擦除手机上的所有数据。

14.2.2 保护建筑物访问

确保设备安全后，还必须控制建筑物的访问。一种常见的方法是用上锁的门或者旋转门，需要员工 ID 才能进入。签到表也是跟踪谁进出办公室的好方法。保护建筑物物理访问的程度可依据机构的安全需求而变化。

捕人陷阱（man trap）是在高安全环境中经常使用的一种安全机制。捕人陷阱包括两扇门，它们之间有一个很短的走廊。在第一扇门关闭之前，第二扇门无法打开。这可以防止尾随（tailgating），即未经授权的人可能跟随授权人员一起通过安全门。通过让每个门使用不同的认证方法可以进一步增强安全性。也许第一扇门需要一把钥匙，而第二扇门需要密码。这种双因素的认证系统对入侵者来说很难规避。

保护建筑物访问的其他方法还包括建筑物的外部区域。例如，可以把停车场设计成每50 英尺⊖左右必须转一个弯才能离开。这可以防止小偷或入侵者"超速"逃跑，且更有可能记下他们的车牌，甚至警察还可能在他们逃跑之前到达。

围栏也很重要。有某种程度的围栏是必不可少的。高安全性的环境可能会配备高大的围栏，甚至可以在顶部使用蛇腹型铁丝网。这可能不适合许多机构，但即使是装饰性的树篱也会对入侵者形成一定程度的障碍。

照明也很重要。入侵者通常喜欢在黑暗中进入，以减少被发现甚至被抓住的可能性。一幢外部照明良好的建筑能打消入侵者偷偷进入的意图。此外，内部的照明也很有帮助。你可能会注意到，许多零售店在关门后会让商店的灯亮着。这样可以让路过的警察方便地查看是否有人在大楼内。

14.2.3 监控

视频监控变得越来越便宜，也越来越高级。高清摄像机，包括具有夜视功能的摄像机，现在相当便宜。零售店常常发现，通过将摄像机放置在非常显眼的区域，盗窃事件的发生率会有所下降。配备摄像头的红绿灯通常可以减少闯红灯的人数。

将摄像机放置在你的设施内或周围时，需要稍微思考一下。首先，必须将摄像机放置在能够无障碍地观察你想要监视区域的位置。至少所有的入口和出口都应有摄像头监控。主要的内部走廊、关键区域（如服务器机房）外部以及建筑物周围可能也需要摄像头。摄像机还需要放置在入侵者不能轻易将其禁用的位置。这意味着得将它们放置在人们难以触及的高度。

你还需要考虑要放置的相机类型。如果你没有足够的外部照明，那么夜视摄像机非常重

⊖　1 英尺≈0.3048 米。——编辑注

要。你可能希望摄像机将其信号传输到远程位置进行存储。如果你选择传输摄像机的数据，那么请确保信号安全，使得他人无法轻易利用信号。

14.2.4 消防

显然，火灾会损害服务器和其他设备。在你的设施中配备足够的火警和灭火器非常重要。灭火器可根据它们能够灭火的类型进行分类：

- ❑ A 类：普通可燃物，如木材或纸张
- ❑ B 级：易燃液体，如油脂、油或汽油
- ❑ C 类：电气设备
- ❑ D 类：易燃金属

灭火系统在大型办公楼中很常见。这些系统分为三类：

- ❑ 湿管型
  - 始终有水
  - 最流行和最可靠
  - 保险丝熔断点为 165 度
  - 冬天可能冻结
  - 管道破裂会导致水灾
- ❑ 干管型
  - 管道中没有水
  - 计算机装置的首选
  - 水由挡板阻挡
  - 水流由空气吹出管道
- ❑ 预处理型
  - 通常建议用于机房
  - 操作与干管基本一致
  - 达到一定温度时，水进入管道，然后在达到较高温度时释放

制定解决火灾的计划非常重要。根据预算和安全需求，你的计划可以像合理放置烟雾报警器和灭火器一样简单，也可以像一系列具有自动通知消防部门报警系统的灭火系统一样复杂。

14.2.5 一般性房屋安全

通过环境设计预防犯罪（Crime Prevention Through Environmental Design，CPTED）是机构使用的一个安全概念。其含义是房屋的布局和设计能减少犯罪。这可以通过几种方法来实现。一是在建筑物的布局和设计中加入屏障。例如，桩柱能防止车辆撞到门里，也有装饰性。围栏、灯光和警报都能阻止物理进入建筑物。

操作性的行为也可以加强建筑的安全。例如，让所有访客登记并在建筑物内陪同他们，是一种廉价但有效的安全技术。把所有邮件都送到一个中央位置，而不是允许送货人员进入建筑物，是另一种有效的安全措施。

14.3　灾难恢复

在讨论灾难恢复之前，我们必须确定灾难是什么。所谓灾难（disaster）是指任何严重扰乱机构运营的事件。关键服务器上的硬盘崩溃就是一场灾难。其他例子包括火灾、地震、电信运营商倒闭、影响你的业务往来的工人罢工以及黑客删除关键文件。请记住，任何可能严重扰乱机构运营的事件都是灾难。

14.3.1　灾难恢复计划

你应该制订灾难恢复计划（Disaster Recovery Plan，DRP），以指导业务恢复正常运转。这包括许多项目。必须解决人事问题，这意味着在需要时能够找到临时人员，并能够联系到你雇佣的人员。它还包括给特定人员分配特定任务。如果发生灾难，机构中的哪些人员将承担以下任务？

- ❑ 找到替代的设施
- ❑ 将设备送到这些设施
- ❑ 安装和配置软件
- ❑ 在新设施中设置网络
- ❑ 联系员工、供应商和客户

这些只是灾难恢复计划必须解决的几个问题，你所在机构可能有更多需要在灾难期间解决的问题。

14.3.2　业务连续性计划

业务连续性计划（Business Continuity Plan，BCP）与灾难恢复计划类似，但重点不同。灾难恢复计划旨在使机构尽快恢复全部职能。而业务连续性计划旨在使最小业务功能恢复，并至少是在某种级别上运行，以便你能执行某种类型的业务。举个例子，零售商店的信用卡处理系统已关闭。灾难恢复是使系统恢复并以完整功能运行，基本上就像灾难从未发生过一样。而业务连续性则是简单地提供临时解决方案，例如手动处理信用卡。

要成功制订业务连续性计划，必须考虑哪些系统对你的业务来说最关键，并制订在这些系统出现故障时的替代计划。替代计划不一定是完美的，只要能起作用就行。

14.3.3　确定对业务的影响

在创建实际的 DRP 或 BCP 之前，必须对特定灾难可能对你所在机构造成的损害进行业务影响分析（Business Impact Analysis，BIA）。假设有一台 Web 服务器崩溃。如果你所在机构是一个电子商务企业，那么 Web 服务器崩溃是一个非常严重的灾难。但是，如果你所在机构是会计师事务所，并且该网站只是新客户找到你的一种方式，那么 Web 服务器崩溃就不那么重要了。在 Web 服务器宕机时，你仍然可以开展业务并获得收入。你应制定一个各种可能发生的灾难的电子表格，并对每个灾难进行基本的业务影响分析。

你在 BIA 中需要考虑的问题包括最大容许停机时间（Maximum Tolerable Downtime，MTD）。给定的系统停机多长时间后，造成的影响会是灾难性的并且业务不可能恢复？另一个要考虑的项目是平均修复时间（Mean Time To Repair，MTTR）。如果某个系统停机，可能需要多长时间修复它？你还必须考虑平均故障间隔时间（Mean Time Between Failures，MTBF）。换句话说，此特定服务或设备失效的频率如何？这些因素可帮助你确定特定灾难的影响。

所有这些数据都将帮助你确定恢复时间目标（Recovery Time Objective，RTO）。RTO 是指在发生失效时，你打算恢复并运行服务的时间，这个时间应该始终小于 MTD。例如，如果你的电子商务服务器的 MTD 为 48 小时，则你的 RTO 可能会设置为 32 小时，从而允许很大的误差幅度。

另一个重要的概念是恢复点目标（Recovery Point Objective，RPO）。这是指你可以容忍丢失的数据量。想象一下，你每 10 分钟做一次备份。如果要备份的服务器在下次备份之前几秒钟发生故障，那么你将丢失 9 分钟加大约 55 秒到 59 秒的工作 / 数据。期间的一切都必须手动重做。这样的数据丢失是否可以容忍呢？这取决于你所在的机构。

14.3.4   灾难恢复测试

一旦同时拥有灾难恢复计划和业务连续性计划，你需要定期测试这些计划，以确保它们能按预期工作。有五种类型的测试，下面按照从最少侵入、最易执行类型到最难但信息最丰富类型的顺序进行讨论。

1. 文档审查 / 检查清单

这种类型的测试通常由个人完成。简单地检查 BCP/DRP，以查看是否涵盖了所有内容。将它们与检查清单进行对比，检查清单可能来自各种标准（如 PCI 或 HIPAA）。

2. 推演 / 演练

这是一个团队的工作。一个团队坐在会议室里，查看灾难恢复计划和 / 或业务连续性计划，讨论各种情形。例如，"如果服务器机房发生火灾怎么办？"然后查看这些计划是否充分并恰当地涵盖了该情况。

3. 模拟

此类测试的目的是模拟某种灾难。团队或个人可以进行此类测试。它包括在机构内四处走动，并询问特定人"假设"的情景。例如，你可能会问数据库管理员"如果我们的财务数据服务器现在崩溃了，那么计划是什么？"这样做的目的是查看如果发生了灾难，每个人是否知道该怎么办。

4. 并行

此测试是查看是否所有的备份系统都能上线。这包括恢复备份介质、打开备用电源系统、初始化辅助通信系统等。

5. 切断 / 完全中断

这是终极测试。你实际地关闭真实系统并查看 BCP/DRP 是否有效。从某个角度来说，如果你没有进行过这种级别的测试，那么你真的不知道你的计划是否有效。但是，如果这样做出了差错，那么你就制造了一场灾难。

为了避免产生灾难，你可以采取一些步骤。首先，在成功完成前面的测试之前不要考虑进行这类测试。实际上，所有这些测试都应该按顺序进行。首先做文档审查 / 检查清单。当且仅当它成功后，再进行推演，然后再转移到模拟。

其次，应该在公司停工期间安排此类测试。这时，如果测试出现了问题，它将对业务产生最小的影响。例如，如果这是银行，那么请不要在星期一上午进行此类测试。也许周六下午是最好的。这将使你有机会修补出现的任何差错。

14.3.5 灾难恢复的相关标准

你不应该凭空创建自己的 BCP 或 DRP，有许多标准可供参考，而且你应该查阅这些标准。在本节中，我们将简要讨论其中的一些标准。

1. ISO / IEC 标准

有几个 ISO 标准可以指导你制定 BCP 或 DRP。

❑ ISO/IEC 27035：信息安全事件管理（Information Security Incident Management）。该标准为下述内容提供了一种计划性的结构化方法：
  - 检测、报告和评估信息安全事件；
  - 响应和管理信息安全事件；
  - 检测、评估和管理信息安全漏洞；
  - 通过管理信息安全事件和漏洞，不断改进信息安全和事件管理。

❑ ISO/IEC 27001：信息安全管理系统要求（Requirements for Information Security Management Systems）。第 14 节涉及业务连续性管理。

❑ ISO/IEC 27002：信息技术 – 安全技术 – 信息安全控制的操作规范。

2. NIST 标准

NIST SP 800-61 第 2 修订版，*Computer Security Incident Handling Guide* 是关于如何建立事件响应计划和策略的标准。

根据此标准，事件响应能力应包括以下内容：

❑ 创建事件响应策略和计划；
❑ 制定事件处理和报告的流程；
❑ 设定与外部各方就事故进行沟通的准则；
❑ 选择团队结构和人员模型；
❑ 在事件响应小组与内部（如法律部门）及外部（如执法机构）的其他小组之间建立关系和沟通渠道；
❑ 确定事件响应团队应提供的服务；
❑ 为事件响应团队配备人员并对其进行培训。

NIST SP 800-34 第 1 修订版，*Contingency Planning Guide for Information Technology Systems* 特别关注如何处理 IT 系统中包括灾难在内的事故。该标准包含 BCP 和 DRP 项目的七个步骤：

1）制定应急计划政策声明。
2）进行业务影响分析（BIA）。
3）确定预防性控制措施。
4）制定应急战略。

5）制订信息系统应急计划。

6）确保计划的测试、培训和练习。

7）确保计划的维护。

14.4　容灾备份

所有设备都会在某个点出现故障，因此能够容错很重要。最基本的服务器容错就是有一个备份。如果服务器出现故障，你是否备份了数据以便还原它？虽然数据库管理员可能使用许多不同类型的数据备份，但从安全角度来看，三大主要备份类型是：

- ❑ 全备份（Full）：所有更改
- ❑ 差异备份（Differential）：自上次全备份以来的所有更改
- ❑ 增量备份（Incremental）：自上次任何类型的备份以来的所有更改

考虑一种情形，你每天半夜 2 点进行一次全备份。但考虑到在下次全备份之前服务器有可能崩溃。所以，你想每两个小时做一次备份。你选择的备份类型将决定执行这些频繁备份的效率以及还原所需的时间。我们考察在崩溃情况下每种类型的备份，以及如果系统在上午 10：05 崩溃会发生什么。

- ❑ 全备份：在此方案中，你在上午 4 点、6 点、10 点进行全备份，然后系统崩溃。你只能恢复上次的全备份，这是在上午 10 点完成的。这使得恢复相当简单。但是，每 2 小时运行一次全备份非常耗时且耗费资源，并且会对服务器的性能产生严重的负面影响。
- ❑ 差异备份：在此方案中，你在上午 4 点、6 点、10 点进行差异备份，然后系统崩溃。你需要恢复到凌晨 2 点完成的上一次全备份，及在上午 10 点完成的最新的差异备份。这比全备份策略稍微复杂一点。但是，每次执行差异备份，它都会变得更大一些，因此会耗费更多时间和资源。虽然它们不会产生与全备份同样的影响，但它们仍然会降低网络的速度。
- ❑ 增量备份：在此方案中，你在上午 4 点、6 点、10 点进行增量备份，然后系统崩溃。你需要恢复凌晨 2 点完成的上一次全备份，然后恢复从那时起完成的每个增量备份，并且必须按顺序恢复它们。这是一个更复杂的恢复，但每个增量备份都很小，既不需要花费太多时间也不会消耗很多资源。

没有"最佳"的备份策略。选择哪一个取决于你所在机构的需求。无论选择哪种备份策略，你都必须定期对其进行测试。测试备份策略的唯一有效方法是将备份数据实际地还原到一台测试计算机上。

容错的另一个基本方面是独立磁盘冗余阵列，即 RAID（Redundant Array of Independent Disks，RAID）。RAID 允许你的服务器具有多个硬盘驱动器，因此如果主硬盘驱动器发生故障，系统能继续运行。主要的 RAID 级别描述如下：

- ❑ RAID 0 使用串联磁盘（striped disks），将数据存储在多个磁盘上，能立刻提高速度。它没有容错能力。
- ❑ RAID 1 将磁盘内容做镜像，形成 1：1 比例的实时备份，因此也被称为镜像。
- ❑ RAID 3 或 RAID 4 使用具有专用奇偶校验的串联磁盘，它将三个或更多磁盘组合在一起，以保护数据免受任何一个磁盘丢失的影响。通过向阵列中添加一块额外的磁盘并将其专门用于存储奇偶校验信息来实现容错。阵列的存储容量减少了一个磁盘。

❑ RAID 5 使用具有分布式奇偶校验的串联磁盘，它将三个或更多磁盘组合在一起，以保护数据免受任何一个磁盘丢失的影响。它类似于 RAID 3，但奇偶校验不存储在一个专用的驱动器上；相反，奇偶校验信息散布在驱动器阵列中。阵列的存储容量是关于驱动器数量减去存储奇偶校验所需空间的函数。

❑ RAID 6 使用具有双奇偶校验的串联磁盘，它将四个或更多磁盘组合在一起，以保护数据免受任何两个磁盘丢失的影响。

❑ RAID 1+0（或 RAID 10）是镜像的数据集（RAID 1），然后是串联的（RAID 0），因此使用 "1+0" 这个名称。RAID 1+0 阵列至少需要四个驱动器：两个镜像驱动器可容纳一半的串联数据，另外两个镜像驱动器用于另一半数据。

我个人的观点是，如果服务器没有达到至少 RAID 1 的级别，那么一定是网络管理员的重大疏忽。使用 RAID 5 的服务器实际上非常流行。

一些学生纠结于如何使用奇偶校验位去恢复丢失的数据。这依赖于一个非常简单的数学运算，即 XOR（异或）运算。假设你在驱动器 1 上存储了一个字节（8 位），并在驱动器 2 上存储了另一个字节：

驱动器 1=10101010

驱动器 2=00001111

你将两个值进行 XOR 运算，并存储结果：

驱动器 1=10101010

驱动器 2=00001111

XOR=10100101

值 10100101 作为奇偶校验位存储。稍后的某个时刻，驱动器 2 发生故障并且数据丢失。你需要做的就是将奇偶校验位与剩余的驱动器上的数位进行 XOR 运算，然后你就可以获得原始的数位：

奇偶校验位：10100101

驱动器 1=10101010

结果是：00001111

至此，你找回了丢失的数据。这就是 RAID 3、RAID 4、RAID 5 和 RAID 6 中的奇偶校验位的工作原理。

虽然 RAID 和备份策略是容错的基本问题，但任何备份系统都提供额外的容错能力。这可能包括不间断电源（Uninterruptable Power Supplies，UPS）、备用发电机和冗余的 Internet 连接。

14.5　本章小结

物理安全和灾难恢复是 IT 安全中两个非常关键的话题。对于那些喜欢专注于更多技术问题的安全从业者而言，它们似乎并不那么令人兴奋，但它们却至关重要。本章回顾了物理安全的基础知识，介绍了灾难恢复计划和业务连续性计划。还应该注意的是，无论你参加哪一种主要的安全认证（CISSP，GSEC，Security + 等），这些内容都占据显著位置。

14.6　自测题

14.6.1　多项选择题

1. 公司应如何测试其备份数据的完整性？

    A. 通过进行另一次备份　　　　　　　　　　B. 通过使用软件恢复已删除的文件

    C. 通过实际恢复备份　　　　　　　　　　　D. 通过使用测试软件

2. 以下哪种方法主要在时间和磁带空间允许时运行，并用于系统归档或作为基线的磁带集？

    A. 全备份方法　　　　　　　　　　　　　　B. 增量备份方法

    C. 差异备份方法　　　　　　　　　　　　　D. 磁带备份方法

3. 业务连续性计划的制订取决于：

    A. 高级管理层的指令　　　　　　　　　　　B. 业务影响分析（BIA）

    C. 范围及计划初始化　　　　　　　　　　　D. BCP 委员会的技能

4. 以下哪一项关注在崩溃期间和之后维持机构的业务职能？

    A. 业务连续性计划　　　　　　　　　　　　B. 业务恢复计划

    C. 运营连续性计划　　　　　　　　　　　　D. 灾难恢复计划

5. 哪个 RAID 级别使用镜像？

    A. 1　　　　　　　　　　　　　　　　　　　B. 2

    C. 4　　　　　　　　　　　　　　　　　　　D. 5

6. 什么是捕人陷阱？

    A. 一种受信任的安全域　　　　　　　　　　B. 一种逻辑访问控制机制

    C. 一种用于物理访问控制的双门设施　　　　D. 一种灭火装置

7. _____ 是从 IT 灾难中恢复并使 IT 基础设施恢复运行的计划。

    A. BIA　　　　　　　　　　　　　　　　　　B. DRP

    C. RTO　　　　　　　　　　　　　　　　　　D. RPO

8. RAID ____ 把三个或更多磁盘组合起来，保护数据免受任何一个磁盘丢失的影响。通过向阵列中添加一块额外的磁盘并将其专用于存储奇偶校验信息来实现容错。阵列的存储容量减少一个磁盘。

    A. 1　　　　　　　　　　　　　　　　　　　B. 3

    C. 5　　　　　　　　　　　　　　　　　　　D. 6

9. 哪个 RAID 级别提供双奇偶校验？

    A. 3　　　　　　　　　　　　　　　　　　　B. 4

    C. 5　　　　　　　　　　　　　　　　　　　D. 6

10. 如果给定系统发生特定灾难，以下哪一项确定对业务的实际损害？

    A. DRP　　　　　　　　　　　　　　　　　　B. BIA

    C. BCP　　　　　　　　　　　　　　　　　　D. ROI

14.6.2　练习题

练习 14.1

为一个具有以下特征的虚拟业务创建灾难恢复计划：

- 这是一家紧急护理诊所。
- 工作人员是 4 名医生、10 名护士和 2 名实习护士。
- 诊所每周开业 7 天，每天开业 18 小时。
- 主要业务是治疗病人。

第15章 黑客攻击分析

本章目标

在阅读完本章并完成练习之后，你将能够完成如下任务：

- 了解黑客使用的基本技术。
- 能够制定策略来抵御常见的攻击。
- 了解黑客工具。

15.1 引言

本书是关于网络防御的著作。但我却强烈赞同"了解你的敌人"这个观点⊖。换句话说，如果你不理解那些攻击，你又怎么能真正抵御攻击呢？我经常建议网络安全专业的学生至少要熟悉基本的黑客行为。本章的目的正是向你传授基础知识。当然，阅读本章并不是让你成为一个黑客，是让你熟悉一些常见的攻击手段，知己知彼。如果你希望深入研究这个主题，我建议你阅读《 Penetration Testing Fundamentals: A Hands-On Guide to Reliable Security Audits 》一书，该书来自 Pearson IT 认证。

在你试图去了解黑客团体的心理之前，必须首先知道黑客（hacker）这个词的含义。大多数人用它来描述任何闯入计算机系统的人。然而，在黑客社区中，黑客是指某一特定系统或多个系统的专家，他们只是想更多地了解系统。黑客认为，查看系统的缺陷是了解该系统最好的方法。例如，一位精通 Linux 操作系统，通过了解系统的弱点和缺陷来理解系统的人，就是一名黑客。

⊖ 《孙子兵法》有云"知己知彼，百战不殆"，对应到网络安全领域，即"要进行有效的安全防御，必须知道你的敌人会使用什么攻击技术"，这也是安全书籍中会介绍黑客技术的原因。本章介绍一些基本的黑客技术，目的是概括黑客的一般思维和手段，而不是培养黑客技能。这些技术都已经具有完善的检测和应对手段。此外，还要提醒读者的是，对于本章的示例及习题，只能在实验室机器上进行练习！因为，在我国的刑法、治安管理处罚法等法律中，都有关于网络攻击行为的处罚规定，对信息系统的任何攻击行为都可能会承担严重的法律后果。——译者注

这个过程通常意味着查看是否可以利用一个缺陷来访问系统。其中的"利用"部分将黑客分为三类：

- **白帽黑客（white hat hacker）** 通常称为渗透试验者。他们是在得到目标系统所有者许可的情况下进行黑客攻击的人。让一个有技能的人来测试网络的防御能力，实际上是个很好的想法。
- **黑帽黑客（black hat hacker）** 是通常媒体上描述的人。在他们获得系统的访问权后，其目的是造成某种伤害。他们可能会窃取数据、擦除文件或破坏网站。黑帽黑客有时被称为骇客（cracker）。
- **灰帽黑客（gray hat hacker）** 通常是一个守法的公民，但在某些情况下会冒险进行非法活动。某些资料给出了另一种定义，即曾经是黑帽黑客但已经改变了的人。

不管黑客如何看待自己，在未经系统所有者允许的情况下入侵任何系统都是非法的。此外，不管入侵背后的动机是什么，入侵的方法通常都是相同的。

15.2　准备阶段

有经验的黑客很少会简单地发起攻击。他们首先想在攻击前收集关于目标的信息。这类似于一个老练的银行劫匪，在实际抢劫银行之前，先侦察银行以了解所能了解的一切。一个熟练的黑客想要了解关于目标机构及其系统的一切。这个准备阶段非常重要。这也是一个有安全意识的机构在允许哪些信息公开方面非常谨慎的原因。

15.2.1　被动搜集信息

任何计算机攻击的第一步都是被动搜索。这是尝试在不实际连接到目标系统的情况下收集信息。如果目标系统拥有防火墙日志、入侵检测系统（IDS）或类似功能，那么主动扫描可能会向公司发出警告。第一步是在 Web 上简单地搜索所涉及的机构。你可能会发现它有一个声明，说要迁移到新的路由器模型，或者它的 Web 服务器使用 IIS 7.0。任何关于目标系统的信息都可以使攻击者缩小对漏洞的搜索范围。在第二个示例中，只需搜索"IIS 7.0 的安全缺陷"或其他类似的搜索术语即可。

攻击者还可能了解机构中的人员。了解他们的实际姓名、电话号码、办公地点等信息可以帮助他进行社会工程（social engineering）攻击。对目标机构了解得越多，攻击就越容易。

有几个网站对此可能有帮助。图 15-1 所示的 www.netcraft.com 可以提供关于目标 Web 服务器的信息。

该网站能给出特定站点使用的 Web 服务器和操作系统的信息。这有助于攻击者决定采用何种攻击。攻击者还能看到系统上一次重新启动的时间。补丁和升级常常需要重新启动系统，因此这些信息能告诉他系统是否最近进行了修补。从入侵者的角度来看，最妙的是，这些都是在没有攻击者直接访问目标系统的情况下完成的。

你还可以从 https://archive.org 网站获得大量信息（参见图 15-2）。这个网站把 Internet 上的所有网站都存了档。你可以查看某一网站在上一个时间点的情况。

通过查看网站的旧版本，攻击者可能会了解到公司的变化。例如，如果公司列出了员工，而且每年都有不同的安全主管，那么这些信息就非常有用。它表示公司的职工流动率高。这意味着现任主管是新人，可能不完全了解系统，而且可能更注重保住自己的工作，而不是安全细节。

图 15-1　Netcraft.com

坦率地讲，你在网上找到的任何信息都可能有用。心怀不满的员工可能会在聊天室里抱怨。技术人员可能喜欢在讨论板上讨论问题，并在此过程中泄露目标系统的关键信息。

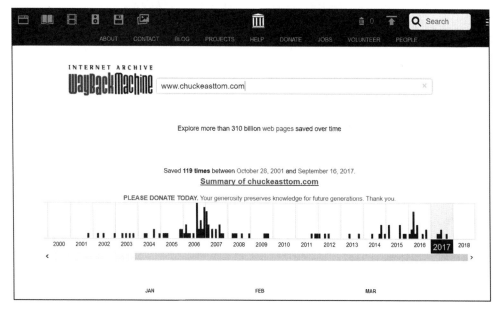

图 15-2　Archive.org

15.2.2　主动扫描

虽然被动扫描可以得到大量有用的信息，但是在某些时候，攻击者仍需进行主动扫描，这包括与目标系统进行某种层次的实际连接。这最有可能被发现，但也最有可能得到可操作性的信息。主动扫描的主要类型如下。

❑ **端口扫描**：这是扫描 1024 个熟知端口甚至所有端口（共 65 535 个）的过程，以查看哪些端口是开放的。这可以告诉攻击者很多事情。例如，端口 161 表明目标正在使用简单网络管理协议（Simple Network Management Protocol，SNMP），这可能会提供一个可利用的漏洞。端口 88 告诉攻击者目标系统使用了 Kerberos 认证。

❑ **枚举**：这是攻击者试图找出目标网络上都有什么的过程。搜索诸如共享文件夹、用户账号和类似的项目。每个都可能提供攻击点。

❑ **漏洞评估**：这是使用某个工具来寻找已知漏洞的过程。攻击者也可能尝试手工评估漏洞。后者可以通过多种方式实现。在本节后面将讨论其中的一种方法。

主动扫描的许多工具都可以在 Internet 上免费获得，从很简单的到很复杂的都有。任何参与防止计算机犯罪或调查计算机犯罪的人都应该熟悉其中的一些。我们将在本节稍后讨论其中的一些工具。

在进行端口扫描时，可以有许多选项。最常见的扫描类型及其局限性如下：

❑ **ping 扫描**：该扫描发送一个 ping 数据包到目标 IP 地址。这是为了检查给定端口是否打开。ping 扫描的问题是，许多防火墙会阻止 ICMP 数据包。ICMP（Internet Control Message Protocol，Internet 控制消息协议）是 ping 和 tracert（Unix/Linux 用户使用 traceroute）所使用的协议。

❑ **连接扫描**：这种类型的扫描实际上试图与目标 IP 地址的给定端口建立一个完整的连接。这是最可靠的扫描类型。它不会产生假阳性（false positives）或假阴性（false negatives）。然而，这也是最可能被目标网络检测到的扫描。

❑ **SYN 扫描**：该扫描是基于了解网络连接的工作原理而进行的。在任何时候当你要连接任何服务器时，都需要交换数据包来协商连接。你的计算机发送一个带有 SYN 标志的数据包，这表示请求同步（synchronize）。本质上你是在请求连接许可。服务器用一个带有 SYN-ACK 标志的同步确认数据包来响应。这表示服务器说"好的，你可以连接"。然后，你的计算机发送一个带有 ACK 标志的数据包，确认这个新连接。SYN 扫描只向每个端口发送连接请求。这是为了检查端口是否打开。因为服务器和防火墙通常会收到 SYN 包，所以这不太可能触发目标系统上的任何警报。

❑ **FIN 扫描**：这种扫描设置 FIN 标志，即连接完成标志。这通常也不会在目标网络中引起不期望的注意，因为连接在被正常关闭，所以设置了 FIN 标志的数据包并不罕见。

其他扫描包括没有设置任何标志的 NULL 扫描和设置了所有标志的 XMAS 扫描。无论使用哪种扫描，大多数扫描都会在服务器或防火墙日志中留下某些攻击痕迹。

15.2.3　NSAuditor

NSAuditor 是一款流行的、灵活的工具。你可以从 http://www.NSAuditor.com/ 下载免费试用版。完整的版本是 69 美元。打开后的界面如图 15-3 所示，能清楚显示出可用的附加选项。

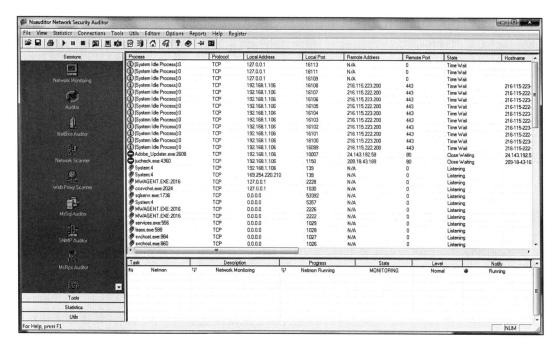

图 15-3 NSAuditor 的打开界面

让我们来看一些更常用的选项。点击"Network Scanner"（网络扫描器）并打开它，如图 15-4 所示。

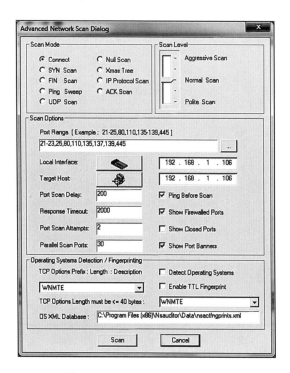

图 15-4 NSAuditor 网络扫描器

在该窗口上，你可以选择扫描类型，如图 15-5 所示。

你还可以设置扫描的攻击性级别，如图 15-6 所示。攻击性级别决定每分钟扫描端口多少次，以及能同时扫描多少个端口。扫描的攻击性级别越高，结果越快，但越有可能触发目标系统上的警报。

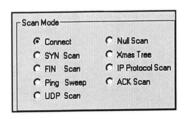

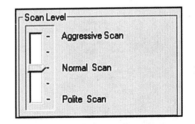

图 15-5　选择扫描类型　　　　　　　图 15-6　扫描的攻击性级别

能够同时选择扫描类型和攻击性级别是 NSAuditor 成为一个既灵活又有用的工具的原因之一。

选择 Tools 下拉菜单中的 Remote Explorer，打开如图 15-7 所示的对话框。

Remote Explorer（远程浏览器）工具允许你尝试使用当前的登录凭证或其他方法连接到另一台计算机。这个工具非常适合用于简单地尝试连接并检查是否可以访问远程系统。

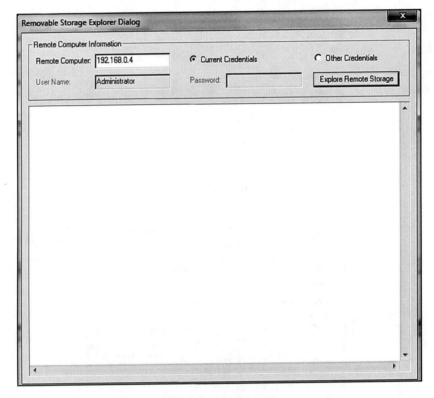

图 15-7　远程浏览器

15.2.4　枚举

枚举（enumerating）是指简单地查找给定网络或机器上的计算机、共享文件夹和用户。

它需要连接到目标机器或网络。前面提到的许多端口扫描器都允许攻击者执行枚举。还有一些只执行枚举的工具。先来看一下 NSAuditor 中的枚举功能。在 Tools 菜单下，有一个标记为 Enumerate Computers（枚举计算机）的按钮，如图 15-8 所示。

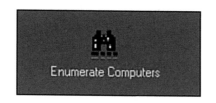

图 15-8　NSAuditor 的枚举计算机按钮

单击该按钮，可以看到枚举的许多选项，如图 15-9 所示。

Computers Enumerate Dialog

Enumerate Parameters
- ☑ All Computers
- ☐ Microsoft SQL Servers
- ☐ Primary domain controllers (PDC)
- ☐ Backup domain controllers (BDC)
- ☐ Primary domains
- ☐ LAN Manager server
- ☐ Novell servers
- ☐ Xenix servers
- ☐ Apple File Protocol servers
- ☐ Servers running Windows for Workgroups
- ☐ LAN Manager workstation
- ☐ Windows servers not a domain controller
- ☐ Server running dial-in service
- ☐ Timesource service
- ☐ Servers sharing print queue
- ☐ Microsoft File and Print for NetWare
- ☐ Server clusters available in the domain
- ☐ Browser service

[Enum]　[Cancel]

图 15-9　NSAuditor 的枚举选项

你可以选择枚举所有计算机，或仅枚举域控制器、服务器或 MS SQL 数据库服务器。如你所见，有很多选择。运行枚举时，输出结果以 XML 格式显示，如图 15-10 所示。

你可以看到，NSAuditor 对网络上的每台计算机都提供了大量的信息。你得到网络上所有计算机的列表，可以看到它们正在运行哪些服务。任何正在运行的服务都是潜在的攻击向量。

其他枚举软件只枚举一件事情。例如，ShareEnum（可以从 https://docs.microsoft.com/en-us/sysinternals/downloads/shareenum 下载）只试图找到网络上所有的共享文件夹。这很有用，因为共享文件夹是黑客可能使用的攻击向量。ShareEnum 软件界面如图 15-11 所示。

另一个非常好的枚举工具是 FreeNetEnumerator，同样可以在 NSAuditor 网站上找到。它有一个简单易用的界面，如图 15-12 所示。

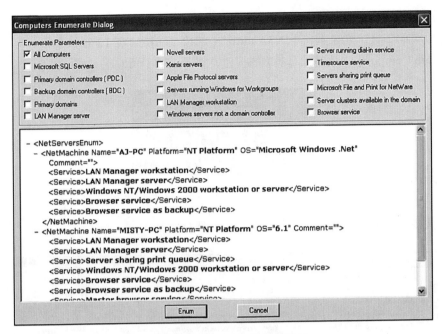

图 15-10　NSAuditor 的枚举结果

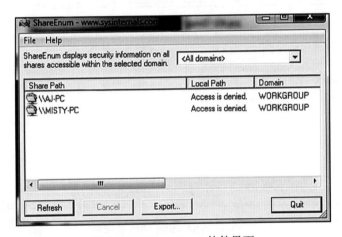

图 15-11　ShareEnum 软件界面

可以看到，FreeNetEnumerator 提供了与 NSAuditor 相同的信息，但是格式更容易阅读，如图 15-13 所示。这个工具是为枚举新手设计的。

这些只是 Internet 上可用的一些枚举工具。攻击者访问你的网络之后，就可以使用这些工具之一来映射网络的其余部分，了解网络上的计算机、服务器、共享文件夹和用户。他还可以了解每台机器上使用的操作系统。这些有价值的信息使攻击者能够规划他的攻击行动。

15.2.5　Nmap

Nmap（Network Mapper）是应用最广泛的端口扫描工具。攻击者、网络管理员和渗透测试人员都在使用它。该软件可以从 https://nmap.org/ 免费下载。还有一个图形用户界面的版本叫 ZenMap。

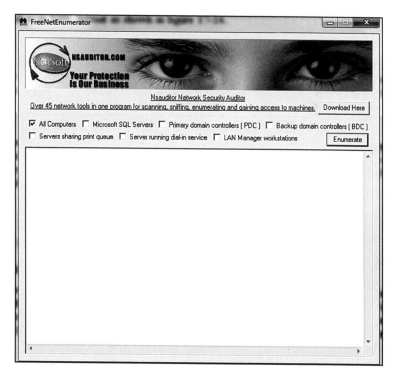

图 15-12　FreeNetEnumerator 软件界面

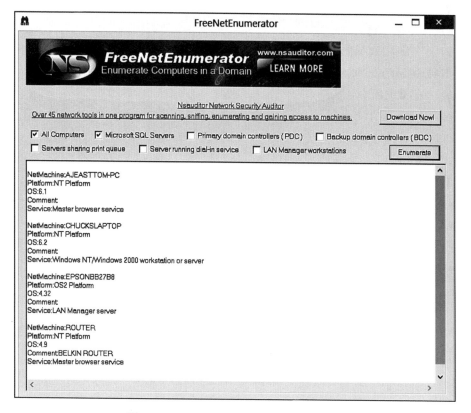

图 15-13　FreeNetEnumerator 的枚举结果

Nmap 也允许你设置许多标志，无论是命令行版本的 Nmap，还是 Windows 版本的 Nmap，都可以通过设置这些标志定制扫描。下面列出了允许使用的标志：

- ❏ -O：检测操作系统
- ❏ -sP：执行 ping 扫描
- ❏ -sT：TCP 连接扫描
- ❏ -sS：SYN 扫描
- ❏ -sF：FIN 扫描
- ❏ -sX：XMAS 扫描
- ❏ -sN：NULL 扫描
- ❏ -sU：UDP 扫描
- ❏ -sO：协议扫描
- ❏ -sA：ACK 扫描
- ❏ -sW：Windows 扫描
- ❏ -sR：RPC 扫描
- ❏ -sL：List/DNS 扫描
- ❏ -sI：Idle 扫描
- ❏ -Po：Don't ping
- ❏ -PT：TCP ping
- ❏ -PS：SYN ping
- ❏ -PI：ICMP ping
- ❏ -PB：TCP 和 ICMP ping
- ❏ -PM：ICMP netmask
- ❏ -oN：正常输出
- ❏ -oX：XML 输出
- ❏ -oG：Greppable 输出
- ❏ -oA：All 输出
- ❏ -T：定时（Timing）：
  - -T0：Paranoid 速率，串行扫描，两次扫描间隔 5 分钟，扫描速度极慢
  - -T1：Sneaking 速率，串行扫描，两次扫描间隔 15 秒，扫描速度较慢
  - -T2：Polite 速率，串行扫描，两次扫描间隔 400 毫秒，中速扫描
  - -T3：Normal 速率，并行扫描，两次扫描间隔 0 秒，扫描速度正常
  - -T4：Aggressive 速率，并行扫描，两次扫描间隔 0 秒，扫描速度较快
  - -T5：Insane 速率，并行扫描，两次扫描间隔 0 秒，扫描速度极快

下面是一些非常基本的 Nmap 扫描，首先扫描一个 IP 地址：

```
nmap 192.168.1.1
```

扫描一个 IP 地址的范围：

```
nmap 192.168.1.1-20
```

扫描以检测操作系统，使用 TCP 扫描并使用 sneaky 速率：

```
nmap -O -PT -T1 192.168.1.1
```

15.2.6 Shodan.io

网站 https://www.shodan.io/ 是一个漏洞搜索引擎。它查找具有漏洞的面向公众的 IP 地址（Web 服务器、路由器等）。你需要注册一个免费的账号才能使用，但对于试图发现漏洞的渗透测试者来说，它可能是个无价之宝。你还可以确认，攻击者也使用这个站点。该网站如图 15-14 所示。

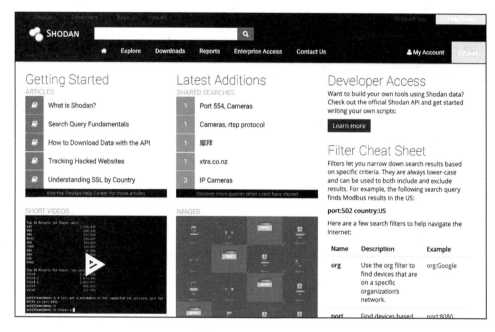

图 15-14　Shodan.io

在使用 Shodan.io 进行搜索时，可以使用许多选项，其中的一些如下：
- 搜索默认口令：

```
default password country:US
default password hostname:chuckeasttom.com
default password city:Chicago
```
- 查找 Apache 服务器：

```
apache city:"San Francisco"
```
- 查找网络摄像头：

```
webcamxp city:Chicago
OLD IIS
"iis/5.0"
```

前面的列表给出了搜索词的示例，包括过滤器。你可以使用的过滤器有：
- city：在特定的城市查找

❑ country：在特定的国家查找

❑ geo：根据坐标搜索（即经度和纬度）

❑ hostname：查找匹配特定主机名的值

❑ net：基于 IP 或 CIDR 的 /x 搜索

❑ os：基于操作系统搜索

❑ port：查找打开的特定端口

❑ before/after：查找时间范围内的结果

例如，图 15-15 显示了输入 default password city:Miami 命令后的搜索结果。

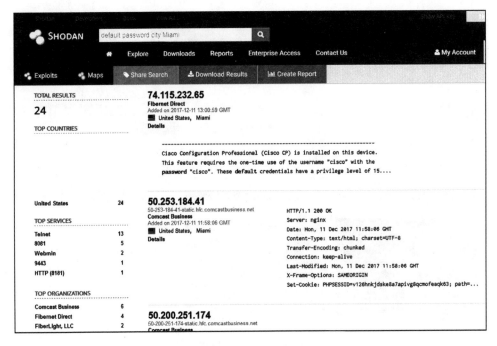

图 15-15　Shodan 的搜索结果

　　当你进行渗透测试时，在公司的网络中搜索通过 Shodan 找到的任何东西是一个好办法。这可以指导你的渗透测试工作，并且你还可以再次肯定潜在的攻击者也将使用此工具。你可以将搜索限制在雇佣你进行渗透测试的客户的主机名或域名。你可以查找目标网络中的默认口令、旧的 Web 服务器、不安全的网络摄像机和其他漏洞。

15.2.7　手动扫描

　　也可以采用手动方式扫描系统的漏洞。最常用的应该是 telnet 命令，它在 Linux 或 Windows 下工作，用于尝试连接到计算机以执行管理任务。默认情况下，telnet 使用端口 23。但可以尝试 telnet 任何你想要的端口。只需打开一个命令窗口，输入 telnet、要 telnet 进入的地址或 URL 以及端口号，如图 15-16 所示。

　　这是一个优秀的扫描工具，因为它不仅告诉你端口是否打开，而且还告诉你是否可以登录到该端口，从而为攻击者提供了一种进入系统的方式。其结果可能是下面两者之一：

图 15-16　使用 telnet 命令

- ❑ 告诉你不能连接。
- ❑ 屏幕一片空白，这表明它准备接受指令（即你可以连接）。

即使可以连接，你仍然可能只有非常有限的访问权限。如果目标主机是 Web 服务器，那么黑客接下来要做的就是检索旗标（banner），从而确定服务器使用的是什么操作系统。输入 HEAD /HTTP/1.0，然后按两次回车键。如果检索成功，黑客就能准确地知道服务器所使用的操作系统。

15.3　攻击阶段

在被动扫描、端口扫描、枚举和收集目标站点信息之后，攻击者已经为实际攻击目标系统做好了准备。这是攻击者应用在扫描阶段所获信息的阶段。

15.3.1　物理访问攻击

如果攻击者坐在连接到你的网络的任何一台机器前面，那么他可以通过多种方式访问你的整个网络。第一步就是简单地登录到那台机器。他还不需要登录到网络，只需登录到那台机器即可。让我们来看几项允许攻击者在没有口令的情况下登录到这台机器的技术。

1. 绕过口令

一种令人兴奋的侵入 Windows 计算机的方式就是直接绕过口令。你不用查找口令是什么，只是跳过它。对于工作站来说，使用 Linux live CD 只需要大约 5 分钟时间。步骤如下：

1）使用任何一种 Linux 启动磁盘。有些人喜欢某一种发行版，而不喜欢另一种，但实际上这无关紧要。

2）使用 CD 引导系统。

3）在引导进入 Linux 后，查找并访问 NTFS 卷（即 Windows 卷）。可以使用下面的命令（注意，你的 NTFS 卷可能不是 sda1，这里给出的只是一个例子）：

```
fdisk -l | grep NTFS
mkdir -p /mnt/windows
mount -t ntfs-3g /dev/sda1 /mnt/windows
```

4）移动到 Windows 的 System32 目录，并对 magnify 应用程序进行备份。命令如下：

```
cd /mnt/windows/Windows/System32
mv Magnify.exe Magnify.bck
```

5）复制 cmd.exe（命令提示符），并将其更名为 Magnify.exe：

```
cp cmd.exe Magnify.exe and reboot
```

6）重新启动到 Windows（无论那个工作站的版本是什么）。当机器启动后，不要登录，而是选择 "Accessibility Options and Magnifier"（辅助选项和放大镜）选项。

这将启动一个具有系统级特权的命令提示符。

2. 使用 OphCrack

可以从本地进入计算机的一个很流行的工具叫 OphCrack，可以从 http://ophcrack. sourceforge.net/ 下载该工具。它基于对 Windows 口令工作原理的理解而工作。Windows 口令存储在一个系统目录下的哈希文件中，通常存放在 C:\WINDOWS\system32\congfig\ 目录下的安全账号管理器（Security Accounts Manager，SAM）文件中。由于该文件包含哈希条目，因此你不能简单地读取用户名和口令。如果你简单地尝试随机口令，那么大多数系统会在几次尝试之后将你锁定，所以如果你能够将 SAM 文件从 Windows 系统拿出来并尝试破解它，那就再好不过了。然而，它是一个加锁的文件。操作系统不会让你复制它或对它做任何事情。而 OphCrack 所做的就是引导系统进入 Linux，这样就不会加载 Windows 操作系统，也不会保护 SAM 文件。然后，它使用一个称为彩虹表（rainbow table）的过程来破解 SAM 中的条目。彩虹表是所有可能的字符组合的哈希表。OphCrack 只是在 SAM 中寻找匹配项。当 OphCrack 找到 SAM 中的匹配项时，就能够知道用户名和口令，如图 15-17 所示。

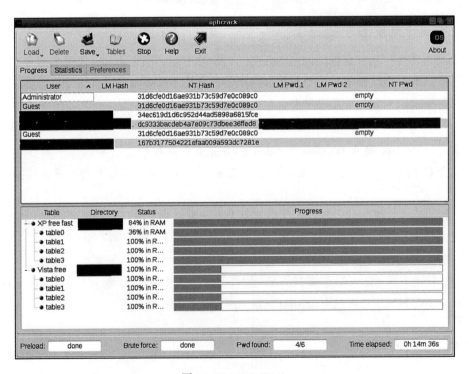

图 15-17　OphCrack

请注意，这个屏幕截图来自一台真实的计算机，因此所有非标准用户账号和所有口令都被处理过。攻击者拥有有效的登录账号，特别是管理员账号之后，即可登录到该计算机。这样做并不会让他加入域，但现在他在你的网络上已经有了一个立足点。

3. 欺骗技术支持

在获得对本地账号的访问许可后，攻击者希望获得域管理权。net user 命令通过以下两行脚本可以帮助攻击者实现这一点：

```
net user /domain /add <本地账号名> <口令>
net group /domain "Domain Admins" /add <本地账号名>
```

这里的 <本地账号名> 和 <口令> 就是上面破解出来的用户名和口令。

将脚本命令保存在 All Users 的启动文件夹中，并让域管理员登录到这台机器，脚本将被运行（在后台，不可见），这样本地账号将会变为域管理员。如何让域管理员登录呢？在许多机构中，技术支持人员都属于域管理组。因此，攻击者现在只需做一些事情让机器不能完全运行。当技术支持人员登录修复该问题时，脚本就会运行。

15.3.2　远程访问攻击

显然，对目标网络上的工作站进行物理访问并非总是可行的。虽然远程攻击成功的可能性很小，但他们仍然有成功的潜力。有许多种远程攻击方法，但本节重点介绍最常见的两种：SQL 注入和跨站脚本。

1. SQL 注入

SQL 注入（SQL injection）是一种对 Web 应用程序常见的攻击。登录界面需要用户名和口令，对照数据库检查它们是否有效。所有数据库都使用结构化查询语言（Structured Query Language，SQL）。如果创建登录的程序员不小心，可能会受到 SQL 注入攻击。以下是该攻击的工作原理。SQL 看起来很像英语。例如，为了检查用户名和口令，入侵者很有可能需要查询数据库，查看 users 表中是否有与输入的用户名和口令匹配的任何条目。

如果有，那么就存在匹配。网站编程代码中的 SQL 必须使用引号将 SQL 代码与编程代码分隔开来。所以，你可能会看到这样的内容：

```
"SELECT * FROM tblUsers WHERE USERNAME = ' " + txtUsername.Text +" ' AND
    PASSWORD = ' " + txtPassword.Text + " ' "
```

输入用户名"admin"和口令"password"生成的 SQL 命令为：

```
SELECT * FROM tblUsers WHERE USERNAME = 'admin' AND PASSWORD = 'password'
```

SQL 注入在口令末尾添加了一些内容。比如，输入"password ' OR X=X"会使程序创建此查询：

```
SELECT * FROM tblUsers WHERE USERNAME = 'admin' AND PASSWORD = 'password' OR X=X'
```

这相当于告诉数据库和应用程序，若用户名和口令匹配，或者 X=X（总是成立），则允许登录。如果程序员正确地编写了登录程序，那么 SQL 注入这方法不会有效。但是，在大多情况下它确实有效。入侵者登录到你的 Web 应用程序后，能做任何授权用户可以做的事情。

在攻击者登录后，他可能希望枚举其他账号，而不仅仅是第一个账号，方法是将该账号放入用户名文本框中（保持口令框不变）。假设找到的第一个用户名为"john"，那么使用下面的 SQL 语句可能可以找到下一个用户：

```
' or '1' ='1'and firstname <> 'john
```

或者使用

```
' or '1' ='1'and not firstname = 'john
```

显然，firstname 可能不是该数据库中一个列的名称。入侵者可能必须尝试各种排列才能找到一个有效的。还要记住，MS Access 和 SQL Server 允许带括号的多字列名（如 [First Name]），但 MySQL 和 PostGres 不接受括号。

攻击者可以继续使用此方法排除其他名称（在攻击者找到它们之后），通过将这些名称放入用户名文本框（保持口令框不变）中实现：

```
' or '1' ='1'and firstname <> 'john' and firstname <> ' bob
```

或者使用

```
' or '1' ='1'and not firstname = 'john' and not firstname = 'john
```

除了枚举用户之外，还可以发送任何 SQL 语句。下面是几个例子：

```
x'; DROP TABLE users; --
```

该语句不是用 ' or '1' ='1 ，而是删除了 "users" 表（这里的 "--" 用于注释掉后面的符号）。许多数据库服务器都有内置的电子邮件；攻击者可以让服务器把口令通过电子邮件发送：

```
x'; UPDATE members SET email = 'me@somewhere.net' WHERE email = 'somebody@example.com
```

SQL 注入是一个严重的漏洞。但是，你可以通过简单地过滤所有用户输入或使用参数化查询来轻松地应对它。然而，根据 OWASP 的说法，它仍然是网站的头号漏洞。而且，你在本节中看到的只是 SQL 注入的最基本功能。SQL 注入可以做更多的事情。

2. 跨站脚本

跨站脚本（Cross-Site Scripting）攻击是指攻击者向其他用户查看的 Web 页面中注入客户端脚本。术语跨站脚本一词最初指的是从不相关的攻击站点加载受攻击的第三方 Web 应用程序的行为，从而在目标域的安全上下文中执行攻击者准备的 JavaScript 片段。

本质上，攻击者将脚本输入到其他用户交互的区域，这样当他们访问站点的那一部分时，攻击者的脚本而不是预期的网站功能将运行，这包括重定向用户。

15.4 Wi-Fi 攻击

Wi-Fi 显然是一种攻击目标。考虑到它的易访问性，任何攻击者都有可能试图破坏你的 Wi-Fi。你应该熟悉几种常见的攻击，每一种都可能给你的网络带来危险。

- ❑ **干扰**：这包括简单地试图干扰 Wi-Fi 信号，使用户无法进入无线网络。这本质上是对无线接入点的拒绝服务攻击。
- ❑ **取消身份认证**：向无线接入点发送取消身份认证（de-authentication）或登出数据包。这个包会伪装成用户的 IP 地址，从而诱使用户登录到欺骗的接入点。

❑ **WPS 攻击**：Wi-Fi 保护设置（Wi-Fi Protected Setup，WPS）模式下使用 PIN 码连接到无线接入点。WPS 攻击试图拦截传输的 PIN 码，然后连接到 WAP，窃取 WPA2 密码。

❑ **破解密码**：事实上，破解密码成功的可能性很小。然而，破解安全性低的 Wi-Fi 密码是可能的。

15.5　本章小结

正如你所看到的，黑客可以使用许多技术来危害你的系统，本章仅展示了其中的一些技术。有些要求对网络上的某台机器进行物理访问，有些则是远程攻击。加强对这些攻击方法的理解可以更好地防御它们。花点时间学习黑客技术对所有网络安全专业人员来说都是必要的。

15.6　自测题

15.6.1　多项选择题

1. 下面的命令是用来做什么的？

```
Telnet <IP Address> <Port 80>
HEAD /HTTP/1.0
<Return>
<Return>
```

   A. 此命令返回指定 IP 地址的主页　　　　　B. 此命令可打开到指定 IP 地址的后门 telnet 会话

   C. 此命令可使黑客确定站点的安全性　　　　D. 此命令返回 IP 地址指定的网站的旗标

2. 如果将 SYN 发送到开放端口，下面哪个选项是正确的响应？

   A. SYN　　　　　　　　　　　　　　　　B. ACK

   C. FIN　　　　　　　　　　　　　　　　D. SYN/ACK

3. 你扫描目标网络，发现端口 445 是开放和活动的。这说明什么？

   A. 系统使用 Linux　　　　　　　　　　　B. 系统使用 Novell

   C. 系统使用 Windows　　　　　　　　　　D. 系统有 IDS

4. Julie 被雇佣来对 xyz.com 进行渗透测试。她首先查看公司拥有的 IP 地址范围和域名注册的详细信息。然后，她前往新闻组和金融网站，查看是否有该公司的敏感信息或技术细节在网上。Julie 在做什么？

   A. 被动信息收集　　　　　　　　　　　　B. 主动信息收集

   C. 攻击阶段　　　　　　　　　　　　　　D. 脆弱性映射

5. John 已经用 Nmap 对 Web 服务器进行了扫描，但没有收集到足够的信息来准确地识别远程主机上运行的是哪个操作系统。他如何使用一个 Web 服务器来帮助识别正在使用的操作系统？

   A. telnet 一个开放的端口并获取旗标　　　　B. 用一个 FTP 客户端连接到 Web 服务器

   C. 用浏览器连接到 Web 服务器并查看 Web 页面

   D. Telnet Web 服务器 8080 端口，并查看默认页面的代码

6. 在你的新网站上线之前，你正在进行最后一轮测试。该网站有许多子页面，并连接到后端 SQL 服务器，访问数据库中的产品库存。你遇到一个 Web 安全站点，它建议你将以下代码输入到 Web 页面的搜索字段中，以检查漏洞：

```
<script>alert("Test My Site.")</script>
```

当你输入此代码并单击"Search"按钮时，将弹出一个窗口，其中显示：

`"Test My Site."`

这次测试的结果是什么？

A. 你的网站容易受到 Web 漏洞攻击   B. 你的网站容易受到跨站脚本攻击

C. 你的网站容易受到 SQL 注入的攻击   D. 你的网站不容易受到攻击

7. OphCrack 工具的用途是什么？

A. 检索 Windows 口令   B. 执行彩虹表攻击

C. 对 Windows 实施暴力破解攻击   D. 删除口令

8. 下列哪一种扫描最可靠？

A. Syn   B. Passive

C. Fin   D. Connect

9. 试图识别目标网络上的机器被称为 _____。

A. 枚举   B. 扫描

C. 检测   D. 评估

15.6.2　练习题

练习 15.1　OphCrack

使用 OphCrack 破解你自己工作站的口令。

练习 15.2　绕过口令

使用 Linux Live CD，绕过你自己计算机或者实验室计算机的口令。

第16章 网络取证介绍

本章目标

在阅读完本章并完成练习之后，你将能够完成如下任务：

● 理解基本的取证原理。

● 制作一个驱动器的取证拷贝。

● 使用基本的取证工具。

16.1 引言

本书主要探讨网络安全问题。前面已经介绍了威胁及应对措施、防火墙、防病毒、IDS、网络恐怖主义、策略等。然而，如果没有对计算机取证技术的基本了解，你的网络安全知识就是残缺不全的。原因很简单，对计算机犯罪的第一响应者通常是网络管理员和技术支持人员，如果你对犯罪现场的取证措施不当，可能会导致发现的证据不被采纳。

然而，请切记在本章论述的步骤只是通用的指南，一定要咨询当地司法机构有关取证的标准。如果你不是执法人员，那么必须熟悉本地司法取证的过程，并且遵守同样步骤。如果由于某种原因你不能获取当地执法机构的取证过程，那么可以找联邦指南。可参考如下网络资源：

❑ 美国特勤局：https://www.secretservice.gov/investigation/

❑ FBI计算机取证：https://archives.fbi.gov/archives/news/stories/2009/august/rcfls_081809

还要记住，一些司法部门已经通过法律，要求为了提取证据，调查员必须是执法人员或者是取得执照的私家侦探。这些法律是有争议的，因为私家侦探的培训和颁发执照通常不包括计算机取证技术训练，你应当检查你所在州的具体法律。但如果你得到所有者的允许，那么许多州的法律将允许你对计算机进行取证检查。所以，法律并不禁止你对你公司的计算机进行取证。取证已经成为网络入侵整体响应的一部分，这一领域通常被称为数字取证应急响应（Digital Forensics Incident Response，DFIR）。

16.2　通用取证指南

任何取证检查总要遵循一些通用的原则。要尽可能减少对证据的影响，这意味着你要在不修改它的情况下检查它。要有一个清晰记录所有取证过程的文档。当然，你还要保护证据的安全。

16.2.1　欧盟的证据收集

"欧洲委员会网络犯罪公约"（Council of Europe Convention on Cybercrime），也称为"布达佩斯网络犯罪公约"（Budapest Convention on Cybercrime）或简称"布达佩斯公约"（Budapest Convention），将电子证据称为可以用电子形式收集的刑事犯罪证据。

欧洲电子证据理事会的指南（Council of Europe's Electronic Evidence Guide）可以作为警察、检察官和法官的基本指导。

欧盟提出了五项原则作为所有处理电子证据的基础：

- ❏ **原则 1　数据完整性**：你必须保证数据是有效的并且没有被损坏。
- ❏ **原则 2　审计跟踪**：类似于物证监管链的概念，你必须能够对证据负完全责任。这包括它的位置以及对它所做的一切事情。
- ❏ **原则 3　专家支持**：如有需要，请专家协助。例如，如果你是一位熟练的取证人员但对 Macintosh 计算机经验不足，那么如果需要检查 Mac，就请一位 Mac 专家协助。
- ❏ **原则 4　适当培训**：所有取证和分析人员应该充分训练并不断扩展他们的知识库。
- ❏ **原则 5　合法性**：确保所有证据收集和处理行为符合相关法律规定。

即使你不在欧盟之内工作，这些指南也是相当有用的。尽管这些指南很宽泛，但它们确实对如何正确实施取证检查提供了指导。

16.2.2　数字证据科学工作组

数字证据科学工作组（Scientific Working Group on Digital Evidence，SWGDE, www.swgde.org）为数字取证创建了许多标准。根据 SWGDE 的计算机取证标准操作规程（Model Standard Operation Procedures for Computer Forensics），取证检查有四个步骤：

- ❏ **步骤 1　目视检查**：此项检查的目的是核实证据的类型、它的条件以及实施检查的相关信息。这通常是在最初的证据抓取阶段进行。例如，如果缴获了一台计算机，你会记录机器是否正在运行，它的状况如何以及一般的运行环境等信息。
- ❏ **步骤 2　取证复制**：这是在检查之前复制介质的过程。在副本上开展工作比在原始介质上工作要好。
- ❏ **步骤 3　介质检查**：这是实际的取证测试。这里所说的介质，是指硬盘驱动器、RAM、SIM 卡等，即可能包含数字数据的项目。
- ❏ **步骤 4　证据返回**：证据放回到适当位置，通常是加锁的或保护的设施。

这些特定的步骤为网络取证检查应该如何进行提供了一个概览。如果你想深入研究网络取证检查的细节，可以访问 SWGDE 的网站 (www.swgde.org)，那里提供了很多有用的文档。

16.2.3　美国特勤局取证指南

美国特勤局是另一个负责打击网络犯罪和计算机取证的联邦机构。它有一个致力于计算机取证的网站 (www.ncfi.usss.gov/ncfi/)，上面有计算机取证的课程。这些课程通常是为执法人员设置的。

特勤局还发布了计算机犯罪第一响应人指南，列出了开始调查的黄金规则：

- 保护现场并确保它的安全。
- 如果你有理由相信计算机与你正在调查的犯罪有关，立即采取措施保护证据。
- 判断你是否有法律依据缴获这台计算机（一目了然、搜查证、同意书等）。
- 避免访问计算机的文件。如果计算机处于关闭状态，则不要开机。
- 如果计算机处于开机状态，那么不要使用它开始搜寻。如果计算机开机，转到本指南中关于作为证据如何正确关闭计算机以及为运输做准备的部分。
- 如果你有理由相信计算机正在毁坏证据，则通过拔掉计算机后面的电源线立刻关闭计算机。
- 如果有照相机并且计算机处于开机状态，则对计算机屏幕拍照。如果计算机处于关闭状态，则对计算机、计算机的位置及附属的电子介质拍照。
- 确定是否有特别法律适用的情形（医生、律师、僧侣、精神病医生、报纸、出版商等）。

这些都是既保持物证监管链又确保调查完整性的重要的第一步。

16.2.4　不要触碰嫌疑驱动器

第一位并且或许是最重要的指南是，尽可能少触碰系统。你不想在检查的过程中改变系统。这里介绍一种可以为驱动器制作有效取证拷贝的方法。你能利用绝大多数的取证工具如 AccessData 的 Forensic Toolkit (FTK)、Guidance Software 的 EnCase 或者 PassMark Software 的 OSForensics 等制作一个驱动器的取证拷贝。但你也可以使用 Linux 下的免费工具完成。

你需要两个可启动的 Linux 拷贝：一个在嫌疑机器上，另一个在目标机器上。你可以使用你熟悉的任何 Linux 发行版本。无论使用什么 Linux 版本，步骤都是相同的：

1）彻底清除目标驱动器：

```
dd if=/dev/zero of=/dev/hdb1 bs=2048
```

2）将目标取证服务器设置成接收嫌疑驱动器的拷贝，可以使用 Netcat 命令实现。具体句法如下：

```
nc -l -p 8888 > evidence.dd
```

这个命令告诉机器在 8888 端口侦听，并且把收到的所有东西都存入 evidence.dd 中。

3）在嫌疑机器上，开始发送驱动器信息到取证服务器：

```
dd if=/dev/hda1 | nc 192.168.0.2 8888 -w 3
```

当然，这里假设嫌疑驱动器是 hda1。如果不是，需要替换命令行中的相应部分。这里还假设服务器的 IP 地址为 192.168.0.2。如果不是，使用实际的取证服务器的 IP 地址替换。

4）你还要创建嫌疑驱动器的哈希值。稍后你可以对工作的驱动器计算哈希值，并将其与原始驱动器的哈希值进行比较，以确保没有发生任何修改。可以使用如下 Linux shell 命令计算哈希值：

```
md5sum /dev/hda1 | nc 192.168.0.2 8888 -w 3
```

在完成以上步骤后，你将拥有一个原始驱动器的拷贝。做两个拷贝通常是个不错的想法：一个用于取证，另一个用于保存。无论如何决不能在嫌疑驱动器上进行取证分析。

16.2.5　留下文档记录

除了不接触实际的驱动器外，另一个关注的问题就是留档。如果你从未从事过任何调查工作，那么留档的级别对你来说似乎很麻烦。但规则很简单：记录所有内容。

当你首次发现计算机犯罪时，你必须准确记录发生了什么事件。谁在现场以及他们在哪里做什么？什么设备连在计算机上，以及它的网络 / Internet 有什么连接？它正在使用什么硬件和操作系统？

当开始实际的取证调查时，你必须记录每一个步骤。首先记录你用于制作取证拷贝的过程。记录你使用的每个工具以及你执行的每项测试。必须能够在文档中展示所有你完成的操作。

16.2.6　保全证据

首先要做的是必须使计算机离线以防止进一步篡改。在一些特殊情况下，计算机也许保持在线状态，以跟踪活跃的、正在进行的攻击，但一般性原则是立刻使它离线。

下一步是限制对计算机的访问。任何不是绝对必须访问证据的人都不应该访问它。硬盘应锁在保险柜或安全柜中。分析应该在访问受限的房间内进行。

你还应该记录每个访问证据的人，他们如何与证据进行交互以及证据的存储位置，必须能够保证所有时间段都能够为证据负责。这被称为物证监管链（chain of custody）。

16.3　FBI 取证指南

除了上面讨论的通用指导原则外，FBI 还给出了一些具体指导。在大多数情况下，它们与之前的讨论重叠，但了解 FBI 的建议仍然很有用。

如果发生了紧急事件，FBI 建议第一响应人通过为任何日志、损坏或更改的文件、当然还有入侵者留下的任何文件做备份，以保持事件发生时计算机的状态。最后一部分至关重要。黑客经常使用各种工具，可能会留下他们存在的痕迹。此外，FBI 警告说，如果事件正在进行中，请激活你可能拥有的任何审计或记录软件。尽可能多地收集有关事件的数据。换句话说，这可能就是不让机器离线，而是在线分析正在进行的攻击的情况。

另一个重要步骤是记录因攻击而遭受的具体损失。损失通常包括以下内容：

- ❑ 响应和恢复所花费的人工成本。（将参与人员的数量乘以他们的小时费率。）
- ❑ 如果设备损坏，则包括该设备的成本。
- ❑ 如果数据丢失或被盗，那么该数据的价值是多少？获取这些数据需要多少费用以及

　　重建数据需要多少费用?

❏ 任何收入损失，包括因停机造成的损失、由于停机不得不给予客户的补偿等。

对由于攻击造成的确切损失的记录与记录攻击本身一样重要。

FBI 计算机取证指南强调了保护证据安全的重要性。FBI 还强调，不应将计算机证据的概念局限于 PC 和笔记本电脑。计算机证据可包括以下内容：

❏ 日志（系统、路由器、聊天室、IDS、防火墙等）

❏ 可移动存储设备（USB 驱动器、外部驱动器等）

❏ 电子邮件

❏ 能够存储数据的设备如 iPod、iPad、平板电脑

❏ 手机

FBI 指南还强调要为嫌疑驱动器 / 分区创建工作用的拷贝，并计算该驱动器的哈希值。

16.4　在 PC 上查找证据

在保全了证据并制作了取证拷贝后，就要开始寻找证据了。证据可以有多种形式。首先请记住，证据是与案件相关的数据。你可能会见到许多不相关的信息。对于取证来说，感兴趣的是有助于深入了解案件事实的数据。

16.4.1　在浏览器中查找

浏览器可以既是直接证据又是间接或支持证据的来源。显然，在儿童色情制品的案件中，浏览器可能包含特定犯罪的直接证据。在网络聊天案件中也可以找到直接证据。但是，如果你怀疑有人创造了感染网络的病毒，那么你可能只会找到间接证据，例如嫌疑人搜索了病毒创建 / 编程相关的主题。

即使人为删除了浏览历史记录，也仍有可能检索它。Windows 将大量信息存储在名为 index.dat 的文件中（诸如 Web 地址、搜索查询和最近打开文件之类的信息）。你可以从 Internet 下载许多工具，以便检索和查看 index.dat 文件。以下是一些工具链接：

❏ www.eusing.com/Window_Washer/Index_dat.htm

❏ www.acesoft.net/index.dat%20viewer/index.dat_viewer.htm

❏ http://download.cnet.com/Index-dat-Analyzer/3000-2144_4-10564321.html

但大多数取证软件都会为你提取浏览器数据。因此，如果你使用的是 AccessData 的 FTK、Guidance Software 的 EnCase 或 PassMark Software 的 OSForensics，则不需要另外第三方的实用程序。

16.4.2　在系统日志中查找

无论你正在使用什么操作系统，操作系统都有日志。这些日志在任何取证调查中都很关键，你应该检索它们。

1. Windows 日志

我们首先从 Windows XP/Vista/7/8/8.1/10 开始。对于所有这些版本的 Windows，你可以通过单击桌面左下角的 "Start"（开始）按钮，点击 "Control Panel"（控制面板），然后单击

"Administrative Tools"（管理工具）并双击"Event Viewer"（事件查看器），来查找系统日志。下面的参考内容简单地概括了要检查的日志（注意，并非每个版本的 Windows 都有全部这些日志）。

供参考：日志

必须打开日志记录功能，否则，日志中没有任何内容。

- ❑ **安全日志**：从取证的角度来看，这可能是最重要的日志。它包含所有成功的和不成功的登录事件。
- ❑ **应用程序日志**：此日志包含了应用或程序记录的各种事件。许多应用程序在该日志中记录发生的错误。
- ❑ **系统日志**：此日志包含 Windows 系统组件记录的事件，包括驱动程序故障等事件。从取证角度来看，此日志不像其他日志那样令人感兴趣。
- ❑ **转发事件日志**：此日志用于存储从远程计算机收集的事件。只有配置了事件转发后，此日志才有数据。
- ❑ **应用程序和服务日志**：此类日志用于存储来自单个应用程序或组件的事件，它们不存储具有系统范围影响的事件。

Windows 服务器具有类似的日志。但是，对于 Windows 系统来说，还有另外一个可能的问题，即存在攻击者在离开系统之前清除日志的可能性。可以使用工具来清除日志，例如 auditpol.exe。使用"auditpol \\ipaddress /disable"命令会关闭日志记录。然后当犯罪者退出时，他可以使用"auditpol \\ipaddress /enable"将其重新打开。WinZapper 等工具还允许用户有选择地从 Windows 的事件日志中删除某些项目。简单地在攻击之前关闭日志记录并在之后重新打开它也是有可能的。

2. Linux 日志

显然，Linux 也有可以检查的日志。依赖于你的 Linux 发行版本以及你在其上运行的服务（例如 MySQL）不同，下面的某些日志在特定计算机上可能不存在：

- ❑ /var/log/faillog：此日志文件包含失败的用户登录。在跟踪破解系统的企图时，该日志非常重要。
- ❑ / var/log/kernel.log：此日志文件用于记录来自操作系统内核的消息。这可能与大多数计算机犯罪调查无关。
- ❑ /var/log/lpr.log：这是打印日志，可以为你提供从本机打印的任何项目的记录。这在企业间谍案件中非常有用。
- ❑ /var/log/mail.*：这是邮件服务器日志，在任何计算机犯罪调查中都非常有用。电子邮件可能是任何计算机犯罪的一个组成部分，甚至可能是某些非计算机犯罪的组成部分，如欺诈。
- ❑ /var/log/mysql.*：此日志记录与 MySQL 数据库服务器相关的活动，计算机犯罪调查对此通常不太感兴趣。

❑ /var/log/apache2/*：如果此计算机正在运行 Apache Web 服务器，则此日志将显示相
关活动。这对于跟踪攻击 Web 服务器的尝试非常有用。

❑ /var/log/lighttpd/*：如果此计算机正在运行 Lighttpd Web 服务器，则此日志将显示相
关活动。这对于跟踪攻击 Web 服务器的尝试非常有用。

❑ /var/log/apport .log：此日志记录应用程序的崩溃。该日志有时可以揭示对系统的攻
击尝试，或者出现病毒或间谍软件。

❑ /var/log/user.log：包含用户活动的日志，对于犯罪调查非常重要。

16.4.3　恢复已删除的文件

犯罪分子常常试图销毁证据，计算机犯罪也是如此。犯罪分子可能会删除文件。但是，
你可以使用各种工具来恢复此类文件，尤其是在 Windows 中。DiskDigger（https://diskdigger.
org/）是一个免费工具，可用于恢复 Windows 文件。该工具非常容易使用。尽管还有更强大的
工具，但此工具免费且易于使用，因而非常适于学生学习取证。同样，OSForensics、FTK 和
EnCase 等主要的取证软件，都内置了删除文件恢复功能。下面介绍 DiskDigger 的基本操作。

首先，在第一个界面上，选择要从中恢复文件的驱动器 / 分区，如图 16-1 所示。

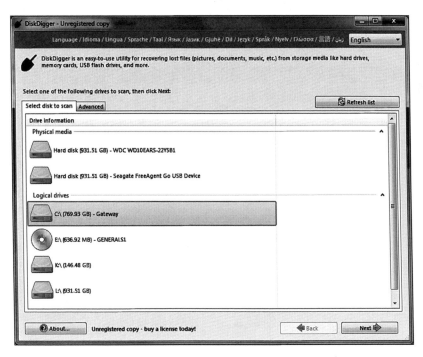

图 16-1　添加新扫描

在第二个界面上，选择要执行的扫描深度，如图 16-2 所示。显然扫描深度越深，扫描
时间就越长。

然后，你会得到一个已恢复文件的列表，如图 16-3 所示。

可以看到文件和文件首部，也可以选择恢复文件。DiskDigger 有可能只恢复文件的片
段，但对取证来说这已经足够了。

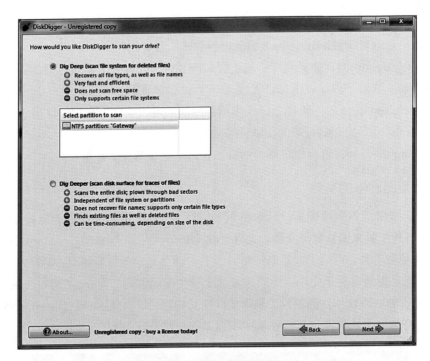

图 16-2　选择扫描深度

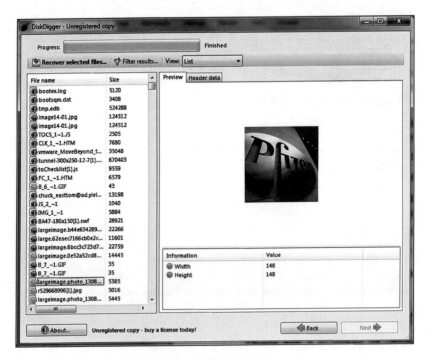

图 16-3　恢复的文件

16.4.4　操作系统实用程序

操作系统内置了许多实用程序，可用于收集一些取证数据。鉴于 Windows 是最常用的操作系统，我们将专注于那些在 Windows 命令行工作的实用程序。在进行取证时，一个关键要求是要非常熟悉目标操作系统。你还应该注意到，这些命令中的许多命令对于在运行的系统上捕获正在进行的攻击也很有用。

1. net sessions

此命令列出连接到本计算机的所有活动会话。如果你认为存在正在进行的攻击，那么这个命令非常重要。如果没有活动会话，该实用程序的报告将如图 16-4 所示。

图 16-4　net sessions

2. Openfiles

Openfiles 是另一个用于查找正在进行的实际攻击的命令。此命令列出当前打开的所有共享文件。该实用程序如图 16-5 所示。

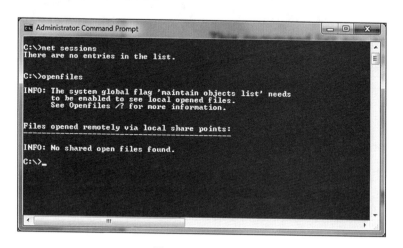

图 16-5　Openfiles

3. fc

fc 是一个可用于计算机取证拷贝的命令。它比较两个文件并显示其差异。如果你认为配置文件已被更改，则可以将它与已知完好的备份进行比较。你可以在图 16-6 中看到此实用程序。

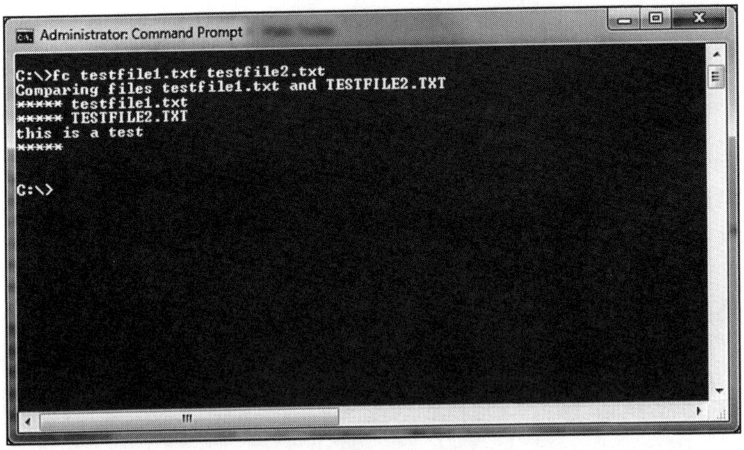

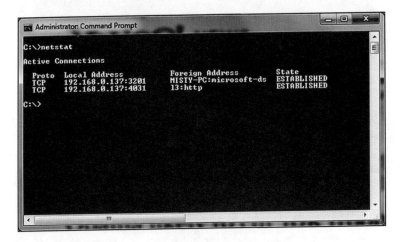

图 16-6　fc 命令

4. netstat

netstat 命令也可用于检测正在进行的攻击。它列出当前所有的网络连接，不仅包括入站连接，还包括出站连接。可以在图 16-7 中看到此实用程序。

图 16-7　netstat 命令

16.4.5　Windows 注册表

Windows 注册表是一个非常有潜在价值的取证信息库。它是 Windows 机器的核心，可以在这里找到许多有趣的数据。让你成为 Windows 注册表专家已超出本章的范围，但希望你继续学习以了解更多信息。从取证角度来看，可以从注册表中找到的一个重要内容就是得到所有曾连接到计算机的 USB 设备。

注册表键 HKEY_LOCAL_MACHINE\SYSTEM\ControlSet\Enum\USBSTOR 列出所有曾连接到计算机的 USB 设备。通常情况下，犯罪分子会将证据转存到外部设备并随身携带。这个键值表示有些 USB 设备需要进一步查找和检查。

1. USB 信息

还有与 USBSTOR 相关的其他键可以提供相关信息。例如，SYSTEM\MountedDevices

允许调查人员将序列号与插入 USB 设备时分配的驱动器号或卷标相匹配。此信息应与 USBSTOR 中的信息结合使用，以便更全面地了解与 USB 相关的活动。

注册表键 SOFTWARE\Microsoft\Windows\CurrentVersion\Explorer\MountPoints2 能指示出 USB 设备连接时登录系统的用户。这让调查人员将具体用户与特定 USB 设备相关联。

2. Wi-Fi

当个人连接到无线网络时，服务集标识符（Service Set Identifier，SSID）将被记录为首选网络连接。可以在注册表键 HKEY_LOCAL_MACHINE\SOFTWARE\Microsoft\WZCSVC\Parameters\Interfaces 中找到此信息。

注册表键 HKLM\SOFTWARE\Microsoft\Windows NT\CurrentVersion\NetworkList\Profiles\ 提供一个所有连接过的 WiFi 网络列表。在 Description 键中包含了网络的 SSID。计算机首次连接到网络的时间记录在 DateCreated 字段中。

3. 卸载的软件

卸载的软件对任何取证检查来说都是非常重要的注册表键。闯入计算机的入侵者可能会在该计算机上安装软件以用于各种目的，例如恢复已删除的文件或创建后门。然后，他很可能会删除他使用的软件。窃取数据的员工也可能安装隐写软件，以便隐藏数据。他随后会卸载该软件。使用此键可以查看从本机上卸载的所有软件：HKLM\SOFTWARE\Microsoft\Windows\CurrentVersion\Uninstall。

16.5　从手机中收集证据

现在是手机无处不在的时代，手机会在某些计算机犯罪中发挥作用应该不足为奇。正如前几章所述，甚至有些罪行主要通过手机实施，例如利用手机发送色情图片。在任何刑事调查中，保护嫌疑人手机上的数据通常是个好想法。在手机取证调查期间可能检索和检查的数据包括：

- 照片
- 视频
- 文本消息或短信
- 通话时间、已拨电话、已接来电以及通话时长
- 联系人姓名和电话号码

显然，照片、视频和短信都可能包含犯罪证据。而联系人信息也很有价值。在本书前几章中已经介绍过，犯罪分子经常一起工作。联系人列表可以帮助你追踪其他犯罪者。

虽然处理各型号手机的细节超出了本书范围，但你应该了解一些一般的取证规则：

- 记录手机品牌、型号以及任何有关其状况的详细信息。
- 拍摄手机的初始屏幕。
- 在 SIM 卡中查找大部分内容。

许多软件包都可用于从 SIM 卡中获取信息。有几种手机取证工具可供使用。其中，使用最广泛的有：

- Cellebrite：https://www.cellebrite.com/en/home/
- MOBILedit Forensic Express：http://www.mobiledit.com/forensic-expressoo

❏ BlackBag Technologies：https://www.blackbagtech.com/

❏ Magnet Forensics：https://www.magnetforensics.com

❏ Oxygen Forensics：https://www.oxygen-forensic.com

选择工具时，请记住有两种方法可以从手机或其他移动设备中获取数据：逻辑获取和物理获取。了解这些方法的工作原理以及它们之间的区别非常重要，并且要确保你选择的工具支持你希望执行的获取类型。

16.5.1　逻辑获取

逻辑映像是指将活动文件系统从设备复制到另一个文件中。使用此方法，可以恢复来自实际设备的数据，然后对其进行分析。逻辑技术通常是取证分析人员使用的第一种检查类型，因为它们更容易执行。在许多情况下，这种方式能为案件提供足够的数据，但并不是在所有情况下都能满足。物理技术可以提供更多的数据，但使用物理获取难度更大，花费时间更多，因此物理获取使用不多。幸运的是，许多支持逻辑获取的手机取证工具还提供报告机制。

在许多情况下，获取工具将执行设备的逻辑获取，并且将这些信息以可视文件的形式导出到图形用户界面（GUI）或报告中。其中一些工具存在的问题是，检查人员可以查看报告的数据，但无法查看该数据的来源。如果获取工具不仅可以报告找到的数据，而且还允许检查人员查看得出数据的原始文件就更好了。无论使用何种软件或工具，获取手机逻辑映像所涉及的完整步骤都包括：

1）运行你选择的取证软件。

2）连接设备。

3）开始获取映像。对于 iPhone 手机，可以使用 Apple 的同步协议从备份的设备中提取所有数据。类似的文件可以从获取的备份中抽取。除此方法之外，还可以从设备中直接抽取。

4）根据所使用的软件，部分或全部此类信息将显示在软件中，并且可导出到报告。

16.5.2　物理获取

物理映像已被广泛用于取证领域多年，但对移动设备来说还相对较新。不幸的是，对于取证分析人员来说，在没有获得访问特权的情况下，iPhone 的安全机制会阻止从保护设备中提取物理图像。物理获取创建文件系统的物理逐位拷贝，类似于对硬盘驱动器进行取证成像的方式。因此，它有最大可能会恢复大量数据，包括已删除的文件。

16.5.3　Chip-off 和 JTAG

Chip-off 技术是指从电路板上移除存储芯片或其他芯片并读取它的做法，即彻底拆开它。这需要专门的设备来读取芯片。IEEE 的 JTAG（Joint Test Action Group，联合测试行动组）方法是一种不太极端的方法，但仍需要一些专门的设备。实现 BGA- 型存储器的移动设备集成了用于测试和调试的 JTAG，因此无须移除芯片就可以利用 JTAG 端口检索数据的物理映像。事实上，你是在利用为工程师测试设备而设计的设备与芯片的直接通信。Cellebrite 现在支持 JTAG，并且有多种 JTAG 工具箱可供购买。

16.5.4　蜂窝网络

除了解手机本身外，还有必要了解手机所在的网络。所有的手机网络都基于无线基站，每个基站的无线电信号强度都有一定的覆盖范围，每个蜂窝塔基站由天线和无线电设备组成。以下是不同类型蜂窝网络的简要说明。

1. GSM：全球移动通信系统（Global System for Mobile Communications）

GSM 是一种较老的技术，通常称为 2G。这是由欧洲电信标准协会（European Telecommunications Standards Institute，ETSI）开发的标准。GSM 最初是专为数字语音开发的，后来扩展了数据通信。GSM 工作在许多不同的频率，但最常见的是 900 MHz 和 1800 MHz。在欧洲，大多数 3G 网络使用 2100 MHz。

2. EDGE：增强数据率的 GSM 改进（Enhanced Data Rates for GSM Evolution）

很多人认为这是 2G 和 3G 之间的中间水平。技术上被认为是 pre-3G，但实际上是对 GSM（2G）的改进。它专门设计成利用蜂窝网络传输电视等媒体。

3. UMTS：通用移动电信系统（Universal Mobile Telecommunications System）

这是 3G，实质上是对 GSM（2G）的升级。UMTS 可以提供高于 2 兆比特每秒（Mbps）的数据速率，支持文本、语音、视频和多媒体的传输。

4. LTE：长期演进（Long Term Evolution）

通常称为 4G。LTE 支持宽带互联网、多媒体和语音。LTE 基于 GSM/EDGE 技术。理论上它可以支持 300 Mbps 的速率。与 GSM 和基于 GSM 的网络不同，LTE 是基于 IP 的，就像典型的计算机网络一样。

16.5.5　蜂窝电话术语

在使用手机时，你需要了解一些基本的设备和术语。至少应该熟悉其中的一些，比如 SIM 等术语。

1. **用户识别模块（Subscriber Identity Module，SIM）**

SIM 卡是手机的核心。它是一个电路，通常是可移动芯片。SIM 用于识别手机，如果你更改手机中的 SIM 卡，则会更改手机的标识。SIM 卡存储国际移动用户身份（International Mobile Subscriber Identity，IMSI）。IMSI 唯一地标识一部手机。更换了 SIM 卡，IMSI 随之改动，手机身份也随之改变。SIM 卡通常还包括网络信息、用户可以访问的服务以及两个密码，即个人识别码（Personal Identification Number，PIN）和个人解锁码（Personal Unblocking Code，PUK）。PUK 用于重置忘记的 PIN 码。但是，使用 PUK 会擦除手机并将其重置为出厂状态，从而会破坏任何取证证据。如果连续十次错误输入代码，则设备将永久锁定且无法恢复。

2. **国际移动用户识别码（International Mobile Subscriber Identity，IMSI）**

IMSI 通常是 15 位的数字，某些情况下可能更短（某些国家 / 地区使用较短的数字），用于唯一标识手机。前三个数字是国家代码（Mobile Country Code，MCC），下一组数字代表移动网络代码，在北美是三位数，在欧洲是两位数。其余数字是标识给定网络内电话的移动用户标识号（Mobile Subscription Identifier Number，MSIN）。为了防止跟踪和克隆，很少发送 IMSI，而是生成一个临时值并发送，即 TMSI。

3. ICCID：集成电路卡标识（Integrated Circuit Card Identification）

IMSI 用于识别电话，而 SIM 芯片本身则由 ICCID 识别。ICCID 在制造过程中刻在 SIM 卡上，无法移除。前七位数字标识国家和发行人，称为发行人识别号码（Issuer Identification Number，IIN），后面是可变长度的标识该芯片 / SIM 卡的数字，最后是校验位。

4. 国际移动设备身份（International Mobile Equipment Identity，IMEI）

此号码是用于识别 GSM、UMTS、LTE 和卫星电话的唯一标识。它印在手机上，通常在电池盒内。在大多数手机上，可以通过在拨号盘上输入 # 06 # 来显示它。使用此号码，可以将电话列入"黑名单"或阻止其连接到网络。即使用户更改了 SIM 卡，这种方法也仍然有效。

16.6   使用取证工具

有许多取证工具可供选择，但一些工具比其他的工具应用更广泛。在本节中，我们将讨论普遍使用的工具。

16.6.1   AccessData 取证工具箱

AccessData 取证工具箱（Forensic Toolkit，FTK）是一种非常流行的计算机取证工具。它能够在直观、可定制和用户友好的界面中执行分析、解密和口令破解。该工具的两个非常重要的功能是它能够分析 Windows 注册表并且能够破解口令。Windows 注册表是 Windows 存储安装程序所有相关信息的地方，包括病毒、蠕虫、特洛伊木马、隐藏程序和间谍软件。高效扫描注册表以获取证据的能力很关键。破解常见应用程序口令的能力也很重要。因为，证据可能存储在受口令保护的 Adobe PDF 文件、Excel 电子表格或其他应用程序中。FTK 可以破解 100 多种常用应用程序的口令。

该工具箱的另一个特性是其分布式的处理能力。扫描整个硬盘驱动器、搜索注册表以及对计算机进行完整的取证分析可能是一项非常耗时的任务。使用 FTK，可以在最多三台计算机上分布处理和分析。这使得所有三台计算机可以并行处理分析，从而大大加快取证进程。

FTK 也适用于 Macintosh。许多商用产品仅适用于 Windows，而开源社区则通常侧重于 Unix 和 Linux，因此兼容 Macintosh 是非常重要的。此外，FTK 还有一个显式图像检测（Explicit Image Detection）插件，可自动检测色情图片，在涉及儿童色情指控的案件中非常有用。有关 FTK 的更多信息，请访问 https://accessdata.com/products-services/forensic-toolkit-ftk。

16.6.2   EnCase

Guidance Software 公司的 EnCase 是一个知名的、备受推崇的工具。Guidance Software 已经从业多年，其工具被执法部门广泛使用。该工具相当昂贵，并且需要在短期内掌握全新的知识，但是它非常有效。可以在 https://www.guidancesoftware.com/ 上找到更多相关信息。

16.6.3   Sleuth Kit

Sleuth Kit（TSK）是可以免费下载的命令行工具集。可以从 http://www.sleuthkit.org/sleuthkit/ 以及其他网站获取它们。此工具集不像 EnCase 那样功能丰富且易于使用，但对于预算紧张的机构而言，是一个不错的选择。它包含的最有名的实用程序是 ffind.exe。

可以使用选项搜索给定文件，或者仅搜索已删除的文件版本。当你知道要搜索的具体文件时，这个实用程序是最好用的工具。而对于一般的搜索而言它并不是个好选择。Sleuth Kit 提供了许多实用程序，但许多读者会觉得使用命令行程序很麻烦。幸运的是，已经为 Sleuth Kit 创建了一个名为 Autopsy 的 GUI，参见 http://www.sleuthkit.org/autopsy/。

16.6.4　OSForensics

OSForensics 是一个非常强大且易于使用的工具，而且价格实惠。你甚至可以从 https://www.osforensics.com/ 下载免费试用版。许多取证工具不会提供免费试用版，并且要花费数千美元。此工具有 30 天免费试用版，而且完整版本不到 1000 美元。更重要的是，它非常易于使用，并且在其网站上有免费视频和收费在线课程，该课程很实惠，并且包括 OSForensics 认证。

16.7　取证科学

无论你使用什么工具，或者为什么要进行取证（应急响应、犯罪调查等），重要的是要理解取证是一门科学，并且必须按照科学的方法进行。科学方法从形成假设开始，假设应该是一个可以测试的问题，不可测试的问题在科学中没有地位。一旦完成了测试，你就有了一个事实。一旦你完成了许多测试，你就会有很多事实。对所有这些事实的解释就是一个理论。这与理论这个单词的口语化使用不同，后者通常指猜测。

在数字取证中，每个测试都确定了某个事实。假设正在调查网络病毒的爆发，一项测试可能会显示病毒在特定时间下载到特定机器，这就是一个事实。但你还不能将其发展成一个理论。你不能断定是内部员工故意为之，还是外国黑客的邪恶行为，或是任何其他类型的攻击，因为你还没有足够的事实。你需要进行更多的测试，并积累更多的数据。当你拥有足够的数据时，你就可以形成关于事件的理论。

Daubert 标准是一个以科学合理方式进行取证的法律原则，但在取证书籍中经常被忽视。康奈尔大学法学院的法律信息研究所将 Daubert 标准定义为：

> 初审法官对于专家的科学证词是否基于科学有效的推理或方法，以及是否适用于有争议的事实进行初步评估所使用的标准。根据该标准，在确定方法是否有效时可以考虑的因素有：（1）所讨论的理论或技术是否可以并已经经过测试；（2）是否经过同行评审并公示；（3）已知或潜在的错误率；（4）控制其运行的标准是否存在及维护情况；（5）是否得到相关科学界的广泛认可。

用外行人的话来说，这意味着审判中提交的任何科学证据都必须经过相关科学界的审查和测试。对于计算机取证调查人员而言，这意味着调查中使用的任何工具、技术或过程应该是计算机取证界广泛接受的。你不能简单地制造新的测试或程序。

16.8　认证与否

认证在 IT 中是一个普遍有争议的话题，特别是在安全领域。有些人会告诉你，认证完全没有用，而其他人会告诉你，认证是最重要的事情。我认为争议源于对认证的误解，才导致了这些极端的观点。首先要理解，认证本身并不能使你成为专家。认证表明按照某些标准你已经具备了至少最低水平的能力。理解了这一点，你就可以接受，认证在确定某人是否已具备最低技能水平方面有用，但无法确定该人员是否成为专家。在取证方面，很有可能你的调查会导致一些法庭诉讼。可能是民事诉讼，甚至是刑事诉讼。我亲自参与了多起案件，这些案件起初只是一次简单的内部事件调查，但最终成为民事诉讼甚至是刑事审判。考虑到这一点，获得一两个证书将有助于向法庭证明你实际上知道如何取证。下面列出了计算机取证领域的几个主要认证：

- 计算机黑客攻击取证调查员（Computer Hacking Forensic Investigator，CHFI）：来自 EC 委员会的认证，它测试通用的网络取证知识，不是针对特定工具。有关此认证的更多信息，请访问 https://www.eccouncil.org/programs/computer-hacking-forensicinvestigator-chfi/。
- 认证的计算机取证检查员（Certified Forensic Computer Examiner，CFCE）：此认证来自国际计算机调查专家协会（International Association of Computer Investigative Specialists，IACIS）。它也是通用知识测试，而不是特定的工具测试。有关详细信息，请访问 https://www.iacis.com/2016/02/23/cfce/。
- SANS 认证：美国系统网络安全协会（SANS）研究所拥有多项取证认证，包括 GIAC 认证的取证分析师（GIAC Certified Forensic Analyst，GCFA）、GIAC 认证的取证审查员（GIAC Certified Forensic Examiner，GCFE）等。SANS 协会的认证在业界备受推崇，但它们也是所有 IT 中最昂贵的课程和认证。查看 https://www.giac.org/certifications/digital-forensics，该网址提供了各种取证认证概述。
- 工具认证：上述认证都是通用的取证知识。如果你打算使用特定的工具，那么值得为该工具获得认证。所有的主要工具产品（OSForensics、FTK、EnCase、Cellebrite 等）都有关于其工具的认证。

16.9　本章小结

本章涵盖了计算机取证的基础知识。对于计算机取证来说最重要的事情，第一是制作取证拷贝，第二是记录所有过程。对于紧急事件记录再详细都不为过。本章还介绍了如何检索浏览器信息、恢复已删除的文件，以及对取证来说很有用的命令。最后，介绍了 Windows 注册表的取证价值。

16.10　自测题

16.10.1　多项选择题

1. 在计算机取证调查中，哪些选项描述了从找到证据到案件结案或诉诸法庭的证据所经过的过程？
   - A. 证据规则
   - B. 概率定律
   - C. 物证监管链
   - D. 分离策略
2. Linux 电子邮件服务器的日志存储在哪里？
   - A. /var/log/mail.*
   - B. /etc/log/mail.*
   - C. /mail/log/mail.*
   - D. /server/log/mail.*

3. 为什么要记下计算机的所有电缆连接作为证据？
    A. 为了知道存在什么外部连接
    B. 以防有其他设备连接
    C. 为了知道存在哪些外围设备
    D. 为了知道存在什么硬件
4. index.dat 文件包含什么内容？
    A. Internet Explorer 信息
    B. Windows 机器上一般的 Internet 历史、文件浏览历史等
    C. Firefox 的所有 Web 历史
    D. Linux 机器上一般的 Internet 历史、文件浏览历史等
5. 下面哪一个是标准的 Linux 命令，同时也是 Windows 的应用程序，可用于创建比特流映像并制作取证拷贝？
    A. mcopy
    B. image
    C. MD5
    D. dd
6. 在登记数字证据时，主要目的是做什么？
    A. 制作所有硬盘的比特流映像
    B. 保持证据的完整性
    C. 不从现场删除证据
    D. 不允许关闭计算机
7. 命令 openfiles 显示什么？
    A. 任何打开的文件
    B. 任何打开的共享文件
    C. 任何打开的系统文件
    D. 任何使用 ADS 打开的文件
8. "感兴趣的数据"是什么？
    A. 与调查相关的数据
    B. 色情图片
    C. 文档、电子表格和数据库
    D. 原理图或其他经济相关的信息
9. 以下哪项对于日志调查来说很重要的？
    A. 记录方法
    B. 日志保留
    C. 存储日志的位置
    D. 所有上述各项

16.10.2 练习题

练习 16.1 DiskDigger

下载 DiskDigger（https://diskdigger.org/download），搜索你计算机上已删除的文件，尝试恢复你选定的一个文件。

练习 16.2 制作一个取证拷贝

此练习需要两台计算机。你还必须下载 Kali Linux（以前的 Backtrack）或 Knoppix（两者都是免费的），然后通过将计算机 A 的数据发送到计算机 B 来制作 A 的取证拷贝。

16.10.3 项目题

项目 16.1

从 https://www.osforensics.com/download.html 下载 OSForensics 的试用版。检查你自己的计算机，执行以下操作：
1. 从左侧菜单中选择"Recent Activity"。
2. 选择"Live Acquisition of Current Machine"。不要选择任何配置或过滤器。
3. 单击"Scan"按钮。
4. 请注意，这些结果主要来自 Windows 注册表。首先，查看你从 Windows 注册表课程中记住的注册表项。
5. 查看找到的项目。你应该能看到最近的浏览器历史、USB、已安装的卷等。花几分钟时间熟悉输出结果。

6. 现在重复搜索过程，但首先使用"Config"按钮，设置仅搜索 USB 设备和已安装的卷。当搜索完成后，查看找到的结果。

7. 现在重复搜索过程，但首先使用"Config"按钮，设置仅搜索浏览器数据。完成搜索后，再次查看找到的结果。

项目 16.2

使用 OSForensics 试用版检查你自己的计算机，执行以下操作：

1. 从左侧菜单中选择"Deleted Files Search"，不要使用任何过滤器。

2. 当删除文件列表完成后，选择两个或三个带绿色图标的文件，尝试将它们恢复到桌面。你可以通过右键单击相关文件并选择"Save Deleted File"完成该任务。

3. 选择几个文件，然后右键单击并选择"Add to Case"。

4. 现在，重复删除文件的恢复过程，但这次使用"Config"按钮，设置仅包含状态很好（excellent）并且小于 5000 KB 的文件。

5. 选择几个文件，然后右键单击并选择"Add to Case"。

本章目标

在阅读完本章并完成练习之后,你将能够完成如下任务:

- 防范基于计算机的间谍活动。
- 对基于计算机的恐怖主义采取防范措施。
- 为你的网络选择适当的防范策略。
- 对信息战采取防范措施。

17.1 引言

到目前为止,我们已经介绍了针对计算机网络的各种各样的威胁,但这些威胁主要是由个体犯罪者实施的,包括通过电子邮件和 Internet 随机传播的病毒感染。由于计算机系统和网络是各类组织机构不可或缺的一部分,因此它们就自然而然地成为间谍和恐怖主义的主要攻击目标。这种通过使用计算机系统获取机密信息的基于计算机的间谍活动,可以针对所有类型的机构,包括企业、政府和政治组织。由于大多数敏感数据都存储在计算机系统中,因此不难推断,绝大多数非法获取数据的行为都属于通过计算机网络的远程攻击。

基于计算机的恐怖主义行为(或赛博恐怖主义[⊖])也在与日俱增。世界各地的人们虽然都已意识到炸弹、劫持事件、释放生物制剂或其他类型恐怖袭击的威胁,但遗憾的是很多人现在才开始考虑赛博恐怖主义的可能性。赛博恐怖主义是利用计算机和它们之间的 Internet连接发起的恐怖攻击。

你可能想知道这些与企业网络安全有什么关系。首先,请允许我指出,这本书是关于网络安全的,不仅仅包括公司网络。作为读者,你可能负责政府网络,甚至是美国国防部网络的安全。其次,网络战 / 恐怖主义袭击已开始针对民用网络实施。这部分内容我们将在本章后面探讨。但这表明,即使你是企业网络安全的专业人员,也需要重视网络战和恐怖主义。

⊖ Cyber terrorism 在国内有时也翻译成网络恐怖主义。——译者注

17.2 防范基于计算机的间谍活动

间谍活动不一定是对某个外国政府的文件实施深夜袭击。尽管这一扣人心弦的场景在电影中经常出现，然而，间谍活动只不过是试图获取无合法访问权限的信息的任何尝试行为。无论是依照法律还是公司政策，从事间谍活动的人都不应该访问这些信息，而他们却试图这样去做。一般来说，间谍希望在无人察觉的情况下获取非授权的信息，因此间谍活动通常不是在小说或电影中展示的典型戏剧场景下进行的。

各种动机都可能导致某个人或组织从事间谍活动。大多数人认为政治或军事动机是从事间谍活动的动机。然而，经济动机也可能导致某个人从事间谍活动。众所周知，一些企业会从名声不怎么好的源头购买信息。这些信息很可能是来自竞争对手的敏感数据。

考虑到大多数商业数据、科学研究数据甚至军事数据都存储在计算机系统中，并通过电信线路传输，因此，任何热衷于非法检索这些数据的个人或团体都可能尝试破坏系统的安全防范措施，而不是尝试物理渗透到目标组织的办法来获取数据。这意味着我们讨论过的那些黑客战术也可用于非法收集目标信息。当然，间谍软件也可以在计算机间谍活动中发挥作用。在目标计算机上运行间谍软件就可以使入侵者直接从产生数据的机器上访问敏感数据。

即使某个人已经在物理上处于机构内部，如果他希望窃取信息，那么也可以利用计算机技术来完成这一过程。机构内部员工往往是敏感或机密数据泄露的源头。这有多种原因，包括：

- ❑ **为了金钱**：对数据感兴趣的某个其他团体会付费给数据泄露者。
- ❑ **出于怨恨**：数据泄露者认为他在某种程度上受到不公平待遇，并希望对此报复。
- ❑ **意识形态原因**：数据泄露者在意识形态上与机构采取的某些行动路线相背离，他选择泄露一定的信息，目的是破坏机构的活动。

无论出于什么动机，你必须意识到机构中的人员完全有可能向外方泄露数据。在技术上很容易做到。一个人带出文件箱可能会引起怀疑，但 USB 闪存盘或 CD 光盘可放入口袋或公文包中。支持摄像功能的手机可用于拍摄图表、屏幕等，并将其发送给其他人。一些公司禁止使用带相机功能的手机，并从工作站中移除便携式介质（USB、光驱等）。这些措施可能比大多数机构要求的更极端。即便如此，也必须采取措施以减少机构成员泄露数据的危险。以下列出了可以采取的 11 个措施，你必须基于对机构安全需求的完整评估，决定采取哪些措施。

1）始终采取所有合理的网络安全措施：防火墙、入侵检测软件、反间谍软件、打补丁并更新操作系统，以及正确的使用策略。

2）授予公司员工只能访问其工作所必需的数据的权限。采用"需要才能知道"的方法。讨论或交换意见是允许的，但必须非常谨慎地处理敏感数据。

3）如果可能的话，为那些访问最敏感数据的员工建立一个系统，在这个系统中要有职责的轮换和分离。这样就没有任何一个员工能够同时访问和控制所有关键数据。

4）限制机构内便携式存储介质（如 CD 刻录机和闪存驱动器）的数量，并控制对这些介质的访问。记录此类介质每次使用和存储的内容。一些机构甚至禁止使用手机，因为许多手机支持用户拍照并以电子方式发送图片。

5）不允许员工将文件 / 介质带回家。将材料带回家可能表示一个非常敬业的员工在个人时间内仍然继续工作，但也可能表明公司的间谍在复制重要的文件和信息。显然，这不适用于所有情况或所有文档类型。

6）粉碎文档并销毁旧磁盘 / 磁带备份 / 光盘。狡猾的间谍常常可以在垃圾中找到大量信息。

7）对员工进行背景检查。你必须信任你的员工，而你只能通过彻底的背景检查来做到这一点。不要依赖“直觉”，特别要注意 IT 人员，他们的工作性质会使其更容易接触到各种各样的数据。这种调查对于数据库管理员、网络管理员和网络安全专业人员等职位尤为重要。

8）当任何员工离开公司时，要仔细扫描他的个人计算机。查找保存在他计算机上的不合适数据的痕迹。无论你有何种理由怀疑电脑有何种不当使用，请将机器封存起来以作为后续进行任何法律诉讼的证据。

9）将所有磁带备份、敏感文档和其他介质置于钥匙和锁的保护下，并限制对其访问。

10）若使用便携式计算机，则对硬盘进行加密。加密可以防止窃贼从被盗的笔记本电脑中提取可用数据。市面上的许多产品都实现了这种加密功能，包括：

- VeraCypt（https://veracrypt.codeplex.com/）：这是以前的 TrueCrypt，它是一个开源产品，可用于 Macintosh、Windows 或 Linux 操作系统，且很容易使用。它提供了 256 位的 AES 加密功能。

- BitLocker (https://docs.microsoft.com/en-us/windows/device-security/bitlocker/bitlocker-overview)：在 Windows 7 产品的高端版本中增加了 BitLocker 的驱动器加密功能。

- Check Point 软件（https://www.checkpoint.com/products/full-disk-encryption/）：Check Point 生产的商用驱动器加密产品非常易于使用。

11）让所有能访问各类敏感信息的员工签署保密协议。作为老板，这样的协议为你提供了对前员工泄露敏感信息的追索权。令人惊讶的是，很多雇主不愿意接受这种相当简单的保护措施。

遗憾的是，采取这些简单的规则仍不能让你完全幸免于公司的间谍活动。然而，运用这些策略却会使任何犯罪者的任何窃取企图都变得更加困难，从而提升机构的数据安全。

内部人员的威胁有多严重呢？考虑最近涉及美国国家安全局（National Security Agency，NSA）的内部人员案件。我选择 NSA 作为案例，是因为他们对员工都进行过严格审查。NSA 的所有员工在获得安全许可前，都要进行广泛的背景检查。此外，NSA 还拥有强大的技术安全措施。如果 NSA 容易受到内部威胁的话，那么任何机构都不会幸免。

谈到 NSA 的内部威胁，爱德华·斯诺登（Edward Snowden）立即浮现在我们的脑海中。在本章中，我们先不讨论斯诺登的行为涉及的伦理、政治和道德问题，因为这是一本关于网络安全的书。从纯粹的网络安全角度来看，爱德华·斯诺登披露机密文件是一个巨大的安全漏洞。他能够泄露大量文件，然后与第三方分享。

这并不是唯一的，也并非最严重的违反 NSA 安全的行为。2016 年，联邦调查局（FBI）逮捕了哈罗德·托马斯·马丁三世（Harold Thomas Martin III），声称他从国家安全局窃取了 50TB 的数据，以及至少 5 亿页的文档资料。如此多的数据被泄露确实是一个严重的问题。

这两个故事应该能够说明一个事实，即内部威胁是十分严重的。如上述案件所示，它们可能产生国家层面的安全后果，或者可能仅仅危害你的网络和数据。

17.3 防范基于计算机的恐怖主义

当讨论基于计算机的恐怖主义或赛博恐怖主义时，第一个问题可能是："什么是恐怖主义？"据联邦调查局的说法，"赛博恐怖主义是一些非政府组织或者秘密组织对信息、计算机系统、计算机程序和数据进行的有预谋的、具有政治动机的攻击，这些攻击会对非战斗性目标产生严重侵害。"简言之，赛博恐怖主义像其他形式的恐怖主义一样，只是攻击手段发生了变化。显然，网络攻击导致的生命损失可能远低于轰炸，事实上很可能根本就不会导致生命损失。但通过 Internet 很可能会造成重大经济损失、通信中断、供给线中断以及国家基础设施的普遍降级。

基于计算机或 Internet 的恐怖袭击可能会以多种方式对一个国家造成严重危害，包括：

❑ 直接经济损失
❑ 经济崩溃
❑ 危害敏感 / 军事数据
❑ 扰乱大众传播

17.3.1 经济攻击

网络攻击可通过多种方式造成经济损失。丢失文件和丢失记录是一种方式。除了窃取数据之外，还可能是单纯地破坏数据。在这种情况下，由于数据没有了，所以用于收集和分析数据的资源也被浪费了。打个比方，就如同一个怀有恶意的人选择简单地破坏你的汽车而不是偷走它。无论哪一种情况，你都会失去这辆汽车，并且不得不在交通上花费额外的资源。

除了简单地破坏有价值的经济数据（请记住，很少有无内在价值的数据）外，还有其他方法会产生经济破坏。这些方法包括窃取信用卡、从账户转账以及欺诈。但是，无论何时，IT 人员忙于清理病毒而非开发应用程序或管理网络和数据库，都会造成经济损失，这是事实。公司现在需要购买防病毒软件、入侵检测软件，以及雇佣计算机安全专业人员，这一事实意味着计算机犯罪已经对全球的公司和政府造成经济破坏。然而，随机病毒爆发、单独的黑客攻击和在线欺诈造成的一般性损害并不是本章着重介绍的经济破坏类型。本章重点关注针对特定目标的协同和蓄意攻击，其唯一目的是导致直接的破坏。

要深刻理解此类攻击的影响，一种很好的方法就是通过一个具体场景。X 组织（可能是一个侵略性的国家、恐怖组织、激进组织或任何一个有破坏某个国家动机的团体）决定对美国进行协同攻击。他们找到了一小帮人（在本例中为 6 个人），这些人精通计算机安全、网络和编程。这一小帮人要么是出于意识形态要么是出于金钱需求的动机，被组织起来以发起协同攻击。有很多可能的情况，他们会发起攻击并造成重大经济损失。下面列出的例子只是其中一种可能的攻击方式。在这种情况下，每个人都有任务，并且所有任务都安排在同一特定日期实施。

- 团队成员 1 建立了几个虚假的电子商务网站。每一个网站只需连续运行 72 个小时，并且伪装成一个大型证券公司的网站。在网站运行的这段时间内，其真正目的只是收集信用卡号码 / 银行账号等。在预定的日期，所有这些信用卡和银行号码将会被自动地、匿名地同时发布到各种公告板 / 网站和新闻组，使其可以被任何没有道德并且想使用这些东西的人使用。
- 团队成员 2 创建一种病毒。该病毒包含于一个特洛伊木马中，其功能是在预定的日期删除关键的系统文件。同时，它显示一系列业务提示或鼓动性标语，使之成为商界人士的热门下载。
- 团队成员 3 创建另一种病毒，这种病毒用来对关键的经济网站，如证券交易所或经纪公司网站，进行分布式拒绝服务（DDoS）攻击。这种病毒被无害地传播，并被设置为在预定日期开始 DDoS 攻击。
- 团队成员 4 和团队成员 5 开始对主要银行系统进行侦察，准备在预定日期破解它们。
- 团队成员 6 准备了一系列虚假的股票信息，以便在预定日期充斥 Internet。

如果每个人都能成功完成其任务，那么在预定的日期，几个大型证券公司，也许包括政府经济网站都会瘫痪，病毒在网络上泛滥，成千上万的商人、经济学家和股票经纪人的机器上的文件会被删除。成千上万的信用卡和银行号码在 Internet 上被发布，肯定许多账号会被滥用。团队成员 4 和团队成员 5 很可能会取得一些成功，这意味着一个或多个银行系统可能会受到危害。这不会让经济学家意识到已经轻易地付出了数亿美元，甚至数十亿美元的代价。与大多数曾经发生过的传统恐怖主义袭击（如爆炸事件）相比，这种性质的协同攻击会很轻松地对美国造成更大的经济损失。

你可以对这样的场景做进一步推测，并设想不仅仅是一个 6 人小组进行赛博恐怖活动，而是有 5 个 6 人小组，并且每个小组都有不同的任务，每个任务大约安排间隔两个星期的时间执行。在这种情况下，国家的经济将被围困两个半月之久。

考虑到在过去的几十年里，核科学家被各个国家和恐怖组织所追捧，因此这种情况并非特别牵强。生化武器专家也同样被这些组织所追捧。这些组织很可能已看到此种形式恐怖主义的可能性，并寻找计算机安全 / 黑客专家。假设有成千上万的人具备必要的技能，那么有动机的组织找几十个愿意从事这些行动的人是很有可能的。

17.3.2　威胁国防

经济攻击似乎是最有可能的攻击形式，因为（对于具有适当技术能力的人而言）这个过程相对容易，并且攻击者的风险较低。然而，通过计算机对国防进行更直接的攻击肯定也是可能的。当计算机安全和国防被一起提及时，首先映入大脑的想法是一些黑客攻入国防部、中央情报局（CIA）或国家安全局（NSA）的高安全系统的可能性。然而，入侵世界上最安全系统的可能性不大，但绝非完全不可能。这种攻击最有可能的结果是攻击者被迅速抓获。这样的系统是超安全的，侵入这些系统并不像某些电影演绎的那样容易。谈到"超级安全"，回想一下我们在第 12 章中给出的数字化安全评级，并考虑评级为 9 或 10 的系统。这意味着这些系统具有入侵检测、多重防火墙、反间谍软件、蜜罐、加固的操作系统和专职的 IT 人员等。然而，在许多情况下，攻入不太安全的系统可能会危及我们的国防或使军事计划处于危险之中。这里列举了两种这样的场景。

　　暂时考虑不太敏感的军事系统，例如负责基本后勤军事行动的系统（如食物、邮件、燃料）。如果有人破解了一个或多个这样的系统，他就可能会获得这样的信息，如几架 C-141（常用于部队运输和降伞行动的飞机）被送往某个基地，这个基地与某个城市的距离在飞机的有效作战范围之内，而这个城市正是政治局势紧张的焦点。同一个黑客（或黑客小组）还发现，足以供 5000 名士兵使用两周的大量军火弹药和食物供应同时被送往该基地。而在另一个低安全系统上，黑客（或黑客小组）注意到特定部队如第 82 空降师的两个旅已经取消了所有休假。即使不是军事专家也能推断出，这两个旅正准备投送至那个目标城市并确保目标安全。因此，行动正在部署的事实、部署的规模以及部署的大概时间都能够推断出来，得出这一结论并不需要突破高安全等级的系统。

　　将上一个场景再引申一下，假设黑客深入到低安全性的后勤系统中。然后假设他没有修改两个旅的人员行程或飞行路线——这样的行为可能会引起注意。然而，他却修改了物资的装运记录，以至于物资延迟两天并且运送到错误的基地。因此，这两个旅将会受到潜在的伤害，途中不会再得到弹药或食物补给。当然，这种情况可以得到纠正，但陷入困境的部队可能会在一段时间得不到补给。也许时间足够长，以至于会阻止部队顺利完成任务。

　　这只是两个通过攻击低安全性 / 低优先级系统导致严重军事问题的例子。这进一步说明了所有系统都需要高安全性。鉴于商业以及军用计算机系统的许多部件之间是互通的，因此显然没有真正"低优先级"的安全系统。

供参考：为什么在本书中包含这样的场景？

　　有些人可能会说，在本书中加入这样的场景可能会给恐怖分子提供一个他以前没有过的思路。然而，经验已经表明，犯罪分子和恐怖分子在非法活动中往往具有很强的创造性。犯罪分子当中没人想到过这样的场景似乎不太可能。在本书或其他任何内容中包含的这些内容，可确保"好孩子"也能想到这些可能的危险。它还有助于激发读者一定程度的有益偏执。以作者的观点来看，一个一点偏执都不具备的网络管理员是选错了工作。

17.3.3　一般性攻击

　　前面列出的场景涉及特定策略和特定目标。然而，一旦某个特定目标受到攻击，防范措施就能准备就绪。有许多安全专业人员不断工作，以挫败这些特定的攻击。更具威胁性的可能是那些没有特定目标的一般性和无重点的攻击。考虑 2003 年年底和 2004 年年初的各种病毒攻击，这些攻击可能已经过时，但它们却具有参考价值。除了明显针对圣克鲁斯组织（Santa Cruz Organization）的 MyDoom 病毒外，这些攻击并非针对特定目标。然而，大量的病毒攻击和网络流量确实造成了重大的经济损失。全球的 IT 人员放弃了他们正常的工作，以清理受感染的系统并加强系统的防御。

　　这导致了另一种可能的情况，即各种赛博恐怖分子不断释放新的和多变的病毒，实施拒绝服务攻击，并企图使整个 Internet 特别是电子商务在一段时间内几乎无法使用。这种情况实际上更难以应对，因为没有具体的防卫目标，也没有明确的意识形态动机来作为识别肇事者身份的线索。

当然，尚未发生过此种情形的严重事件。然而，一些规模较小的、破坏力较低的事件使人担忧赛博恐怖主义已成为一个日益严重的威胁。我们先从一些非常古老的攻击开始，进而介绍较现代的攻击事件。

- 1996 年，一个声称跟白人至上主义（White Supremacist）运动有关的计算机黑客临时禁用了马萨诸塞州的 ISP，并且破坏了 ISP 的部分记录保存系统。该 ISP 试图阻止这个黑客以 ISP 的名义向全世界散布种族主义信息，那个黑客就威胁说，"你还没有看到真正的电子恐怖主义，这是一个诺言。"

- 1998 年，泰米尔人游击队在两周的时间里，每天向斯里兰卡的大使馆发送 800 封电子邮件。这些信息写道："我们是 Internet 黑虎组织（Internet Black Tigers），我们这样做是为了扰乱你们的通信。"情报部门认为这是已知的第一次恐怖分子对一个国家的计算机系统发动袭击。

- 在 1999 年的科索沃冲突期间，北约（NATO）的计算机遭到黑客行为主义者发起的电子邮件炸弹破坏和拒绝服务攻击，其目的就是抗议北约的轰炸。此外，据报道，企业、公共组织和学术机构也收到了来自东欧一些国家的高度政治化的带有病毒的电子邮件。网络篡改也很常见。

- 2000 年，澳大利亚一位心怀不满的前顾问侵入了一个废水管理控制系统，并在附近的城镇释放了数百万加仑[⊖]的污水。

- 2001 年，两名黑客破解了银行和信用卡公司用来保护客户账户的个人身份号码的银行系统。更令人担忧的是，美国财政部使用同样的系统，通过 Internet 向公众出售债券和国库券。

- 即使偶尔阅读报纸或看看新闻的大多数读者都知道印度和巴基斯坦在控制喀什米尔省问题上的冲突，但很少有人意识到黑客也卷入了这场冲突。据《 Hindustan Times News 》报道，2003 年 4 月巴基斯坦黑客破坏了 270 个印度网站。自称为"印度蛇"的印度黑客传播雅哈蠕虫（Yaha worm）作为"网络报复"。这个蠕虫针对巴基斯坦的一些信息源实施分布式拒绝服务攻击（DDoS），这些信息源包括 ISP、卡拉奇证券交易所网站和政府网站。

- 同样在 2003 年，一个自称阿拉伯电子圣战组织（Arabian Electronic Jihad Team，AEJT）的组织宣称它的目标是摧毁所有以色列和美国的网站以及其他任何"不正当"的网站。

- 2009 年 12 月，一个比所有这些更令人不安的事件发生了。黑客侵入计算机系统，窃取了美国和韩国的秘密防御计划。当局推测朝鲜应对这起事件负责。被盗的信息包括韩国和美国军队在与朝鲜作战时的军事行动计划纲要。

- 2013 年，《纽约时报》报道了多起针对美国金融机构的网络攻击。

- 据网络情报公司 ISight Partners 称，2014 年，来自俄罗斯的黑客正在监视北约和欧盟使用的计算机。间谍活动是通过利用 Windows 中的漏洞完成的。据报道，黑客还

⊖ 1 加仑=3.785 412 升。——编辑注

一直在针对乌克兰境内的网站从事间谍活动。

❏ 也许最令人不安的是 2015 年美国人事管理办公室的破产。据估计，超过 2100 万条记录被盗，其中包括对持有安全许可人员的详细背景检查。

❏ 2016 年，英国开始使用网络战来对抗 ISIS/Daesh。

❏ 2016 年，伊朗开始寻求定制的恶意软件和其他网络战能力。

《 *Defense News* 》2014 年的一篇文章称，"在回应首届国防新闻领导人民意调查中，几乎一半的美国国家安全领导人认为，网络战是美国面临的最为严重的威胁。"除了之前列出的事件，还有恶意软件武器化的问题：

❏ BlackEnergy 是一款恶意软件，这种软件理论上可以操纵水力和电力系统，包括导致停电和供水中断。

❏ FinFisher（间谍软件）是为执法机构开发的、具有有效保证的软件。但它被维基解密发布，现在可供所有希望使用它的人广泛使用。

显然，赛博恐怖主义是一个日益严重的问题。在本书作者看来（以及许多其他安全专家的观点），我们之所以没有看到更具破坏性和更频繁的攻击的唯一原因是，许多恐怖组织不具备所需的计算机技能。因此，这些组织要么获得这些技能，要么招募拥有这些技能的人，这只是一个时间问题。

17.4 选择防范策略

至此，你已经认识了赛博恐怖主义和基于计算机的间谍活动的危险。现在的问题是，怎样才能做好充分的防范准备？对于企业和独立机构，可采取以下措施：

❏ 确保与你所在机构实际相符合的安全级别。要意识到，无法保护你的网络安全不仅是对本机构的威胁，也可能是对国家安全的威胁。

❏ 确保对所有网络管理员和安全人员进行充分的背景检查。你不希望雇佣可能参与赛博恐怖主义或间谍活动的人。

❏ 如果发生计算机攻击或者有人试图攻击，请向有关执法机构报告。这可能不会导致肇事者被捕，甚至你所在机构可能认为该事件不值得起诉。但是，如果执法机构不知道这些事件，他们就不能对这些事件进行调查和起诉。

在国家层面上为防范这类攻击可以做些什么呢？

❏ **加大对计算机犯罪的执法力度**：计算机犯罪往往不像其他犯罪那样受关注，因此，可能不会得到彻底的调查。

❏ **更好的执法培训**：简单地说，大多数执法机构都有能力追踪盗贼、杀人犯，甚至骗子，却不能追踪黑客和病毒编写者。

❏ **行业参与**：行业的高度参与是至关重要的，比如微软为获取病毒编写者的信息提供现金奖励。

❏ **联邦政府参与**：同样重要的是联邦调查局、国防部和其他机构更多地参与防范基于计算机的犯罪和恐怖主义。应制定协调一致的计划响应。

在攻击面前没有任何东西能够做到彻底安全。但是，采取这些步骤可以降低危险。

对于公司而言，更直接的利益是保护其免受工业间谍活动的侵害。正如前面提出的，这是一个真实的威胁，必须加以防范。如果间谍活动是黑客突破你的系统来偷窃信息，那么我们在本书中讨论的各种安全技术就是合适的防范措施。然而，对有权访问敏感数据的员工决定参与此类间谍活动，你可以做些什么来阻止呢？请记住，这种情况发生的原因有很多，也许这位员工因为被推迟晋升而感到愤怒，也许他觉得这家公司做了一些不道德的事情并且想要破坏公司，或者只是为了获取金钱和利益。

不管原因是什么，防止授权用户泄露数据要困难得多。请记住之前我们曾提到的 7 个措施（移除 USB，禁止使用可拍照手机等），这些措施也都是有帮助的。同样回忆一下在第 11 章中讨论的最小权限策略。即使一个人需要访问敏感数据，他也只能访问对其工作来说绝对必要的数据。例如，一个东部市场分区的经理当然需要访问该分区的销售数据，但他不需要访问整个国家的销售信息。

17.4.1　防范信息战

我们已经研究了计算机和 Internet 在间谍活动和恐怖主义方面的应用。现在让我们来看看第三种类型的攻击。信息战肯定早于现代计算机的出现，事实上，它可能和传统战争一样古老。从本质上说，信息战是为了追求军事或政治目标而操纵信息的任何企图。信息战的例子包括：试图使用任何过程来收集对手的信息，或者使用宣传来影响冲突的观点，等等。在此之前，我们讨论了计算机在企业间谍活动中的作用。同样的技术也可以应用于军事冲突，其中计算机可以作为间谍工具。虽然在本章中不会再次研究信息收集，但信息收集只是信息战的一部分。宣传是信息战的另一个方面。信息流影响部队士气、公民对冲突的看法、冲突的政治支持以及周边国家和国际组织的参与。

17.4.2　宣传

计算机和 Internet 是能够用于宣传传播的十分有效的工具。现在很多人把 Internet 作为第二新闻来源，有些人甚至把它作为其第一新闻来源。这意味着政府、恐怖组织、政党或者任何激进组织都能够将 Internet 网站作为在任何冲突中宣传其政治主张的前沿阵地。这样的网站不需要与传播其观点的政治组织直接关联，事实上，如果不直接关联的话效果会更好。

例如，爱尔兰共和军（Irish Republican Army，IRA）一直以两个不同的独立部门运作：一个采取准军事 / 恐怖主义行动，另一个采取纯政治行动。这使得被称为新芬党（Sinn Fein）的政治 / 信息部门能够独立于任何军事或恐怖活动而运行。事实上，新芬党现在有自己的网站，他们以自己的视角传播新闻（www.sinnfein.org）。然而，在这种情况下，任何阅读这些信息的人都清楚地知道它倾向于资助网站一方的观点。当一个互联网新闻来源有利于政治团体的立场而且没有任何实际联系时，对相关的政党来说宣传效果会更好。这使得该组织更容易传播其信息，而不会被指责有任何明显的偏见。这样，政治团体（无论是国家、反叛组织还是恐怖组织）可以向这个新闻机构"泄露"新闻。

17.4.3　信息控制

自第二次世界大战以来，对信息的控制已经成为军事和政治冲突的重要部分。下面仅仅是几个例子。

- ❏ 整个冷战时期，西方民主国家花费时间和金钱向共产主义国家进行无线电广播。这个著名的行动称为自由欧洲电台（Radio Face Europe），其目标是在这些国家的国民中制造影响，期望达到鼓励背叛、异议和滋生不满情绪的目的。绝大多数历史学家和政治分析家都认为它取得了成功。

- ❏ 越南战争是第一次在国内遭到强烈反对的现代战争。许多分析人士认为，反对意见产生的原因主要在于通过电视传送到家庭中的图像产生的效果。

- ❏ 今天，每个国家的政府和军队都知道他们用来描述行为的措辞如何影响公众的看法。他们不会说无辜平民在一次爆炸袭击事件中丧生，相反，他们声明有"一定的间接损失"。政府不会说自己是侵略者或者开始了一场冲突，而是说成"先发制人的行动"。任何国家的持不同政见者几乎都被认定为叛国者或懦夫。

公众认知是任何冲突的重要组成部分。每个国家都希望自己的公民完全支持政府的所作所为，并保持高昂的士气。高昂的士气和强大的支持会产生自愿服兵役、公众支持为冲突提供资金，以及国家领导人政治上的成功。与此同时，你也希望敌人士气低落，不仅怀疑他们在冲突中成功的能力，而且还怀疑与冲突相关的道德立场。你希望公众怀疑他们的领导能力并且尽可能地反对这场冲突。Internet 提供了一种影响公众立场的十分廉价的工具。

网页仅仅是散布信息的一个方面。让人们在各种讨论组中发帖子也是非常有效的手段。一个全职的宣传特工能够轻易地管理 25 个或者更多不同的在线人物，每一个都在不同的公告栏和讨论组中花费一定的时间，支持他的政治实体想要支持的观点。这种方式能够强化某些 Internet 新闻帖子的内容，或者弱化某些帖子的影响。他们也能够散布谣言。谣言可能非常有效，即使这些谣言是虚假的。人们经常回忆起听说过的东西，尽管对听说这件事情的地点以及是否得到数据支持仅仅有模糊的印象。

这样的特工能够假装成看起来是军人的人（只需很少的研究就可以让其看起来可信）并且可以发布"在新闻广播中看不到"的信息，这些信息会以正面或负面的角度歪曲冲突。然后，他能够以其他在线身份进入这个讨论，同意和支持该立场。这将使原来的谣言更可信。有些人怀疑这已经发生在 Usenet 新闻组和雅虎讨论板，以及 Facebook 和 LinkedIn 等社交媒体上。

供参考：赛博信息战正在发生吗？

任何熟悉雅虎新闻板的人都可能注意到一个奇怪的现象。在某些时候，匿名用户会发布大量帖子，所有帖子基本上都在说完全相同的东西，甚至使用完全相同的语法、标点符号和短语，并且都支持某个意识形态的观点。这样的骚乱经常发生在对公众观点的影响非常重要的时刻，例如选举即将来临时。这些帖子是否由任何知名或官方组织协调还有待商榷，但它们是信息战的一个例子。一个人或者一群人试图通过提倡某个主张的大量条目淹没某个特定媒体（互联网讨论组）来推行观点。如果幸运的话，有些人会复制文本并通过电子邮件发送给没有参与新闻组的朋友，从而跨越到另一种媒介在更大范围内传播观点（在某些情况下，这些观点完全没有根据）。

尤其令人感兴趣的是，在 2012 年美国总统大选前夕出现的帖子在 2016 年又再次出现了。随着大选的临近，出现了成千上万的帖子，很多情况下重复着关于某个候选人的弥天大谎。这是不是一种有组织的行为，或者是否为了影响选举，存在争议。然而，看起来确实有越来越多的人开始使用 Internet 作为新闻和讨论的工具，互联网也将成为传播观点的工具。

一些营销公司已经利用 Internet 进行所谓的秘密营销（Stealth Marketing）。例如，如果一个新的视频游戏发布了，营销公司可能会雇佣一些人开始频繁访问相关的聊天室和讨论板，使用多个不同的身份，以赞许的眼光讨论这个新产品。由此可见，该技术已被应用于产品营销领域。如果说它还没有被应用到政治领域的话，那么似乎只是时间问题。

假情报与宣传密切相关，是另一种类型的信息战。它假定敌方在试图收集关于部队的调动、军事实力、供给等信息。谨慎的措施应该是建立一个系统，这个系统提供不正确的信息，并且安全性正好达到可以让人相信可又没有达到不可攻破的程度。例如，一个用户可以发送一个加密编码的消息，这个消息被截获和解密之后看似说了某件事情，而实际上它对能够补全这个编码的收件人则是一条不同的信息。有专门完成这种任务的加密机制。实际的消息被"噪声""填充"，这个噪声是一个弱加密的虚假消息，而实际消息是强加密的。这样，如果这个消息被解密，则很可能是虚假消息被解密，而不是真正的消息被解密。海军将领 Gray 最好地诠释了这一点，他说："没有情报的通信是噪声，没有通信的情报则无用。"

17.4.4　实际案例

除了已经列出的一些案例外，在过去几年中还发生了其他可信的威胁或实际的网络攻击事件。例如，2000 年 6 月，俄罗斯当局逮捕了一名被控为中央情报局提供支持的黑客男子。该男子涉嫌侵入了俄罗斯国内安全局（Russian Domestic Security Service）的系统，收集了一些秘密，并把这些秘密传给了中央情报局。这个例子说明一个熟练黑客使用其知识进行间谍活动的潜能。这种间谍活动发生的可能性比在媒体中报道的要频繁得多，而且许多此类事件可能永远不会曝光。

试图收集有关网络间谍活动或网络恐怖活动的信息存在一个问题，即很多故事可能永远不会被公开，即使在那些被公开的故事中，也很可能并不是所有的事实都被公开。实际上，如果一个人真的在任何间谍活动中取得成功，那就永远不会公开。

17.4.5　包嗅探器

显然，间谍软件是间谍攻击的重要手段。键盘记录器可以记录用户名和口令，屏幕捕获程序可以创建机密文件的图像，甚至 cookie 也能泄露敏感的信息。但所有这些都要求软件本身安装在目标系统上。包嗅探器则不需要安装到目标系统上就可以搜集信息。包嗅探器是一个应用程序，它可以截获在网络或者 Internet 上传输的数据包并复制它们的内容。一些包嗅探器简单地给出原始十六进制格式的内容。另一些则更高级。下面将介绍几个应用广泛的包嗅探器。

1. CommView

CommView 可以从 www.tamos.com/download/main 上购买，同时提供一个免费的试用版，你可以在相同的 URL 处下载。除了基本的包嗅探功能外，它还给出与所捕获数据包相关的统计信息。这个产品也有一个用于无线包嗅探的版本，甚至还有一个 64 位的版本。该产品最初是为安全专业人员开发的。它的厂商 TamoSoft 为很多大公司（如 Cisco 公司和 Lucent 公司）生产安全产品。当研究其他包嗅探器的时候，你就会发现其中的一些包嗅探器最初是作为黑客工具来设计的。回忆一下在第 11 章中我们如何使用黑客工具分析网络的安全漏洞。

当第一次启动这个产品时，会看到如图 17-1 所示的界面。从工具栏或者下拉菜单中，可以选择一些选项，包括：

❑ Start Capture（开始抓包）

❑ Stop Capture（停止抓包）

❑ View Statistics（查看统计）

❑ Change Settings/Rules（修改设置 / 规则）

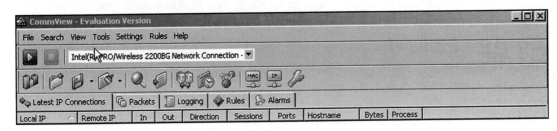

图 17-1　CommView 主界面

如果选择 "View Statistics"，则会看到如图 17-2 所示的屏幕。在这个窗口中，可以选择查看协议类型、源 / 目标 IP 或 MAC 地址、每秒数据包个数等。这种信息对于网络分析比对于数据包拦截更有用。

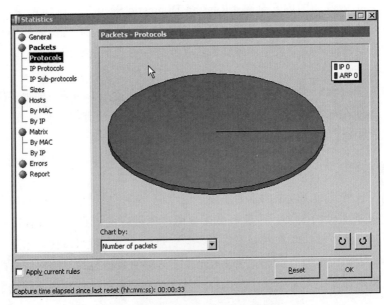

图 17-2　CommView 的统计结果

启动数据包捕获之后，你就可以在主界面上查看数据包，包括原始的十六进制的内容，如图 17-3 所示。一旦获得数据包的十六进制内容，你就可以将这些十六进制的数据转化为实际可读的文本。十六进制的数据是 ASCII 格式，可以转化为 ASCII 码，从而得到包含在数据包中的实际数据。请注意，这个截图是从实际的系统中获取的，因此有些部分被编辑处理过。

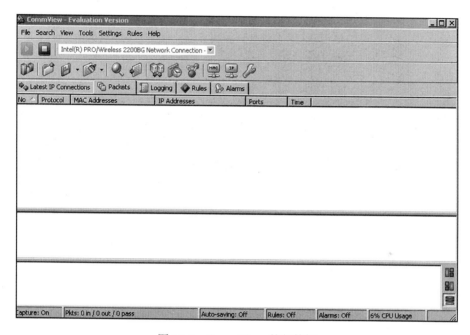

图 17-3 CommView 的包数据

2. EtherDetect

EtherDetect 是一个广为人知且广泛使用的、基于 Windows 的包嗅探器，可以在 www.etherdetect.com 上获得。目前还不清楚 EtherDetect 最初是为安全专业人员还是为黑客开发的。但它的一些功能，比如关注特定数据包的能力，似乎更适用于黑客。而这项功能也使它成为安全专业人员学习的绝佳工具。这个包嗅探器比 CommView 简单得多，但功能不如 CommView 丰富。例如，它不提供类似 CommView 的统计分析和图表，但对于基本的包嗅探功能，它做得很好。在图 17-4 中可以看到 EtherDetect 的输出，包括原始的包信息。

3. Wireshark

Wireshark 是广为人知的数据包嗅探器之一，可以从 www.wireshark.org 免费下载。它适用于 Windows 和 Macintosh。除了免费之外，Wireshark 很受欢迎的原因还有很多。首要原因就是 GUI 的易用性，如图 17-5 所示。

用户可以突出显示任何数据包，然后查找该数据包的细节，查看该数据包关联的 TCP 流，分析整个会话等。除了相对容易使用的界面之外，还有许多过滤器可以用于精确搜索感兴趣的数据。 Wireshark 在其网站 https://www.wireshark.org/docs/wsug_html/ 上提供了用户指南，你也可以在 Internet 上轻松找到许多相关教程。

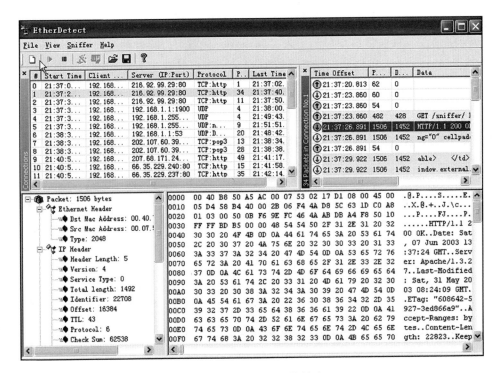

图 17-4　EtherDetect 的输出

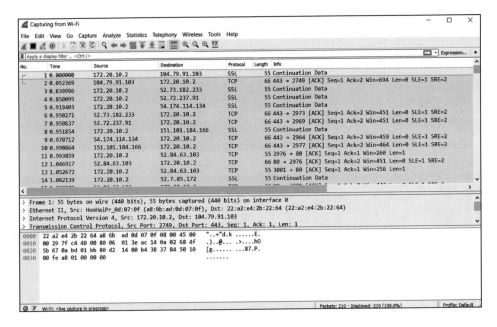

图 17-5　Wireshark

4. 使用包嗅探器需要注意什么

　　黑客或安全专业人员都可以使用包嗅探器。显然，黑客首先希望从数据包中获得数据，如果数据没有加密，那么就可以直接从数据包中读出；其次，他可能希望找出有关网络的信息，比如服务器、路由器和工作站的 IP 地址。如果他想执行拒绝服务攻击、IP 欺骗或许多其他形式的攻击，那么这些信息都很有用。

对于安全专业人员来说，有很多事情都可以使用包嗅探器实现：

❑ 检查数据包是否已加密。
❑ 检查加密的强度是否足够。
❑ 为网络上的正常活动建立基线。
❑ 当流量超过正常活动水平时监视流量。
❑ 查找异常数据包。这些异常数据包可能标志着黑客在尝试进行缓冲区溢出攻击。
❑ 监控可疑的、进行中的拒绝服务攻击尝试。

包嗅探器的具体配置方法对于每种产品来说都是独一无二的。然而，大多数包嗅探器都提供了任何称职的网络管理员都能够遵循的、十分简单的指令。基本上所有的包嗅探器都能显示以下数据：

❑ 数据包的源 IP 地址。
❑ 数据包的目标 IP 地址。
❑ 数据包的协议。
❑ 数据包的内容，通常是十六进制形式。

对于一些读者来说，从十六进制形式中获取信息可能很困难。请记住，使用免费的 Windows 的计算器，可以轻松地将十六进制数转换为十进制数。很多 ASCII 表也提供十六进制和十进制表示。由于大多数情况下在包嗅探器中所查看的数据都是简单的 ASCII 编码，所以了解这些知识很有用。一旦将十六进制转换为对应的 ASCII 码，你就可以将数据存放在一起了。

17.5　本章小结

基于计算机的间谍活动是指利用计算机、网络和通信线路试图非法地获取信息，也存在员工使用移动介质将数据偷偷带出机构以提供给第三方的可能性。无论是哪种活动，都有各种各样的动机，但不管动机如何，你都必须意识到它对系统数据的威胁。请记住，硬件只是用来保存数据的，而最终数据本身才是商品。

已经出现了一些低级的赛博恐怖主义事件。看起来将来还会有更多此类事件发生。显然存在这种威胁的可能性，本章研究了一些可能的情况，以及一些已经发生的实际事件，同时讨论了计算机和 Internet 在信息战中扮演的角色。从一些趣闻轶事的证据来看，这样的行为似乎已经发生了。

17.6　自测题

17.6.1　多项选择题

1. 下列哪一项最好地定义了间谍活动？
　A. 使用间谍获取军事信息
　　　　　　　　　　　　　　　B. 使用任何技术获取军事信息
　C. 通过任何非正当手段获得任何数据
　D. 使用任何技术获取任何有军事或者政治价值的数据

2. 下面哪一项不是为防止基于员工的工业间谍活动而推荐采取的措施？
   A. 拆除所有的 USB 驱动器
   B. 监视所有从服务器向外的拷贝
   C. 让所有的员工签署保密协议
   D. 执行随机的测谎仪测试

3. 下列哪一项最好地定义了赛博恐怖主义？
   A. 针对军事设施的计算机犯罪
   B. 仅出于政治动机而实施的计算机犯罪
   C. 针对任何政府实体的计算机犯罪
   D. 出于政治或意识形态动机实施的计算机犯罪

4. 下列哪一项最好地定义了包嗅探器？
   A. 扫描 Internet 寻找数据包的产品
   B. 查找特定协议数据包的实用工具
   C. 拦截数据包并复制其内容的程序
   D. 提供数据包流量统计分析的程序

5. 在服务器和单个工作站之间过多的网络流量最可能预示着什么？
   A. 工作站上有间谍软件
   B. 大量的文件正在向工作站上复制
   C. 工作站正在发送大量的电子邮件
   D. 服务器工作不正常

6. 赛博恐怖主义行为最可能造成的损害是什么？
   A. 生命损失
   B. 威胁军事策略安全
   C. 经济损失
   D. 破坏通信

7. 下面哪一项是赛博恐怖主义最有可能导致生命损失的方式？
   A. 发射导弹
   B. 导致飞机坠毁
   C. 破坏发电厂或化工厂的安保措施
   D. 通过电脑键盘放电

8. 在没有侵入高安全系统的情况下，下面哪一项不是恐怖主义分子使用黑客技术破坏军事行动的可能方式？
   A. 侵入后勤系统并破坏后勤供应
   B. 监视信息以推断出有关部队和物资调动及位置的情报
   C. 造成（或者阻止）导弹的发射
   D. 从未加密的通信中收集有关部队士气的信息

9. 下列哪种攻击可能是美国国内赛博恐怖主义的一个例子？
   A. Sasser 病毒
   B. Mimail 病毒
   C. Sobig 病毒
   D. MyDoom 病毒

10. 赛博恐怖主义与其他计算机犯罪有什么区别？
    A. 它是有组织的
    B. 它有政治或者意识形态上的动机
    C. 它由专家实施
    D. 它通常更成功

11. 美国尚未成为大规模网络恐怖袭击受害者的最不可能的原因是什么？
    A. 恐怖组织低估了这些攻击的影响
    B. 根本没有具备必需技能的人
    C. 具有足够技能的人很少
    D. 因为这样的攻击是无效的，不会造成很大的损害

12. 什么是信息战？
    A. 仅仅传播虚假情报
    B. 传播虚假情报或者收集情报
    C. 仅仅收集情报
    D. 旨在操控任何政治/军事形势的任何信息的运用

13. 以下哪一项不被视为信息战？
    A. 通过 Internet 散布有关政治对手的谎言
    B. 向敌方区域广播消息，以正面方式传播你的观点
    C. 真实的政治纪录片
    D. 发送虚假信息，以欺骗敌对组织

14. 如果一个组织在信息战中使用 Internet，以下哪一项是最不可能使用的？
    A. 宣传
    B. 传播关于对手的虚假信息
    C. 灌输歪曲的新闻故事
    D. 直接招募新成员

15. 发送带有弱加密的虚假信息，故意使其被截获并且被破解，是下列哪一项的一个示例？
    A. 糟糕的通信
    B. 假情报
    C. 更好加密的需求
    D. 宣传

17.6.2　练习题

练习 17.1　分析事件

1. 利用网络或其他资源，找到本书中没有提到的基于计算机的间谍活动或恐怖主义的例子。

2. 描述攻击是如何发生的，攻击者使用了什么方法？

3. 描述攻击的效果。它们是经济的、政治的还是社会性的？它们对你个人有什么影响？

4. 可以采取什么措施来阻止这次攻击？

练习 17.2　科索沃危机

1. 使用网络或者其他资源，研究在科索沃危机中网络战的应用。

2. 描述你能找到的各种网络攻击。攻击者都采用了什么方法？

3. 描述攻击的效果。这些效果是经济的、政治的还是社会性的？如果你生活在科索沃，这些攻击对你有什么影响？

4. 可以采取什么措施阻止这次攻击？

练习 17.3　键盘记录器和间谍活动

1. 回顾前面章节我们讨论的间谍软件以及它是如何工作的。特别考虑键盘记录器。

2. 描述如何在间谍活动中使用键盘记录器，以及你认为其危险的严重程度。

3. 你如何应对这种威胁？

练习 17.4　CommView

在前面的章节中，我们讨论了传输加密，以防止包嗅探器从中提取数据。在本章中，我们还讨论了包嗅探器的某些细节。在实验室环境中完成如下操作。

1. 在实验室计算机上下载并安装 CommView。

2. 用它拦截实验室其他计算机之间发送的数据包。

3. 观察你在网络上获取的数据。注意包嗅探器是如何应用于间谍活动的，尤其是在数据未加密的情况下。

练习 17.5　其他包嗅探器

在前面的章节中，我们讨论了传输加密，以防止包嗅探器从中提取数据。在本章中，我们还讨论了包嗅探器的某些细节。在实验室环境中完成如下操作。

1. 在实验室计算机上下载并安装 EtherDetect 或另一个包嗅探器。

2. 使用它拦截实验室其他计算机之间发送的数据包。

3. 描述包嗅探器是如何应用于间谍活动中的，尤其是在数据未加密的情况下。

4. 描述你所截获的数据。其中是否有什么内容被认为是敏感的或机密的？

5. 你怎样保护实验室的计算机免受这种攻击？

17.6.3　项目题

项目 17.1　黑客和间谍活动

显然，黑客技术可以用于间谍活动（无论间谍活动的本质是政治性的还是经济性的）。找出一个使用了黑客技术的间谍活动的案例，仔细研究其中所使用的技术。描述这个案例的后果和本来应该采取的预防措施。下面的网站在这次搜索中可能对你有所帮助：

- 黑客攻击与工业间谍活动（Hacking and Industrial Espionage）：http://news.softpedia.com/news/industrial-espionagehackers-targeted-companies-in-more-than-130-countries-507392.shtml
- 公司间谍活动（Corporate Espionage）：http://www.economist.com/news/china/21572250-old-fashionedtheft-still-biggest-problem-foreign-companies-china-who-needs

项目 17.2   信息战

使用 Internet 寻找你认为是信息战示例的通信（网站、聊天室、新闻组等）。解释它们是什么类型的信息战（虚假消息、宣传等），以及为什么你认为这些是信息战的示例。

项目 17.3   赛博恐怖主义场景

1. 选择本章提出的一个理论上的赛博恐怖主义场景。
2. 仔细研究这个场景，并撰写一个描述该场景和防范这个特定威胁的安全和响应计划，重点是防范特定威胁的计划。无论选择什么威胁，你都应详细说明应该使用什么技术，以及应该执行什么策略来防范这种特定的威胁。

附录 A　自测题答案

第 1 章

1. D　2. C　3. B　4. B　5. C　6. C　7. D　8. A　9. C　10. C
11. C　12. A　13. A　14. C　15. B　16. A　17. B　18. B　19. B　20. C　21. D

第 2 章

1. A　2. D　3. C　4. B　5. C　6. A　7. D　8. A　9. B
10. C　11. A　12. D　13. A　14. C　15. B　16. A、B

第 3 章

1. C　2. D　3. B　4. A　5. D　6. C　7. C　8. A　9. C
10. D　11. B　12. C　13. A　14. B　15. C　16. B

第 4 章

1. B　2. D　3. C　4. D　5. B　6. C　7. A　8. D　9. A
10. B　11. A　12. D　13. C　14. A　15. A　16. B　17. A　18. D

第 5 章

1. A　2. B　3. B　4. B　5. C　6. A　7. D　8. A　9. C
10. D　11. C　12. D　13. A　14. C

第 6 章

1. A　2. C　3. A　4. B　5. C　6. A　7. B　8. D　9. C
10. B　11. D　12. B　13. C　14. B　15. A　16. C　17. A　18. C　19. C

第 7 章

1. B　2. B　3. D　4. C　5. A　6. B　7. A　8. A　9. A
10. B　11. B　12. B　13. A　14. D　15. B　16. B　17. A

第 8 章

1. A　2. D　3. C　4. D　5. B　6. B　7. A　8. C　9. D
10. A　11. D　12. B　13. C　14. D　15. A

第 9 章

1. A   2. C   3. C   4. D   5. B   6. B   7. A   8. A   9. A
10. D   11. A   12. B   13. D   14. C   15. A   16. B

第 10 章

1. A   2. C   3. C   4. B   5. A   6. C   7. A   8. B   9. A
10. A   11. C   12. A   13. C

第 11 章

1. C   2. C   3. C   4. B   5. C   6. D   7. D   8. B   9. C
10. B   11. B   12. D   13. B   14. B   15. B

第 12 章

1. A   2. C   3. C   4. C   5. B   6. D   7. D   8. C   9. A
10. C   11. B   12. B   13. A   14. B   15. D

第 13 章

1. C   2. B   3. C   4. D   5. B   6. A   7. C   8. D   9. D
10. C   11. B   12. C   13. A   14. C   15. B

第 14 章

1. C   2. A   3. B   4. A   5. A   6. C   7. B   8. B   9. D   10. B

第 15 章

1. D   2. D   3. C   4. A   5. A   6. B   7. A   8. D   9. A

第 16 章

1. C   2. A   3. B   4. B   5. D   6. B   7. B   8. A   9. D

第 17 章

1. C   2. D   3. D   4. D   5. B   6. D   7. C   8. C   9. D
10. B   11. B   12. D   13. A   14. D   15. B

术 语 表

本术语表中的术语，一些来源于黑客社区，另一些来源于安全专业人士的社区。要真正了解计算机安全，我们必须熟悉这两个世界。此外，术语表中还包含一些通用的组网术语。

A

access control（访问控制）：将某些资源的访问仅限于授权用户、程序或系统的过程。

access control list（访问控制列表）：一个列表，包含了实体以及它们被授予的对资源的访问权限。

access lockout policies（访问锁定策略）：关于允许多少次登录尝试才锁定账号的策略。

account policies（账号策略）：关于账号设置的策略。

admin（管理员）：系统管理员的简称。

Advanced Encryption Standard，AES（高级加密标准）：是一种被广泛使用的现代对称密码算法。

anomaly detection（异常检测）：一种依赖于检测异常活动的入侵检测策略。

application gateway firewall（应用网关防火墙）：一种验证特定应用程序的防火墙类型。

ASCII code（ASCII 码）：美国信息交换码（American Standard Code for Information Interchange），用于表示所有标准字母数字符号的一种数字编码，共有 255 个不同的 ASCII 码。

auditing（审计）：对系统安全性的检查，通常包括对文档、程序以及系统配置的复查。

authenticate（认证）：验证用户是否被授权访问某个资源的过程。

Authentication Header，AH（认证首部）：在 IP 数据包中紧随 IP 首部的一个字段，它提供数据包的认证和完整性检查。

B

back door（后门）：安全系统中由系统创建者故意留下的漏洞。

banishment vigilance（驱逐警戒）：阻止来自可疑 IP 地址的所有流量（即，排除该地址）。

bastion host（堡垒主机）：在 Internet 和私有网络之间的单一连接点。

Bell-LaPadula 模型：建立在基本安全定理之上的最古老的安全模型之一。

Biba Integrity 模型：与 Bell LaPadula 类似的一个古老的安全模型。

binary numbers（二进制数）：使用基数 2 计数系统的数。

binary operations（二进制运算）：对二进制数进行的运算，包括 XOR、OR 和 AND。

black hat hacker（黑帽黑客）：有恶意目的的黑客，与骇客（cracker）是同义词。

blocking（阻塞）：阻止某种类型传输的行为。

Blowfish：由 Bruce Schneier 创建的一个著名的对称分组加密算法。

braindump（泄脑）：告诉别人所知一切的行为。

breach（突破）：成功地攻入一个系统（例如"突破安全"）。

brute force（暴力破解）：试图通过简单地尝试每一种可能的组合来破解口令。

buffer overflow（缓冲区溢出）：一种攻击技术，试图用比设计的存储容量更多的数据覆盖内存缓冲区。

BooFix：著名的对称分组密码，由 Bruce Schneier 创建。

bug（缺陷）：系统中的瑕疵。

C

Caesar cipher（凯撒密码）：一种很古老的加密算法。它使用一个基本的单字母表密码。

call back（回拨）：一种识别远程连接的过程。在回拨中，主机断开呼叫者的连接，然后拨打远程客户端的授权电话号码，重新建立连接。

certificate authority（认证中心）：一个授权发布数字证书的机构。

CHAP：挑战握手认证协议（Challenge Handshake Authentication Protocol），一种常见的认证协议。

Chinese Wall Model（中国墙模型）：一种用于阻止信息在同一组织不同群组间流动的信息屏障。

cipher（密码）：密码算法的同义词。

cipher text（密文）：加密后的文本。

circuit level gateway firewall（电路层网关防火墙）：一种防火墙，它在授权访问之前认证每一个用户。

CISSP：注册信息系统安全专家（Certified Information Systems Security Professional），这是最古老的 IT 安全认证，也是在招聘广告中最常要求的一个认证。

Clark-Wilson 模型：1987 年首次发布的一个主体对象模型，它试图通过设定符合格式的事务和职责分离来实现数据的安全性。

code（代码）：程序的源代码，或者编写程序的过程，如"算法编码"。

Common Criteria（通用准则）：是关于计算机安全的一套标准。这是美国国防部标准与欧洲和加拿大标准的融合。

compulsory tunneling（强制隧道）：这是指在 VPN 技术中，隧道是强制的而不是可选的。在 VPN 技术中，有些协议允许用户选择是否使用隧道。

confidentiality of data（数据的机密性）：确保消息的内容保持秘密。

cookie：一个小文件，其数据为你在计算机上访问过的网站。

cracker（骇客）：一个攻入系统旨在做恶意、非法或有害事情的人。与黑帽黑客是同义词。

cracking（破解）：怀有恶意企图进行攻击的行为。

crash（崩溃）：突然且非预期的失效，比如"我的电脑崩溃了"。

CTCPEC：加拿大可信计算机产品评估标准（Canadian Trusted Computer Product Evaluation Criteria）。

Cyber terrorism（赛博恐怖主义）：使用计算机、计算机网络、电信或互联网进行的恐怖主义。

D

daemon（守护进程）：在后台运行的程序，通常用于执行各种系统服务。请参阅 service 服务。

DDoS：分布式拒绝服务（Distributed denial of service），是从多个来源发起的 DoS 攻击。

decryption（解密）：对加密后的消息进行逆加密的过程。

DES：数据加密标准（Data Encryption Standard），首次在 1977 年发布的对称密码算法，由于密钥的长度较小，因此现在不再被认为是安全的加密算法。

digital signature（数字签名）：一种验证文件或发送者的密码学方法。

discretionary access control（自主访问控制）：由管理员决定是控制对给定资源的访问，还是简单地允许不受限制的访问。

discretionary security property（自主安全属性）：基于命名用户和命名对象进行访问控制的策略。

discretionary security property（分布式反弹拒绝服务）：一种使用 Internet 路由器执行攻击的特殊类型的 DDoS。

DMZ：非军事区（Demilitarized zone），是一种防火墙类型，由两个防火墙组成，二者中间的区域即为非军事区。

DoS：拒绝服务攻击（Denial of service），一种阻止合法用户使用资源的攻击。

dropper（投递者）：一种特洛伊木马，它把另一个程序放到目标机器上。

dual-homed host（双宿主主机）：一种直接使用两块网卡的防火墙。

dynamic security approach（动态安全模式）：一种主动而非被动反应的安全方法。

E

EAP：可扩展认证协议（Extensible Authentication Protocol）。

encapsulated（**封装**）：被包裹起来。

Encrypting File System（**加密文件系统**）：也称为
　　EFS，这是微软的文件系统，它允许用户加密
　　单个文件。EFS 在 Windows 2000 中首次引入。

（encryption）**加密**：一种加密消息的行为，通常
　　是变换一个消息，使得它不能在没有密钥和
　　解密算法的情况下被阅读。

ESP：封装的安全载荷（Encapsulated Security
　　Payload），是 IPSec 中使用的两个主要协议
　　（ESP 和 AH）之一。

ethical hacker（**道德黑客**）：为了达到他所认为的
　　符合道德的某种目标而攻入系统的人。

Evaluation Assurance Levels（**评估保障级**）：通用
　　准则中定义的安全保障的数值级别（1 到 7）。

executable profiling（**可执行剖析**）：一种入侵检
　　测策略，它寻求对合法可执行文件的行为进
　　行剖析，并将其与任何运行程序的活动进行
　　比较。

F

false positive（**假阳性**）：入侵检测设备将合法行
　　为错误地标记为企图入侵。

firewall（**防火墙**）：网络与外部世界之间的一个
　　屏障。

G

gray hat hacker（**灰帽黑客**）：一种黑客，其行为
　　通常是合法的，但偶尔会从事一些可能不合
　　法或不道德的活动。

Group Policy Objects（**组策略对象**）：微软 Windows
　　中的对象，它允许你将访问权限分配给整个
　　用户组或计算机组。

H

hacker（**黑客**）：试图通过仔细研究来了解系统并
　　对其进行逆向工程的人。

handshaking（**握手**）：验证连接请求的过程。它
　　包括从客户端到服务器以及返回的多个数
　　据包。

honeypot（**蜜罐**）：一个被设计成对黑客具有吸引
　　力的系统或服务器，而实际上是用于捕获他
　　们的陷阱。

I

ICMP packets（**ICMP 数据包**）：在如 Ping 和
　　Tracert 等实用程序中经常使用的网络数据包。

infiltration（**渗透**）：获取网络安全部分访问权限
　　的行为。

Information Technology Security Evaluation（**信息
　　技术安全评估**）：由欧盟委员会制定的安全指
　　南，类似于通用准则。

information warfare（**信息战**）：通过信息操作来
　　影响政治或军事结果的企图。

integrity of data（**数据完整性**）：确保数据没有被
　　修改或变更，并且所接收的数据与发送的数
　　据相同。

International Data Encryption Algorithm，IDEA（**国
　　际数据加密算法**）：一个为替代 DES 而设计
　　的分组密码。

Internet Key Exchange，IKE（**Internet 密钥交换**）：
　　一种在 IPSec 中建立安全关联的方法。

intrusion（**入侵**）：获取网络安全部分访问权限的
　　行为。

intrusion deflection（**入侵偏转**）：一种 IDS 策略，
　　它试图通过使系统看起来对入侵者不太具有
　　吸引力，而转移攻击者对系统的注意力。

intrusion-detection system，IDS（**入侵检测系统**）：
　　一种检测企图入侵的系统。与阻止可疑攻击
　　的入侵防御系统（IPS）有关。

intrusion deterrence（**入侵威慑**）：一种 IDS 策略，
　　它试图通过使系统看起来难以对付，甚至比
　　实际情况难对付很多，而阻止入侵者。

IP：网际协议（Internet Protocol），是组网使用的
　　主要协议之一。

IPSec：Internet 协议安全（Internet Protocol Security），
　　一种用于保护 VPN 安全的方法。

IP spoofing（**IP 欺骗**）：使数据包看起来来自与真
　　正来源不同的 IP 地址的过程。

K

key logger（**键盘记录器**）：记录计算机按键的软件。

L

L2TP：第二次隧道协议（Layer 2 Tunneling Protocol），
　　一种 VPN 协议。

layered security approach（**分层安全模式**）：一种安全模式，它除了保护网络边界外，也保护网络内部组成部分的安全。

M

malware（**恶意软件**）：任何有恶意目的的软件，如病毒或特洛伊木马。

Microsoft Point-to-Point Encryption（**微软点到点加密**）：一种由微软设计的用于 VPN 的加密技术。

mono-alphabet cipher（**单字母表密码**）：只使用一个替换字母表的加密密码。

MS-CHAP：微软对 CHAP 的一个扩展（A Microsoft extension to CHAP）。

multi-alphabet substitutions（**多字母表替换**）：使用一个以上替换字母表的加密方法。

N

network address translation（**网络地址转换**）：一种替换代理服务器的技术。

network-based（**基于网络的防火墙**）：在现有服务器上运行的防火墙解决方案。

network intrusion detection（**网络入侵检测**）：检测整个网络中的入侵企图，与仅在单个机器或服务器上工作的入侵检测不同。

NIC：网络接口卡（Network interface card）。

Non-repudiation（**不可否认性**）：验证连接从而使得任何一方都不能事后否认或拒绝该交易的过程。

null sessions（**空会话**）：Windows 表示匿名用户的方法。

O

object（**对象**）：在计算机安全模型中，对象是用户希望访问的任何文件、设备或系统的一部分。

open source（**开源**）：源代码本身向公众免费提供的软件。

operating system hardening（**操作系统加固**）：保护单个操作系统安全的过程，包括进行正确配置和应用补丁。

P

packet filter firewall（**包过滤防火墙**）：一种防火墙类型，它扫描入站数据包，允许它们通过或者拒绝它们。

packet sniffer（**包嗅探器**）：拦截数据包并复制其内容的软件。

PAP：口令认证协议（Password Authentication Protocol），是一种最基本的认证形式，其中用户名和口令通过网络传输，并与包含用户名 – 口令对的表进行比对。

passive security approach（**被动安全模式**）：一种等待对某事件进行响应、而不是先发制人的安全方式。

password policies（**口令策略**）：确定有效口令参数的策略，包括最小长度、有效时间和复杂性。

penetration testing（**渗透测试**）：通过尝试攻入系统来评估系统的安全性。这是大多数渗透测试人员从事的活动。

perimeter security approach（**边界安全模式**）：只关心保护网络边界安全的安全方式。

Pretty Good Privacy（PGP）：一个广泛使用的拥有对称和非对称算法的工具，常用于加密电子邮件。

phreaker（**飞客**）：攻入电话系统的人。

phreaking（**飞客攻击**）：攻入电话系统的过程。

Ping of Death（**死亡之 ping**）：一种 DoS 攻击，它发送一个畸形的 ping 数据包，希望引起目标机器出错。

playback attack（**重放攻击**）：此类攻击记录合法用户的认证会话，然后简单地重放该会话以获得访问权。

port scan（**端口扫描**）：连续测试端口以找出哪些端口处于活跃状态的过程。

PPP：点到点协议（Point-to-Point Protocol），一种有点古老的连接协议。

PPTP：点到点隧道协议（Point-to-Point Tunneling Protocol），一种用于 VPN 中的 PPP 的扩展。

proxy server（**代理服务器**）：一种向外部世界隐藏内部网络的设备。

public key system（**公钥系统**）：一种加密方法，其中将加密消息的密钥公开，称为公钥，任何人都可以使用它。而解密消息则需要一个单独的私钥。

Q

quantum encryption（**量子加密**）：使用量子物理加密数据的过程。

quantum entanglement（**量子纠缠**）：量子物理学中的一种现象，两个亚原子粒子以这样的方式联系在一起：改变一个亚原子粒子的状态会立即引起另一个亚原子粒子状态的改变。

R

resource profiling（**资源剖析**）：一种度量系统范围的资源使用状况并给出历史使用概括的监控方法。

Rijndael algorithm（**Rijndael 算法**）：AES 使用的算法。

RSA：一种公钥加密方法，1977 年由三位数学家 Ron Rivest、Adi Shamir 和 Len Adleman 开发。算法名称 RSA 由每位数学家姓氏的第一个字母组成。

RST Cookie：一种用来减轻某类 DoS 攻击危险的简单方法。

S

screened host（**屏蔽主机**）：一种防火墙的组合。在这种配置中，使用一个堡垒主机和一个屏蔽路由器的组合。

script kiddy（**脚本小子**）：一个俚语，用于称呼那些没有技术却声称自己训练有素的黑客。

security template（**安全模板**）：预定义的、可应用于系统的安全设置。

service（**服务**）：一个在后台运行的程序，通常执行一些系统服务。

session hacking（**会话劫持**）：接管客户端和服务器之间的会话，以获取对服务器的访问的过程。

simple-security property（**简单安全属性**）：只有当主体的安全级别高于或等于对象的安全级别时，主体才可以读对象。

single-machine firewall（**单机防火墙**）：驻留在单台 PC 或服务器上的防火墙。

Slammer：一个著名的 Internet 蠕虫。

Smurf attack（**Smurf 攻击**）：一种特定类型的 DDoS 攻击，它向目标网络上的路由器发送广播数据包。

sneaker（**思匿客**）：试图破坏一个系统以评估其脆弱性的人。这个术语现在几乎从来不使用，而是使用渗透测试者或道德黑客。

sniffer（**嗅探器**）：一种捕获网络上传输数据的程序，也称为数据包嗅探器（packet sniffer）。

Snort：一种广泛使用的、开源的入侵检测系统。

social engineering（**社会工程**）：为获得访问系统所需的信息而对人类用户进行劝诱。

SPAP：Shiva 口令认证协议（Shiva Password Authentication Protocol），是 PAP 的一个专用版本。

spoofing（**欺骗**）：假冒成别的东西，例如，一个数据包可能伪装成另一个返回 IP 地址（如 Smurf 攻击）或者一个网站伪装成一个著名的电子商务网站。

spyware（**间谍软件**）：监视计算机使用的软件。

stack tweaking（**堆栈调整**）：一种保护系统免受 DoS 攻击的复杂方法。此方法包括重新配置操作系统，以便用不同的方式处理连接。

stateful packet inspection（**状态包检查**）：一种防火墙，它不仅检查数据包，而且还知道数据包发送的上下文。

State Machine Model（**状态机模型**）：一种查看系统从一种状态转换到另一种状态的模型。它从捕获系统的当前状态开始。之后，将系统在该时间点的状态与系统的先前状态进行比较，以确定之间是否存在安全违规。

subject（**主体**）：在计算机安全模型中，主体是试图访问系统或数据的任何实体。

symmetric key system（**对称密钥系统**）：一种加密方法，其中使用相同的密钥对消息进行加密和解密。

SYN Cookie：一种减轻 SYN 泛洪攻击危险的方法。

SYN flood（**SYN 泛洪**）：发送一连串的 SYN 数据包（请求连接），但从不响应，从而产生大量半开放的连接。

T

target of evaluation（**评估目标**）：即 TOE，是对产品进行独立评价，以展示产品确实符合特定安全目标的要求。

threshold monitoring（**阈值监视**）：监视网络或系统，查找任何超过某一预定界限或阈值的活动。

transport mode（**传输模式**）：两种 IPSec 模式之一，传输模式以加密每个数据包中的数据但不加密数据包首部的方式工作。

Tribal Flood Network：一种用于执行 DDoS 攻击的工具。

Trin00：一种用于执行 DDoS 攻击的工具。

Trojan horse（**特洛伊木马**）：一种看起来拥有有效且良性的目的，但实际上却有其他邪恶目的的软件。

trusted computing base，TCB（**可信计算基**）：TCB 是计算系统中提供安全环境的一切东西。

tunnel mode（**隧道模式**）：两种 IPSec 模式之一。隧道模式对报头和数据都进行加密，因此比传输模式更安全，但可能工作起来有点慢。

V

virus（**病毒**）：能自我复制并像生物病毒一样传播的软件。

virus hoax（**病毒骗局**）：一种不真实的病毒通知。通常，这个通知声称一些关键文件是病毒，试图说服用户删除这些文件。

voluntary tunneling（**自愿隧道**）：允许用户决定 VPN 隧道参数的隧道模式。

W

war-dialing（**战争拨号**）：拨打电话等待计算机响应，通常通过某些自动化系统来实现。

war-driving（**战争驾驶**）：驾车并扫描可被破坏的无线网络。

well-formed transactions（**符合格式的事务**）：用户在没有精心限制的情况下无法操作或更改数据的事务。

white hat hacker（**白帽黑客**）：一种不违法的黑客，通常与道德黑客是同义词。

worm（**蠕虫**）：一种可以在没有人类交互的情况下传播的病毒。

X

X.509：一种广泛使用的数字证书标准。